杜榮瑞・薛富井・蔡彥卿・劉啓群

第二版

Financial
Statement Analysis
財務報表分析

IFRS

東華書局

國家圖書館出版品預行編目資料

財務報表分析 / 杜榮瑞等著. -- 2 版. -- 臺北市：臺灣東華, 2020.07

464 面；19x26 公分

ISBN 978-986-5522-03-2（平裝）

1. 財務報表　2. 財務分析

495.47　　　　　　　　　　　　109010108

財務報表分析

著　　者	杜榮瑞、薛富井、蔡彥卿、劉啓群
發 行 人	謝振環
出 版 者	臺灣東華書局股份有限公司
地　　址	臺北市重慶南路一段一四七號三樓
電　　話	(02) 2311-4027
傳　　眞	(02) 2311-6615
劃撥帳號	00064813
網　　址	www.tunghua.com.tw
讀者服務	service@tunghua.com.tw

2028 27 26 25 24　HJ　7 6 5 4 3

ISBN　　978-986-5522-03-2

版權所有 · 翻印必究

作者簡介

杜榮瑞
美國明尼蘇達大學會計博士
現任國立臺灣大學會計學系教授

薛富井
美國喬治華盛頓大學會計博士
現任國立臺北大學會計學系教授

蔡彥卿
美國加州大學 (洛杉磯校區) 會計博士
現任國立臺灣大學會計學系教授

劉啓群
美國紐約大學會計博士
現任國立臺灣大學會計學系教授

第二版序

《財務報表分析》一書出版以來，承蒙讀者與教師採用作為自修或教學材料，甚為感激，在改版付梓之前，更有讀者殷殷詢問改版事宜，如今本書的第二版終於與大家見面。

在過去五年內，國際財務報導準則以及審計準則不斷推陳出新，影響會計處理方式以及查核意見的出具，再者，本書所使用的公司財報資訊亦因時而異，亦有必要更新。整體而言，在第二版我們所作的更動如下：

1. 因應採用新的國際財務報導準則及會計實務，我們更改一些會計用語。
2. 更新本書所採用的國內、外企業實例之財報資訊。我們知道無法更新到最近年度，但盡量以執筆時的最近年度作為目標。
3. 部分「章首故事」也作更動，除更新財務資訊，也希望能激發學習動機。
4. 部分「現場直擊」也作更新，提供最新產業動態及相關財務資訊，期待所引用的案例能讓讀者了解財務報表分析不是紙上談兵，而是深具實務意涵。

本書能順利付梓，首先要感謝東華書局卓劉慶弟女士，她對於後學的照顧與提攜，讓我們深深感受幸福；我們也感謝家人的支持。東華編輯部鄧秀琴、周曉慧小姐及余欣怡小姐之努力配合，也讓我們銘感於心。

杜榮瑞　薛富井

蔡彥卿　劉啟群　謹識

2020 年 7 月 1 日

序

撰寫《財務報表分析》一書，一直是我們長久以來的目標，希望有助於了解財務報表的內涵，從而提升財務報表的價值。這個目標乍視容易，實踐起來則不然。在繁忙的教學與研究，乃至行政與服務之餘，於時間的運用上常有捉襟見肘之嘆。在過去的這段時間內，對本書的出版殷殷垂詢的讀者，我們深感抱歉與感激，如今這本書出版了，我們期待您的關愛與指教。

「欲分析財務報表應懂得財務報表的要素與編製背景」，這是本書撰寫的原則。基於這個原則，我們不僅說明四大財務報表及其要素，也說明企業所處的產業與環境對其財務報表的影響，也強調企業經理人的誘因所可能扮演的角色。在這個認知下，我們逐一說明分析財務報表的技巧及常用的財務比率，將之運用在四大財務報表的分析上。除此之外，如何利用財務資訊，不論歷史或預測資訊，進行企業評價也是本書的特色之一。

值得強調的是，在解說的過程中，我們均佐以國內、外企業為實例，尤其是台積電最近的財務報表與年報貫穿全書，使這些數字與文字不再枯燥而有生命、有故事。我們努力將理想實踐，全書共 12 章，在適當章節加上下列專欄：

1. **現場直擊**：將本國或外國發生的事件、政策或實例 (如台灣高鐵) 作為補充材料，使解說更貼近實務，更有現場感。
2. **觀念簡訊**：將解說的內容予以觀念上的澄清或加強，使學習建立在理解而非背誦上。
3. **研究櫥窗**：將學術研究的發現以「親民」的方式彙總敘述，解釋財報相關現象，探究財報相關政策的起因與後果，激發深入挖掘問題的動機。
4. **勤學篇**：鼓勵讀者勇於嘗試回答問題，並上網搜尋企業的財務報表資料，作為題材。應有助於評估對相關章節的理解程度。

除了上述專欄外，每章後面均附有習題供演練之用，期望上述安排有助於學習。本書適用於大學部的「財務報表分析」課程以及 EMBA 的類似課程，部分章節可視時間及教學效果予以調整講授範圍。

本書能順利付梓，首先要感謝東華書局董事長卓劉慶弟女士，她對於後學的照顧與提攜，讓我們深深感受幸福；我們也要感謝家人的支持。東華編輯部鄧秀琴小姐及周曉慧小姐之努力配合，也讓我們銘感於心。也要特別感謝鄧雨賢、藍經堯、朱玉芳、鄭淞元及吳翠治等人之協助。

杜榮瑞　薛富井
蔡彥卿　劉啟群　謹識

2015 年 6 月 12 日

目錄

Chapter 1

導　論	1
1.1　為何分析財務報表？	2
1.2　財務報表的範疇與內容	4
1.3　財務報表以外的資訊	9
1.4　財務報表的公告	20
1.5　本書結構與概述	20
習　題	23

Chapter 2

財務報表的環境與限制	27
2.1　從企業活動到財務報表	28
2.2　財務報表的環境	30
2.3　會計策略	42
2.4　財務報表的限制	44
習　題	46

Chapter 3

資產負債表	51
3.1　資產負債表之組成	53
3.2　流動資產項目	57
3.3　非流動資產項目	67
3.4　流動負債項目	72
3.5　非流動負債項目	76

VII

3.6	權益項目	78
3.7	資產負債與財務報表分析	81
習　題		81

Chapter 4

綜合損益表　　87

4.1	會計損益之定義	89
4.2	損益節包含之項目	93
4.3	其他綜合損益節包含之項目	101
4.4	綜合損益表須揭露之本期分攤數	105
4.5	會計損益與財務報表分析	107
附錄 4.1	不得重分類與可能重分類之本期其他綜合損益	110
習　題		117

Chapter 5

財務報表分析技巧　　125

5.1	靜態分析	128
5.2	動態分析	135
5.3	洞悉財務報表數字的意涵	142
習　題		143

Chapter 6

短期償債能力分析　　149

6.1	流動資產 / 流動負債之分析	150
6.2	流動負債之分析 (含應付帳款週轉率)	167
6.3	短期償債能力指標	170
習　題		179

Chapter 7

長期償債能力分析　187

7.1　財務槓桿的概念　188
7.2　資本結構分析　195
7.3　從綜合損益表及現金流量表觀點評估
　　長期償債能力　204
習　題　213

Chapter 8

獲利能力　219

8.1　獲利能力分析之工具概述　220
8.2　損益結構分析　221
8.3　投資報酬率分析　226
8.4　經營管理效率分析　230
8.5　杜邦系統分析　237
8.6　其他重要財報資訊　243
附錄 8.1　附加價值分析　251
習　題　255

Chapter 9

股東權益　263

9.1　股東權益 (權益) 之重要組成項目　265
9.2　股票或股份制度　268
9.3　上市公司與上櫃公司　271
9.4　海外存託憑證及台灣存託憑證　272
9.5　庫藏股　274
9.6　每股盈餘與本益比　278
9.7　每股股利與股利政策　280
9.8　市價對帳面價值比 (股價淨值比)　289

9.9	成長潛力分析	292
9.10	員工認股權與員工分紅	294
習　題		297

Chapter 10

現金流量表　303

10.1	為何需要現金流量表？	304
10.2	現金流量表的功能	306
10.3	現金流量表的內容與編製	309
10.4	分析現金流量表	318
10.5	本章彙要	335
習　題		337

Chapter 11

企業評價　343

11.1	評價基本觀念	344
11.2	評價流程與架構	346
11.3	個別資產評價常用之評價方法	350
11.4	以現金流量為基礎之企業評價模式	352
11.5	以盈餘為基礎之評價模式	364
11.6	相對評價模式	377
11.7	特殊企業評價	382
附錄 11.1　分析師之財務報表與現金流量預測及評價分析		387
習　題		392

Chapter 12

特殊議題——股權投資與外幣　　　　399

12.1　股權投資之會計處理與影響　　　401

12.2　外幣之會計處理與影響　　　426

習　題　　　438

索引　　　445

XII 財務報表分析
Financial Statement Analysis

Objectives

研讀完本章，讀者應能了解：

1. 分析財務報表的目的。
2. 財務報表的內容與範疇。
3. 財務報表以外的資訊來源。
4. 取得財務報表及其他資訊的時點與來源。

Chapter 1

導 論

本章架構

本章討論下列主題：為何分析財務報表？財務報表的範疇與內容為何？財務報表之外的資訊來源與內容為何？何時、何處可取得財務報表及其他資訊？

```
                            導　論
        ┌───────────────────┼───────────────────┐
  分析財務報表的            財務報表的           財務報表以外的
       目的                內容與範疇             資訊來源
  1. 投資決策            1. 資產負債表          1. 年報
  2. 放款決策            2. 綜合損益表          2. 公開說明書
  3. 其他財務決策        3. 現金流量表          3. 財務分析師的研究報告
                        4. 權益變動表          4. 法人說明會
                        5. 附註及附表          5. 重大訊息公告
```

台灣積體電路製造股份有限公司 (**台積電**，2330) 於 1994 年 9 月 15 日上市，該月份平均收盤價為每股 167.5 元，若按該價格買入一張 (1,000 股)，一直持有至 2019 年 3 月 11 日 (當日收盤價為每股 234.5 元)，連同所配股票一併出售，則其投資報酬率為 5009% (50.09 倍)。亦可以簡化成如果投資於**台積電**股票的成本為每股 100 元，則連續持有 24 年 6 個月後，財富變為 5,009 元。

聯發科技股份有限公司 (**聯發科**，2454) 於 2001 年 7 月 23 日上市，若依當天收盤價為每股 297 元購入一張，一直持有至 2019 年 3 月 11 日 (當日收盤價為每股 270 元)，連同所配股票一併出售，則投資報酬率為 546% (5.46 倍)。換言之，若投資於**聯發科**股票的成本為每股 297 元，則連續持有約 17 年 8 個月後，財富變為 1,621 元。

博達科技於 1999 年 12 月 18 日以每股 85.5 元上市，若於當天以該價格買入一張，並持續持有到 2004 年 6 月 23 日台灣證券交易所宣布該股票停止交易，則其投資報酬率為 –1.0。易言之，若投資於**博達**股票的成本為 100 元，則連續持有不到 5 年已經血本無歸。

這就是股票投資。有的投資標的可以讓財富增加 4 倍，有的則更增加 40 倍；但有的投資標的令人財富歸零。投資需要勇氣與運氣，但更需作功課，分析潛在投資標的之財務報表乃是必備的功課之一。

1.1 為何分析財務報表？

財務報表為一個企業的縮影，也是了解一個企業的最佳資訊來源。因此，投資一家企業的股票前，必須分析該企業的財務報表，藉以評估其財務狀況、獲利能力以及現金流量。除非有更新且可靠的其他資訊來源，一般的投資人不會投資連年虧損而財務不健全的企業，獲利尚佳但現金流量並不尋常 (如營業活動現金流量為負) 的企業也可能讓投資人卻步。即使決定買進某家企業的股票後，「功課」仍不能荒廢，因為該企業可能競爭力變差，獲利不如以前，甚至虧損，導致財務狀況不佳，分析其財務報表可告知投資人這些資訊，而促使出脫持股。

銀行在貸放資金給予一家企業前，也須分析其財務報表，評估未來獲利是否足以支付利息，財務是否穩健，以及短期與長期的償債風險之後，再決定是否貸放資金以及條件 (利率、抵押品及限制條款)。銀行在貸放資金之後，仍須透過財務報表持續監視，以便能及時採取

行動，將損失降到最低。

　　除了投資人以及債權人外，還有許多其他的個體 (不論是公司或個人) 與企業有所往來。員工所組成的工會與企業經理人協議員工的薪資與福利前，了解企業的獲利能力與財務狀況；經理人與企業的董事會協商薪酬契約時，也須評估企業的優勢與弱點，預測未來的獲利能力；供應商決定供貨以及授信給企業前，須評估企業的現金流量與獲利情形；顧客決定與企業往來前，也須評估企業的獲利能力、財務狀況及信譽；政府決定企業的稅負 (尤其是營業稅與營利事業所得稅)，也須了解企業的營收與獲利情形。除此之外，隨著併購風潮的興起，不論併購者是一般的企業或私募基金，也都必須了解所欲併購的對象，評估其價值。不僅企業對其併購對象進行評價，政府對紓困的企業或銀行，也依賴財務報表進行評價，評估要補的「洞」有多大。這些過程中另亦參考專業機構之意見。財務資訊中介者，如財務分析師，亦使用財務報表資訊作成研究報告，供投資人參考。至於外部審計人員則對企業所編製的財務報表加以查核，表示專業意見，作為上述各利害關係人的參考。

　　上面所提到的獲利能力、財務狀況、現金流量以及風險等資訊，乃是財務報表所涵蓋的內容，可以說，想要了解與評估一個企業，財務報表像訊息的百貨公司，可大致滿足「一次逛足」的需求。企業如果忠實表述與充分揭露，財務報表可彙總企業的營業、投資與籌資活動及其結果，這些結果反映在企業的獲利績效、財務狀況、現金流量情形以及風險各個層面；只是財務報表的使用者必須用心剖析，才能從密密麻麻的文字與數字中，理出頭緒，挖掘所蘊藏的訊息，捕捉所代表的圖象。除此之外，不僅財務報表編製者必須基於職業道德，使用者 (尤其是財務資訊中介者) 亦應基於職業道德。例如，財務分析師的研究報告、信用評等機構的評等報告均使用財務報表資訊，再形成報告，其報告影響許多人的財富，秉持職業道德，相當重要。

1.2 財務報表的範疇與內容

　　一般而言，財務報表包括資產負債表、綜合損益表、現金流量表、權益變動表以及這些報表的附註。**宏達電**於 1997 年 5 月 15 日成立，創立資本額僅為新台幣 500 萬元，後於 2002 年 3 月上市，在該年的 6 月底其實收股本已逾 $16 億元，當日的資產總額約為 $79 億元，負債總額約為 $46 億元，權益總額為 $33 億元，自此一路成長，自 2012 年營收衰退，至 2018 年底，**宏達電**的資產總額為 $677 億元，負債總額為 $225 億元，權益總額為 $452 億元，而實收股本約 $82 億元。這些資產負債表的數字明顯地告知**宏達電**在過去的成長情形，其中儘管資產、負債與權益的內容有所變化，但不變的是：

資產 = 負債 + 權益

> 會計恆等式 (會計方程式)
> 　資產 = 負債 + 權益

　　上述方程式即為會計恆等式或會計方程式 (accounting equation)，以 2002 年 6 月底來看，資產 ($79 億元) = 負債 ($46 億元) + 權益 ($33 億元)；再以 2018 年底觀之，資產 ($677 億元) = 負債 ($225 億元) + 權益 ($452 億元)。

> 資產負債表表達企業在某一時點的財務狀況。

> 綜合損益表告知企業在某一期間的經營績效。

　　除了資產負債表用以表達企業在某一時點的財務狀況 (financial position) 外，投資人尚關心企業的經營績效。**宏達電**上市當年上半年度的損益表 (2002 年 1 月 1 日至 6 月 30 日) 顯示營收總額為 $93 億元[1]，營業成本為 $79 億元，營業毛利為 $14 億元 (即毛利率為 15.1%)，營業淨利為 $7.5 億元，淨利為 $3.8 億元 (即淨利率為 4.1%)，每股盈餘為 $1.89 元。自此快速成長，至 2011 年時，當年度的營收總額為 $4,658 億元，營業毛利為 $1,318 億元 (毛利率為 28.3%)，營業淨利為 $688 億元，當年度的淨利為 $623 億元，每股盈餘為 $73.32 元。然因蘋果、三星、華為等品牌之強勁競爭，**宏達電**於 2013 年營收開始衰退，連續四年 (2014 年至 2017 年) 呈現營運虧損狀態，後於 2018 年 1 月 30 日完成與谷歌 (Google Inc.) 簽訂之

---

[1] 2013 年以前我國企業編製損益表，報導某一期間的淨利；2013 年 (含) 之後才編製綜合損益表，報導某一期間的淨利，以及該期間增加或減少的其他綜合損益。

合作協議，內容包含部分人員及資產移轉予**谷歌**，此出售交易增加該公司每股盈餘新台幣 38.23 元，該日收盤價為每股 69.3 元。**宏達電** 2018 年度的綜合損益表顯示營收總額為 $237.4 億元，營業毛利逾 $5.15 億元 (毛利率為 2%)，營業淨損 $139.23 億元，由於出售該手機代工設計部門所產生之營業外收入與處分利益的挹注，當年度淨利為 $120.24 億元 (淨利率為 51%)，每股盈餘約為 $14.72 元，但均遠較 2011 年遜色。

現金流量表則將企業的活動分為三大類：營業活動 (operating activities)、投資活動 (investing activities) 與籌資活動 (financing activities)。由於這三大類活動的進行會使用或產生現金，因此造成現金 (含約當現金) 餘額的改變。現金餘額的改變，可能是增加也可能是減少現金餘額，稱為現金流量 (cash flow)。將某一期間內每一類活動的現金流量加總，即為該期間內的淨現金流量，若為正數，代表期末現金餘額較期初現金餘額為多 (淨流入)；若為負數，則期末現金餘額較期初現金餘額為少 (淨流出)。

> 現金流量表告知企業在一期間，因營業活動、投資活動與籌資活動而產生的現金 (含約當現金) 餘額變化。

就製造業言，其營業活動包括購料、雇用員工、加工為製成品，以及出售製成品，在從事這些活動時，會有現金的收入與支付，收支相抵，若為正數，代表營業活動帶來現金餘額之增加；反之，則為減少。投資活動包括購置土地、廠房及設備，以及將以前購置的不動產、廠房及設備出售，或將以前投資的債券或長期股權出售，前者會用掉現金，後者則流入現金，兩者之差額代表投資活動帶來的現金餘額變化。籌資活動包括向銀行借款、透過發行公司債籌措資金或透過發行新股份籌措資金 (現金增資)，這些均使現金餘額增加。另外，在同一期間內也可能清償債務或發放現金股利或退還股款給股東或購回庫藏股，造成現金餘額減少，一增一減之淨額代表籌資活動之現金流量。現金流量表即是彙總表示三大活動所帶來的現金餘額變化情形。例如，**台積電** 2018 年度的現金流量表指出當年度的營業活動之現金流量為 $5,740 億元，代表來自例行業務的活動增加 $5,740 億元的現金，而投資活動現金流量為 −$3,142 億元，因為當年度資本支出之現金流出大於處置長期投資的現金流入，造成的淨流出達 $3,142 億

元，籌資活動現金流量活動為 –$2,451 億元，因為當年度發放現金股利及償還公司債支付 $2,650 億元現金，彙總三項活動之現金流量可知 2018 年現金期末餘額較期初餘額大約增加 244 億元 (不考慮匯率影響數)。

除了資產負債表、綜合損益表與現金流量表外，另有權益變動表，若企業為股份制的公司，權益變動表代表股東之權益變動情形。權益變動表表達該企業的股東權益在某一段期間內的變化情形。如果企業在該期間內發行股票，進行現金增資，權益即會增加，代表股東投入於企業的資源增加。另外，如果企業在該段期間的經營成果，獲有淨利，但未分配股利給股東，這些未分配的盈餘當然也是股東權益的一部分，也因此，某一段期間獲有淨利，會增加股東之權益，因為本應由股東分享的資源，繼續保留於企業內，甚至累積至以後期間。但若將累積的盈餘以股利的形式，分配給股東，則該部分的股利分配金額，使得股東之權益變少。作為一個企業的股東，會關心自己的權益變化，因此可以透過權益變動表了解變化的詳細情形。本書在以後的討論均以股份制企業 (公司) 為討論標的。

值得注意的是，綜合損益表、資產負債表與現金流量表間，彼此互有關聯。綜合損益表上的本期損益與資產負債表上的保留盈餘有關，因為企業獲利使其可供分配給股東的盈餘增加。若採間接法編製現金流量表，則計算來自營業活動的現金流量時，也是利用「稅前淨利」作為起點，再作調整。現金流量表與資產負債表關係密切，因為某一會計期間之期末與期初現金餘額之差異，乃是該一會計期間的現金流量，因此，現金餘額的變化等於資產負債表現金以外的項目之變化淨額。例如，資產負債表上的「股本」餘額增加，也可從現金流量表的「籌資活動之現金流量」上觀察得知該年度因現金增資所產生的現金流入。再如「土地」餘額增加，乃是該年度購置土地之成本比被處置的土地之帳面金額為高所致，購置土地會使用現金，造成現金流出；處置原有土地則會有現金流入，不論購置土地或處置土地均屬投資活動，其金額可從現金流量表的投資活動現金流量觀察得知。圖 1-1 簡述這三種財務報表間的關係。值得注意的是，自

金華公司

單位：新台幣千元

資產負債表 民國 106 年 12 月 31 日		現金流量表 民國 107 年度		資產負債表 民國 107 年 12 月 31 日	
資產		**營業活動之現金流量**		**資產**	
現金	$ 50,000	淨利	$ 30,000	現金	$ 80,000
應收帳款	40,000	＋存貨減少	20,000	應收帳款	40,000
存貨	60,000	－應付帳款減少	(10,000)	存貨	40,000
土地	20,000	營業活動淨現金流入	$ 40,000	土地	40,000
其他資產	20,000	**投資活動之現金流量**		其他資產	20,000
資產總計	$190,000	－購入土地	$(20,000)	資產總計	$220,000
負債		投資活動淨現金流出	$(20,000)	**負債**	
應付帳款	$ 50,000	**籌資活動之現金流量**		應付帳款	$ 40,000
應付薪資	10,000	＋發行新股	$ 30,000	應付薪資	10,000
負債合計	$ 60,000	－股利發放	(20,000)	負債合計	$ 50,000
權益		籌資活動淨現金流入	$ 10,000	**權益**	
股本	$ 80,000	現金淨增加數	$ 30,000	股本	$110,000
保留盈餘	50,000	期初現金餘額	50,000	保留盈餘	60,000
其他權益	0	期末現金餘額	$ 80,000	其他權益	0
權益合計	$130,000			權益合計	$170,000
負債及權益總計	$190,000			負債及權益總計	$220,000

綜合損益表
民國 107 年度

收益	$230,000
－費損	(200,000)
淨利	$ 30,000
其他綜合損益	0
綜合損益	$ 30,000

權益變動表
民國 107 年度

期初餘額	$130,000
＋發行新股	30,000
＋淨利	30,000
－股利	(20,000)
期末餘額	$170,000

＊本例假設沒有其他綜合損益。

▶ 圖 1-1　財務報表間的關聯示意圖

2013 年開始，我國上市、上櫃與興櫃公司均應按國際財務報導準則 (International Financial Reporting Standards, IFRS) 編製財務報表。因此，企業不再編製損益表，而必須編製綜合損益表；綜合損益表乃是在損益表的內容之外，再加上當期增加或減少的其他綜合損益，將本期淨利加上當期「其他綜合損益」成為「綜合損益」。在第 3、4 章會分別進一步討論資產負債表與綜合損益表，並於第 10 章討論現金流量表。

附註為財務報表的一部分。

必須強調的是附註為財務報表的一部分。財務報表的附註主要說明公司的會計政策及衡量與估計基礎、重大的承諾事項及或有事項、關係人交易事項、期後事項、重要契約的相關事項、員工退休金、部門別以及衍生性商品的相關資訊。這些資訊除可增進對財務報表的了解與比較，另可補充內容之不足，因為無法合理估計或衡量的項目，無法入帳，也就無法表達於主表上面，可是若這些資訊對讀者 (或利害關係人) 係屬重大，則遺漏這些訊息恐影響他們的決策，因此藉由

 現場直擊

重要會計項目明細表

下表摘錄自**台積電**民國 107 年合併財報附註，針對資產負債表的「無形資產」項目作更詳盡的揭露。由該明細表可知**台積電**在民國 107 年底的無形資產之主要成分為電腦軟體設計費，約占 39%。

台灣積體電路製造股份有限公司
財務報告附註
民國 107 年 12 月 31 日

單位：新台幣千元

無形資產	金額
商譽	$ 5,795,488
技術權利金	2,218,453
電腦軟體設計費	6,570,985
專利權及其他	2,417,211
	$17,002,137

附註加以補足。另外，證券主管機關基於保護投資人或執行政府政策，也會另外要求附註揭露事項，如資金貸與他人、為他人背書保證，及大陸投資資訊等。除了上述資訊外，應對重要會計項目的內容以明細表格式加以揭露之。例如：現金及約當現金明細表、應收帳款明細表、存貨明細表、應付帳款明細表、應付公司債明細表、營業收入明細表、營業成本明細表、推銷費用明細表等。

1.3 財務報表以外的資訊

由於財務報表經過外部審計人員查核或核閱，公認為較可靠的資訊來源，也常被作為投資、貸放與併購決策的參考依據；然而，財務報表有其限制 (將於第 2 章討論)，尚需依賴其他管道的資訊，使財務報表分析更為周延，這些資訊包括年報、公開說明書、企業所發布的財務預測、財務分析師的預測、研究機構的產業報告，及企業不定期的法人說明會以及發布的重大訊息等。

1.3.1 年　報

「年報」乃是依證券交易法發行有價證券的公司，於股東常會分送給股東的重要文件 (證券交易法第 36 條第 4 項)，其內容除了包括年度財務報表外，尚包括致股東報告書、公司簡介、公司治理報告、募資情形、營運概況、財務概況、財務狀況及經營結果之檢討分析與風險事項，以及其他特別記載事項。

致股東報告書包括的內容有：前一年度的營業結果、本年度營業計畫概要、未來公司發展策略、外部競爭環境、法規環境及總體經濟環境等。

公司治理報告除記載公司的組織系統外，尚包括董事、監察人、總經理、副總經理、協理、各部門及分支機構主管的資料，例如：董事與監察人的主要學、經歷、持股情形、所具專業知識及獨立性情形。至於支付給董事、監察人、總經理及副總經理之酬金及占稅後純益之比例亦應揭露。此外，公司治理的運作情形，如董事會開會次

數、董事出席率、公司的內部控制聲明書、會計師對內控制度的審查報告、內控主要缺失及改善情形，亦在揭露的範圍。值得注意的是，公司可選擇採級距或個別揭露金額方式揭露會計師公費；然而，在符合所規定的條件下，應揭露支付給會計師的審計與非審計公費金額於年報中。更換會計師資訊亦應於年報中記載。

1.3.2　公開說明書

「公開說明書」係公司為了發行新股、公司債或員工認股權憑證，或籌設新公司募集資金時，依證券交易法第 30 條規定，所必須提供的文件。一般而言，公開說明書應記載公司概況、營運概況、發行計畫及執行情形、財務概況、特別記載事項及重要決議等。

公司概況應載明公司簡介、風險事項 (各種風險及因應措施)、訴

現場直擊

何以要求揭露審計公費資訊？

會計師若對其審計客戶亦提供非審計服務 (如資訊系統的建立與維護等顧問服務)，是否影響進行審計服務時的獨立性？

美國證券交易委員會於 1978 年為了回應這個疑慮，一度要求上市公司在某些情況下，必須揭露支付給其會計師之審計公費與非審計公費，但於 1980 年即廢止。1990 年代末期，美國證券交易委員會鑑於非審計公費金額遠高於審計公費，深恐會計師會為了高額的非審計公費而損及其財務報表簽證時應有的獨立性，從而影響財務報表的品質，曾考慮禁止會計師對其審計客戶提供非審計服務，但因招致反對而作罷，折衷之計乃強制所有上市公司必須揭露審計公費與非審計公費，其出發點乃是「陽光為最佳的防腐劑」，將這些公費資訊攤在陽光下，由投資大眾自行檢驗與評估會計師的獨立性與審計品質。哪知事隔沒多久，便爆發安隆事件，而安隆的會計師事務所 (安達信) 正是同時提供審計與非審計服務，且後者金額遠高於前者。

安隆事件引起大眾與監理機關對財務報表品質以及審計品質的高度關切，美國快速於 2002 年通過沙賓法案，內容之一乃是禁止會計師對其審計客戶同時提供若干非審計服務。

如前所述，在沙賓法案前，美國即有揭露審計與非審計公費金額的規定，我國亦有類似的揭露要求，惟係在某些條件下，例如：非審計公費為審計公費的 25% 以上時才強制公開發行公司揭露上述金額；但公司亦可以選擇採級距或個別金額方式自願揭露。

研究櫥窗

提供非審計服務給審計客戶 vs. 審計品質

　　自從有了公開資訊後,探討簽證會計師提供非審計服務與審計品質之關係的學術研究如雨後春筍,這些研究採用異常應計數 (即:裁決性應計數)、查核意見與財報重編,作為審計品質的代理變數,雖研究發現不完全一樣,但大致而言,並未發現會計師對其審計客戶收取越多的非審計公費時,對審計品質有不好的影響。

# 現場直擊

公開說明書的部分內容

　　下列關於發行計畫的說明,摘錄自鴻海精密工業股份有限公司於民國 107 年現金增資發行普通公司債時提供的公開說明書,針對本次發行公司債資金運用計畫之可行性、必要性及合理性加以揭露。

1. 本次發行公司債之可行性評估:本次公司債之計畫發行總額為新台幣玖拾億元整,每張面額為新台幣壹佰萬元,按面額發行。本公司債採洽商銷售對外公開承銷方式,洽特定人認購,足以確保本次資金募集之完成,故本次募集資金計畫應屬可行。
2. 本次發行公司債之必要性評估:本公司短期營運資金需求皆以銀行短期額度支應。本公司透過發行本公司債所募得資金屬中長期負債,相對於銀行短期貸款,資金運用之穩定性較高。目前國內長、短期利率價差仍維持在較低的水準,係為發行債券的良好時機,故本次發行公司債應屬必要。
3. 本次發行公司債之合理性評估:本次發行普通公司債用以償還流通在外之短期負債可改善財務結構,提高流動比率。發行固定利率債券可鎖定中長期資金成本,降低短期的利率風險,故發行固定利率計價之普通公司債應屬合理。

訟事項、組織系統、董事、監察人、總經理、副總經理、協理及各部門與分支機構主管之學經歷、持股情形,以及董事、監察人、總經理與副總經理之酬勞、股本形成、股權分散、股利政策及最近二年度之股價、淨值、盈餘、股利等資訊。

　　營運概況包括業務範圍、產業概況、技術與研發概況、市場分

析、主要原料供應狀況、最近二年度生產量值、銷售量值、主要產品的毛利率重大變化、主要進銷貨客戶、員工人數與平均服務年資、勞資與環保事項等。

發行計畫及執行情形則包括前次現金增資、併購或受讓他公司股份、發行新股或發行公司債的資金運用計畫分析，以及本次計畫之資金來源、可行性、必要性及合理性分析，以及可能產生之效益等。

至於財務狀況則包括最近五年度的簡明資產負債表、綜合損益表、簽證會計師及查核意見，以及財務比率分析。特別記載事項包括公司的內部控制聲明書、會計師的審查意見、公司治理運作情形等。由上可知，年報與公開說明書所記載的內容有重複之處，一般而言，公開說明書所包括者較為廣泛，可能與公開說明書係為了募集資金而製作有關。

1.3.3 公司發布的財務預測

除了歷史資訊外，公司有時編製財務預測資訊，並自願發布此類前瞻性的資訊，依「公開發行公司公開財務預測資訊處理準則」規定，其主要內容包括營業收入、營業毛利、營業費用、營業利益、稅前損益、每股盈餘，及取得或處分重大資產，上列資訊得以單一數字或區間估計表達，並說明編製上述財務預測的基礎，包括重要基本假設、估計基礎及會計政策等。一旦發布財務預測，公司應隨時評估敏感度大的重要假設對財務預測結果的影響，若有重大錯誤或差異時，應更新預測。公司所編製的財務預測得請查核其財務報表的會計師加以核閱，會計師並應出具核閱報告，嗣後更新財務預測時，仍應再請會計師核閱後出具核閱報告。

若公司藉由其他方式，如於媒體或業績發表會、記者會或法人說明會等發布財務預測資訊，證券主管機關可要求公司依上述準則編製財務預測資訊，並應加以公告申報。除了定期發布的訊息外，基於對投資人的保護，證券交易法 (如第 36 條第 3 項) 要求公開發行公司若發生對其股東權益或證券價格有重大影響的事項，亦應公告並向證券主管機關申報。

1.3.4 財務分析師的研究報告

公司外部的專業機構基於自身業務的需要，也對公司加以研究。例如，投資銀行 (或證券商) 的財務分析師也會對其所追蹤的某幾家公司加以研究，並提供研究報告，給其客戶或透過媒體加以發布，最常見者乃是他們的盈餘預測。富有聲譽的財務分析師其預測往往受到重視；不過學術研究卻發現分析師過於樂觀。

研究櫥窗

為何財務分析師的預測傾向樂觀？

財務分析師 (簡稱分析師) 為重要的資訊中介者，藉由分析財務報表與搜尋其他資訊並整合後作成對某些公司的盈餘預測，供投資人參考。分析師對於證券市場的活絡有正面的功能，然而越來越多的研究發現，他們的盈餘預測過於樂觀，亦即所預測的每股盈餘高於實際 (實現) 的每股盈餘，何以如此？

研究發現分析師的誘因與過度樂觀的預測有關。當分析師對某家公司進行盈餘預測而其服務的投資銀行 (或證券商) 也承銷該家公司的股票時，分析師會有誘因將該家公司的盈餘預測往上調，因而所承銷的股票易於銷售。當分析師未來將持續「跟蹤」某家公司進行盈餘預測時，可能為了方便以後與該公司連繫或獲取訊息，也較會上調對該家公司的盈餘預測。另外，當分析師所推薦的某檔股票被某基金持有時，分析師對該檔股票的預測會更加樂觀，此乃因為投資銀行 (或證券商) 自它的客戶 (包括發行基金的投信業者) 賺取佣金，而分析師的薪酬又與佣金的多寡有關。將該檔股票的未來盈餘預測得更樂觀，基金經理人會較有興趣購買將之納入其基金的成分，於是投資銀行 (或證券商) 的佣金增加，進而使分析師自己的薪酬更多。

釋例 1-1

永康公司從事醫療器材與用品的研發、製造與銷售。以下為該公司 ×18 與 ×19 年底的比較資產負債表、×18 與 ×19 年度的比較損益表、×18 與 ×19 年度的現金流量表，以及財務報表的明細表與附註 (部分)。另外，該公司 ×19 年的年報部分內容亦包括在內。本例不考慮其他綜合損益，因此，以損益表 (而非綜合損益表) 呈現。

試求：

(1) 從 ×18、×19 年底的比較資產負債表觀之，哪些資產、負債與權益的項目餘額變化較大？
(2) 從 ×19 年的現金流量表觀之，哪些投資活動項目及籌資活動項目的現金流量較大？
(3) 從 ×18 與 ×19 年度的損益表觀之，銷貨淨額、銷貨毛利、銷貨毛利率 (即銷貨毛利÷銷貨淨額)、營業費用及淨利率 (即淨利÷銷貨淨額) 有何變化？
(4) 綜合 (1)、(2)、(3) 之分析，猜測永康公司在 ×19 年發生了哪些重大事件？
(5) 利用財務報表的明細表與附註，支持你的猜測。
(6) 年報所揭露的內容，補充哪方面之訊息？

永康公司及子公司
合併損益表
×19 年及 ×18 年 1 月 1 日至 12 月 31 日

單位：新台幣千元

	×19 年度	×18 年度
銷貨淨額	$ 806,617	$ 490,176
銷貨成本	(327,245)	(174,346)
銷貨毛利	$ 479,372	$ 315,830
研究發展費用	$ (42,879)	$ (19,773)
銷售及管理費用	(300,659)	(179,306)
營業費用總額	$(343,538)	$(199,079)
營業利益	$ 135,834	$ 116,751
其他淨收入 (損失)	746	1,742
利息費用	(28,123)	(6,004)
所得稅	(16,735)	(19,664)
淨利	$ 91,722	$ 92,825

永康公司及子公司
合併資產負債表
×19 年及 ×18 年 12 月 31 日

單位：新台幣千元

	×19 年 12 月 31 日	×18 年 12 月 31 日
資產		
流動資產		
現金及約當現金	$ 30,826	$ 39,368
短期投資	–	1,829
應收帳款	152,610	99,269
存貨	185,693	107,607
其他流動資產	74,585	56,425
流動資產總額	$ 443,714	$304,498
不動產、廠房及設備	379,785	151,065
商譽	1,169,049	310,600
其他無形資產	151,413	31,768
其他資產	16,153	3,315
遞延資產	19,716	10,315
資產總額	$2,179,830	$811,561
負債		
流動負債		
應付帳款	$ 36,042	$ 21,684
應付費用	50,860	24,564
一年內到期之長期負債	72,260	20,871
應付所得稅	26,454	15,171
其他流動負債	72,006	29,299
流動負債總額	$ 257,622	$111,589
長期負債	632,652	144,865
其他負債	7,213	4,920
遞延負債	9,118	6,026
負債總額	$ 906,605	$267,400
權益		
普通股股本	$ 4,490	$ 3,334
保留盈餘	284,437	194,925
庫藏股	(7,133)	(8,976)
資本公積	977,317	327,811
其他權益	14,114	27,067
權益總額	$1,273,225	$544,161
負債及權益總額	$2,179,830	$811,561

財務報表分析
Financial Statement Analysis

<table>
<tr><th colspan="3">永康公司及子公司
合併現金流量表
×19年及×18年1月1日至12月31日</th></tr>
<tr><td colspan="3" align="right">單位：新台幣千元</td></tr>
<tr><td></td><td>×19年度</td><td>×18年度</td></tr>
<tr><td>營業活動之現金流量</td><td></td><td></td></tr>
<tr><td>　淨利</td><td>$ 91,722</td><td>$ 92,825</td></tr>
<tr><td>　折舊</td><td>36,934</td><td>13,599</td></tr>
<tr><td>　攤銷</td><td>31,704</td><td>2,052</td></tr>
<tr><td>　呆帳</td><td>1,922</td><td>2,218</td></tr>
<tr><td>　資產減損</td><td>3,245</td><td>－</td></tr>
<tr><td>　遞延所得稅費用</td><td>2,670</td><td>12,182</td></tr>
<tr><td>　應收帳款減少 (增加)</td><td>(2,882)</td><td>(15,438)</td></tr>
<tr><td>　存貨減少 (增加)</td><td>(13,596)</td><td>(15,126)</td></tr>
<tr><td>　其他流動資產減少 (增加)</td><td>(1,661)</td><td>5,491</td></tr>
<tr><td>　應付款項增加 (減少)</td><td>10,554</td><td>5,383</td></tr>
<tr><td>　其他流動負債增加 (減少)</td><td>23,231</td><td>(1,988)</td></tr>
<tr><td>營業活動之現金流入 (出)</td><td>$183,843</td><td>$101,198</td></tr>
<tr><td>投資活動之現金流量</td><td></td><td></td></tr>
<tr><td>　購入不動產、廠房及設備</td><td>$(117,903)</td><td>$ (40,505)</td></tr>
<tr><td>　出售短期投資</td><td>1,779</td><td>3,810</td></tr>
<tr><td>　併購成本</td><td>(626,196)</td><td>(63,942)</td></tr>
<tr><td>投資活動之現金流入 (出)</td><td>$(742,320)</td><td>$(100,637)</td></tr>
<tr><td>籌資活動之現金流量</td><td></td><td></td></tr>
<tr><td>　股利發放</td><td>$ (2,306)</td><td>$ (1,943)</td></tr>
<tr><td>　認股權執行</td><td>25,163</td><td>13,766</td></tr>
<tr><td>　長期借款</td><td>808,730</td><td>29,531</td></tr>
<tr><td>　償還借款</td><td>(279,798)</td><td>(50,027)</td></tr>
<tr><td>籌資活動之現金流入 (出)</td><td>$551,789</td><td>$ (8,673)</td></tr>
<tr><td>匯率影響數</td><td>$ (1,854)</td><td>$ 47</td></tr>
<tr><td>淨現金流入 (出)</td><td>$ (8,542)</td><td>$ (8,065)</td></tr>
<tr><td>期初現金及約當現金</td><td>39,368</td><td>47,433</td></tr>
<tr><td>期末現金及約當現金</td><td>$ 30,826</td><td>$ 39,368</td></tr>
</table>

永康公司及子公司
銷售及管理費用明細表

單位：新台幣千元

	×19 年	×18 年
薪資支出	$164,881	$ 89,997
保險費	29,863	27,965
運費	24,001	22,333
水電費	31,229	27,111
廣告費	50,266	11,457
其他	419	443
銷售及管理費用總額	$300,659	$179,306

財務報表附註 (部分)

四、重要會計項目之說明

　(十四) 股本

　　3. 本公司於 ×19 年 4 月經董事會決議與平安公司合併，合併後以本公司為存續公司。該合併案計畫發行 115,000 股新股以換取平安公司股權。

十、其他

　(五) 合併資訊

　　本公司以 ×19 年 7 月 1 日為合併基準日，吸收合併平安公司。共計發行新股 115,000 股及現金 $605,000 千元，收購價金共計 $1,150,000 千元取得平安公司 100% 股權。

十六、部門別財務資訊

　(一) 產品別財務資訊

×19 年

	A 產品	B 產品	C 產品	其他	合計
銷貨淨額	$253,156	$327,253	$159,850	$66,358	$806,617
銷貨毛利	$151,894	$233,985	$ 63,050	$30,443	$479,372
毛利率	60.00%	71.50%	39.44%	45.88%	59.43%

×18 年

	A 產品	B 產品	其他	合計
銷貨淨額	$147,159	$243,989	$99,028	$490,176
銷貨毛利	$ 89,023	$180,413	$46,394	$315,830
毛利率	60.49%	73.94%	46.85%	64.43%

永康公司 ×19 年年報 (部分)
壹、致股東報告書 　　各位股東： 　　　…… 　　　…… 　　本公司鑑於市場競爭日趨激烈，若想維持甚至提升獲利率，必須不斷賦予產品新的附加價值，故本年度共支出研究發展費用 $42,879 千元。 　　　…… 　　　…… 　　本公司併購平安公司，目的為擴增業務範圍，成為醫療器材及用品業的主力品牌，使消費者在購買時，將本公司視為第一選擇。而平安公司深耕市場 (新產品線 C) 已久，擁有一定的客群，故本公司在基於成本效益原則的考量下，決定以併購作為進入新市場的方式，輔以持續創新的策略，為公司開創榮景。
肆、募資情形 　　六、併購或受讓他公司股份發行新股辦理情形 　　　　辦理併購之主辦證券承銷商所出具之評估意見： 　　　　新增產品線 C，將使整體營收增加約 20%，但在獲利率無法短期提高及增加發行普通股數的情況下，預估將使每股盈餘下降約 25%，但新產品線的加入，將有助於公司未來成為醫療器材及用品業的主力品牌，提升長期獲利能力。
伍、營運概況 　　二、市場及產銷概況 　　　(一) 市場分析 　　　　4. 競爭利基及發展遠景之有利、不利因素與因應對策 　　　　　現有產品 A 及 B 雖毛利率甚佳，但已開始出現下滑跡象，故本公司近來致力於研究發展活動，除增加產品的功能外，也加強產品的易用性，並持續利用各種通路、媒體來建立客戶對產品的認知與信任，以便穩定市占率，在競爭者加入前取得先機。而針對毛利率較低且市場競爭激烈的產品 C，在進行產品創新同時，亦設定不同的行銷策略，並對業務部提出新的績效獎金制度，務求保持現行獲利水準。

解答

(1) ×19 年間，餘額變化較大的項目包括商譽 (從 $310,600 千元增至 $1,169,049 千元，增幅 $858,449 千元，276.38%)、長期負債 (從 $144,865 千元增至 $632,652 千元，增幅 $487,787 千元，336.72%)，及資本公積 (從 $327,811 千元增至 $977,317 千元，增幅 $649,506 千元，198.13%)。

(2) ×19 年度的投資活動中，以支付 $626,196 千元用以併購其他公司最為顯著。×19 年度的籌

資活動中，則以獲得長期貸款 $808,730 千元及償還 $279,798 千元最為顯著。

(3) ×19 年度的銷貨淨額大幅成長，從 ×18 年度的 $490,176 千元增加至 $806,617 千元，成長幅度為 $316,441 千元 (64.56%)；雖然銷貨毛利亦由 $315,830 千元增至 $479,372 千元，但銷貨毛利率卻由 64.43% (即：$315,830 ÷ $490,719) 降至 59.43% (即：$479,372 ÷ $806,617)。研發費用由 $19,773 千元增至 $42,879 千元，分占 ×18 年與 ×19 年度銷貨淨額的 4.03% 與 5.32%，銷售及管理費用亦由 $179,306 千元增至 $300,659 千元 (增幅 $121,353 千元，67.68%)，分占 ×18 與 ×19 年度銷貨淨額的 36.58% 與 37.27%。淨利率由 18.94% 降至 11.37%。

(4)(5) 由於商譽僅能經由併購其他企業產生，因此 ×19 年度商譽的大幅增加 ($858,449 千元)，應是永康公司併購其他公司所致，該公司從事併購的資金來源可能來自舉債，也可能來自發行新股。從比較資產負債表觀之，×19 年度所增加的長期負債達 $487,787 千元，普通股股本增加 $1,156 千元，而資本公積則增達 $649,506 千元，僅這三個項目的增加總和 ($1,138,449 千元) 即已超過商譽增加數 $858,449 千元，超過部分可能係併購所取得的有形資產淨額 (扣除承擔之負債)。從現金流量表觀之，為了併購，永康公司支付現金 $627,006 千元，另外該年度內舉債 $808,730 千元，償還 $279,798 千元，淨額為 $528,932 千元，與長期負債的增加數 $487,787 千元接近。但現金流量表並未表達發行新股而獲得現金，令人懷疑永康公司是否直接發行新股取得對方公司部分的資產。這個疑問由財務報表附註四 (十四) 及附註十 (五) 獲得證實：發行新股換取對方公司 (平安公司) 股權。再者，永康公司併購平安公司之後，雖然銷貨淨額大幅成長，其獲利不如從前，可以推測永康公司藉由併購成長的同時，毛利率、營業利益率及淨利率均下降。何以致此？由財務報表附註十六部門別財務資訊可知，併購平安公司之後，增加一條產品線 (產品 C)，其毛利率僅 39.44%，遠低於永康公司原有的 A 與 B 產品線之毛利率 (分別為 60% 及 71.50%)。進一步觀察銷售及管理費用在 ×19 年度增加 67.68%，占銷貨淨額百分比亦由 36.58% 增至 37.27%，可能係因 C 產品屬於競爭性產品，不僅毛利率較低，且必須靠促銷等手段所致。這可由財務報表附註中的「銷售及管理費用明細表」得到印證：廣告費用在 ×19 年度由 $11,457 千元增至 $50,266 千元。較為不清楚的是何以研發費用在 ×19 年度也由 $19,773 千元增至 $42,879 千元？永康公司的策略為何？若是併購其他公司以促進成長以及減少研發的支出，則為何 ×19 年度的研發支出有大額成長？則需要從年報獲得訊息。

(6) 由永康公司 ×19 年年報可知永康公司為了增加產品線，使其成為主力品牌，採取併購作法，唯因所新增之產品線屬較為競爭之產品線，獲利相對較低，而原有的產品線 (A 與 B) 雖獲利較高，亦在下降中，因此透過促銷方式以增進產品線 C 之銷路；另外，增加研發支出，提升產品的功能與加強易用性，增加附加價值，藉由差異化來提升或維持獲利。

1.4 財務報表的公告

依證券交易法第 36 條之規定，公開發行公司，特別是上市與上櫃公司的年度財務報表，應於每營業年度終了後三個月內公告並向主管機關申報，且應經會計師查核簽證、董事會通過及監察人承認。若為第一季、第二季及第三季的財務報表則應於每季終了後 45 日內公告並申報，但經會計師核閱後，提報董事會即可。

除了財務報表外，年報應於股東常會分送給股東，股東常會則應於每營業年度終了後六個月內召集之。因此，若一家公司遲至六月底召開股東常會，則其股東獲得年報時已距上個營業年度終了日半年了。至於公開說明書則在公司為了發行有價證券 (如發行新股或發行公司債) 時編製，因此與財務報表或年報相比，較無固定的時點。類似的資訊則是重大訊息，此類訊息因影響公司股價或投資人權益，因此必須於發生日後二天內公告。值得注意的是，上面所提到財務報表、年報 (注意：年報不等同於年度財務報表)、公開說明書以及重大訊息均可上網獲得，此一資料庫乃是台灣證券交易所建置維護，其網址為：https://mops.twse.com.tw/mops/web/index。除此之外，專業機構亦有系統地將財務報表或年報的資訊加以整理，供投資分析或評價或研究之用，如台灣經濟新報 (TEJ)，或 COMPUSTAT 等資料庫。

1.5 本書結構與概述

本書主要的讀者包括大學部的學生、自行進修的社會人士及 EMBA 學生。全書共分 12 章，第 1 章說明為何分析財務報表、財務報表的主要內容以及財務報表以外的資訊管道與內容，並說明本書的章節安排及本書撰寫方式與背後之精神與邏輯。第 2 章說明財務報表的環境與限制，解釋財務報表的編製受到哪些環境因素以及企業主觀意圖的影響，並說明分析財務報表時應注意的限制條件。第 3、4 章分別詳細討論資產負債表與綜合損益表的內容，包括每一個項目的定

 勤學篇

台積電的會計政策

請上公開資訊觀測站 https://mops.twse.com.tw/mops/web/index (或台積電網站投資人關係 https://www.tsmc.com.tw) 查詢**台積電** (股票代碼：2330) 民國 107 年度財務報表附註，試求：台積電「存貨」、「不動產、廠房及設備」的會計政策。

解答

參考**台積電**民國 107 年度第四季的財務報告書：請在公開資訊觀測站的「基本資料」頁面下，點選「電子書」，再點選「財務報告書」並在頁面左上方直接輸入**台積電**或股票代碼 2330，左下方輸入 107 年度，會出現**台積電** 107 年度所發布的所有財務報告，選取民國 107 年第四季的「IFRSs 合併財報」，分別在第 37 頁及第 39 頁即可找到存貨及不動產、廠房及設備之會計政策。

1. 存貨

存貨係以成本與淨變現價值孰低者計價。存貨平時按標準成本計價，於報導期間結束日再予調整使其接近按加權平均法計算之成本。淨變現價值係指估計售價減除至完工尚需投入之估計成本及完成出售所需之估計成本後之餘額。

2. 不動產、廠房及設備

不動產、廠房及設備係按成本減累計折舊及累計減損衡量。成本包括可直接歸屬於取得或建置資產之增額成本。建造中之不動產、廠房及設備係以成本減除累計減損損失後之金額認列。該等資產於完工並達預期使用狀態時，分類至不動產、廠房及設備之適當類別，折舊與其他同類別資產之提列基礎相同，並於該等資產達預期使用狀態時開始提列。折舊係採直線法，於資產耐用年限內沖銷其成本減除殘值後之金額。折舊係按下列耐用年數計提：土地改良，20 年；建築物，10 至 20 年；機器設備，2 至 5 年；辦公設備，3 至 5 年。估計耐用年限、殘值及折舊方法於報導期間結束日進行檢視，任何估計變動之影響係推延適用。土地不提列折舊。於處分或預期無法由使用或處分產生未來經濟效益時，將不動產、廠房及設備予以除列。除列不動產、廠房及設備所產生之利益或損失，係處分價款與該資產帳面金額兩者間之差額，並認列於當年度損益。

義、餘額的變化緣由、項目的分類與表達，以及相關的附註揭露。第 5 章概述常見的財務報表分析技術，包括比率分析、垂直分析、水平分析，並強調與同業及競爭者比較的重要，也提醒使用資料庫的數據作前述比較時應注意事項，例如，採用的樣本是否完整或具產業代

表性、樣本公司所採用的會計政策、會計估計以及會計年度是否相同等。

　　第 6 章針對資產負債表上的流動資產與流動負債之項目分別分析，並結合流動資產與流動負債分析企業的流動性及短期償債能力。第 7 章針對資產負債表上的長期負債加以分析，評估企業的資本結構與長期償債能力。由於企業舉借長期債務乃為支應長期性資產 (如不動產、廠房及設備) 之購置，因此也加以討論二者之關聯。另外，特殊的非流動負債項目如融資租賃、負債型特別股等對企業長期償債能力的影響，亦一併討論。第 6、7 章討論償債能力時，分析應收帳款週轉率、存貨週轉率與總資產週轉率，因這些週轉率與企業收現速度乃至資金壓力有關。然而，償債能力也與獲利能力有關，第 8 章接續討論企業的獲利能力，重點為綜合損益表及其與資產負債表的關係。因獲利能力與使用資產效率有關，再度討論上述週轉率，以及它們與總資產報酬率、股東權益報酬率 (均為獲利能力的指標) 之關聯。另外，特別討論期中報表、部門別資訊，以及擬制性 (pro forma) 資訊。綜合損益表與傳統損益表的差別，亦一併討論。

　　第 9 章的重點為資產負債表上的權益 (股東權益)。除了分析權益的項目外，相關的指標如每股盈餘、每股淨值 (帳面價值)、每股股利、股利發放率、市價／帳面價值比，亦作深入討論，其他議題如股利政策與員工認股權亦一併討論。第 10 章討論另一主要報表：現金流量表。除了說明現金流量表如何編製及包括的項目外，也說明現金流量表與綜合損益表、資產負債表的關聯，並舉例說明不可偏廢任一報表。相關的比率亦一併討論。

　　第 11 章討論企業評價的相關議題。不論企業併購、失敗的企業重整或政府對金融機構的紓困，均會牽涉到企業的價值評估。從個別資產的評價乃至企業的評價、評價方法及常用的評價模式，均在該章說明。第 12 章則為特殊議題的探討。必須強調的是，本書在適當地方均會引述重要的學術研究，以及援引國內、外企業的實例，幫助理解。此亦為本書的重要內容。

習題

問答題

1. 銀行在貸款給企業之前會進行什麼程序？另在貸款之後又會採取什麼行動？
2. 何謂年報？請解釋之。
3. 現金流量表包括企業哪三大類活動之現金流量？
4. 資產負債表主要表達什麼內容？而現金流量表表達什麼內容？
5. 財務報表包含哪四大報表？
6. 公司有時會編製財務預測資訊以供外界參考，依「公開發行公司公開財務預測資訊處理準則」規定，簡述財務預測之主要內容包含哪些？
7. 自 2013 年開始，我國上市、上櫃與興櫃公司均應按國際財務報導準則 (International Financial Reporting Standards, IFRS) 編製財務報表。因此，企業必須編製綜合損益表。試問綜合損益表與損益表之差異為何？

選擇題

1. 下列何者非公開說明書應記載的事項？
   (A) 公司概況
   (B) 營運概況
   (C) 財務概況
   (D) 預算概況
2. 下列何者不是致股東報告書包括的內容？
   (A) 前一年度的營業結果
   (B) 未來公司發展策略
   (C) 法規環境
   (D) 高階管理者個人財務狀況
3. 現金流量表不包含下列何種活動？
   (A) 營業活動
   (B) 慈善活動
   (C) 籌資活動
   (D) 投資活動
4. 下列何者不是財務報表的附註主要說明事項？
   (A) 靜態分析事項
   (B) 重大的承諾事項
   (C) 關係人交易事項
   (D) 會計政策
5. 下列何者表達企業的股東權益在某一段期間內的變化情形？
   (A) 資產負債表
   (B) 現金流量表
   (C) 綜合損益表
   (D) 權益變動表
6. 綜合損益表上的本期損益與下列何者有關聯？

(A) 現金流量表的投資活動現金流量　　(B) 權益變動表的股本變化
(C) 現金流量表的籌資活動現金流量　　(D) 資產負債表的保留盈餘變化

7. 下列何者為了解企業的最佳資訊來源？
   (A) 商譽　　　　　　　　　　　　　(B) 財務報表
   (C) 管理制度　　　　　　　　　　　(D) 薪資福利

8. 財務報表包括下列何者？
   (A) 資產負債表　　　　　　　　　　(B) 現金流量表
   (C) 綜合損益表　　　　　　　　　　(D) 以上皆是

9. 會計恆等式中，不包含下列何者？
   (A) 資產　　　　　　　　　　　　　(B) 負債
   (C) 現金流量　　　　　　　　　　　(D) (業主)權益

10. 下列何者為某一期間各類活動的現金流量加總之結果？
    (A) 淨資金流量　　　　　　　　　　(B) 淨零用金流量
    (C) 淨現金流量　　　　　　　　　　(D) 淨資訊流量

11. 下列何者是用以表達企業在某一時點的財務狀況？
    (A) 現金流量表　　　　　　　　　　(B) 權益變動表
    (C) 綜合損益表　　　　　　　　　　(D) 資產負債表

12. 下列何者為財務報表附註所必須包含的部分？
    (A) 會計政策　　　　　　　　　　　(B) 重大承諾事項
    (C) 關係人交易事項　　　　　　　　(D) 以上皆是

13. 公司除了提供財務報表外，還包括下列何者？
    (A) 年報　　　　　　　　　　　　　(B) 公開說明書
    (C) 重大訊息　　　　　　　　　　　(D) 以上皆是

14. 採用間接法編製現金流量表是利用「稅前淨利」或「本期淨利」作為起點，再作調整，其結果為下列何者之現金流量？
    (A) 投資活動　　　　　　　　　　　(B) 籌資活動
    (C) 營業活動　　　　　　　　　　　(D) 遊說活動

15. 在哪一年開始，我國上市、上櫃與興櫃公司均應按國際財務報導準則 (International Financial Reporting Standards, IFRS) 編製財務報表？
    (A) 2013　　　　　　　　　　　　　(B) 2012
    (C) 2011　　　　　　　　　　　　　(D) 2014

16. 公司購置土地或處置土地所產生之現金流量變動應反映在現金流量表的哪個活動項下？
    (A) 營業活動　　　　　　　　　(B) 投資活動
    (C) 籌資活動　　　　　　　　　(D) 以上皆非

17. 一個企業在其會計年度期間內發行股票，進行現金增資或買回庫藏股或發放股利，其所造成股東權益自期初金額變動至期末金額的詳細內容會反映在以下哪個報表中？
    (A) 綜合損益表　　　　　　　　(B) 資產負債表
    (C) 現金流量表　　　　　　　　(D) 權益變動表

練習題

1. 阿妹藝術中心今年度的收益總額為 $500 百萬元，費損總額為 $350 百萬元，其他綜合損益 (利益) 為 $10 百萬元，請問今年度之淨利為何？綜合損益又為何？

2. 五月天表演公司去年初與去年底的權益總額分別為 $210 百萬元與 $350 百萬元，去年發放股利 $50 百萬元，現金增資 $150 百萬元，請問五月天表演公司去年度淨利為何？假設沒有其他綜合損益。

3. 遠信電信 106 年底之現金及約當現金餘額較 105 年底減少 $8,989 百萬元，該年度營業活動之淨現金流入為 $21,902 百萬元，投資活動之淨現金流出為 $40,427 百萬元，請問籌資活動之現金流量為何？

4. 程品公司年度期初應付帳款餘額為 $30 萬元，而 1 至 3 月份預計採購金額分別為 $300 萬元、$550 萬元和 $750 萬元，每月的採購款當月支付 85%，次月支付 15%。請問程品公司預計第一季現金支出為多少？

5. 家誠公司第一年與第二年年底流動資產餘額分別為 $65 萬元和 $70 萬元，流動負債餘額分別為 $20 萬元和 $35 萬元，請問家誠公司在第二年度營運資金 (working capital) 的變化為何？
註：營運資金為流動資產與流動負債之差額。

6. 誠摯公司之期末權益較期初增加 $30,000 千元，本期並無其他綜合損益的變化，本期保留盈餘增加 $18,000 千元，已知本期發放現金股利 $3,000 千元，試問該公司今年增資金額為何？

7. 好德企業今年投資設廠，支付現金 $100,000 千元，另處分部分設備得款 $8,000 千元，並產生出售不動產、廠房及設備損失 $1,000 千元，除此之外，並無其他投資活動。今年該企業營業活動現金流量為 $90,000 千元 (淨流入)，籌資活動現金流量則為淨流出 $50,000 千元。試問該公司今年現金流量為何？

Objectives

研讀完本章，讀者應能了解：
1. 財務報表與企業活動的關係。
2. 財務報表的環境。
3. 財務報表的限制。

Chapter 2
財務報表的環境與限制

本章架構

本章說明財務報表的環境與限制。環境因素圍繞著財務報表的編製過程，有些因素促進財務報表的品質，有些因素則使財務報表的品質受損。了解這些因素有助於解讀財務報表，也有助於理解財務報表的限制，從而自其他來源獲取資訊，加以彌補，使分析財務報表時所受到的限制能降到最低。在討論財務報表的環境之前，本章先討論財務報表如何反映企業的活動，而企業活動又如何受到策略、產業與經營環境的影響。

```
                    財務報表的環境與限制
                            │
    ┌───────────────┬───────────────┬───────────────┬───────────────┐
  從企業活動到      財務報表的環境      會計策略         財務報表的限制
   財務報表
  1. 企業的經營環境  1. 會計慣例       1. 會計政策       1. 盈餘管理
  2. 企業的策略     2. 財報管制       2. 會計估計       2. 非財務資訊
  3. 企業的財務報表  3. 外部審計       3. 自願性揭露
                  4. 法律環境
```

常在《霸榮雜誌》(*Barron's*) 發表文章的前美國紐約市立大學 Baruch College 教授 Abraham Briloff 曾說過耐人尋味的一句話。他說：

「財務報表就像香水，只可吸聞，不得輕吞。」

的確，每家公司都希望它的財務報表光鮮亮麗，就像香水般地香美迷人；但財務報表是需要細細解讀的，就像吸聞香水般的專注。

再者，財務報表不是可以囫圇吞棄的，就像不可輕易地吞下香水一般。這句話帶有雙關的意味，一方面它暗示如果隨便翻閱財務報表，將得不到所蘊含的訊息；但另一方面，它也警告亮麗的財務報表背後可能暗藏玄機，不得照單全收。

Briloff 教授詳細分析一些公司的財務報表，並自 1968 年起在《霸榮雜誌》為文批評公司的財報，有些研究指出，被他批評財報有問題的公司，股價在當天應聲下跌，且長達 30 天無反轉的趨勢。

Briloff 教授的專業素養及道德勇氣，引致被批評的公司與會計師事務所的反彈，卻博得大家對他的敬重；他雖已退休，但他的許多著作 (如 *Unaccountable Accounting*) 及文章影響深遠，上述引言應是他有感而發，也對於使用財務報表的人作了相當中肯的建議。

2.1 從企業活動到財務報表

企業為了實現目標，採取策略以便在資金市場、勞動市場、原物料市場以及產品 (服務) 市場競爭與發展。在落實策略的過程中，企業與這些市場的參與者 (亦即利害關係人) 進行交易；不論在實體世界或網路空間的交易，凡走過必留痕跡。企業的會計人員依據某一種形式與語言，將這些交易軌跡留存，衡量其後果，並扼要彙總成財務報表；因此，財務報表乃是企業的縮影，不論是年交易頻率以千萬計的熱門超商，或交易冷淡的零售業者，最後都可化約為這些財務報表。

企業是個有機體，既受制於環境亦能主動出擊，因此財務報表不僅反映與記錄企業的活動，也反映了背後的策略與環境因素。同樣的道理，企業在依據一定格式與語言，編製財報時，也有一些主動的作為，以及受到環境因素的加持或限制。分析財務報表必須對企業經營的環境與策略，以及財務報表的環境與策略一併了解。

企業經過對環境的分析之後，採取主動的作為以期能獲得並維持競爭優勢，例如有的企業採取「差異化」策略，有的企業採取「成本領導」策略，企業若徹底執行其競爭策略，也能忠實將交易軌跡留存並衡量其後果的話，則採取不同策略的企業，因為重點不同，其企業活動的重點自然不同，後果當然不同，採取「差異化」競爭策略的企業，其毛利率應該高於採取「成本領導」策略的企業。又如成長策略不同，其企業活動重點及後果亦不同。靠著併購成長的企業，其營收成長較有機成長的企業為快，產生「商譽」的可能性也較高。因此分析財務報表時必須一併了解企業的策略。

> 企業因採取的策略不同，會反映於財務報表，包括項目、金額、附註及財務比率。

至於企業的經營環境更會影響企業的交易活動與後果，企業的產品若面對高度競爭的市場環境，其獲利率通常較低，因為獲利率高的產品易引致競爭者的加入，進而使原先的高獲利因為競爭加劇而下降；但是若新競爭者欲進入這個產品市場的障礙越高，則企業可以維持高利潤的時間較久。所謂「進入障礙」，可能是資金需求龐大，也可能是生產技術的獲得或學習不易，也可能是所需搭配的內部管理與組織流程不易複製。了解這些當可理解為何一個企業獲利較高且可持續很久，例如，**台積電**的長期高毛利率與高淨利率，可歸因於其生產技術與內部管理不易複製。

除了產品市場外，勞動市場乃至原物料市場的競爭情形，也會影響企業的競爭地位，從而反映在財務報表上。當勞動市場屬於供過於求時，人工成本較低，若人工成本為產品製造成本的主要元素，則使其銷貨毛利相對較高。若關鍵原物料之市場屬賣方市場，使得企業沒有談判議價的優勢，則除非產品售價能夠充分反應或是產品屬於賣方市場，否則企業的銷貨毛利不高。有時候產品市場的競爭情形又與法律或政策有關。例如：在電信業務未開放民間企業參與時，**中華電信**處獨占的地位，其行動通訊門號一號難求，獲利豐厚，電信政策改變後，**中華電信**雖然仍擁有某方面的獨占優勢，但其行動通信業務面臨民營業者的競爭，獲利已不再像以前豐厚。

> 企業所處的產業與競爭環境不同，會反映於財務報表，包括項目、金額、附註及財務比率。

上面的分析告訴我們，財務報表不僅反映企業的各項活動及後果，更隱約透露著企業的競爭策略、產業及環境因素。閱讀財務報表

> **現場直擊**
>
> **分析財務報表須了解產業**
>
> 曾經廣受注意的博達案,讓許多投資大眾血本無歸,因為大家相信它的砷化鎵技術獨特,獲利潛能大;也因此相信損益表上的營收金額及淨利,卻沒注意到**博達**所報導的營收額竟然高過這個產業的市場總營收額。

不僅分析數字與比率的高低乃至變化,更要了解其背後的動因,如此才能獲得完整的圖案,所作的決策較不易犯錯。

2.2 財務報表的環境

企業所編製的財務報表,其品質受到主、客觀因素的影響,主觀的因素為經理人採取的會計策略,客觀的因素則為外在環境,包括會計慣例 (conventions) 與管制措施 (regulations)、外部審計以及法律因素。本節先討論環境因素,在下一節再行討論會計策略。

2.2.1 會計慣例

在編製財務報表的過程中,企業遵循大家所接受的會計處理方式。在訂定會計準則的「權威機構」未出現前,這些為大家接受的會計處理方式乃透過形成社會規範的途徑,成為會計處理的慣例;權威機構出現後,則由此等機構訂定,並稱之為一般公認會計原則 (Generally Accepted Accounting Principles, GAAP)。廣義的一般公認會計原則包括一套觀念、假設、原則與程序,期使財務報表公允表達 (fair presentation) 企業的實際面貌。狹義的一般公認會計原則,則指由權威團體所訂定而為大家遵守的會計準則,例如:我國的會計研究發展基金會、美國的財務會計準則理事會 (Financial Accounting Standards Board, FASB),以及國際會計準則理事會 (International Accounting Standards Board, IASB) 所發布的會計準則。這些會計準則規範企業對特定交易事項的認列、衡量、表達與揭露。另外,政府機

廣義的一般公認會計原則包括一套觀念、假設、原則與程序,期使財務報表公允表達企業的實際面貌。

狹義的一般公認會計原則,則指由權威團體所訂定而為大家遵守的會計準則。證券主管機關所規定的管制措施亦包括在內。

關的行政命令或規定，如「證券發行人財務報告編製準則」，亦為一般公認會計原則的一部分。

雖然今天我們將遵守「一般公認會計原則」視為當然，在 1930 年之前，這個名詞並未出現。1929 年的美國股市大崩跌以及往後的經濟蕭條，使得上市公司的財務報表品質受到關注，許多人認為財務報表的品質與股市的大崩跌有關，並擔心讓上市公司採用不同的會計方法來報導類似的交易事項，恐怕會損及市場的秩序以及投資人的利益，尤其是當企業採用的會計方法有所爭議的時候。美國分別於 1933 年通過「證券法」(Securities Act) 以及於 1934 年通過「證券交易法」(Securities Exchange Act)，並成立證券交易委員會 (Securities and Exchange Commission, SEC)，且授權 SEC 訂定一般公認會計原則。但 SEC 自成立至今並未訂定美國的 GAAP，而是交由民間機構訂定；SEC 僅作背書認可，且極少數的情況下，SEC 不認同民間機構所訂的 GAAP。但是 SEC 基於維持資本市場之秩序，另外發布管制措施，例如：Regulations S-X 用以規範揭露實務；再如 Financial Reporting Releases (FRR) 用以規範財務報告的編製事宜，這些法規亦為美國 GAAP 的一部分。

美國 SEC 所交付訂定 GAAP 的民間機構包括美國會計師協會 (American Institute of Certified Public Accountants, AICPA) 的會計程序委員會 (Committee on Accounting Procedures, CAP) 及會計術語委員會 (Committee on Accounting Terminology, CAT)，自 1939 年至 1959 年間，這兩個委員會發布 51 號會計研究公報 (Accounting Research Bulletins, ARB)。自 1959 年以後，上述兩個委員會被 AICPA 的會計原則委員會 (Accounting Principles Board, APB) 與會計研究部門 (Accounting Research Division, ARD) 所取代；一直到 1973 年 APB 共發布 31 號意見書 (Opinions) 及 4 號公報 (Statements)；而 ARD 發布 14 個會計研究報告 (Accounting Research Studies)。自 1973 年開始，APB 與 ARD 又為財務會計準則理事會 (Financial Accounting Standards Board, FASB) 所取代。FASB 為獨立於 AICPA 之外的機構，為財務會計基金會 (Financial Accounting Foundation) 下的一個委員會，負責訂

定發布財務會計準則公報 (Statement of Financial Accounting Standards, SFAS)，成為訂定美國 GAAP 的權威機構，直至今天仍繼續運作。雖然 APB 已不復存在，APB 時代所發布的意見書仍是美國 GAAP 的來源之一，除非被後來的 SFAS 所取代。

不論是 CAP 或 APB 均是 AICPA 所設立的委員會，其研究產出不僅讓上市公司的會計處理更趨一致，也有助於會計師查核簽證工作之進行。這些委員會採取「問題導向」的作法，對實務上遭遇到的個別問題加以研究，提出觀點。但也遭致批評，認為「頭痛醫頭，腳痛醫腳」以及無法提出永久性的架構供分析會計問題之用。FASB 成立之後，即著手於觀念架構的建立，然而其目的並不是回應上述批評，而是希望藉由觀念架構作為解決準則制定過程中的會計爭議之用，以及作為決定判斷的範圍之用。FASB 成立後，即陸續發布觀念公報 (Statement of Financial Concepts)，觀念公報有別於準則公報 (Statement of Financial Accounting Standards)，觀念公報不是針對個別交易事項而訂，而是意圖建立理論基礎，作為訂定準則公報之依據，這些觀念公報涵蓋財務報表的目的 (第 1 號)、會計資訊的品質特性 (第 2 號)、財務報表的要素 (第 3 號，後來被第 6 號所取代)、非營利事業的財務報告之目的 (第 4 號)、認列與衡量 (第 5 號)、使用現金流量資訊及現值從事會計衡量 (第 7 號)，及財務報導觀念架構 (第 8 號)。

> IASB 的觀念架構包括：財務報表之目的、財務報表的基本假設、財務報表之品質特性、財務報表要素之定義、認列與衡量。

除了 FASB 發布觀念公報外，IASB 也重視觀念基礎，發布「財務報導之架構」(簡稱「觀念架構」)。IASB 發布的觀念架構包括：財務報表之目的 (objectives)、財務報表的基本假設 (assumptions)、財務報表之品質特性 (qualitative characteristics)、財務報表要素之定義、認列與衡量。就財務報表之目的言，雖未明示，但所指的財務報表為一般目的之財務報表，其所涵蓋的資訊為滿足各利害關係人決策之共同需要；某一利害關係人特別需要的資訊 (如國稅局為了徵課某一稅捐)，無法自一般目的之財務報表直接獲得。但就投資人或債權人等利害關係人言，他們所共同需要的資訊則可自財務報表獲得。由於觀念架構為訂定會計準則之理論基礎，而財務報表的編製乃是遵循

會計準則，因此分析財務報表時若能了解背後原由，更能掌握所蘊含的資訊；尤其是 IFRS 較美國的 GAAP 更傾向原則式準則 (principles-based standards)，較少詳細的規定與實施指引，了解觀念架構較以往更為重要。

財務報表的基本假設

財務報表的基本假設包括應計基礎 (accrual basis) 與繼續經營 (going concern)。依照應計基礎編製的財務報表不僅告知讀者企業過去收到與付出現金的交易，且可使讀者了解企業未來支付現金的義務及收取現金的權利。此外，通常假設企業為一繼續經營的個體，且在可見的未來會持續營運；企業如果意圖或必須解散清算，或大幅裁減營運規模時，應以不同的基礎 (如清算價值) 編製財務報表，在此情況下，尚須揭露不採用繼續經營假設的原因，以及所採用的基礎。雖然 IFRS 僅明文提到這二個假設，其他編製財務報表的假設，如企業個體假設 (entity assumption)、會計期間假設 (accounting period assumption) 與貨幣衡量假設 (unit of measurement assumption) 仍為慣用的會計假設。

> 雖然 IFRS 僅提到應計基礎以及繼續經營兩個假設，常用的其他假設包括企業個體假設、會計期間假設，以及貨幣衡量假設。

財務報表的品質特性

財務報表的品質特性係指促使財務報表對使用者有用的屬性。IASB 所提出的有用財務資訊之品質特性分為基本品質特性 (fundamental qualitative characteristics) 與強化性品質特性 (enhancing qualitative characteristics)。有用的財務資訊必須同時具備攸關性 (relevance) 與忠實表述 (faithful representation) 兩項基本品質特性。

> 有用的財務資訊之品質特性分為基本品質特性及強化性品質特性。

> 有用的財務資訊必須同時具備攸關性與忠實表述兩項基本品質特性。

就攸關性言，與財務報表使用者的決策攸關的資訊，才是有用的資訊。具攸關性的資訊能影響使用者的決策，因為這些資訊能幫助使用者評估過去、現在或未來的事項，或是能確認或修正過去所作的評估。具攸關性的資訊也能幫助使用者預測一個企業未來掌握機會或處理逆境之能力。綜上可知，透過資訊所具備的確認或修正價值以及預測價值，從而影響使用者的決策，資訊方具攸關性。如果一個項目

或金額將之忽略或誤述不致影響使用者決策，則該資訊不具**重大性** (materiality)，因此資訊的攸關性受到重大性的影響。此外，有時資訊的性質即可單獨決定資訊的攸關性，例如：報導企業新成立部門之經營績效有助於評估該企業面臨的風險與潛在的機會。此種資訊即可單獨影響使用者的決策，因此具備攸關性。儘管資訊的攸關性受到重大性的影響，重大性僅提供一個門檻或分界點，而非基本的品質特性。一旦某一資訊其金額超過重要性門檻，該資訊即應單獨表達於財務報表，至於不重要的項目則可彙總表達，但仍須視其相對重大性在附註中單獨揭露。

忠實表述係指財務資訊能**完整** (complete)、**中立** (neutral) 及**免於錯誤** (free from error) 的描述經濟現象。所謂「完整」係指包括讓使用者了解描述現象所需之所有資訊，包括所有必要的敘述與解釋。「中立」並非指財務資訊應對使用者之行為不造成影響，而係不蓄意操縱財務資訊以達成特定之後果。例如，經理人為了獲致獎酬而美化經營績效，此時財務報表的資訊即非中立。「免於錯誤」並非指所有方面之資訊皆完全正確。例如，對於金融工具價值的估計，並無法決定是否正確；惟若所估計的金額已清楚且明確地說明其為一估計數，對估計程序之性質與限制已加以解釋，且選擇與應用產生估計之程序並無錯誤，則該估計即屬忠實表述。

一旦財務資訊同時具備攸關性與忠實表述兩項基本品質特性後，即為有用的財務資訊。儘管如此，仍可強化財務資訊的有用性。**可比性** (comparability)、**可驗證性** (verifiability)、**時效性** (timeliness) 及**可了解性** (understandability) 為強化性品質特性。為了提升有用性，財務資訊具有之強化性品質特性越多越好，但若財務資訊不具備攸關性與忠實表述基本品質特性，則無論具有再多之強化性品質特性仍非為有用之財務資訊。

財務報表的要素

財務報表的要素包括**資產** (assets)、**負債** (liabilities)、**權益** (equity)、**收益** (income) 與**費損** (expenses)。在每一個要素之內尚可依

功能或性質再行分類,例如:在資產之內再分類為流動資產與非流動資產等。有關更進一步的分類在以後的章節再行討論。本章僅就要素的定義與認列加以討論。資產為企業所控制的資源,該資源由過去交易所產生,且預期未來可產生經濟效益之流入。基於「實質重於形式」,所有權的移轉並不是界定資產的必要條件,例如融資租賃之租賃物即為承租人之資產。將某一項目認列為企業的資產時,除該項目符合資產的定義外,尚須同時滿足二項標準:(1) 特定項目之未來經濟效益流入企業係很有可能;(2) 該項目之成本或價值能可靠衡量。因此,企業雖然投入研究經費,但其未來經濟效益流入企業具有高度不確定性,因此該項支出不應認列為企業的資產,而應認列為費用。又如,預期訴訟的結果很有可能帶給企業未來經濟效益,但所能獲得的賠償金額無法可靠衡量,此時亦不得認列為企業的資產 (及收益),而應於附註揭露該項請求權。負債為企業由於過去交易所產生的既有義務,履行該義務預期將產生經濟資源的流出。通常負債經由:(1) 支付現金;(2) 轉讓現金以外之資產;(3) 提供勞務;(4) 以負債交換另一負債;或 (5) 負債轉為權益的方式清償之。企業將某一既有義務認列為其負債時,除該既有義務符合負債的定義外,尚須同時滿足二項標準:(1) 清償該既有義務,致使具經濟效益的資源很有可能流出企業;(2) 金額能可靠衡量。所謂「衡量」包括估計在內,而不僅限於確定的金額,例如應計保固負債即為估計負債。

權益乃是減除企業所有的負債後,對企業資產的剩餘權益

現場直擊

費損 vs. 資產

依照借貸法則,費損的增加,記於借方;資產的增加,也記於借方;但同樣一筆支出,借記費損相對於借記資產,其差異可達數億美元。

發生於 21 世紀初期,爆發於**安隆**事件之後的**世界通訊** (WorldCom) 財報舞弊案,即是將該認列為費用的支出認列為資產,且連續多年虛增資產與淨利,直到公司的內部稽核發現,隨後即被美國證券交易委員會提起訴訟。

(residual interests)。權益可再分類為資本 (股本)、資本公積、保留盈餘及其他應直接認列於權益的項目，例如透過其他綜合損益按公允價值衡量之金融資產的評價利益或損失。

企業在某一時點的財務狀況 (financial position)，通常以該時點的資產、負債與權益代表；為了衡量在某一期間的經營績效，常用的衡量指標為利潤 (profit)，而利潤又決定於收益與費損。收益係指當期經濟效益增加的部分，以資產之流入、資產的增值或負債之減少等方式，造成權益之增加，此一增加的部分非屬股東所投入者。例如銷售商品予顧客，收到現金。此一交易即使得現金流入企業，所增加的金額即應認列為企業的收益 (以銷貨收入項目入帳)。又如對透過損益按公允價值衡量之金融資產作期末評價時，若公允價值高於帳面金額，此一增值部分應認列企業的收益 (增值利益)；再如提供商品以清償過去預收貨款所產生之負債，此時減少負債且其減少的金額亦應認列為

觀念簡訊

資產 / 負債說與配合原則

IASB 與 FASB 多年來共同研究建立一套能相互接受的觀念架構；儘管仍持續努力中，二者均採取資產 / 負債說 (asset/liability view)。依照這種途徑，先認列與衡量資產 (或負債)，而所增加 (減少) 的資產或減少 (增加) 負債再認列為收益 (費用)。這並不代表 IASB 或 FASB 較重視資產負債表，而不重視綜合損益表，而是在認列收益時，當前的會計處理技術常力有未逮，雖然針對許多特定的交易作了許多會計處理的規定，仍無法應付不斷推陳出新的交易模式，因此與其在收益認列上不斷打轉仍找不到路，倒不如從資產或負債認列上尋求出路。另外，採取資產 / 負債說也符合經濟學家 Hicks 對於所得的定義。亦即，在資本維持的觀念 (concept of capital maintenance) 下，除去與業主的交易外，企業所增加的淨資產乃是企業所賺的利潤。採取這種方式也使得配合原則 (matching principle) 不再那麼重要；不能只為了配合收益而認列費用，如果沒有資產的減少或負債的增加，不能於綜合損益表認列費用。例如：於認列銷貨收入的同一期間認列銷貨成本，乃是因為減少了存貨這項資產。於某一期間認列折舊費用，乃是因為某項設備之未來經濟效益減少了。更不能為了配合原則而在資產負債表認列一個項目 (如遞延費用、遞延收益)，而該項目根本不符合資產或負債的定義。

企業的收益。由上可知，收益包括收入 (revenue) 與利益 (gain)，兩者均代表除去股東當期之投入後，企業當期經濟效益的增加；唯利益通常以淨額表達，如資產增值利益、處分資產利益等。收益應於未來經濟效益的增加能可靠衡量時，於綜合損益表認列。

費損係指當期經濟效益減少的部分，以資產之流出、資產之耗用或負債的增加等方式，造成業主權益的減少；此一權益的減少，並不因為分配予股東而產生，如分配股利。費損包括費用 (expenses) 與損失 (losses)。費用包括銷貨成本、薪資及折舊等，通常以資產 (如現金或存貨之減少) 之流出或資產 (如廠房及設備) 之耗用等方式發生。費用與損失均代表除去分配給業主之股利外，經濟效益的減少；但損失通常以淨額表達，如資產減損損失、處分資產損失等。費損應於未來經濟效益之減少能可靠衡量時，於綜合損益表認列。

2.2.2 財報管制

　　財務報表為投資決策的重要依據；為了維持資本市場的紀律，增進投資人的信心，各國證券主管機關均在法律授權下公布行政規章，管制財務報表的編製與發布。我國金融監督管理委員會 (金管會) 即依據證券交易法訂有「證券發行人財務報告編製準則」，用以規範公開發行公司的財務報表編製方式，包括資產負債表、綜合損益表、現金流量表、權益變動表及重要會計項目之明細表之內容與格式。除此之外，也訂有「公開發行公司年報應行記載事項準則」，要求公開發行公司應於年報揭露的內容，包括公司沿革，董事、監察人與高階經理人學經歷及其酬勞，會計師公費與異動，營運概況，募資情形及年度財務報表等資訊。另外，為了規範財務預測之編製與發布，訂有「公開發行公司公開財務預測資訊處理準則」；對於在資本市場募集資金的公開發行公司，不論藉由發行股票或公司債，金管會亦訂有「公開募集發行有價證券公開說明書應行記載事項準則」，要求應該揭露的資訊，期使企業與投資人間的資訊不對稱降到最低，增進透明程度。上述管制措施的詳細內容，已於第 1 章說明，不再贅述。

　　台灣有些企業到美國掛牌上市，因此受制於美國證券交易委員會

年報內容
公司年報所揭露的內容不僅限於年度財務報表，尚包括公司沿革、董事、監察人與高階經理人學經歷及酬勞、會計師公費與異動、營運概況及募資情形等。

(SEC) 的規範，須定期或不定期申報財務報告。這些發行公司可以選擇用以管制美國當地公司的規定 (即 Regulation S-X)，或選擇較為寬鬆的規定，以資遵循申報財務報告。包括 10-K 年報 (會計年度結束後 60 到 90 天內，視公司規模而定)、10-Q 季報 (每季季末後 40 到 45 天內，視公司規模而定；第四季無須申報) 及 8-K 重大事件報告 (事件發生後 4 天內)。10-K 年報所要求記載的事項類似我國的公開發行公司年報應行記載事項，除了年度財務報表外，包括公司歷史、營業狀況、不動產、經營討論與分析 (management discussion and analysis, MD&A)、法律訴訟及會計師異動與公費等。10-Q 季報則類似我國的季報，但另包括 MD&A。8-K 重大事件報告，則包括重大事件的報告，例如，控制權的變動、併購與撤資、破產、會計師的異動及董事的辭職等，影響股東權益甚大，因此不能等到季報或年報發布日，而必須於事件日後 4 天內即行公告。若選擇較為寬鬆的規定，則企業須依 20-F 規定申報年報，另須依 6-K 規定申報重大事件。

　　有些企業不在美國直接掛牌上市，而係發行美國存託憑證 (American Depositary Receipt, ADR)。這些公司須依 F-6 或 20-F 規定申報財報，但 8-K 規定的重大事件申報事項可以豁免之。20-F 對年報申報事項的要求較 10-K 規定為少，年報申報期限也放寬至年度終了後 6 個月內，至於季報，則可選擇不申報；有關的營業與部門別資訊的揭露要求也較少。遵循 20-F 規定申報財報的企業必須揭露所採用的一般公認會計原則，若非為美國的一般公認會計原則，必須另編製調節資料，說明差異原因及其影響。美國 SEC 已有條件的刪除此一規定。如果外國公司依據 IASB 所訂定的 IFRS 編製合併財務報表，儘管 IFRS 與美國的一般公認會計原則存有差異，這些公司可以免除上述調節資料的要求。此政策上的改變，被視為美國有意接受 IFRS 為其 GAAP 的訊號，但美國國內公司若依 IFRS 編製財務報表，是否可享同樣的豁免待遇，仍有待 SEC 的宣布。

2.2.3　外部審計

　　股東與債權人提供資金，委由經理人代為經營企業，經理人為了

表達盡到託管 (stewardship) 責任，定期編製財務報表給予股東及債權人 (尤其是股東)。由於運用託管資金的人與編製財務報表的人均為經理人，因此有必要僱請超然獨立又有專業知識的第三者查核財務報表，外部審計人員乃是受僱查核財務報表的第三人。

外部審計人員依照一般公認審計準則 (Generally Accepted Auditing Standards, GAAS) 執行查核工作，對於委託的企業之內部控制加以評估，進行初步分析性複核，擬訂查核程式的規劃，乃至對資產負債表項目的證實測試；如認為財務報表上的項目與餘額不正確或有誤述之虞時，要求經理人加以調整。在出具查核報告前，尚需對企業是否有無法繼續經營之風險加以評估。依照我國的法令，查核報告上除了註明會計師事務所全銜外，兩位負責查核的會計師也必須簽名蓋章。查核報告中最受人注意的為查核意見，一般而言，包括無保留意見 (unqualified opinion) 與修正式意見 (modified opinion)。修正式意見包括保留意見 (qualified opinion)、否定意見 (adverse opinion) 及無法表示意見 (disclaimer)。

> **查核意見的種類**
> 查核意見包括無保留意見與修正式意見。修正式意見包括保留意見、否定意見，以及無法表示意見等種類。

會計師出具修正式意見時，代表會計師基於所取得的查核證據，所作成的查核結論為財務報表整體存有重大不實表達，或會計師因無法取得足夠及適切之查核證據，以作成財務報表整體未存有重大不實表達的查核結論。修正式意見的類型包括：保留意見、否定意見，及無法表示意見。

有下列情況時，會計師應表示保留意見：(1) 會計師已取得足夠及適切之查核證據，並認為不實表達 (就個別或彙總而言) 對財務報表之影響雖屬重大但並非廣泛；(2) 會計師無法取得足夠及適切之查核證據以作為表示查核意見之基礎，但認為未偵出不實表達 (如有時) 對財務報表之可能影響雖屬重大但並非廣泛。當會計師已取得足夠及適切之查核證據，並認為不實表達 (就個別或彙總而言) 對財務報表之影響係屬重大且廣泛時，應表示否定意見。當會計師無法取得足夠及適切之查核證據以作為表示查核意見之基礎，並認為未偵出不實表達 (如有時) 對財務報表之可能影響係屬重大且廣泛，應出具無法表示意見之查核報告。綜上，會計師就導致修正式意見事項之性質及該

事項對財務報表之影響或可能影響是否廣泛所作之判斷將影響修正式意見之類型，其組合表列如下：

導致修正式意見事項之性質	該事項對財務報表之影響或可能影響是否廣泛	
	重大但非廣泛	重大且廣泛
財務報表存有重大不實表達	保留意見	否定意見
無法取得足夠及適切之查核證據	保留意見	無法表示意見

會計師自承接委託查核之業務，執行查核工作乃至出具查核報告，應依一般公認審計準則及管制機關的規範，秉持超然獨立的立場執行業務；但因審計市場的競爭，有時會使會計師陷於兩難的情況，益發顯得職業道德的重要。因此會計師專業團體，如我國會計師公會全國聯合會或美國會計師協會，均訂有職業道德規範，以增進會計師對職業道德的敏感並作成合乎職業道德的判斷與決策。綜上所述，財務報表的編製雖為企業經理人的責任，但因經會計師的查核及應對受查企業提出建議加以更正或調整，查核後的財務報表，其品質已成為企業經理人與會計師的共同產出，因此，會計師 (或廣義地說，外部審計人員) 的素質也是影響財報品質的環境因素。

2.2.4 法律環境

當證券主管機關的管制與監督措施、會計師的職業道德、企業經理人的良知，以及投資大眾的監督都無法有效保障財務報表的品質時，最後的訴求為法律，包括立法與司法。本書僅對立法部分加以說明。我國用以規範財務報表的編製與發布之法律包括：公司法、證券交易法及商業會計法。公司法規定，公司每屆會計年度終了，應將營業報告書、財務報表及盈餘分配或虧損撥補之議案，提請股東同意或股東常會承認，資本額達一定數額者，其財務報表應先經會計師查核簽證。若公司負責人違反上述規定，處以一定金額以下之罰鍰 (第 20 條)。股份有限公司的董事會應將上述表冊於股東常會開會 30 日前交監察人查核 (第 228 條)，且應於股東常會開會 10 日前，將上述表冊連同監察人之報告書，備置於公司供股東隨時查閱 (第 229 條)。

規範財務報表的編製與發布的法律
我國公開發行公司的財務報表編製與發布，除受一般公認會計原則之規範外，尚受制於公司法、證券交易法及商業會計法。

> **現場直擊**

新式查核報告——審計準則公報第五十七號

　　國際審計與確信準則委員會 (IAASB) 之新式會計師查核報告準則 ISA 700 (Revised) 於 2015 年 1 月修訂發布，其目的在提升資訊價值與透明度，財團法人中華民國會計研究發展基金會於民國 105 年 12 月發布新式會計師查核報告——審計準則公報第五十七號「財務報表查核報告」，且上市 (櫃) 公司於民國 105 年度起全面適用新式查核報告之規定。

　　有別於舊式查核報告之格式——前言段、範圍段及意見段，新式查核報告之段落內容包括：查核意見、查核意見之基礎、關鍵查核事項、管理階層及治理單位對財務報表之責任及會計師查核財務報表之責任。兩者之主要差異有二：(一) 新式查核報告將查核意見移至首段，且接續說明形成此意見之基礎為何，可讓財報使用者迅速了解會計師對於此份財務報告所出具之查核意見。(二) 新式查核報告新增「關鍵查核事項」段落。

　　依照審計準則公報第五十八號，所謂關鍵查核事項係指依會計師之專業判斷，對本期財務報表之查核「最為重要事項」，並將該等事項於會計師形成查核意見後在查核報告中予以溝通。至於如何決定最為重要之事項，查核人員應從與治理單位溝通之事項中來決定查核時「高度關注之事項」，再從高度關注之事項中進一步決定哪些為查核「最為重要事項」，也就是查核報告中的關鍵查核事項。因此，查核人員依該公報規定經由以下三種情事 (但不限於) 來判斷查核時高度關注之事項：

(一) 所評估重大不實表達風險較高之領域，或所辨認存有顯著風險之領域。
(二) 針對財務報表中涉及管理階層重大判斷之領域 (例如會計估計)，查核人員所作之重大判斷。
(三) 於財務報導期間所發生之重大事件或交易對查核之影響。

　　除以上三項特別考量情事有關之事項外，與治理單位溝通之其他事項亦可能被查核人員高度關注，因而被決定為關鍵查核事項。根據台灣經濟新報資料庫，民國 106 年的上市 (櫃) 公司之查核報告中，一共提及 3,415 筆關鍵查核事項，其中常見之關鍵查核事項種類分別為：存貨評價與盤點 (1,010 筆)、收入 (918 筆) 及應收款項減損 (541 筆)。

　　證券交易法對於公開發行公司有關財務報表方面的規定更多，例如：第 14 條規定公開發行公司的財務報告應經董事長、經理人及會計主管簽章，並出具內容無虛偽或隱匿之聲明，且會計主管應具一定資格條件並持續專業進修。第 14 條之 1 規定公司應設立財務、業務

之內部控制制度。第 36 條明確規定依該法發行有價證券 (如股票、公司債) 之公司，應於每營業年度終了後 3 個月內公告並向主管機關申報經會計師查核簽證，董事會通過及監察人 (或審計委員會) 承認之年度之財務報告；至於季度 (第一季、第二季及第三季) 的財務報告，應於各該季終了後 45 日內，公告並申報經會計師核閱及提報董事會之財務報告。除了財務報告外，亦應編製年報，於股東常會分送股東；股東常會應於每營業年度終了後 6 個月內召集之。公司於募集、發行有價證券、申請審核時，除公司法所記載事項外，還另加具公開說明書。證券交易法第 20 條之 1 更規定因提供上述文件或財務報告，內容有虛偽或隱匿之情事，使公司所發行有價證券之善意取得人、出賣人或持有人受到損害時，應負賠償責任之人，包括公司、公司負責人，曾在上列文件簽名之公司職員及簽證會計師；但已盡相當注意且有正當理由可合理確信內容無虛偽或隱匿情事者；或無不正當作為且盡業務上應盡義務者，免負賠償責任。

　　證券交易法所規範的對象主要為公開發行公司，因此非為此類之公司不受其規範，就此而言，證券交易法可說是公司法的特別法。雖然公司法已對財務報告作了一般性的規定，但商業會計法則針對會計事務的處理加以詳細規定，包括會計人員任免、會計年度、記帳貨幣單位、會計基礎、會計憑證、會計帳簿、會計項目及財務報表、會計事務處理程序、入帳基礎、損益計算、決算及審核，以及罰則均有規定。因此，除非證券交易法另有規定外，公開發行公司有關的會計處理與財務報告編製，仍應遵照商業會計法之規定。

2.3　會計策略

　　2.2 節說明財務報表的各項環境因素，規範與影響企業財務報表的編製、申報與公告。企業經理人也有一些主動作法，我們稱之為會計策略，包括所採取的會計政策、會計估計與自願揭露。企業經理人在一般公認會計原則的範圍內，仍可選擇會計政策，例如可自存貨的評價方法中，選擇採用先進先出、加權平均或個別認定。採用不同存

貨評價方法對當期損益、資產與權益，也對次期的損益有所影響。企業經理人可以選擇的估計又更多，如估計備抵呆帳 (預期信用損失) 的金額，不僅影響期末應收帳款餘額，也影響當期損益，甚至次期損益。企業經理人在強制性揭露事項之外，另也自願揭露企業的一些事項，或是對強制性揭露事項作不同深度與廣度的揭露。

企業向銀行借款，依約應滿足條款上的要求，例如維持一定的獲利能力以便足以支付利息，又如維持一定的營運資金、流動比率或淨值 (即：權益)。這些條件的計算均基於財務報表的數字，因此當企業在快要無法達到這些比率或數字的要求時，經理人可能會利用上述會計上的彈性，以免違反借款合約而遭銀行提高利率，甚至要求馬上償還本金。企業董事會聘用高階經理人時，往往訂有薪酬合約，若高階經理人超過某一業績目標時，會獲得一定額度的股票、股票選擇權或現金，作為獎酬。業績目標通常也是基於會計數字，因此為了獲取高額獎酬，高階經理人會有誘因利用會計上的彈性，採取某些會計策略，以極大化其個人的財富。受到管制的企業，為了減低管制機構的調查或行動，其經理人也可能利用會計上的彈性。例如，液化天然氣的費率受到管制，為了降低被要求調降費率的風險，液化天然氣的企業經理人也會有誘因策略運用會計上的彈性，降低獲利數字。企業有時會面臨敵意接管 (hostile takeover) 之挑戰，經營團隊為免被敵意接管後失去工作，會有誘因向市場宣示其經營績效良好，因而可能利用會計上的彈性，提高獲利數字。在工會勢力強大的國家 (如德國)，企業經理人會有誘因降低獲利數字，以降低與工會談判時被要求調薪的幅度。面臨強勢的顧客時，企業有時也會利用會計上的彈性刻意壓低獲利數字，以減低顧客要求降價的風險。上述會計上的彈性乃是透過會計政策與會計估計的裁決空間。除此之外，企業經理人為了競爭上的考慮不願讓其機密外洩，也會在附註揭露上「敷衍了事」。例如，儘管一般公認會計原則要求揭露部門別資訊，但有的企業輕描淡寫，尤其有關成本與獲利的數字，以免「天機外洩」或招致競爭對手的加入。相反地，有的企業會作自願性揭露，但只報喜而不報憂，以進行印象整飾。由於企業經理人在一般公認會計原則的範圍內，存在這些

策略使用的彈性，因此閱讀財務報表時，不可不了解所存在的會計彈性以及經理人的可能動機與誘因，方能正確解讀財務報表的內容。

2.4 財務報表的限制

儘管企業經理人依照一般公認會計原則編製，而且會計師依照一般公認審計準則查核，財務報表仍存在許多限制。這些限制或由於人為操縱或欠缺知識，或由於無法全面落實觀念架構的要求而引起。

廣義的一般公認會計原則包括觀念架構。觀念架構認為採用應計基礎較能達成財務報表的目標。因此企業經理人必須從事專業判斷對一些事項加以估計，包括估計應收帳款中有多少金額無法收回，估計存貨的跌價損失，估計投資於結構性金融工具的公允價值，估計機器設備的耐用年限及殘值，估計不動產、廠房及設備與無形資產所產生的未來現金流量，以及估計保固負債等。儘管一般公認會計原則限縮企業經理人選擇會計處理的空間，但一般公認會計原則也留下不小的裁決空間，待企業經理人估計或判斷。如果他們善用判斷可將私有的資訊與知識反映於財務報表，降低報表使用者與企業間的資訊不對稱；反之，若經理人從事盈餘管理，則財務報表扭曲企業的真實面貌，使得財務報表作為託管 (stewardship) 與決策有用 (decision usefulness) 的目標無法達成。所謂「盈餘管理」(earnings management) 係指企業經理人利用一般公認會計原則所「賦予」的裁決空間，從事對經理人有利的會計處理。例如，為了達到所要求的業績目標以便獲取紅利，經理人可能利用裁決空間從事盈餘管理。

再者，貨幣衡量假設係假設企業的交易或事項可以貨幣單位衡量；但是，有些交易或事項無法用貨幣單位衡量，無法表達於財務報表，至多僅能揭露於附註，如員工士氣；再者，幣值不變假設亦可能與現實不一致，尤其在物價波動劇烈的環境下，此時須依賴補充報表以表達物價波動下的財務狀況與經營績效。基於會計期間假設，企業定期 (按季、半年或年) 提供財務報表，此時企業經理人即須於每一會計期間的期末將影響達數個會計期間的事項以人為方式，認列於每

一會計期間。將經濟效益達 5 年的機器設備成本透過計提折舊分攤於每一會計期間，即為一例。這種會計處理有助於企業提供較為及時的資訊，然而折舊的計提方式亦可能影響財務報表的品質。最後，繼續經營假設固然使得會計處理更為單純，但若繼續經營假設與現實情況不一致時，則依歷史成本衡量之財務報表，其決策有用性可能低於用清算價值所衡量者。

觀念架構中要求財務報表的資訊品質應具攸關性與忠實表述，欲具備攸關性通常應包括預測未來的資訊。然而受制於預測的技術，財務報表無法提供此類前瞻性的資訊，因為可能無法達到忠實表述，也因此財務報表通常包括歷史性的資訊，雖然財務報表也包括估計的金額，也有預測的成分，但距整套財務報表的整體內容均為預測資訊，仍有距離，也是現行財務報表的限制之一。

最後，財務報表往往無法反映企業自行發展或創造的特殊能耐，例如員工士氣、紀律與創意，又如企業特有的內部組織程序，再如企業與其供應商或顧客獨有的關係與默契，亦因衡量技術的限制，或因不符資產的定義而未表達於財務報表；至多僅於附註揭露。

財務報表有如上的限制，因此從事投資或放款決策時，尚須仰賴其他的資訊，如公司的年報與公開說明書，包括文字描述的資料，且不僅限於財務與歷史資料。企業外部的專業機構與學術機構也常發布研究報告，有些係對特定企業的評估與預測，有些則是針對總體經濟或特定產業之現況分析與未來展望，前者如財務分析師對某一企業的盈餘預測，後者如中央研究院經濟研究所所作的經濟成長以及景氣之預測。這些其他資訊來源，已於第 1 章詳述。值得注意的是，隨著文字探勘、機器學習以及數據分析科技的發展，公司所提供的文字內容，也可像數字內容般的加以分析，而且來自公司外部的平面媒體、網路媒體甚至社交媒體之內容也可利用上述科技，加以分析。

研究櫥窗

異常應計數與盈餘管理

相對於現金基礎，應計基礎對於收益與費損的認列不受限於應有現金的收付，因而產生應收與應付等應計項目。除此之外，對資產的評價所認列的費用，如折舊、攤銷與減損等，亦不可因沒有現金支付而不認列，上述應計數的入帳，有的以客觀的證據作基礎，有的則是由經理人主觀判斷。經理人憑良知良能所估計的應計數 (accruals)，雖亦主觀，但較易為人接受；反之，其應計數異於常規，而令人質疑財報之品質。

學術研究上常用淨利與營業活動之現金流量 (詳見第 10 章「現金流量表」) 之差額作為應計數之衡量。例如，某公司在某年度淨利為 $800 萬元，當年度營業活動之現金流量為淨流入 $1,200 萬元，則以 $400 萬元 (即：$1,200 萬元 − $800 萬元) 代表應計數 (實際應計數)。之後，利用模型以同一產業的公司為樣本，進行迴歸分析，估計模型中的參數，再將該家公司資料代入估計的迴歸模型，即可得到該家公司估計應計數。代表若依同業狀況，該公司應有的應計數，再把該公司實際應計數減去估計應計數，求得異常應計數 (abnormal accruals)，又稱裁決性應計數 (discretionary accruals)。上例中，若估計應計數為 $385 萬元，則異常應計數為 $15 萬元 (即：$400 萬元 − $385 萬元)。異常應計數有時為正，有時為負。當企業快要違反與盈餘相關的 (或盈餘衍生) 的債務合約條款時，異常應計數傾向為正數；面對調降費率的壓力時，異常應計數傾向為負數。既然異常應計數乃係經過與同業相比而得，異常應計數絕對金額越大，往往被認為盈餘品質較低，因為經理人有利用應計數的裁量空間，從事盈餘管理之嫌。

習題

問答題

1. 解釋廣義的一般公認會計原則。
2. 財務報表的假設包含哪些？
3. 概述有用的財務資訊之品質特性。
4. 財務報表的要素包括哪幾項？
5. 會計師在何種情況下不會出具無保留意見？
6. 會計師在何種情況下會出具修正式無保留意見，並於查核報告中加一說明段或其他文字說明？

7. 請問通常負債可由哪五大方式償清？

選擇題

1. 下列何者通常表達企業某一時點之財務狀況？
   (A) 盈餘預估表 (B) 權益變動表
   (C) 資產負債表 (D) 綜合損益表

2. 下列何者通常表達企業某一定期間之經營績效？
   (A) 公開說明書 (B) 綜合損益表
   (C) 委託書 (D) 權益變動表

3. 外部審計人員依照何種準則進行審計工作？
   (A) 一般公認會計原則 (B) 一般公認審計準則
   (C) 國際會計準則 (D) 評價準則

4. 以下哪一個會計項目，不可能在綜合損益表中出現？
   (A) 非常損益 (B) 研究發展費用
   (C) 銷貨退回與折讓 (D) 土地資產重估增值

5. 財務報表的基本假設為何？
   (A) 繼續經營 (B) 企業個體
   (C) 會計期間 (D) 以上皆是

6. 財務報表的品質特性係指促使財務報表對使用者有用的屬性。基本品質特性包括下列何者？
   (A) 可了解性 (B) 攸關性
   (C) 可比性 (D) 一致性

7. 具備忠實表述特性的資訊應具備下列何者？
   (A) 中立性 (B) 可了解性
   (C) 攸關性 (D) 一致性

8. 「在不確定情況下作估計的判斷時應審慎注意，避免資產與收益高估或負債與費損低估」係指何項品質特性？
   (A) 中立性 (B) 審慎性
   (C) 可了解性 (D) 攸關性

9. 下列何者不是財務報表的要素？
   (A) 資產 (B) 費損
   (C) 調節 (D) 收益

10. 「當期經濟效益減少的部分，以資產之流出、資產之耗用或負債的增加等方式，造成業主權益的減少」係指哪一財務報表要素？
    (A) 耗損
    (B) 耗用
    (C) 費損
    (D) 損失

11. 股東與債權人提供資金，委由經理人代為經營企業，經理人定期編製財務報表給予股東及債權人，是為了表達盡到什麼責任？
    (A) 管收
    (B) 國民
    (C) 託收
    (D) 託管

12. 修正式意見不包括下列何者？
    (A) 無法表示意見
    (B) 無保留意見
    (C) 否定意見
    (D) 保留意見

13. 會計師基於取得之足夠及適切查核證據，認為不實表達對財務報表之影響雖屬重大但不廣泛時，應表示何種意見？
    (A) 保留意見
    (B) 否定意見
    (C) 無保留意見
    (D) 無法表示意見

14. 下列何者代表減除企業所有的負債後，對企業資產的剩餘請求權？
    (A) 損益兩平
    (B) (業主) 權益
    (C) 股東義務
    (D) 債主權利

15. 下列何者非訂定會計原則的權威團體？
    (A) FASB
    (B) IASB
    (C) APB
    (D) OPEC

16. 下列何種 SEC 所規範申報之財務報告，所要求記載的事項類似我國的公開發行公司年報應行記載事項，除了年度財務報表外，包括公司歷史、營業狀況、不動產、經營討論與分析、法律訴訟及會計師異動與公費等？
    (A) 10-K
    (B) 10-Q
    (C) 8-K
    (D) 6-K

17. 下列何者為民國 105 年 12 月發布的審計準則公報第五十七號「財務報表查核報告」新增的段落？
    (A) 查核意見
    (B) 查核意見之基礎
    (C) 關鍵查核事項
    (D) 查核範圍

練習題

1. 達利公司 108 年 1 月份之財務資料如下：

1 月 1 日之保留盈餘	$150,000
1 月 31 日保留盈餘	$300,000
收入總額	$300,000
宣告並支付股利	$15,000

請計算 1 月份之費用總額。

2. 天誠公司去年底有流動資產 $8,000 萬元，不動產、廠房及設備 $3,000 萬元，無形資產 $6,500 萬元，另有有價證券短期投資 $1,000 萬元，長期投資 $5,000 萬元，請計算天誠公司總資產金額。

3. 台研公司 108 年銷貨收入 $110,000，銷貨退回 $10,000，銷貨成本 $65,000，營業費用 $16,000，利息費用 $4,000，當年度發生其他綜合損益 $6,000，試作：108 年度之淨利為何？108 年度之綜合損益為何？

4. 東隆公司 108 年銷貨淨額 $106,000，毛利率 55%，銷售費用 $20,000，管理費用 $10,000，請計算東隆公司之營業淨利。

5. 冠軍公司成立於 107 年，108 年度之財務資料如下：

1 月 1 日之權益	$120,000
發放股利	5,000
銷貨收入	350,000
銷貨成本	275,000
營業費用	25,000

在不考慮所得稅以及無營業外收入或費用的情況下，冠軍公司 108 年度之權益報酬率為何？
(權益報酬率＝稅後損益／平均權益總額)

Objectives

研讀完本章，讀者應能了解：
1. 資產與負債如何區分為流動與非流動。
2. 資產項目之組成。
3. 負債項目之組成。
4. 權益項目之組成。

Chapter 3

資產負債表

本章架構

本章之重點係討論資產負債表的相關議題。資產負債表列示企業於特定時點之資產、負債及權益，是企業呈現財務狀況的平台。而國際財務報導準則採取「資產負債表法」，亦即資產與負債的衡量不僅決定了權益的總額 (權益是資產減負債)，也同時決定了企業的損益。通盤了解資產負債表之項目與衡量，是評估企業財務狀況與其經營績效之起點。

```
                        資產負債表
         ┌──────────┬──────────┼──────────┬──────────┐
    資產負債表組成      資產         負債          權益
  1. 流動資產與非流動資產  1. 流動資產項目   1. 流動負債項目   1. 歸屬於母公司業主
     之區分            2. 非流動資產項目  2. 非流動負債項目     之權益
  2. 流動負債與非流動負債                              2. 非控制權益
     之區分
```

台灣糖業股份有限公司 (簡稱**台糖**，股票代號 1237，係未上市未上櫃之公開發行公司)，於民國 35 年 5 月 1 日成立，為經濟部所屬國營事業。**台糖**係將二次大戰前由日本人經營的大日本、台灣、明治及鹽水港四製糖會社合併組成，早年以砂糖產銷為主要業務，後由於經濟結構轉變，乃調整拓展多角化經營，依產品屬性區分為砂糖、量販、生物科技、精緻農業、畜殖、油品、休閒遊憩，以及商品行銷等 8 個事業部。其中精緻農業事業部種植之蘭花、生物科技事業部開發之蜆精，與畜殖事業部畜養之豬肉，均有相當的市場接受度。

在採用國際財務報導準則編製的 2018 年年度財務報告中，**台糖**截至 2018 年年末持有之「生物資產」分類為流動者有 18.8 億元，分類為非流動者有 3.28 億元。由財務報表附註中可知，該等生物資產總額包括消耗性生物資產 (消耗性動物及植物) 及生產性動物，種類則包括孕育豬、肉豬、留種豬及種豬等豬隻，還有蝴蝶蘭苗株、瓶苗及文心蘭苗等蘭花。其中蝴蝶蘭苗、肉豬、留種豬採用公允價值法評價，其餘則採成本法進行存貨評價。**台糖** 2018 年之生物資產公允價值減出售成本之變動損失為新台幣 0.24 億元。值得注意的是，在國際財務報導準則規定下生產性植物應以折舊後成本衡量 (與不動產、廠房及設備相同)，而**台糖**之蘭花生產母株生產期 (折舊期間) 約 5 年，**台糖**將此類生產性植物列入不動產、廠房及設備中。另值得注意的是，**台糖**之生物資產除蘭花以活株銷售外，其他如家畜、甘蔗等皆須收成後才出售，因此每年收成多少生物資產在財務報表分析時亦應注意，**台糖** 2018 年收成約 18.3 億元；直接活株出售之蘭花約有 7.2 億元。

由資產負債表可發現，**台糖**截至 2018 年第二季季末持有「投資性不動產」金額高達新台幣 3,202 億元，占總資產 48%，為持有各項資產中之比例最高者。此係因**台糖**擁有龐大土地資源，如新竹、台中、台南等科技園區，均係向**台糖**取用土地，故**台糖**亦於總管理處轄下設有土地開發處與資產營運處，經營房地建售業務。值得注意的是，由財務報表附註中可知，**台糖** 2018 年土地開發處之營業收入於各事業部中係居第 3 位，次於油品與砂糖事業部；但各部門總損益新台幣 24.7 億元中，土地開發部門損益就高達 23.9 億元。

台糖公司財務報告是一個非常有趣的財務報告分析個案，在國際財務報導準則下，資產負債表中出現了部分傳統所無的項目，如上述之「生物資產」與「投資性不動產」等項目。採國際財務報導準則編製之資產負債表究竟包括哪些資產、負債與權益項目？其定義為何？又以何種基礎衡量其金額？本章將逐一詳細說明。

早期的會計準則著重收益與費用之配合，採取「損益表法」的衡量。目前的國際財務報導準則採取的是「資產負債表法」，特別重視資產負債表的衡量，並使用較多「公允價值」之衡量基礎，期望財務報表能對企業之經濟資源 (資產) 與義務 (負債)，提供更攸關的資訊，而在衡量資產與負債的過程中也同時對損益加以衡量，提供經營

績效的攸關資訊。本章之重點,即在介紹各項資產負債之衡量原則,以及分析這些資產負債時應注意之事項。

3.1 資產負債表之組成

資產負債表又稱財務狀況表 (Statement of Financial Position),列示企業於特定時點之資產、負債及權益。[1] 資產係指因過去事項而由公司所控制之現時經濟資源,且此經濟資源係指具有產生經濟效益可能性之一項權利。負債係指企業因過去事項而須移轉經濟資源之現時義務。權益則係企業資產扣除其所有負債後之剩餘權益。資產與負債的衡量不僅決定了權益的總額 (權益是資產減負債),也同時決定了公司的損益,因權益之增減數再扣除股利分配與業主增資之影響後,即是完整之會計損益。

> 資產係指因過去事項而由公司所控制之現時經濟資源;負債係指公司因過去而須移轉經濟資源之現時義務;權益則係公司資產扣除其所有負債後之剩餘權利。

表 3-1 即為合併資產負債表之例示。合併資產負債表為合併財務報告之一部分,而所謂合併財務報告係表達母公司及子公司合併後財務狀況與經營績效之財務報告。我國上市櫃公司每季與年度均須公告合併財務報告;興櫃公司則每半年與年度須公告合併財務報告。而除合併財務報告外,上市櫃公司與興櫃公司每年度尚須公告個體財務報告。個體財務報告係表達母公司本身財務狀況及財務績效之財務報告,編製時對包括子公司在內的長期股權投資係採權益法評價。

不同類型之資產對企業未來現金流量有不同之影響。例如,應收帳款可使企業於短期內獲得現金流量;存貨則需要透過銷貨交易及收款程序方能產生現金流量;不動產、廠房及設備則需要更久的時間,透過生產、銷售及收款程序才能變現。因此,資產負債表的功能之一為提供企業經濟資源之性質及金額之資訊,使閱表者能更輕易地評估企業未來現金流量;負債之優先順序及付款需求之資訊,則有助於資產負債表使用者預測未來現金流量將如何支付給企業之各順位債權人。簡言之,報表使用者可利用資產負債表資訊了解企業之財務優勢及劣勢。

---

[1] 我國翻譯之正體中文版國際財務報導準則係翻譯為財務狀況表,而金管會公布之財務報告編製準則中,則仍稱為資產負債表。

表 3-1　合併資產負債表例示

台灣積體電路股份有限公司及子公司
合併資產負債表
民國 107 年 12 月 31 日

單位：新台幣千元

流動資產		流動負債	
現金及約當現金	$ 577,814,601	短期借款	$ 88,754,640
透過損益按公允價值衡量之金融資產－流動	3,504,590	應付短期票券	—
透過其他綜合損益按公允價值衡量之金融資產－流動	99,561,740	透過損益按公允價值衡量之金融負債－流動	40,825
按攤銷後成本衡量之金融資產－流動	14,277,615	避險之金融負債－流動	155,832
避險之金融資產－流動	23,497	合約負債－流動	—
合約資產－流動	—	應付票據及帳款	32,980,933
應收票據及帳款淨額	128,613,391	其他應付款	82,962,684
應收關係人款項	584,412	當期所得稅負債	38,987,053
其他應收款	65,028	負債準備－流動	—
本期所得稅資產	—	一年內到期長期負債	34,900,000
存貨	103,230,976	與待出售非流動資產直接相關之負債	—
生物資產－流動	—	×××× (視企業實際狀況增加)	
預付款項	18,597,448	其他流動負債	61,760,619
待出售非流動資產	—	流動負債合計	$ 340,542,586
×××× (視企業實際狀況增加)			
其他流動資產	5,406,423		
流動資產合計	**$ 951,679,721**	**非流動負債**	
		透過損益按公允價值衡量之金融負債－非流動	—
		避險之金融負債－非流動	—
非流動資產		合約負債－非流動	—
透過損益按公允價值衡量之金融資產－非流動	$ —	應付公司債	$ 56,900,000
透過其他綜合損益按公允價值衡量之金融資產－非流動	3,910,681	長期借款	—
按攤銷後成本衡量之金融資產－非流動	7,528,277	負債準備－非流動	—
避險之金融資產－非流動	—	遞延所得稅負債	233,284
		租賃負債	—
		淨確定福利負債	9,651,405
		存入保證金	3,353,378
		×××× (視企業實際狀況增加)	
合約資產－非流動	—	其他非流動負債	1,950,989
採用權益法之投資	17,865,838	非流動負債合計	$ 72,089,056
不動產、廠房及設備	1,072,050,279		
使用權資產	—	**負債總計**	**$ 412,631,642**
投資性不動產	—		
無形資產	17,002,137	**歸屬於母公司業主之權益**	
生物資產－非流動	—	股本	
遞延所得稅資產	16,806,387	普通股*	$ 259,303,805
存出保證金	1,700,071	特別股	—
×××× (視企業實際狀況增加)		資本公積	56,315,932
其他非流動資產	1,584,647	保留盈餘	
非流動資產合計	**$1,138,448,317**	法定盈餘公積	$ 276,033,811
		特別盈餘公積	26,907,527
		未分配盈餘 (或待彌補虧損)	1,073,706,503
		保留盈餘合計	1,376,647,841
		其他權益	(15,449,913)
		庫藏股票	—
		母公司業主權益合計	$1,676,817,665
		非控制權益	678,731
		權益總計	**$1,677,496,396**
資產總計	**$2,090,128,038**	**負債及權益總計**	**$2,090,128,038**

* IAS1 對權益股本中項目之排序並無特定要求。但我國財務報表編製準則提供之附表格式中，權益股本部分之排序為普通股先於特別股。

根據我國「證券發行人財務報告編製準則」提供之附表格式，資產及負債應區分流動與非流動，排列方式與順序如下：資產在報表左方，先表達流動資產，再表達非流動資產，且流動資產係以流動性遞減方式排列；負債在報表右上方，先表達流動負債，再表達非流動負債；權益則在報表右下方。

依國際財務報導準則，企業之資產及負債，主要是以<u>營業週期</u> (operating cycle) 為時間之區分點，將其分類為流動或非流動。當企業於一明確可辨認之營業週期內提供商品或勞務時，應將資產與負債區分為流動與非流動項目；但當企業之營業週期無法明確辨認時，其資產與負債應依遞增或遞減之流動性順序表達於財務報表。所謂營業週期，係指企業自取得原物料或商品存貨至其賣出商品並收取現金或約當現金之時間。在區分資產為流動或非流動時，若企業之正常營業週期小於十二個月時，則可假定其為十二個月。

> 企業於一明確可辨認之營業週期內提供商品或勞務時，應將資產與負債區分為流動與非流動項目；但當企業之營業週期無法明確辨認時，其資產與負債應依遞增或遞減之流動性順序表達於財務報表。

流動資產減流動負債之餘額稱為<u>營運資金</u> (working capital)，公司需要足夠之營運資金以維持正常之營業活動，但公司累積過多之營運資金時，則多耗費的資金成本可能傷害經營績效。例如，企業會嘗試以即時 (just-in-time) 系統管理其存貨，使存貨數量盡可能減少。公司管理當局管理營運資金的重要任務之一，是在流動性與獲利能力間取得平衡。

資產及負債的流動與非流動分類影響對一個企業流動性的評估，因此正確區分流動與非流動對財務分析而言，非常重要。本章之重點在於說明會計上區分流動與非流動資產及負債之規定，及對各流動與非流動項目之衡量。相關獲利能力與流動性之分析，請參見本書後續章節。以下分節說明資產與負債如何區分流動及非流動項目。

3.1.1 資產如何區分流動及非流動項目

企業之資產具有以下條件之一者應該分類為流動資產，其他資產則為非流動資產：

1. 企業預期於其正常營業週期中實現該資產，或意圖將其出售或消耗。

2. 企業主要為交易目的而持有該資產。
3. 企業預期於報導期間後十二個月內實現該資產。
4. 現金與約當現金,但不包括於報導期間後逾十二個月用以交換、清償負債或受有其他限制的現金。

　　企業主要營業相關之資產如製造業的應收帳款、原物料、半成品、製成品或機器設備等而言,在區分其屬流動或非流動資產時,係以條件 1 或 3 兩項之一作為流動資產的符合條件。故存貨及應收帳款等為企業正常營業週期中出售、消耗或實現之資產,即使將於超過報導期間後十二個月後才實現,亦應分類為流動資產。此即一般所稱,將於「營業週期或報導期間後十二個月內」二者之中較長者實現的資產就分類為流動資產;此亦與「若企業之正常營業週期小於十二個月者,即假定其為十二個月」一致。

　　應注意的是,這樣的分類只適用於主要營業資產。因為上述條件 1 與營業週期有關,所以就其他沒有營業週期觀念的非主要營業資產而言,當然不用考慮條件 1。如製造業持有之金融資產而言,若為現金與約當現金,或主要為交易目的而持有者,則因符合條件 2 或 4,應分類為流動資產;其他非營業資產則以條件 3 之「報導期間後十二個月內實現」為區分標準,如透過其他綜合損益按公允價值衡量之金融資產分類為流動或非流動,即以是否於十二個月內處分為區分標準。

3.1.2　負債如何區分流動及非流動項目

　　企業之負債中具有以下條件之一的負債應分類為流動負債,其他則為非流動負債:

1. 企業預期於其正常營業週期中清償該負債。
2. 企業主要為交易目的而持有該負債。
3. 企業預期於報導期間後十二個月內到期清償該負債。
4. 企業不能無條件將清償期限遞延至報導期間後至少十二個月之負債。負債之條款中若規定可依交易對方之選擇,以發行權益工具方

式清償者,並不影響其分類。

就企業因主要營業而發生之負債而言,在區分其屬流動或非流動負債時,係以條件 1 或 3 兩項之一作為流動負債的符合條件。故應付帳款、應付員工款及應付其他營業成本等,其為企業正常營業週期中使用營運資金之一部分,即使將於超過報導期間後十二個月後才清償,亦應分類為流動負債。亦即就企業因主要營業而發生之負債而言,若將於「營業週期及報導期間後十二個月內」兩者之中較長者清償,即屬流動負債。

但就其他非因主要營業而發生之負債,若其為因交易目的而持有者,則應屬「持有供交易之金融負債」,因符合條件 2,故應分類為流動負債。其他非營業負債則以條件 3 之「報導期間後十二個月內清償」為區分標準,包括銀行透支、非流動金融負債之流動部分、應付股利、應付所得稅及其他應付款項均依此分類為流動負債。

條件 4 則應用於判斷融資活動下之特殊負債,例如公司所發行之持有人可賣回債券,若最近的賣回日在報導期間後十二個月內,則應分類為流動負債。又如,在報導期間後十二個月內公司必須以本身之普通股結清之負債 (例如交付等值的本身普通股,清償所欠之本息),不可以因清償時非支付現金即分類為非流動負債,仍應根據條件 4 之後半段,分類為流動負債。

3.2 流動資產項目

公司應表達之流動資產項目包括「現金及約當現金」、「透過損益按公允價值衡量之金融資產」、「透過其他綜合損益按公允價值衡量之金融資產」、「按攤銷後成本衡量之金融資產」、「避險之金融資產」、「合約資產」、「應收票據」、「應收帳款」、「應收關係人款項」、「其他應收款」、「本期所得稅資產」、「存貨」、「生物資產」、「預付款項」、「待出售非流動資產」與「其他流動資產」。除「其他流動資產」係彙總集合項目外,以下逐一說明各項目之定義與衡量。

台積電 (2330) 在民國 107 年合併資產負債表中，計列示 15 項流動資產項目，金額共計約新台幣 9,517 億元，占總資產新台幣 20,901 億元約 46%。而該公司當季之流動資產項目中又以「現金與約當現金」居最大比例，金額高達新台幣 5,778 億元，占流動資產約 61%，占總資產約 28% (參見表 3-2)。

3.2.1 現金及約當現金

「現金及約當現金」為流動性最高的流動資產項目。現金是企業交易的媒介與支付的工具，必須未指定用途，亦沒有受到法令或其他約定之限制，可以隨時支配運用。如為員工退休而提撥之基金，因

> 現金必須未指定用途，亦沒有受到法令或其他約定之限制，可以隨時支配運用。

▲ 表 3-2　台積電民國 107 年合併資產負債表 (流動資產部分)

台灣積體電路股份有限公司及子公司 合併資產負債表 (流動資產部分) 民國 107 年 12 月 31 日	單位：新台幣千元
流動資產	
現金及約當現金	$577,814,601
透過損益按公允價值衡量之金融資產－流動	3,504,590
透過其他綜合損益按公允價值衡量之金融資產－流動	99,561,740
按攤銷後成本衡量之金融資產－流動	14,277,615
避險之金融資產－流動	23,497
合約資產－流動	－
應收票據及帳款淨額	128,613,391
應收關係人款項	584,412
其他應收款	65,028
本期所得稅資產	－
存貨	103,230,976
生物資產－流動	－
預付款項	18,597,448
待出售非流動資產	－
××××(視企業實際狀況增加)	
其他流動資產	5,406,423
流動資產合計	**$951,679,721**

只能作為員工退休時之給付之用，故非為現金項目。約當現金 (cash equivalent) 是指隨時可轉換成定額現金且價值變動風險甚小之短期並具高度流動性之投資，如三個月內到期之定存單等。

「現金及約當現金」的衡量通常較無疑慮，較常見的問題多是特定項目是否符合現金定義之判斷。易混淆者係如非貨幣型態但被視為現金之項目，包括旅行支票、活期存款、支票存款、即期支票、即期票據 (本票及匯票) 等。但銀行存款中因借款回存的補償性餘額 (compensating balance)，因須待借款清償時才能動用，不得計入現金項目中。另遠期支票因到期前不能向銀行兌現，應歸類在應收票據項目；員工借款條係借款給員工而取得的收據，應歸類在其他應收款項目；郵票與印花稅票則應屬於「預付款項」項目。

> 遠期支票屬應收票據；員工借款條屬其他應收款；郵票與印花稅票屬預付款項。

持有的「現金及約當現金」越多，企業的財務彈性越大，越能應付突發之狀況與需求；惟持有「現金及約當現金」係亦需耗費成本的，即持有現金通常無收益或報酬極低。故財務報表使用者宜由維持適當財務彈性與賺取較高收益兩方面，考量企業之「現金及約當現金」金額。

3.2.2 金融資產－流動

關於「透過損益按公允價值衡量之金融資產」、「透過其他綜合損益按公允價值衡量之金融資產」及「按攤銷後成本衡量之金融資產」此三類金融資產，對非金融業之企業而言，均為投資性質之活動所產生之資產，惟其相關損益按國際財務報導準則規定，有計入本期損益與本期其他綜合損益之區分 (詳見第 4 章)，是以相同之股票或債券投資可能因其分類不同，呈現其績效的財務報表項目即有所不同。「應收帳款」與「應收票據」係因營業而發生，與企業之收入直接相關，在目前應計基礎會計下極易成為企業操縱營收之途徑，例如企業以賒銷方式要求客戶提前購貨以提高本期之銷貨收入；甚或虛列賒銷以提高營收，日後再以呆帳之名沖銷相關之應收款項項目。以下即按金融資產分類逐項說明其意義與衡量。

透過損益按公允價值衡量之金融資產－流動

公司持有之選擇權 (option) 與具正價值的遠期合約 (forward) 等，除作為避險關係中避險工具者之外 (請參見以下「避險之金融資產－流動」之討論)，均應分類為「透過損益按公允價值衡量 (fair value through profit or loss, FVPL) 之金融資產」。另外，公司擁有之股票投資 (權益工具投資) 除列入透過其他綜合損益按公允價值衡量之金融資產者外，均應列入此類；此包括公司擁有之目的係為「持有供交易」(held for trading，即預期於短期內出售者)，及未指定列入透過其他綜合損益按公允價值衡量之股票投資。此外，公司持有之轉換公司債投資或類似之混合工具投資均應列入此類。

公司持有之債券若屬操作模式為短期獲利之債券投資組合之一部分，或公司於取得時將該債券指定 (designated) 為透過損益按公允價值衡量，亦均屬「透過損益按公允價值衡量之金融資產」。

「透過損益按公允價值衡量之金融資產」為財務報表透明度最高的項目之一：其在資產負債表上以資產負債表日之公允價值列示，而上期資產負債表至本期資產負債表間之公允價值變動則計入綜合損益表中的本期淨利中。「透過損益按公允價值衡量之金融資產－流動」係指「透過損益按公允價值衡量之金融資產」中符合流動資產定義者。

> 透過損益按公允價值衡量之金融資產以資產負債表日之公允價值列示，而公允價值變動則計入本期淨利。

透過其他綜合損益按公允價值衡量之金融資產－流動

「透過其他綜合損益按公允價值衡量 (fair value through other comprehensive income, FVOCI) 之金融資產」包含兩類投資：股票投資 (權益工具投資) 及債券投資，以下分項說明。

1. 透過其他綜合損益按公允價值衡量之債務工具 (債券) 投資

公司買入之債券，若同時具有收取本金及利息以及賣出獲取價差兩個目的，則該債券應列入透過其他綜合損益按公允價值衡量之債券投資。後續資產負債表上本類投資應以公允價值衡量，但公允價值之變動則計入綜合損益表中的本期其他綜合損益 (other comprehensive income) 中,後續出售時,累積之其他權益直接作重分類調整,將累積之未實現損益一次列入處分損益,另在持有期間各期該債券應以攤銷後成本決定利息收入。

　　例如,公司於 ×1 年初以 $92,790 購入五年期,每年底付息,票面利率 10%,面額 $100,000 之公司債投資並分類為「透過其他綜合損益按公允價值衡量之債券投資」,該公司債 ×1 年底之公允價值為 $95,000,而以有效利息法計算之攤銷後成本為 $93,925,則須認列於其他綜合損益的「透過其他綜合損益按公允價值衡量金融資產未實現評價利益」為 $1,075 (= $95,000 − $93,925);而以利息法計算之利息收入則列入本期損益。

2. **透過其他綜合損益按公允價值衡量之權益工具 (股票) 投資**

　　公司買入之股票,若非持有供交易 (預期於短期內賣出) 者,則公司在買入時可以選擇將公允價值變動列入其他綜合損益;此選擇僅在股票買入時點可以作選擇,後續不得改變;此選擇係以每股基礎作選擇。後續資產負債表上本類投資應以公允價值衡量,但公允價值之變動則計入綜合損益表中的本期其他綜合損益中,且後續出售時,累積之其他權益直接轉列保留盈餘,不作重分類調整,因此本類持股之公允價值變動不影響損益,僅有相關之現金股利列入各期損益。

　　例如,×1 年 12 月 1 日以每股 $10 同批買入非持有供交易股票投資 3,000 股,公司選擇將其中 2,000 股指定為透過其他綜合損益按公允價值衡量之股票投資,因此,該批股票投資可區分為透過損益者 1,000 股及透過其他綜合損益者 2,000 股。該股票 ×1 年底每股公允價值 $12,則須認列於本期損益的「透過損益按公允價值衡量之金融資產評價利益」為 $2,000 [= 1,000 股 × ($12 − $10)];而則須認列於其他綜合損益的「透過其他綜合損益按公允價值衡量之金融資產未實現評價利益」為 $4,000 [= 2,000 股 × ($12 − $10)]。

按攤銷後成本衡量之金融資產－流動

　　公司買入之債券,若具有收取本金及利息之單一目的,則該債券

應列入按攤銷後成本衡量之金融資產；若該債券將於資產負債表日後 12 個月內到期，則應將其列入流動資產。因為本類債券係為收取本金及利息，而非以賺取價差為目的，所以後續資產負債表上不以公允價值衡量，後續出售時，累積之未實現損益一次列入處分損益，另在持有期間各期該債券應以攤銷後成本決定利息收入。

所謂有效利率法下計算之攤銷後成本，即為該債券投資未來相關現金流量以有效利率 (effective interest rate) 折現後之現值；而有效利率為在公司取得該債券投資時，使該債券投資未來相關現金流量現值等於總取得成本的折現率。例如，公司於 ×1 年初以 $92,790 購入五年期，每年底付息，票面利率 10%，面額 $100,000 之公司債投資並分類為「按攤銷後成本衡量之金融資產」，則該公司債投資之有效利率 12%。×1 年底付息後，該公司債投資之攤銷後成本為 $93,925 (未來 4 期現金利息 $10,000 與到期本金 $100,000 以 12% 折現)，×1 年底公司即以此金額 (攤銷後成本) 列示於資產負債表之金額。而所謂有效利息法下計算之利息收入，即為該債券投資期初 (即上期末) 之攤銷後成本乘以有效利率而得。例如上述分類為「按攤銷後成本衡量之金融資產」之公司債投資 ×1 年初攤銷後成本為 $92,790，×2 年初 (×1 年底) 攤銷後成本為 $93,925，則該公司認列於綜合損益表中之 ×1 年利息收入為 $11,135 (= $92,790 × 12%)，×2 年利息收入為 $11,271 (= $93,925 × 12%)。

避險之金融資產－流動

> 避險工具通常為衍生工具，但透過損益按公允價值衡量之金融工具亦可指定為避險工具。

「避險之金融資產」係指在避險關係中作為避險工具，且具有正公允價值 (公允價值大於 0) 的衍生工具或非衍生金融工具。例如公司為了規避存貨公允價值變動的風險，簽訂一項遠期合約 (forward) 於未來特定時點以特定價格出售該批存貨；亦即以存貨為被避險項目，該遠期出售合約為避險工具。簽約後若存貨公允價值上漲，則遠期合約公允價值下跌；若存貨公允價值下跌，則遠期合約公允價值上漲；因兩者之公允價值變動方向相反，所以公司得藉由損益互抵而達到規避風險之目的。

避險工具在資產負債表上以公允價值列示，由於在避險關係中，避險工具與相關被避險項目之公允價值變動將損益互抵，故避險工具公允價值變動之會計處理須視相關被避險項目之公允價值變動何時認列而定。當避險工具之公允價值變動發生時，若被避險項目之公允價值變動已認列計入本期淨利中，則避險工具之公允價值變動亦認列計入本期淨利以損益互抵；而若被避險項目之公允價值變動尚未認列計入本期淨利中，則避險工具之公允價值變動係先認列於本期其他綜合損益，待以後被避險項目之公允價值變動認列計入淨利的期間，才轉列 (即作重分類調整) 計入本期淨利以損益互抵。

避險工具屬流動或非流動之判別原則，與其他金融資產相同。所以「避險之金融資產－流動」係在避險關係中作為避險工具的正公允價值 (公允價值大於 0) 衍生工具，且其到期日在報導期間後十二個月內者，以及預期在報導期間後十二個月內處分之非衍生金融資產。

> 避險之金融資產以資產負債表日之公允價值列示，而公允價值變動則與相關被避險項目之公允價值變動同時認列於本期淨利。

應收帳款、應收票據及其他應收款

「應收帳款」與「應收票據」為因營業交易所產生之應收款，通常係由企業提供商品或勞務給客戶而產生，兩者間之差異在「應收票據」有書面之債權憑證，而「應收帳款」則否。「應收帳款」與「應收票據」因符合「預期於正常營業週期中實現」，故不論是否在報導期間後十二個月內收現與否均屬流動資產。「其他應收款」為非因營業交易所產生，且預期在報導期間後十二個月內收現之應收款，例如預先借給員工之款項、預繳履約保證金、應收股利或利息、應收保險理賠款等。「當期所得稅資產」為公司之應收所得稅退稅款，係其已支付所得稅金額超過應付金額之部分。

前述各項目在資產負債表上非以公允價值列示，而是以有效利率法下計算之攤銷後成本列示；綜合損益表中亦不會將公允價值變動計入，而係以有效利率法認列相關之利息收入。但例外的是，未附息之「應收帳款」與「應收票據」等因營業交易所產生之應收款，若折現影響不大，得以原始發票金額而非攤銷後成本在資產負債表上列示；「當期所得稅資產」則以不折現之未來可回收金額列示。

> 「應收帳款」、「應收票據」、「其他應收款」等項目，以攤銷後成本衡量；並認列相關之利息收入於本期淨利。「應收帳款」及「應收票據」若折現影響不大，得以原始發票金額列示。

3.2.3 合約資產及存貨

1. 合約資產：企業因已移轉商品或勞務予客戶而對所換得之對價之權利，該權利係取決於隨時間經過以外之事項 (例如，該企業之未來履約)。
2. 合約負債：企業因已自客戶收取 (或已可自客戶收取) 對價而須移轉商品或勞務予客戶之義務。

例如，×1 年 12 月 31 日甲企業之商品存貨 A 移轉給乙客戶，但收取 $1,000 對價之權利在移轉商品存貨 B 後 1 個月才能收取。該企業於×2 年 2 月 28 日移轉商品存貨 B 給同一客戶；×2 年 3 月 31 日收取商品存貨 A 之款項。則 A 商品銷貨相關分錄如下：

	甲企業		乙客戶	
×1/12/31	合約資產 1,000		存貨 1,000	
	銷貨收入	1,000	合約負債	1,000
	(另需記錄銷貨成本)			
×2/2/28	應收帳款 1,000		合約負債 1,000	
	合約資產	1,000	應付帳款	1,000
	(另需記錄商品 B 之銷貨)		(另需記錄商品 B 之購買)	
×2/3/31	現金 1,000		應付帳款 1,000	
	應收帳款	1,000	現金	1,000

「存貨」為公司持有供正常營業出售之商品 (完成品)、正在製造過程中而供正常營業出售之商品 (在製品) 與將於製造過程或勞務提供過程中消耗之原料或物料。「存貨」在資產負債表上以「成本與淨變現價值孰低」之金額列示，而當存貨成本高於淨變現價值時，將成本沖減至淨變現價值之沖減金額應於發生當期認列為銷貨成本。淨變現價值係指正常營業過程中存貨之估計售價減除至完工尚需投入之估計成本及完成出售所需之估計成本後之餘額。

製造業與買賣業之「存貨」常為金額最大之流動資產。持有「存貨」越多，則越無因斷貨而喪失銷貨之可能，惟相對積壓之資金成本與可能陳廢過時的可能性亦越大。此外，存貨沖減至淨變現價值之減

> 存貨以「成本與淨變現價值孰低」之金額列示，而將成本沖減至淨變現價值之沖減金額應認列為銷貨成本。

損損失，係列入銷貨成本，此減損損失會影響當期毛利，分析公司未來營運績效時，應將此影響數獨立分析。另亦應注意公司是否有存貨大量增加之情形，若業績前景不看好且存貨大增，則未來之前景堪慮；但若存貨大增係為了客戶訂單大增而準備，則可以預期公司下期銷貨將會大增。

3.2.4　生物資產－流動

「生物資產」係指與農業活動有關具生命之動植物，而農業活動係指對具生命之動植物生物轉化之管理，以供銷售、轉換為農產品 (動植物之收成品) 或轉換為額外之動植物；而所謂生物轉化，是使動植物之品質或數量發生改變之成長、蛻化、生產及繁殖過程。如小牛長大為成牛 (品質改變)，母牛生下小牛 (數量改變) 皆屬生物轉化過程。根據以上定義，天然野生未經人工栽培的動植物非屬「生物資產」；而動物園擁有的動物因係為供對外觀賞，這些動物生下的小動物不予出售，也不會對動物收成之農產品 (肉品、乳品等) 加以出售，所以這些動物亦非屬「生物資產」。

生物資產區分為消耗性及生產性 (又可區分為動物與植物)，其中生產性植物之會計處理與其他生物資產不同，以下先討論生產性植物之會計規範。

生產性植物之定義，係指符合下列所有條件且具生命之植物：

1. 用於農業產品之生產或供給；
2. 預期生產農產品期間超過一期；及
3. 將其作為農業產品出售之可能性甚低。

所以芒果樹、蘋果樹及葡萄藤等均為生產性植物，其會計處理與機器設備等折舊性資產相同。

非屬生產性植物之生物資產 (包括消耗性植物、消耗性動物及生產性動物)，除非公允價值無法可靠衡量，該等生物資產應以公允價值減出售成本 (或稱淨公允價值) 列示於資產負債表，並將淨公允價值變動認列計入本期淨利。與金融資產公允價值不同的是，生物資產

> 非屬生產性植物之生物資產應以公允價值減去出售成本 (淨公允價值) 列示；淨公允價值變動認列於本期淨利。

> 生物資產之公允價值 = 市場交易價格減去運輸成本。

公允價值為市場交易價格減除運費，表示離市場較遠的公司，生物資產之公允價值較低，因為將生物資產運送至市場之運費較大。而當生物資產之公允價值無法可靠衡量時，應採成本模式，就是以成本減所有累計折舊及所有累計減損之金額列示於資產負債表。「生物資產－流動」係本類資產中預期於正常營業週期中或報導期間後十二個月內實現者。所有自生物資產採收之農產品(水果、牛乳、肉品等)，在採收時點均應以公允價值減出售成本衡量，並轉列入存貨。

視公司之營業項目而定，「生物資產」之性質可類同於「存貨」或「不動產、廠房及設備」。例如，對以出售活牛與牛肉為目的之肉牛養殖牧場，牛隻為類同於「存貨」性質之「生物資產」；以出售牛乳為目的之乳牛養殖牧場，牛隻為類同於「不動產、廠房及設備」性質之「生物資產」。作財務分析時應注意的是，對於類似存貨之生物資產，在尚未賣出時，公司帳上即可能以公允價值衡量，且評價損益列入當期損益，此作法與一般存貨處理不同。而對類似於廠房及設備之生物資產，也是透過損益按公允價值衡量；而不像一般廠房及設備，經濟效益在產出存貨且銷售後，才透過損益表表達。除了這些不同外，另外更須注意生物資產的疾病與生存風險，例如以台灣存託憑證在台灣上市之**歐聖集團有限公司**，即因其帳上最重大資產——鮑魚的大量死亡，最終導致公司下市。

3.2.5 預付款項

> 預付款項應以成本(支付金額)列示，待收取商品或勞務時轉列為資產或費用。

「預付款項」包括預付保險費及預付購料款等，係指於正常營業週期中或報導期間後十二個月內所收取商品或勞務而預先支付的款項，應以成本(支付金額)列示於資產負債表，待收取商品或勞務時轉列為資產或費用。

3.2.6 待出售非流動資產

「待出售非流動資產」係指依出售處分群組之一般條件及商業慣例，於目前狀態下，可供立即出售，且其出售必須為高度很有可能之非流動資產或待出售處分群組內之資產。此部分資產因預期短期內不

再由企業持有，故由非流動項目轉為流動並單獨列示，如即將停業或已停業之部門或生產線即屬此類。「待出售非流動資產」應以「帳面金額與公允價值減出售成本 (或稱淨公允價值) 孰低」之金額列示於資產負債表，而當帳面金額高於公允價值減出售成本時，沖減至公允價值減出售成本之減損損失，應於發生當期認列計入本期淨利。

> 待出售非流動資產應以「帳面金額與公允價值減出售成本 (淨公允價值) 孰低」之金額列示；而沖減之減損損失應認列於本期淨利。

3.3 非流動資產項目

根據我國「證券發行人財務報告編製準則」，公司應表達之非流動資產項目至少為 13 項，包括「透過損益按公允價值衡量之金融資產－非流動」、「透過其他綜合損益按公允價值衡量之金融資產－非流動」、「按攤銷後成本衡量之金融資產－非流動」、「避險之金融資產－非流動」、「合約資產－非流動」、「採用權益法之投資」、「不動產、廠房及設備」、「使用權資產」、「投資性不動產」、「無形資產」、「生物資產－非流動」、「遞延所得稅資產」與「其他非流動資產」。除「其他非流動資產」此項彙總集合項目外，以下逐一說明各項目之定義與衡量。

台積電 (2330) 在民國 107 年合併資產負債表中，計列示 14 項非流動資產項目，金額共計約新台幣 11,384 億元，占總資產新台幣 20,901 億元約 54%。而該公司當季之非流動資產項目中又以「不動產、廠房及設備」居最大比例，金額高達新台幣 10,720 億元，占非流動資產約 94%，占總資產約 51% (參見表 3-3)。

3.3.1 金融資產－非流動

須單行列示的 13 項非流動資產中，「透過損益按公允價值衡量之金融資產－非流動」、「透過其他綜合損益按公允價值衡量之金融資產－非流動」、「按攤銷後成本衡量之金融資產－非流動」、「避險之金融資產－非流動」、「合約資產－非流動」此 5 項均屬金融資產之非流動部分，亦即該類項目中預期於超過報導期間後十二個月外處分之部分。而除於資產負債表中係分類為非流動資產之不同外，其

▲ 表 3-3　台積電民國 107 年合併資產負債表 (非流動資產部分)

台灣積體電路股份有限公司及子公司
合併資產負債表 (非流動資產部分)
民國 107 年 12 月 31 日　　　　單位：新台幣千元

非流動資產	
透過損益按公允價值衡量之金融資產－非流動	$　　　　　—
透過其他綜合損益按公允價值衡量之金融資產－非流動	3,910,681
按攤銷後成本衡量之金融資產－非流動	7,528,277
避險之金融資產－非流動	—
合約資產－非流動	—
採用權益法之投資	17,865,838
不動產、廠房及設備	1,072,050,279
使用權資產	—
無形資產	—
生物資產－非流動	17,002,137
遞延所得稅資產	—
存出保證金	16,806,387
××××(視企業實際狀況增加)	1,700,071
其他非流動資產	1,584,647
非流動資產合計	$1,138,448,317

會計處理與同類金融資產之流動部分完全相同，已於本章 3.2 節詳細說明，不另贅述。

3.3.2　採用權益法之投資

「採用權益法之投資」係當投資公司對被投資公司之財務與營運決策有重大影響力時，代表投資公司擁有之投資的項目。而所謂重大影響力的判斷，通常以投資公司對被投資公司擁有之股權比例為標準。當投資公司持股比例超過 20% 時，若無其他反證，通常即判定投資公司對被投資公司有重大影響力。

「採用權益法之投資」在資產負債表中之帳面金額，係由投資時之原始成本與投資後認列之投資損益累計而成，而投資收益之金額則是依投資公司持股比率認列可享有之被投資公司權益額之變動。亦即投資公司的「採用權益法之投資」資產項目與被投資公司的權益連動，同時投資公司也依其所享有之被投資公司的損益份額認列投資損益。舉例來說，投資公司持有被投資公司 40% 的股份，若被投資公司本期淨利為 $100 (即權益會增加 $100)，此時「採用權益法之投資」與投資利益增加 $40。被投資公司發放現金股利 $100 時，投資公司同時記錄現金增加 $40 及「採用權益法之投資」減少 $40。

> 採用權益法之投資之帳面金額，係以投資時之原始成本與投資後認列之投資損益列示。

「採用權益法之投資」與前述「透過損益按公允價值衡量之金融資產 (權益工具)」及「透過其他綜合損益按公允價值衡量之權益工具投資」等金融資產相較，三者同為公司持有之權益工具投資，惟權益工具投資若分類為「採用權益法之投資」，其投資目的多為建立對被投資公司財務與營運決策之影響力，以維持策略聯盟合作關係。分類為「透過損益按公允價值衡量之金融資產」及「透過其他綜合損益按公允價值衡量之金融資產」之權益工具投資，其投資目的則在賺取資本利得與股利收益。因此作財務分析時，採用權益法投資之價值分析，若此投資以策略聯盟為投資目的，則應以此價值角度分析此投資對公司之貢獻；而此投資與本業無關，則仍可能應以公允價值為財務分析之重點。

3.3.3 不動產、廠房及設備與使用權資產

「不動產、廠房及設備」係供企業為營運目的而長期使用 (預期使用期間超過一年) 之有形資產，又稱固定資產或營業資產，而所謂營運目的，包括商品或勞務之生產，提供出租予他人 (僅限設備)，與供管理目的的使用。

「不動產、廠房及設備」之會計處理有「成本模式」與「重估價模式」兩種選擇，同類別之「不動產、廠房及設備」須選擇同一模式。在成本模式下，「不動產、廠房及設備」以原始成本減除累計折舊後的帳面金額列示於資產負債表；在重估價模式下，「不動產、廠

> 「不動產、廠房及設備」在成本模式下以原始成本減除累計折舊後的帳面金額列示；在重估價模式下以重估時之公允價值列示，重估增值認列於當期其他綜合損益，重估減值則認列於當期淨利。

房及設備」以重估時之公允價值列示於資產負債表中，公允價值高於原帳面金額部分 (重估增值) 認列於本期其他綜合損益，公允價值低於原帳面金額部分 (重估減值) 則認列於本期淨利 (作為減項)。

但須特別說明的是，根據我國「證券發行人財務報告編製準則」目前之規定，「不動產、廠房及設備」之會計處理須採「成本模式」，尚不允許選擇「重估價模式」。故目前實務上我國企業財務報表中之「不動產、廠房及設備」項目均係以「成本模式」處理。

在資本密集如面板廠等產業中，「不動產、廠房及設備」常為金額最大之資產項目。而「不動產、廠房及設備」越高，則折舊等固定成本越高，在景氣不佳營收減少時，其績效之衰退亦越明顯。

「使用權資產」代表承租人於承租期間內對標的資產使用權之資產，例如秀泰影城租賃電影院，合約期間內秀泰影城使用電影院之權利即為使用權資產，其會計處理與折舊性資產相同，通常以折舊後成本衡量，但亦可選擇重估價模式。

3.3.4 投資性不動產

「投資性不動產」係指為賺取租金，或資本增值或二者兼具，而由所有者持有之不動產或租賃之承租人持有之使用權資產。所謂資本增值目的，係指持有目的為持有資產一段期間後，資產市值與資產成本間之差額，即持有者動機係為欲獲取增值利益。

「投資性不動產」之會計處理有「成本模式」與「公允價值模式」兩種選擇，所有「投資性不動產」須選擇同一模式。在成本模式下，「投資性不動產」以原始成本減除累計折舊後的帳面金額列示於資產負債表；在公允價值模式下，「投資性不動產」以期末之公允價值列示於資產負債表中，公允價值變動 (不論增減值) 均認列於本期淨利。

> 「投資性不動產」在成本模式下以原始成本減除累計折舊後的帳面金額列示；在公允價值模式下以公允價值列示，公允價值變動認列於當期淨利。

作財務分析時，若投資性不動產是重大項目，應注意公司之會計政策採公允價值法或成本法。例如我國大多數企業受財務報告編製準則之規定，僅能採取成本法；惟金管會保險局特別允許保險業選擇採用公允價值法。由於不動產之成本與公允價值差異金額通常非常大，

因此採用公允價值法對淨值與當期損益之影響應予注意；但是不採成本法之企業，投資人仍可於財務報表附註中獲得公允價值資訊。判斷企業價值時，其所擁有不動產之公允價值方具有攸關性。

3.3.5 無形資產

「無形資產」可提供企業長期經濟效益，且為無實體形式之非貨幣性資產，包括專利權、商標權等。「無形資產」與「不動產、廠房及設備」同為公司營運目的使用之非流動資產，其會計處理亦十分類似，有「成本模式」與「重估價模式」兩種選擇，同類別之「無形資產」須選擇同一模式。在成本模式下，「無形資產」以原始成本減除累計攤銷後的帳面金額列示於資產負債表；在重估價模式下，「無形資產」以重估時之公允價值列示於資產負債表中，公允價值高於原帳面金額部分 (重估增值) 認列於本期其他綜合損益，公允價值低於原帳面金額部分 (重估減值) 則認列於本期淨利。

但須特別說明的是，根據我國「證券發行人財務報告編製準則」目前之規定，無形資產之會計處理須採「成本模式」，尚不允許選擇「重估價模式」。故目前實務上我國企業財務報表中之「無形資產」項目均係以「成本模式」處理。

> 「無形資產」在成本模式下，以原始成本減除累計攤銷後的帳面金額列示；在重估價模式下，以重估時之公允價值列示，重估增值認列於當期其他綜合損益，重估減值則認列於當期淨利。

3.3.6 生物資產－非流動

「生物資產－非流動」為本類資產中預期於正常營業週期或報導期間後十二個月以外實現者，其會計處理與同類生物資產之流動部分完全相同，已於本章 3.2.4 節詳細說明，不另贅述。

3.3.7 遞延所得稅資產

「遞延所得稅資產」為公司依課稅所得計算之已付或應付所得稅稅款，超過依財務報表所得計算之所得稅費用之部分。此部分因可使日後應付之所得稅稅款減少，具未來經濟效益，所以符合資產的性質。

「遞延所得稅資產」以未折現之未來可回收金額 (即預期日後減少之應付所得稅稅款) 列示於資產負債表。值得特別注意的是，無

> 「遞延所得稅資產」以未折現之未來可回收金額 (即預期日後得減少之應付所得稅稅款) 列示；且一律分類為非流動資產。

論預期未來可回收金額係發生於正常營業週期或報導期間後十二個月以內或以外，亦即預期應付所得稅稅款之減少將發生於正常營業週期或報導期間後十二個月以內或以外，根據目前的國際財務報導準則，「遞延所得稅資產」不得分類為流動資產，而一律分類為非流動資產。

3.4 流動負債項目

根據我國「證券發行人財務報告編製準則」，公司應表達之流動負債項目至少為 12 項，包括「短期借款」、「應付短期票券」、「透過損益按公允價值衡量之金融負債－流動」、「避險之金融負債－流動」、「合約負債－流動」、「應付帳款」、「應付票據」、「其他應付款」、「當期所得稅負債」、「負債準備－流動」、「與待出售非流動資產直接相關之負債」與「其他流動負債」。

公司之負債中，除合約負債等少數例外，多屬須支付現金或其他金融資產以清償之「金融負債」，上述 12 項流動負債項目除了合約負債外，其餘均為「金融負債」。而「金融負債」在資產負債表上列示之金額，僅有「公允價值」與有效利率法下之「攤銷後成本」兩類。12 項流動負債項目中，「透過損益按公允價值衡量之金融負債－流動」及「避險之金融負債－流動」以公允價值列示於資產負債表上；其餘均以「攤銷後成本」列示。除「其他流動負債」此項彙總集合項目外，以下逐一說明各項目之定義與衡量。

台積電 (2330) 在民國 107 年合併資產負債表中，計列示 12 項流動負債項目，金額共計約新台幣 3,405 億元，占總負債新台幣 4,126 億元約 83%，占總負債與權益新台幣 20,901 億元約 16%。而該公司當季之流動負債項目中又以「短期借款」居最大比例，金額達新台幣 888 億元，占流動負債約 26%，占總負債與權益約 22% (參見表 3-4)。

表 3-4　台積電民國 107 年合併資產負債表 (流動負債部分)

台灣積體電路股份有限公司及子公司
合併資產負債表 (流動負債部分)
民國 107 年 12 月 31 日　　　　　單位：新台幣千元

流動負債	
短期借款	$ 88,754,640
應付短期票券	—
透過損益按公允價值衡量之金融負債－流動	40,825
避險之金融負債－流動	155,832
合約負債－流動	—
應付票據及帳款	32,980,933
其他應付款	82,962,684
當期所得負債	38,987,053
負債準備－流動	
一年內到期長期負債	34,900,000
與待出售非流動資產直接相關之負債	—
××××(視企業實際狀況增加)	
其他流動負債	61,760,619
流動負債合計	$340,542,586

3.4.1　短期借款

「短期借款」係包括向銀行短期借入之款項、透支及其他短期借款，應以有效利率法之攤銷後成本列示於資產負債表上，並以有效利率法認列相關之利息費用於本期淨利。

> 「短期借款」與「應付短期票券」以攤銷後成本列示；並認列相關之利息費用於本期淨利。

3.4.2　應付短期票券

「應付短期票券」係為自貨幣市場獲取資金，而委託金融機構發行之短期票券，包括應付商業本票及銀行承兌匯票等。應付短期票券應以有效利率法之攤銷後成本列示於資產負債表上，以有效利率法計算之相關利息費用則認列於本期淨利。

3.4.3 透過損益按公允價值衡量之金融負債－流動

「透過損益按公允價值衡量之金融負債」包括衍生金融負債(作為避險關係中避險工具者除外)，持有目的係為短期內出售或再買回者，或屬操作模式係短期獲利之某組金融投資之一部分之負債，及公司於原始認列時即將其指定為透過損益按公允價值衡量之負債。

> 透過損益按公允價值衡量之金融負債以資產負債表日之公允價值列示，而公允價值變動則計入本期淨利。

「透過損益按公允價值衡量之金融負債」在資產負債表上以資產負債表日之公允價值列示，而上期資產負債表日至本期資產負債表日間之公允價值變動則計入綜合損益表中的本期淨利中。「透過損益按公允價值衡量之金融負債－流動」係指「透過損益按公允價值衡量之金融負債」中符合流動負債者(例如：預計一年內回補放空股票之義務)。由上敘述可知，本類中衍生金融負債之到期日在報導期間後十二個月內者、「持有供交易」之負債與「指定為透過損益按公允價值衡量」且預期於報導期間後十二個月內清償之負債，此三者構成「透過損益按公允價值衡量之金融資產－流動」之總額。

3.4.4 避險之金融負債－流動

> 避險之金融負債以資產負債表日之公允價值列示，而公允價值變動則與相關被避險項目之公允價值變動同時認列於本期淨利。

「避險之金融負債」係指在避險關係中作為避險工具，且具有負公允價值(公允價值小於0)的衍生工具，且其到期日在報導期間後十二個月內者。本類負債之會計處理類同「避險之金融資產」(3.2.2節之「避險之金融資產－流動」已說明)，不另贅述。

3.4.5 合約負債、應付票據、應付帳款、其他應付款與當期所得稅負債

合約負債之會計處理已於介紹合約資產時詳細解說，此節不再贅述。「應付票據」是指企業簽發票據作為書面憑證，承諾在特定日期或特定期間後，到期支付一定金額的負債。理論上，應付票據可能是因賒購商品、勞務或借款等原因所產生。所以若是因借款而產生的應付票據，可能視到期日係在報導期間後十二個月與否，而區分為流動負債或非流動負債。因購買商品、勞務而產生的應付票據，則因符合「預期將於其正常營業週期中清償」之標準，不論到期日為何均區分

為流動負債。但在我國實務上，公司因融通資金而借款時，即使簽發票據作為債務憑證，也不會記錄於應付票據項目，而是視到期日記錄於短期借款或長期借款項下。故我國「證券發行人財務報告編製準則」提供之附表格式中，將「應付票據」列為流動負債項目。

「應付帳款」為因營業交易所產生之應付款，通常係由企業向供應商賒購商品或勞務而產生，因符合「預期於正常營業週期中清償」，故不論是否在報導期間後十二個月內清償與否均屬流動負債。「其他應付款」為非因營業交易所產生，且預期在報導期間後十二個月內清償之應付款，例如應付稅捐、薪工及股利等。「當期所得稅負債」係指尚未支付之本期及前期所得稅。

「應付帳款」、「應付票據」與「其他應付款」原則上在資產負債表上以有效利率法下計算之攤銷後成本列示；並於綜合損益表中以有效利息法認列相關之利息費用於本期淨利。但例外的是，未附息「合約負債」、「應付帳款」與「應付票據」等因營業交易所產生之應收款，若影響不大，得以原始發票金額而非攤銷後成本在資產負債表上列示；「當期所得稅負債」則以不折現之未來須支付金額列示。

> 「應付帳款」、「應付票據」與「其他應付款」以攤銷後成本列示；並認列相關之利息費用於本期淨利。

3.4.6 負債準備－流動

過去的交易事項，往往會使公司產生須流出具經濟效益之資源以履行或清償義務，如公司賒購存貨的交易，使公司產生需支付貨款之義務。然而，義務得依其是否「很有可能」存在（即存在機率大於 50% 與否）區分為存在機率大於 50% 的「現時義務」與小於 50% 的「可能義務」。

故就「現時義務」而言，若其須流出具經濟效益之資源的可能性大於 50%，即履行該義務預期將很有可能使具有經濟效益之資源自企業流出，就是負債而須認列於資產負債表。但某些負債之時點或金額不確定，亦即其經濟效益流出發生的時點或金額不確定，此時若能可靠估計其應認列金額，則仍應認列於資產負債表並稱為「負債準備」。常見的負債準備如因出售商品隨附之保固而認列的產品保固負債準備；因涉及法律訴訟而認列的有待法律程序決定之負債準備。企

業於財務報表上認列之負債準備金額，應為報導期間結束日清償該現時義務所需支出金額的「最佳估計」。

「負債準備－流動」為本類負債中，符合「預期將於正常營業週期中或報導期間後十二個月內清償」之流動部分。

「負債準備」應以清償該現時義務所需支出金額的「最佳估計」數列示。

3.4.7 與待出售非流動資產直接相關之負債

「與待出售非流動資產直接相關之負債」係指依出售處分群組之一般條件及商業慣例，於目前狀態下，可供立即出售，且其出售必須為高度很有可能之待出售處分群組內之負債。此類負債依其未分類為待出售前之原應適用金額列示於資產負債表。

「與待出售非流動資產直接相關之負債」應以其未分類為待出售前之原應適用金額列示。

3.5 非流動負債項目

根據我國「證券發行人財務報告編製準則」，公司應表達之非流動負債項目至少為 8 項，包括「透過損益按公允價值衡量之金融負債－非流動」、「避險之金融負債－非流動」、「合約負債－非流動」、「應付公司債」、「長期借款」、「負債準備－非流動」、「遞延所得稅負債」與「其他非流動負債」。其中「透過損益按公允價值衡量之金融負債－非流動」、「避險之金融負債－非流動」、「合約負債－非流動」、「負債準備－非流動」4 項除於資產負債表中係分類為非流動負債之不同外，其會計處理與同類金融負債之流動部分完全相同，已於本章 3.4.3 至 3.4.6 節說明，不另贅述。而「其他非流動負債」為彙總集合項目，故以下僅就「應付公司債」、「長期借款」、「遞延所得稅負債」說明其定義與衡量。

台積電 (2330) 在民國 107 年合併資產負債表中，計列示 11 項非流動負債項目，金額共計約新台幣 720 億元，占總負債新台幣 4,126 億元約 17%，占總負債與權益新台幣 20,901 億元約 3.4%。而該公司之非流動負債項目中又以「應付公司債」居最大比例，金額達新台幣 569 億元，占非流動負債約 79%，占總負債與權益約 2.7% (參見表 3-5)。

表 3-5　台積電民國 107 年合併資產負債表 (非流動負債部分)

台灣積體電路股份有限公司及子公司 合併資產負債表 (非流動負債部分) 民國 107 年 12 月 31 日	單位：新台幣千元
非流動負債	
透過損益按公允價值衡量之金融負債－非流動	－
避險之金融負債－非流動	－
合約負債－非流動	－
應付公司債	$ 56,900,000
長期借款	－
負債準備－非流動	－
遞延所得稅負債	233,284
淨確定福利負債	9,651,405
存入保證金	3,353,378
租賃負債	－
××××(視企業實際狀況增加)	
其他非流動負債	1,950,989
非流動負債合計	$ 72,089,056
負債合計	$412,631,642

3.5.1　應付公司債

「應付公司債」係企業在資本市場發行之債券，係公司採直接金融 (direct financing) 方式，不透過金融機構而直接向投資大眾取得之長期資金。發行公司須於發行期間依約按期支付利息及本金。「應付公司債」應以有效利息法之攤銷後成本列示於資產負債表上。

「應付公司債」以攤銷後成本列示；並認列相關之利息收入於本期淨利。

3.5.2　長期借款

「長期借款」包括長期銀行借款及其他長期借款或分期償付之借款等，應以有效利息法之攤銷後成本列示於資產負債表上；並於綜合損益表中以有效利息法認列相關之利息收入。

「長期借款」以攤銷後成本列示；並認列相關之利息收入於本期淨利。

3.5.3 遞延所得稅負債

「遞延所得稅負債」為公司依課稅所得計算之已付或應付所得稅稅款，低於依財務報表所得計算之所得稅費用之部分。此部分因將使日後支付之所得稅稅款增加，屬須流出經濟效益加以清償之現時義務，所以符合負債的性質。

「遞延所得稅負債」以未折現之未來須支付金額 (即預期日後須增加之應付所得稅稅款) 列示於資產負債表。值得特別注意的是，無論預期支付金額係發生於正常營業週期或報導期間後十二個月以內或以外，亦即預期應付所得稅稅款之增加將發生於正常營業週期或報導期間後十二個月以內或以外，根據目前的國際財務報導準則，「遞延所得稅負債」不得分類為流動負債，而一律分類為非流動負債。

> 「遞延所得稅負債」以未折現之未來須支付金額 (即預期日後須增加之應付所得稅稅款) 列示；且一律分類為非流動負債。

3.6 權益項目

在國際財務報導準則，完整的會計損益係某一期間內，來自與業主 (以其業主之身分) 交易以外之交易及其他事項，所產生之權益變動。故完整的會計損益，應為扣除各項業主交易產生之權益影響後，期末權益總額與期初權益總額之差額。根據我國「證券發行人財務報告編製準則」規定，資產負債表之權益部分應區分為「歸屬於母公司業主之權益」與「非控制權益」兩部分，以下說明之。

台積電 (2330) 在民國 107 年合併資產負債表中，計列示 5 項權益項目，金額共計約新台幣 16,774 億元，占總負債與權益新台幣 20,901 億元約 80%。而該公司當年之權益項目中，歸屬於母公司業主之權益金額達新台幣 16,768 億元，幾乎占總權益之 100%，非控制權益金額相對微小僅有新台幣 6 億元。而歸屬於母公司業主之權益之項目中，以「保留盈餘」居最大比例，金額為新台幣 13,766 億元，占歸屬於母公司業主之權益約 82% (亦即占總權益 82%)，占總負債與權益約 66% (參見表 3-6)。

▲ 表 3-6　台積電民國 107 年合併資產負債表 (權益部分)

台灣積體電路股份有限公司及子公司 合併資產負債表 (權益部分) 民國 107 年 12 月 31 日	單位：新台幣千元
歸屬於母公司業主之權益	
股本	
普通股*	$ 259,303,805
特別股	
資本公積	56,315,932
保留盈餘	
法定盈餘公積　　　　　$ 276,033,811	
特別盈餘公積　　　　　　26,907,527	
未分配盈餘 (或待彌補虧損)　1,073,706,503	
保留盈餘合計	1,376,647,841
其他權益	(15,449,913)
庫藏股票	—
母公司業主權益合計	$1,676,817,665
非控制權益	678,731
權益總計	$1,677,496,396
負債及權益總計	$2,090,128,038

3.6.1　歸屬於母公司業主之權益

　　根據我國「證券發行人財務報告編製準則」規定，「歸屬於母公司業主之權益」應係分為「股本」、「資本公積」、「保留盈餘」、「其他權益」及「庫藏股票」5 項。

　　「股本」係股東對公司所投入之資本，並向主管機關申請登記者，即公司已發行股份所換取之對價中，相等於股票面額的部分。「資本公積」係指公司發行權益金融工具及與業主間之股本交易所產生之溢價，通常包括超過股票面額的發行股票溢價、出售庫藏股票所換取之對價中超過股票買回成本的部分，與受領股東贈與之所得等所產生者等。「保留盈餘」係由營業結果所產生之權益，包括法定盈餘公積、特別盈餘公積及未分配盈餘等。其中法定盈餘公積、特別盈餘

「股本」係公司已發行股份之面額部分；「資本公積」係指發行權益工具及與業主間之股本交易所產生之溢價；「保留盈餘」係由營業結果所產生之權益。

公積屬因法令、契約，或自願限制不得發放給股東作為股利之「保留盈餘」，未分配盈餘則為可自由分配部分。

> 「其他權益」則為綜合損益表中其他綜合損益項目之累計金額；「庫藏股票」以企業買回已發行股份之成本金額列示為權益中之減項。

「其他權益」則為綜合損益表中其他綜合損益項目 (將於第 4 章詳細說明) 之累計金額，包括「不動產、廠房及設備與無形資產之重估增值」、「國外營運機構財務報表換算之兌換差額」、「透過其他綜合損益按公允價值衡量之金融資產未實現損益」、「現金流量避險中屬有效避險部分之避險工具利益及損失之累計餘額」等 4 類。「其他權益」部分性質與「保留盈餘」類似：即「保留盈餘」為本期淨利中各項收益費損結帳轉入之實帳戶，而「其他權益」為其他綜合損益項目結帳轉入之實帳戶 (但「確定福利計畫之再衡量數」此項其他綜合損益項目係得選擇結帳轉入「保留盈餘」或「其他權益」)。「庫藏股票」為企業買回之其已發行股份，以買回之成本金額列示為權益中之減項。

權益雖為資產與負債相減之剩餘數，但進行細部之分類可以提供財務報表使用者與決策攸關之資訊。如公司組織之權益分類，個別列示由股東 (如股本與資本公積)、保留盈餘、代表保留盈餘指撥之準備 (如法定盈餘公積)，及代表維持期初原有資本所需之調整 (如不動產、廠房及設備之重估價增值) 等不同來源所投入的資金，能顯示企業分配權益或將權益做其他運用之能力所受的法定及其他限制，亦反映持有各類權益持有者對股利收取與返還投入權益 (減資) 具有不同權利之事實。

3.6.2 非控制權益

> 「非控制權益」係指子公司之權益中，非直接亦非間接歸屬於母公司之部分。

「非控制權益」則係指子公司之權益中，非直接亦非間接歸屬於母公司之部分。此為合併資產負債表中才會出現的權益項目，母公司之個體資產負債表中無此項目。非控制權益之帳面金額包括兩部分之加計數：一為原始合併日之金額，母公司以原始合併日非控制權益之公允價值，或以按非控制權益比例之可辨認淨資產衡量此金額；二為其自合併日起按持股比例所享有權益變動份額。

3.7 資產負債與財務報表分析

資產負債表建立於「資產 = 負債 + 權益」之會計方程式上。資產為企業所擁有之資源，將產生未來經濟效益；負債與權益則為企業資源之來源，而負債對企業構成須履行之義務。由資產負債表中，財務報表使用者能清楚了解企業資源於「將用以履行義務」及「自有」兩種型態上之比例，亦即企業之財務狀況。

> 資產為企業所擁有之資源，負債與權益則為企業資源之來源，而負債此來源係對企業構成須履行之義務。

在國際財務報導準則下，資產列示於資產負債表之金額，亦即資產之衡量基礎，多趨向採取公允價值而非傳統之歷史成本。此一轉變係基於相較「對資產之投入」，「由資產之產出」更能對財務報表使用者之經濟決策提供攸關之資訊。負債與權益之區分，更是國際財務報導準則極為重視的一環。因兩者雖均為企業資源之來源，但負債為企業須履行之義務，負債之無法清償將立即危及企業之生存。是以在國際財務報導準則之規定中，負債與權益係以「出資人所承擔之風險與報酬」此經濟實質之型態區分，而非逕以出資之法律形式為準，如此方能在如今「金融創新」(financial innovation) 盛行的商業環境下，使財務報表使用者能清楚了解企業面臨之財務壓力與限制。

權益係企業資產負債相抵後之淨值，亦即由業主投資及獲利構成之企業自有資金，所以排除股利分配與業主增資之影響後之權益增減數，即是完整之會計損益。國際財務報導準則重視資產負債表的衡量，使能提供攸關企業財務狀況之資訊，從而使衡量之損益亦能提供經營績效之攸關資訊。財務報表使用者藉由對資產負債表與綜合損益表之連結使用，即能清楚了解企業財務績效的整體變化與組成項目。

習 題

問答題

1. 資產負債表列示公司於特定時點之資產、負債及權益，請分別說明資產、負債及權益之定義？

2. 何謂營業週期？請說明之。

3. 何謂營運資金？公司管理當局管理營運資金的重要任務之一為何？

4. 流動資產與非流動資產如何劃分？

5. 流動負債與非流動負債如何劃分？

6. 什麼是現金及約當現金？

7. 什麼是其他權益？其他權益包括哪些組成項目？

選擇題

1. 下列何者非屬流動資產？
   (A) 現金及約當現金　　　　　　　(B) 存貨
   (C) 遞延所得稅資產　　　　　　　(D) 應收帳款

2. 下列敘述何者錯誤？
   (A) 企業之資產及負債，主要是以營業週期 (operating cycle) 為時間之區分點，將其分類為流動或非流動
   (B) 在區分資產為流動或非流動時，若企業之正常營業週期小於十二個月時，則可假定其為十二個月
   (C) 公司需要足夠之營運資金以維持正常之營業活動，但公司累積過多之營運資金時，則多耗費的資金成本可能傷害經營績效
   (D) 製造業之透過其他綜合損益按公允價值衡量之金融資產，主要是以營業週期 (operating cycle) 為時間之區分點，將其分類為流動或非流動

3. 下列敘述何者正確？
   (A) 當企業之營業週期無法明確辨認時，應將資產與負債區分為流動與非流動項目
   (B) 存貨及應收帳款若於報導期間後十二個月後才實現，應分類為非流動資產
   (C) 在報導期間後十二個月內公司必須以本身之普通股結清之負債，應分類為流動負債
   (D) 企業因主要營業而發生之負債，在區分其屬流動或非流動負債時，係以是否於「報導期間後十二個月內清償」為區分標準

4. 下列敘述何者錯誤？
   (A) 員工借款條屬其他應收款
   (B) 銀行存款中因借款回存的補償性餘額 (compensating balance)，應計入現金及約當現金項目中
   (C) 遠期支票屬應收票據
   (D) 郵票與印花稅票屬預付款項

5. 下列何者非按公允價值衡量？
    (A) 透過損益按公允價值衡量之金融資產
    (B) 透過其他綜合損益按公允價值衡量之金融資產
    (C) 避險之金融負債
    (D) 存貨

6. 下列敘述何者錯誤？
    (A) 持有供交易之股票投資，其公允價值變動應列入綜合損益表之本期損益
    (B) 債務工具投資若非以公允價值衡量，則應按攤後成本衡量
    (C) 非採用權益法之股票投資，不得以成本衡量
    (D) 存貨以「成本與淨變現價值孰低」之金額列示，而將成本沖減至淨變現價值之沖減金額應認列為其他損失

7. 下列何者非屬資產負債表項目？
    (A) 投資性不動產
    (B) 國外營運機構財務報表換算之兌換差額
    (C) 負債準備
    (D) 庫藏股票

8. 下列何者應歸類為流動資產？
    (A) 採用權益法之投資
    (B) 待出售非流動資產
    (C) 投資性不動產
    (D) 無形資產

9. 下列敘述何者正確？
    (A) 「採用權益法之投資」之帳面金額係以投資時之公允價值與投資後認列之投資損益列示
    (B) 「不動產、廠房及設備」在成本模式下以原始成本減除累計折舊後的帳面金額列示
    (C) 「不動產、廠房及設備」在重估價模式下以重估時之公允價值列示，重估增值及重估減值均認列於本期其他綜合損益
    (D) 「投資性不動產」在公允價值模式下以公允價值列示，公允價值變動認列於本期其他綜合損益

10. 下列何者非按攤銷後成本列示？
    (A) 應付票據
    (B) 應付短期票券
    (C) 當期所得稅負債
    (D) 一年內到期之長期負債

11. 下列敘述何者正確？
    (A) 「無形資產」可提供企業長期經濟效益，且為無實體形式之貨幣性資產，包括專利權、商標權等
    (B) 透過損益按公允價值衡量之金融負債以資產負債表日之公允價值列示，而公允價值變動

則計入本期淨利

(C) 避險之金融負債以資產負債表日之公允價值列示，而公允價值變動則與相關被避險項目之公允價值變動同時認列於本期其他綜合損益

(D) 非屬「透過損益按公允價值衡量之金融負債」，可能以不折現之未來須支付之金額列示

12. 根據我國「證券發行人財務報告編製準則」，下列何者非屬「歸屬於母公司業主之權益」項目？
    (A) 股本 (B) 其他權益
    (C) 非控制權益 (D) 保留盈餘

13. 負債項目至少為 8 項，下列何者應歸類為流動負債？
    (A) 遞延所得稅負債 (B) 淨確定福利負債
    (C) 與待出售非流動資產直接相關之負債 (D) 應付公司債

14. 下列敘述何者正確？
    (A) 「合約負債」係屬金融負債
    (B) 「與待出售非流動資產直接相關之負債」列示於資產負債表中之非流動負債項下
    (C) 「負債準備」應以清償該現時義務所需支出金額的「最佳估計」數列示
    (D) 義務得依其存在機率是否大於 50% 區分，若存在機率大於 50% 稱為「可能義務」

15. 下列敘述何者錯誤？
    (A) 員工退休而提撥之基金，因只能作為員工退休時之給付之用，故非為現金項目
    (B) 負債之優先順序及付款需求之資訊，有助於資產負債表使用者預測未來現金流量將如何支付給企業之各順位債權人
    (C) 合併財務報告係表達母公司及子公司合併後財務狀況與經營績效之財務報告
    (D) 個體財務報告係表達母公司本身財務狀況及財務績效之財務報告，編製時對包括子公司在內的長期股權投資係採公允價值法評價

練習題

1. 三多公司 ×1 年 12 月 31 日之試算表出現下列資訊，試問該公司 ×1 年流動資產金額為何？

不動產、廠房及設備	$200,000
無形資產	$30,000
遞延所得稅資產	$80,000
存貨	$50,000
現金	$20,000

投資性不動產	$150,000
採用權益法之投資	$250,000
當期所得稅資產	$10,000
待出售非流動資產	$23,000

2. 承上題，試問該公司 ×1 年非流動資產金額為何？

3. 四維公司 ×1 年 12 月 31 日之試算表出現下列資訊，試問該公司 ×1 年非流動負債金額為何？

一年內到期之長期負債	$60,000
應付員工紅利及董監酬勞	$45,000
應付公司債	$75,000
負債準備－非流動	$150,000
應付短期票券	$80,000
應付帳款	$200,000
遞延所得稅負債	$10,000
其他非流動負債	$35,000
庫藏股票	$15,000

4. 承上題，試問該公司 ×1 年流動負債金額為何？

5. 五福公司 ×1 年 12 月 31 日之試算表出現下列資訊，試問該公司 ×1 年 12 月 31 日營運資金金額為何？

資產項目	金額
現金及約當現金	$ 20,000
應收票據	160,000
應收帳款 (淨額)	120,000
其他應收款	25,000
當期所得稅資產	10,000
遞延所得稅資產	8,000
其他流動資產	37,000
不動產、廠房及設備 (淨額)	280,000
無形資產	120,000
其他非流動資產	32,000

負債項目	金額
短期借款	$50,000
合約負債－非流動	20,000
應付票據	50,000
應付帳款	70,000
其他應付款	25,000
當期所得稅負債	30,000
遞延所得稅負債	5,000
其他流動負債	2,000
其他非流動負債	53,000

6. 星星公司 ×2 年與其他綜合損益及其他權益項目相關資訊如下，試計算該公司 ×2 年底其他權益項目之餘額為何？

項目	金額
×2 年度綜合損益表上列示其他綜合損益，明細如下：	
國外營運機構財務報表換算之兌換差額	$100,000 (貸餘)
透過其他綜合損益按公允價值衡量之金融資產未實現評價損失	$200,000
確定福利計畫精算損失	$150,000
現金流量避險屬有效避險之避險工具利益	$50,000
×2 年 1 月 1 日其他權益項目總計	$1,500,000 (貸餘)

7. 林森公司 ×2 年度之財務資訊如下，試計算該公司 ×2 年 1 月 1 日權益之餘額？

	×2 年
1 月 1 日資產	$2,500,000
1 月 1 日負債	$2,125,000
1 月 1 日權益	?
×2 年度淨利	$750,000
×2 年度發放股利	$250,000
×2 年度其他綜合利益	$100,000

8. 承上題，試計算林森公司 ×2 年 12 月 31 日權益之餘額？

Objectives

研讀完本章，讀者應能了解：

1. 本期損益之組成。
2. 本期其他綜合損益之組成。
3. 揭露之本期分攤數。

Chapter 4
綜合損益表

本章架構

　　本章之重點係討論綜合損益表的相關議題。綜合損益表是企業呈現經營績效的平台，而綜合損益表係依據國際財務報導準則編製，其格式與組成項目均和傳統的損益表有所不同。通盤了解綜合損益表之項目與衡量，是評估企業經營績效之起點。

```
                           綜合損益表
  ┌─────────────┬─────────────┬─────────────┬─────────────┬─────────────┐
  綜合損益表      本期損益       本期其他綜合    揭露之          會計損益與
  格式           之組成         損益之組成      本期分攤數      財務報告分析

1. 單獨損益表與  1. 繼續營業單位  1. 須重分類項目  1. 歸屬於母公司  1. 盈餘品質
   綜合損益表      本期淨利      2. 不得重分類項    業主與非控制   2. 盈餘操控
2. 單一綜合損益  2. 停業單位損益     目            權益之本期淨
   表                                             利
                                                2. 歸屬於母公司
                                                   業主與非控制
                                                   權益之綜合損
                                                   益
                                                3. 每股盈餘
```

灣積體電路製造股份有限公司 (簡稱**台積電**，股票代號 2330) 成立於民國 76 年，是全球首創專業積體電路製造服務的公司，創辦人為張忠謀先生。**台積電**的客戶包括全球六百多個積體電路供應商，生產超過一萬一千多種的晶片，被廣泛地運用在電腦產品、通訊產品與消費性電子產品等多樣應用領域。**台積電**的全球總部位於台灣新竹科學園區，另在北美、歐洲、日本、中國、南韓、印度等地設有子公司或辦事處。該公司除股票在台灣證券交易所上市外，另有美國存託憑證 (American Depository Receipt, ADR) 在美國紐約證券交易所掛牌交易。

　　台積電依據國際財務報導準則編製的 2018 年年度財務報告中，綜合損益表列示該年之營業利益為新台幣 3,975 億元 (占營業收入淨額 39%)，稅後淨利為新台幣 3,512 億元 (占營業收入淨額 34%)，綜合損益總額為新台幣 3,610 億元 (占營業收入淨額 35%)。由此可知，**台積電**的獲利主要來自營業部分，非營業部分僅占營業收入淨額之 5%，但在「其他綜合損益」此一損益項目，**台積電**亦獲利新台幣 98 億元，達營業收入淨額之 1%。**台積電** 2018 年的「其他綜合損益」係由 4 個項目及相關的所得稅利益組成，主要為「確定福利計畫精算損失」8.6 億元、「透過其他綜合損益按公允價值衡量股票投資未實現評價損失」33.1 億元損失、「避險工具之損益」0.4 億元利益、「國外營運機構財務報表換算之兌換差額」146 億元利益與「透過其他綜合損益按公允價值衡量債券投資未實現評價損失」新台幣 8.7 億元損失，另有「採權益法認列之關聯企業及合資之其他綜合損益份額」及相關之所得稅費用或利益。分析企業財務績效時，不同的綜合損益表項目對企業價值的影響力可能差異很大，財務報表使用者應徹底了解各項目之意義，才能對企業績效及企業價值有正確之判斷。

　　在國際財務報導準則下，公司如何區分來自營業部分與非營業部分之獲利？「其他綜合損益」包括哪些項目？其意涵為何？重分類至損益之規範與意義又為何？綜合損益表中之底線 (bottom line) 數字「綜合損益總額」，又與傳統之本期淨利有何不同？本章將逐一詳細說明。

　　　　　　盈餘又稱損益，係企業特定期間之財務績效衡量，為財務決策之重要數據。經濟學上對盈餘的定義為「盈餘，為在期末仍與期初維持相同富裕程度之前提下，於一期間得消費之金額」，此即所謂之**資本維持** (capital maintenance) 概念。在資本維持的概念下，於資產之流入超過維持資本所須金額時，方有所謂的盈餘。而在財務報表中，亦以特定報表報導盈餘，即會計損益。

4.1 會計損益之定義

在財務報表中對會計損益的報導,係於綜合損益表中採收益與費損之差異數方式表達。收益包括收入及利益,具體的表現形式為資產增加或負債減少 (但不含投資人投入造成之影響);費損則包括費用及損失,其具體的表現形式為資產減少或負債增加 (但不含分配予投資人如股利造成之影響)。須特別注意的是,資產與負債之增減並不等同現金的增減。例如,當公司採賒銷方式以 $100 價格出售存貨時,該公司有收入 $100,但現金並未增加,相應增加 $100 之資產為代表可向客戶收款權利之應收帳款,故會計損益之淨利 (損) 並不代表現金流入 (出) 數。亦即:會計損益係應計基礎而非現金基礎下之盈餘。

按照國際財務報導準則,會計損益係採財務資本維持概念所定義之盈餘,亦即於考慮維持企業期初原有資本之名目金額 (或購買力) 所需後,資產與負債增減數之彙總數。依名目金額或購買力表達財務資本維持概念所造成的差異,可清楚反映於資產負債價格變動造成之資產負債增減數,是否被計入會計損益中:在以名目金額衡量之財務資本維持概念下,資產負債價格變動造成之資產負債增減數,會於評價或處分時被計入會計損益;在以調整購買力衡量財務資本維持概念下,只有資產負債價格變動超過物價變動部分造成之資產負債增減數,會於評價或處分時被計入會計損益。除財務資本維持概念外,另有「實物資本維持概念」,資產負債價格變動造成之資產負債增減數,將被視為維持原有營運能力所需之調整而不計入會計損益中。舉例來說,甲公司業務為買賣中古屋,×1 年初其唯一之資產為成本與公允價值均為 $5,000,000 之一中古屋,當年內以 $8,000,000 將其售出,故年底唯一資產為現金 $8,000,000;該公司全年度均無負債。若當年物價水準上漲率為 10%,且期末與已出售中古屋相當房屋之公允價值為 $8,800,000。則於不同資本維持概念下,甲公司×1 年之相關會計損益如下:

	財務資本維持		
	名目金額	調整購買力	實物資本維持
期末資產	$8,000,000	$8,000,000	$8,000,000
期初資產	(5,000,000)	(5,000,000)	(5,000,000)
維持期初資本所需之調整	_____	(500,000)	(3,800,000)
會計損益	$3,000,000	$2,500,000	$ (800,000)

若以收益與費損差異數之方式表達，則財務資本維持概念與實物資本維持概念下會計損益之不同，將反映於因係維持期初資本所需之調整而被計入損益之衡量數不同。以上述甲公司之例而言，在以名目金額衡量之財務資本維持概念下，維持該公司期末資產名目金額相等於期初資產名目金額所需之調整為 $0；在以調整購買力衡量之財務資本維持概念下，維持該公司期末資產購買力相等於期初資產購買力所需之調整 $500,000 被列為費損 (在物價水準上漲率 10% 下，期初金額 $5,000,000 之購買力相等於期末金額 $5,500,000 之購買力，即為維持與期初相同之購買力，須增加消耗資產 $500,000)；而在實物資本維持概念下，維持該公司期末資產營運能力相等於期初資產營運能力所需之調整 $3,800,000 被列為費損，因已出售中古屋之公允價值由期初之 $5,000,000 增加為 $8,800,000，即於期末取得相當於期初之中古屋須增加消耗資產 $3,800,000。由上可知，不同資本維持概念下，甲公司 ×1 年之會計損益有所不同。

由於會計損益決定於收益與費損的認列與衡量，而收益與費損係反映於排除投資人新投入與分配後之資產負債增減，在「資產 = 負債 + 權益」的前提下，會計損益就是在扣除投資人之新投入與分配之影響後，企業在特定會計期間的權益 (亦稱淨資產) 增減數。在國際財務報導準則下，代表權益於期初至期末淨增減數之完整會計損益，係由「本期淨利」與「本期其他綜合損益」加總而得之「本期綜合損益總額」。根據國際財務報導準則，本期綜合損益總額之表達格式有二項選擇：其一為將報導本期淨利之「損益節」與報導本期其他綜合損益「其他綜合損益節」彙總於單一報表的「綜合損益表」(亦稱「損益及其他綜合損益表」)；其二採兩張報表方式，即以「單獨

> 完整的會計損益就是在扣除權益投資人之新投入與分配之影響後，企業在特定會計期間的權益淨增減數。

> 會計損益之報導格式有二：一為將本期淨利與本期其他綜合損益彙總報導在單一報表的「綜合損益表」；二為兩張報表格式，包括列示本期淨利的「單獨損益表」，與列示本期其他綜合損益之另張報表。

損益表」報導含本期淨利之「損益節」，另張報表則報導含本期其他綜合損益之「其他綜合損益節」。

由於「證券發行人財務報告編製準則」之規定，包含上市櫃公司在內之我國所有公開發行公司係採「綜合損益表」之單一報表方式報導本期綜合損益總額 (參見表 4-1 **台積電** 107 年綜合損益表)。以下並將就「綜合損益表」中之「損益節」與「其他綜合損益節」，分別說明其所含項目之定義與衡量。

▲ 表 4-1　合併綜合損益表例示

台灣積體電路製造公司
綜合損益表
民國 107 年 1 月 1 日至 12 月 31 日

單位：新臺幣千元，惟每股盈餘為元

營業收入		$1,031,473,557
營業成本		533,487,516
調整前營業毛利		497,986,041
與關聯企業間之未實現毛利		(111,788)
營業毛利		$ 497,874,253
營業費用		
推銷費用	$ 5,987,828	
管理費用	20,265,883	
研發費用	85,895,569	
其他費用	—	(112,149,280)
其他收益及費損淨額		(2,101,449)
營業利益		$ 383,623,524
營業外收入及支出		
其他收入	$14,852,814	
其他利益及損失	(3,410,804)	
財務成本	(3,051,223)	
和解賠償收入	—	
採用權益法之關聯企業及合資損益之份額	3,057,781	
外幣兌換淨益	2,438,171	13,886,739
稅前淨利		$ 397,510,263
所得稅費用		(46,325,857)

表 4-1　合併綜合損益表例示 (續)

繼續營業單位本期淨利		$351,184,406
停業單位損失		0
本期淨利		$351,184,406
其他綜合損益		
不重分類至損益之項目：		
確定福利計畫之再衡量數	(861,162)	
不動產重估增值	—	
透過其他綜合損益按公允價值衡量之權益工具投資		
未實現評價利益	(3,309,089)	
避險工具之損益	40,975	
採用權益法之關聯企業及合資其他綜合損益之份額	(14,217)	
與不重分類之項目相關之所得稅	195,729	(3,947,764)
後續可能重分類至損益之項目：		
國外營運機構財務報表換算之兌換差額	14,562,386	
透過其他綜合損益按公允價值衡量之債務工具投資		
未實現評價利益	(870,906)	
現金流量避險	—	
採用權益法之關聯企業及合資其他綜合損益之份額	93,260	
與可能重分類之項目相關之所得稅	—	13,784,740
本期其他綜合損益 (稅後淨額)		9,836,976
本期綜合損益總額		$361,021,382
淨利歸屬於：		
母公司業主		$351,130,884
非控制權益		53,552
		$351,184,406
綜合損益總額歸屬於：		
母公司業主		$360,965,015
非控制權益		56,367
		$361,021,382
每股盈餘		
基本每股盈餘		$ 13.54
稀釋每股盈餘		$ 13.54

4.2 損益節包含之項目

損益節包含計入本期淨利的各項收益與費損項目,並以「營業毛利」、「營業利益」、「營業外收入及支出」、「稅前淨利」、「繼續營業單位本期淨利」與「停業單位損益」等小計 (sub-total) 區分所含之各項收益與費損項目,以提供更攸關之資訊。本期淨利與各小計項目之關聯可以數學式表達如下:

$$
\begin{aligned}
\text{本期淨利} &= \text{繼續營業單位本期淨利} + \text{停業單位損益} & (4\text{-}1)\\
&= (\text{稅前淨利} - \text{所得稅費用}) + \text{停業單位損益} & (4\text{-}2)\\
&= (\text{營業利益} + \text{營業外收入及支出}) - \text{所得稅費用} \\
&\quad + \text{停業單位損益} & (4\text{-}3)\\
&= (\text{營業毛利} - \text{營業費用} + \text{其他收益與費損淨額}) \\
&\quad + \text{營業外收入及支出} - \text{所得稅費用} + \text{停業單位損益} & (4\text{-}4)\\
&= (\text{營業收入} - \text{營業成本}) - \text{營業費用} + \text{其他收益與費損} \\
&\quad + \text{營業外收入及支出} - \text{所得稅費用} + \text{停業單位損益} & (4\text{-}5)
\end{aligned}
$$

由上述式 (4-1) 可見,本期淨利區分為「繼續營業單位本期淨利」與「停業單位損益」:前者為經常性之獲利,後者為非經常性之獲利,如此可協助財務報表使用者評估本期淨利於以後期間之持續程度。停業單位損益中,包含停業單位之營業損益,停業單位資產或處分群組之處分損益,及停業單位資產或處分群組按公允價值減出售成本之衡量損益,其定義與計算方式以釋例 4-1 說明之。停業單位損益係一次性損益,分析未來獲利能力時,應將此項扣除。

> 停業單位損益包含停業單位之營業損益,停業單位資產或處分群組之處分損益,及停業單位資產或處分群組按公允價值減出售成本之衡量損益。

釋例 4-1

停業單位損益

甲公司董事會於 ×1 年 11 月中,核准並宣布開始執行處分其符合停業單位定義之食用油部門。該部門於 ×1 年底前並未售出,當年營業利益 $50,000,×1 年底淨資產之帳面金額 $570,000,公允價值減出售成本後淨額 $540,000。×2 年 1 月該部門發生營業損失 $20,000,2 月

初以 $500,000 價格處分該部門，當時該部門淨資產之帳面金額為 $510,000。假設所得稅稅率為 17%，試求甲公司 ×1 年、×2 年應列示之停業單位損益。

> **解答**
>
> ×1 年之停業單位損益包括以下二項項目：
>
> 營業利益 (稅後) = $50,000 × (1 − 17%) = $41,500。
>
> 按公允價值減出售成本之衡量損失 (稅後) = ($570,000 − $540,000) × (1 − 17%) = $24,900。
>
> ×1 年之停業單位利益 = $41,500 + $(24,900) = $16,600。
>
> ×2 年之停業單位損益包括以下二項項目：
>
> 營業損失 (稅後) = $20,000 × (1 − 17%) = $16,600。
>
> 處分損失 (稅後) = ($510,000 − $500,000) × (1 − 17%) = $8,300。
>
> 故 ×2 年之停業單位損失 = $16,600 + $8,300 = $24,900。
>
> 此例中，董事會於 ×1 年 11 月核准並宣布處分計畫，因此 ×1 年報表中此食用油部門應列為停業單位。若董事會於 ×2 年 1 月核准並宣布處分計畫，則 ×1 年仍不應列為停業單位，×2 年才符合停業單位定義。

> 營業外收入及支出為發生於企業繼續營業單位，但非與主要業務之商品銷售與勞務提供相關之收益與費損。

由上述式 (4-2) 可見，繼續營業單位本期淨利再區分為「營業利益」與「營業外收入及支出」，其中「營業外收入及支出」係指發生於企業繼續營業單位，但非與主要業務之商品銷售與勞務提供相關之收益與費損，我國「證券發行人財務報告編製準則」要求將其以其他收入、其他利益及損失、財務成本，與採用權益法認列之關聯企業損益之份額等四個項目分類。此「營業內」與「營業外」之區分，目的仍在協助財務報表使用者評估本期淨利於以後期間之持續程度，因源自本業之獲利，其持續性應高於源自非本業之獲利。

但須特別注意的是，國際財務報導準則因考量「營業活動」之定義並不明確，若自營業活動之結果中排除某些具營業性質之項目，即使已為行業慣例，仍將誤導且損害財務報表之可比性，並未強制要求須有「營業內」與「營業外」之區分，我國企業係因「證券發行人財務報告編製準則」之規定而做此區分。同時，我國之此一特殊規定，亦造成「營業利益」中包含「其他收益及費損淨額」此一特殊項

目 [由式 (4-4) 可見]。此項為我國「證券發行人財務報告編製準則」因應國際財務導準則實施而修正時新加入之營業利益細項，包含某些傳統上原需歸屬於營業外收入及支出，但經判斷基於個別企業營業交易之性質，現宜歸屬於營業內之收益與費損項目。例如：**台積電** (2330) 在民國 107 年之綜合損益表中，即列示其民國 107 年屬營業利益之其他營業收益及費損約 $210,144.9 萬元損失，並於附註揭露其包括不動產、廠房及設備與無形資產之處分損益，不動產、廠房及設備與無形資產之減損損失與其他等細項 (參見表 4-2)。

該公司同時亦列示其民國 107 年營業外收入及支出約 $138.8 億元 (參見表 4-3)，其中採用權益法認列之關聯企業損益份額約 $30.5 億元 (利益)，其他收入約 $148.5 億元，外幣兌換淨益約 $24.3 億元，財務成本約 $30.5 億元，與其他利益及損失約 $34.1 億元 (損失)。須特別注意的是，該公司將高達 $24.3 億元的淨外幣兌換利益單獨列示

▲ 表 4-2　台積電民國 107 年財務報表附註 (營業利益之其他收益及費損部分)

	107 年度
處分不動產、廠房及設備與無形資產淨益 (損)	(1,005,644)
不動產、廠房及設備減損迴轉利益 (減損損失)	(423,468)
其他	(672,337)
	($ 2,101,449)

▲ 表 4-3　台積電民國 107 年綜合損益表 (營業外收入及支出部分)

	107 年度
營業外收入及支出	
其他收入 (附註二八)	$14,852,814
其他利益及損失 (附註三十及三七)	(3,410,804)
財務成本 (附註十及二九)	(3,051,223)
採用權益法之關聯企業及合資損益之份額 (附註十四及四二)	3,057,781
外幣兌換淨益	2,438,171
合計	$13,886,739

為營業外收入及支出之細項,而非彙總於其他利益及損失項下,此係基於資訊重大性之考量。另由財務報表附註可發現,採用權益法認列之關聯企業損益份額約 30.5 億元皆來自關聯企業的投資之投資收益,該公司並無來自聯合控制個體的投資之投資收益;$148.5 億元的其他收入包括 $146.9 億元利息收入與 $1.5 億元股利收入 (參見表 4-4);$30.5 億元的財務成本中應付公司債之利息費用 $16.3 億元占最大部分 (參見表 4-5);$34.1 億元利益的其他利益及損失中金融資產處分損失約 $9.8 億元,與透過損益按公允價值衡量之金融資產之損失約 $22.9 億元 (參見表 4-6)。作財務分析時,應就營業外收入與支出中重要項目逐一檢視,判斷這些項目未來的持續性以及未來發展的可能性,例如若利息支出較為重大,則利率調升將造成財務成本增加,公司獲利可能受影響;又如關聯企業若產業前景大好,則未來來自關

> 營業利益 = 營業收入 − 營業成本 − 營業費用 + 其他收益及費損淨額

▲ 表 4-4　台積電民國 107 年財務報表附註 (其他收入部分)

	107 年度
利息收入	
銀行存款	$10,310,738
透過損益按公允價值衡量之金融資產	382,673
透過其他綜合損益按公允價值衡量之金融資產	3,078,604
按攤銷後成本衡量之金融資產	922,441
	14,694,456
股利收入	158,358
合計	$14,852,814

▲ 表 4-5　台積電民國 107 年財務報表附註 (財務成本部分)

	107 年度
利息費用	
公司債	$1,633,775
銀行借款	1,417,287
其他	161
合計	$3,051,223

表 4-6　台積電民國 107 年財務報表附註 (其他利益與損失部分)

	107 年度
處分金融資產淨益 (損)	
透過其他綜合損益按公允價值衡量之債務工具投資	($ 989,138)
除列子公司利益	—
透過損益按公允價值衡量之金融工具淨益 (損)	
－持有供交易者	—
－強制透過損益按公允價值衡量者	(2,293,895)
－指定為透過損益按公允價值衡量者	—
公允價值避險之淨損	(2,386)
金融資產預期信用減損損失迴轉	
－透過其他綜合損益按公允價值衡量之債務工具投資	1,990
－按攤銷後成本衡量之金融資產	393
其他淨利益 (損失)	(127,768)
	($ 3,410,804)

聯企業損益之份額將會大增；再如賠償收益或損失、財產處分損益等則可能係一次性損益，分析未來獲利能力時應該予以扣除。

而由式 (4-4) 與式 (4-5) 可見，「營業利益」的計算尚包括營業毛利與營業費用兩項，而營業毛利為營業收入減去營業成本而得。營業收入為企業主要業務之銷售商品與提供勞務所得之收入，營業成本與營業費用則為因商品銷售與勞務提供而發生之支出。在買賣業與製造業中，其主要之營業成本為銷貨成本；在服務業中，其主要之營業成本為勞務成本。營業成本與營業費用須區分，而營業費用再進一步區分為銷售費用、管理費用與研發費用三類，是所謂「功能別」方式之分類 (參見表 4-7)，其目的在凸顯各企業單位之財務績效貢獻。例如，商品生產機器之折舊，歸屬於存貨成本中，後續出售時再轉為營業成本；銷售人員配發平板電腦之折舊分類為營業費用中之推銷費用；會計部門電腦設備之折舊則分類為營業費用中之管理費用。除此方式外，國際財務報導準則亦允許「性質別」方式之分類 (參見表 4-8)，即將營業成本與營業費用以性質如折舊、原料進貨、運輸成

本等彙總，不再將其分攤於企業之各功能中。應注意的是表 4-7 與表 4-8 的差異僅在於營業成本及營業費用之分類方式 (以虛線方框標示之部分)，其損益表的其他部分完全相同。表 4-1 中損益節部分係台積電依據我國財務報告編製準則規定提供之功能別綜合損益表。國際

▲ 表 4-7　「功能別」合併綜合損益表例示 (損益節部分)

甲公司
損益表 (功能別)
民國×1 年 1 月 1 日至 12 月 31 日

單位：新臺幣千元，惟每股盈餘為元

營業收入		$157,495
營業成本		
銷貨成本 (包含存貨跌價損失)	$78,452	
其他營業成本	1,229	(79,681)
營業毛利		$ 77,814
營業費用		
推銷費用	$ 2,012	
管理費用	4,797	
研發費用	11,139	
其他費用	313	(18,261)
其他收益及費損淨額		(258)
營業利益		$ 59,295
營業外收入及支出		
和解賠償收入	$ 2,602	
其他收入	644	
其他利益及損失	377	
財務成本	(159)	
採用權益法之關聯企業損益之份額	844	
兌換淨損	(37)	4,271
稅前淨利		$ 63,566
所得稅費用		(2,124)
繼續營業單位本期淨利		$ 61,442
停業單位損失		0
本期淨利		$ 61,442

財務報導準則另規定，以功能別編製損益表之公司，另須揭露費用性質之額外資訊，包括折舊與攤銷費用及員工福利費用。表 4-9 為台積電所揭露民國 107 年度費用性質之額外資訊。

作財務分析時，對以功能別方式分類之損益表，推銷費用不能只與同業或與公司過去之金額相比，推銷費用的效益才是分析之重點。

▲ 表 4-8　「性質別」合併綜合損益表例示 (損益節部分)

甲公司 損益表 (性質別) 民國×1 年 1 月 1 日至 12 月 31 日		
	單位：新臺幣千元，惟每股盈餘為元	
營業收入		$157,495
營業支出		
原物料用	$18,012	
員工福利費用	25,516	
研究發展支出	11,139	
折舊與攤銷	32,929	
不動產、廠房及設備處分損失	237	
不動產、廠房及設備減損損失	15	
不動產、廠房及設備災害損失	71	
其他費用	10,281	(98,200)
營業利益		$ 59,295
營業外收入及支出		
和解賠償收入	$ 2,602	
其他收入	644	
其他利益及損失	377	
財務成本	(159)	
採用權益法之關聯企業損益份額	844	
兌換淨損	(37)	4,271
稅前淨利		$ 63,566
所得稅費用		(2,124)
繼續營業單位本期淨利		$ 61,442
停業單位損失		0
本期淨利		$ 61,442

▲ 表 4-9 台積電民國 107 年財務報表附註 (費用性質別之額外資訊部分)

		107 年度
(一)	不動產、廠房及設備之折舊	
	認列於營業成本	$264,804,741
	認列於營業費用	23,292,299
	認列於其他營業收益及費損	27,857
		$288,124,897
(二)	無形資產之攤銷	
	認列於營業成本	$ 2,073,480
	認列於營業費用	2,347,925
		$ 4,421,405
(三)	發生時即認列為費用之研究及發展支出	$ 85,895,569
(四)	員工福利費用	
	退職後福利 (參閱附註二三)	
	確定提撥計畫	$ 2,568,945
	確定福利計畫	281,866
		2,850,811
	其他員工福利	105,364,132
		$108,214,943
	員工福利費用依功能別彙總	
	認列於營業成本	$ 63,597,704
	認列於營業費用	44,617,239
		$108,214,943

一般而言，面對消費者的產業，如消費電子、化妝品、零售通路商等，推銷是業務上重要活動，應特別注意推銷費用是否能引起消費者注意，並進一步對公司增加購買。內部管理費用也不應只是追究金額大小，而是要注意附註中之資訊，仔細分析管理費用之項目係人事費、折舊費用或其他項目，並嘗試了解公司管理功能是否為其競爭利基。例如，公司之管理人員薪資支出較高，可能為公司留住較好的人才，雖然薪資費用較高，但藉由良善之管理，公司較有機會擊敗對手。研發費用更是公司對未來之投資，許多績效良好、前景看好之公

司都大量投資於對未來之研發。例如，表 4-9 中顯示**台積電**民國 107 年研發費用約 858 億元，每年大量投入研發活動使該公司在技術上一直領先三星半導體。

我國「證券發行人財務報告編製準則」雖規定應採「功能別」方式分類，但對於折舊與攤銷費用、員工福利費用及重大之收益或費損項目，亦要求單獨揭露其性質及金額。**台積電** (2330) 在民國 107 年財務報表附註中，即揭露其民國 107 年之不動產、廠房及設備之折舊約 $2,881 億元，無形資產之攤銷約 $44 億元，員工福利費用約 $1,082 億元，發生時即認列為費用之研究發展支出約 $858 億元。該項揭露中除列示前述各項費損之總額，並說明該項費損在功能別之分類下，計入營業成本與營業費用之金額 (參見表 4-9)。

4.3 其他綜合損益節包含之項目

根據國際財務報導準則，綜合損益總額係某一期間內，來自與業主交易以外之交易及其他事項所產生之權益變動，故綜合損益總額即為完整的會計損益。綜合損益總額除本期淨利外，尚包括本期其他綜合損益，列示其他綜合損益之綜合損益表部分即為其他綜合損益節。本期其他綜合損益項目計有「不動產、廠房及設備與無形資產的重估增值」、「確定福利計畫之再衡量數」、「透過其他綜合損益按公允價值衡量之金融資產未實現評價損益」、「國外營運機構財務報表換算之兌換差額」與「現金流量避險中屬有效避險部分之避險工具利益及損失」等項目。

台積電 (2330) 在民國 107 年綜合損益表中，即列示其民國 107 年之當期其他綜合損益稅後淨額約為利益 $98.3 億元 (參見表 4-10)，其中「國外營運機構財務報表換算之兌換差額」約 $145 億元 (利益)，「透過其他綜合損益按公允價值衡量之金融資產未實現評價損益」包含權益工具投資約 33.1 億元 (損失) 及債務工具投資約 8.7 億元 (損失)，「採用權益法之關聯企業之其他綜合損益份額」約 $7,900 萬元 (利益) 包含分類為不重分類至損益與後續可能重分類至損益之

表 4-10　台積電民國 107 年綜合損益表 (本期其他綜合損益部分)

本期淨利		$351,184,406
其他綜合損益		
不重分類至損益之項目：		
確定福利計畫之再衡量數	(861,162)	
不動產重估增值	—	
透過其他綜合損益按公允價值衡量之權益工具投資未實現評價利益	(3,309,089)	
避險工具之損益	40,975	
採用權益法之關聯企業及合資之其他綜合損益之份額	(14,217)	
與不重分類之項目相關之所得稅	195,729	(3,947,764)
後續可能重分類至損益之項目：		
國外營運機構財務報表換算之兌換差額	14,562,386	
透過其他綜合損益按公允價值衡量之債務工具投資未實現評價利益	(870,906)	
現金流量避險	—	
採用權益法之關聯企業及合資之其他綜合損益之份額	93,260	
與可能重分類之項目相關之所得稅	—	13,784,740
本期其他綜合損益 (稅後淨額)		9,836,976

金額分別約為 $1,400 萬元 (損失) 與 $9,300 萬元 (利益)，將計入「確定福利計畫之再衡量數」之確定福利計畫精算損失 $8.6 億元，及與本期其他綜合損益相關之所得稅利益約 $2 億元。

　　本期其他綜合損益之項目既列示其他綜合損益節，是否即為不計入本期淨利之損益項目？答案視該項目係屬須重分類或不得重分類之本期其他綜合損益項目而定。所謂重分類 (reclassification)，係指於符合特定條件之特定期間，將該期間發生及以前期間認列之所有其他綜合損益，一併重分類計入該期間之本期淨利，亦稱為重分類調整 (reclassification adjustment)。是以，屬須重分類之本期其他綜合損益項目，將在符合特定條件時計入本期淨利；不得重分類之本期其他綜合損益項目則永不影響本期淨利。亦由於此重要差異，國際財務報導準則要求須將本期其他綜合損益之項目區分為「不重分類」與「可能重分類」兩組列示。此外，若公司有採權益法認列之長期股權投

> 本期重分類係指於符合特定條件之特定期間，將該期間發生及以前期間認列之所有其他綜合損益，一併重分類計入該期間之本期淨利。屬須重分類之本期其他綜合損益項目，將在符合特定條件時計入本期淨利；不得重分類之本期其他綜合損益項目則永不影響本期淨利。

資 (關聯企業之投資)，尚須將被投資公司之各項本期其他綜合損益項目之合計數，按持股比例認列為「採用權益法之關聯企業之其他綜合損益份額」，計入公司之本期其他綜合損益中，並須按被投資公司之各項本期其他綜合損益項目屬「不重分類」與「可能重分類」組，將此「採用權益法之關聯企業之其他綜合損益份額」亦區分為「不重分類」與「可能重分類」兩組。

由於本期其他綜合損益之項目其定義與計算方式多須涉及較艱深之特定會計技術，而本章之目的在全面性說明綜合損益表，故以下僅以「透過其他綜合損益按公允價值衡量之金融資產未實現評價損益」此項目說明本期其他綜合損益項目重分類時之影響，本章附錄部分始就本期其他綜合損益項目做更詳盡之介紹。

「透過其他綜合損益按公允價值衡量之債券投資未實現評價損益」為透過其他綜合損益按公允價值衡量之債券投資於資產負債表日之當期公允價值變動數。「透過其他綜合損益按公允價值衡量債券投資未實現評價損益」須於處分該金融資產時，將處分當期或以前期間所認列之未實現評價損益之合計數，重分類為處分損益計入該期間之本期淨利。然而，有一與重分類相關之會計處理需特別注意，即當所有其他綜合損益進行重分類轉列於本期淨利時，同等金額需由本期其他綜合損益中減除，以免重複計入綜合損益總額中。例如，×1 年中以 $100 購入透過其他綜合損益按公允價值衡量之債券投資 A，該債券×1 年底之公允價值為 $120，×2 年中以 $130 處分該債券。則當期×2 年發生之其他綜合損益為 $10 (= $130 − $120)，以前期間×1年發生之其他綜合損益為 $20 (= $120 − $100)，其合計數即持有 A 債券期間之所有公允價值變動為 $30 (= $130 − $100)。而重分類即於處分 A 債券時，將其持有期間之所有公允價值變動 $30，轉列為當期之處分利益 $30，並計入×2 年本期淨利，而×2 年綜合損益表中「透過其他綜合損益按公允價值衡量之債券投資未實現評價損益」之金額係 $(20)，即為當期發生之 $10 減除重分類金額 $30。此時×2 年綜合損益表中與 A 債券相關之項目有處分利益 $30 與「透過其他綜合損益按公允價值衡量之債券投資未實現評價損益」$(20)，對×2 年綜

> 透過其他綜合損益按公允價值衡量之債券投資以資產負債表日之公允價值列示，而公允價值變動則計入當期其他綜合損益。

合損益總額之影響數加計為 $10，正為 A 債券當年之公允價值變動數 ($130－$120)。

由上簡例可知，「透過其他綜合損益按公允價值衡量之債券投資未實現評價損益」之重分類會影響本期淨利 (×2 年認列處分利益 $30 計入本期淨利)，但該金融資產當年度之公允價值變動數，亦即該資產增值使公司獲利之金額，則為對×2 年本期綜合損益總額之影響數 $10。故在本期其他綜合損益有重分類發生之期間，若僅觀察其對本期淨利之影響，將無法正確衡量相關之績效。此亦即本章一開始所述，在國際財務報導準則下，「本期綜合損益總額」始為完整之會計損益。

台積電 (2330) 在民國 107 年綜合損益表中，即於「歸屬於母公司業主權益－其他權益」(參見表 4-11) 的期初與期末餘額調節中，可知 107 年度「透過其他綜合損益按公允價值衡量之金融資產未實現評價損益」產生評價損失約 $41 億元。該年度因處分而轉列保留盈餘之損失金額約 $11.9 億元。另外三項其他權益為國外營運機構財務報表換算之兌換差額由期初約 267 億元 (損失)，加上 107 年增加之兌換利

▲ 表 4-11　台積電民國 107 年財務報表附註 (其他權益部分)

單位：新臺幣千元

	國外營運機構財務報表換算之兌換差額	透過其他綜合損益按公允價值衡量之金融資產未實現損益	避險工具損益	員工未賺得酬勞	合計
年初餘額	($26,697,680)	($ 524,915)	$ 4,226	($10,290)	($27,228,659)
107 年度稅後其他綜合損益	14,655,333	(4,097,465)	41,537	–	10,599,405
處分透過其他綜合損益按公允價值衡量之權益工具投資	–	1,193,056	–	–	1,193,056
避險工具損益基礎調整	–	–	(22,162)	–	22,162
採用權益法認列之關聯企業股權淨值之變動數	–	–	–	8,447	8,447
年底餘額	($12,042,347)	($3,429,324)	$23,601	($ 1,843)	($15,449,913)

益約 146.5 億元，使餘額變為約 120.4 億元 (損失)；現金流量避險工具有效避險之金額由期初之 400 餘萬元，加上 107 年增加之有效避險利益部分，再減除轉列資產負債基礎調整之金額 (例如：累積有效避險利益 $100，調整購入存貨成本 $1,000，使存貨原始認列金額被調整為 $900)，使餘額變為約 2,400 萬元；另一項則為員工獎酬計畫中限制性股票之未賺得酬勞。值得注意的是，本章前面介紹的其他綜合損益中，員工福利再衡量數因為在每一期發生時，當期即結轉保留盈餘，因此其他權益部分不會有相關之餘額。

其他綜合損益項目的性質較類似一次性損益，例如：透過其他綜合損益按公允價值衡量之金融資產的未實現評價損益，此項目代表當期持有金融資產價值之漲跌，與透過損益按公允價值衡量之金融資產之評價損益類似，今年股價大漲或大跌，不代表未來均如此。但應特別注意的是，透過其他綜合損益按公允價值衡量之債券投資處分時，其處分損益將作重分類調整，列入損益表中，而其他綜合損益則將該相等之金額列為減項，所以處分透過其他綜合損益按公允價值衡量之債券投資可以操縱當期損益表，但對當期綜合損益總額並無影響。

4.4 綜合損益表須揭露之本期分攤數

根據國際財務報導準則，綜合損益表須揭露「本期淨利」與「本期綜合損益總額」在母公司業主與非控制權益間之分配數。所謂非控制權益，係指當合併報表中包含非由母公司 100% 持有之子公司時，擁有子公司股權之其他股東。此時合併綜合損益表報表中之各項損益是由母公司業主與非控制權益共同擁有的，故須揭露本期淨利與本期綜合損益總額分別歸屬之分攤數。**台積電** (2330) 在民國 107 年綜合損益表中，即列示其民國 107 年之本期淨利 $3,511 億元，本期綜合損益總額約 $3,610 億元，而其中均幾近 100% 歸屬於母公司業主，歸屬於非控制權益者相對極少 (參見表 4-12)。

另一項綜合損益表須揭露之本期分攤數為每股盈餘。每股盈餘顯示對母公司普通股權益持有人而言，每股普通股得分享之本期淨利

> 綜合損益表須揭露「本期淨利」與「本期綜合損益總額」在母公司業主與非控制權益間之分配，與每股盈餘兩項本期分攤數。

▲ 表 4-12　台積電民國 107 年綜合損益表 (歸屬於母公司業主與非控制權益之會計損益部分)

淨利歸屬予	
母公司業主	$351,130,884
非控制權益	53,522
	$351,184,406
綜合損益總額歸屬予	
母公司業主	$360,965,015
非控制權益	56,367
	$361,021,382

數。基本每股盈餘之計算為將歸屬於母公司業主之本期淨利扣除特別股之股利、清償特別股之差額等特別股影響數後，除以本期流通在外普通股加權平均股數。稀釋每股盈餘則為考慮稀釋性潛在普通股影響後之每股盈餘，亦即將可轉換金融工具、選擇權、認股證等若轉換成普通股後，計算之每股盈餘。目前每股盈餘僅表達母公司每股普通股持有人得分享之本期淨利數，但如前所述，完整的會計損益為包含本期淨利與本期其他綜合損益之綜合損益總額。是以，目前每股盈餘衡量與表達方式適切與否，明顯存在討論空間。

台積電 (2330) 在民國 107 年綜合損益表中，亦列示其民國 107 年之基本與稀釋每股盈餘均為 13.54 元 (參見表 4-13)，並於附註揭露其每股盈餘之分子與分母之詳細計算過程 (參見表 4-14)。由附註揭露，由於潛在普通股股數對當期流通在外普通股加權平均股數而言相對甚少，故該公司之基本每股盈餘與稀釋每股盈餘數字相同。

▲ 表 4-13　台積電民國 107 年第二季綜合損益表 (每股盈餘部分)

每股盈餘 (附註三二)	
基本每股盈餘	$13.54
稀釋每股盈餘	$13.54

▲ 表 4-14　台積電民國 107 年財務報表附註 (每股盈餘部分)

	金額 (分子)	股數 (分母) (千股)	每股盈餘 (元)
107 年度			
基本每股盈餘			
歸屬予母公司業主之本年度淨利	$351,130,884	25,930,380	$13.54
具稀釋作用潛在普通股之影響	–	–	
稀釋每股盈餘			
歸屬予母公司業主之本年度淨利加潛在普通股之影響	$351,130,884	25,930,380	$13.54

4.5　會計損益與財務報表分析

綜合損益表中表達之會計損益為企業財務績效之彙總衡量，自然為財務報表分析中不可缺之一環；然對會計損益進行財務報表分析時，須留心損益之經常性與損益操控的問題。

在損益之經常性部分，在財務決策中考量代表企業績效之會計損益時，該損益於未來是否仍能持續獲得，即所謂損益之持續性 [或稱「盈餘力」(earnings power)] 通常受到重視，而損益之持續性又常連結至損益是否經常 (recurring) 發生，即所謂損益之經常性。經常發生之損益項目未來重複出現之可能性大；非經常發生之損益項目則因只為一次性項目，故在本益比等分析中應考慮扣除此類傾向不再重複發生之損失。

如旗下包括特力屋、HOLA 特力和樂等品牌的特力集團 (股票代號 2908)，其民國 92 年第二季財務報表顯示，相較於 91 年同期獲利近新台幣 4 億 6 千萬元，該公司民國 92 年前半年虧損近新台幣 1 億 9 千萬元。然觀察各項損益項目，會發現多數損益項目與 91 年同期相較並無重大變動。兩年間獲利差異之主要原因有二：其一係民國 92 年前半年之營業費用高達近新台幣 14 億元，較去年同期增加近 72%；其二則為民國 92 年前半年認列近新台幣 9 千 3 百萬元之投資損失，91 年同期則無此項損失。而由財務報表附註中可發現，前述

> 對會計損益進行財務報表分析時，須留心損益經常性 (持續性) 與損益操控。

之營業費用之大幅增加與投資損失之發生，均因該公司與其美國子公司之合作股東理念產生重大之歧見，且子公司嚴重虧損致無法如期支付該公司之應收帳款，該公司除向法院聲請假扣押子公司資產，對子公司及子公司之合作股東提出債權訴訟外，並將對子公司之應收帳款扣除估計可收回之部分後認列為呆帳計入營業費用，對子公司之長期投資則沖銷轉列為投資損失。故於對公司進行損益分析時，宜考慮消除前述營業費用與投資損失此兩項一次性項目之影響。

值得注意的是，目前國際財務報導準則下之綜合損益表將本期淨利部分區分成「繼續營業單位」與「停業單位」兩種組成，我國財務報告編製準則更進一步要求將「繼續營業單位本期淨利」區分成「營業利益」與「營業外之收入及支出」，均係試圖區別損益之經常性。惟根據目前之國際財務報導準則，「繼續營業單位」當期淨利中所包含損益項目之經常性有相當程度之差異，如銷貨毛利固然屬此部分淨利，但如不動產、廠房及設備之減損與迴轉、應付公司債處分損益等項目亦同樣分類於此部分淨利。同樣地，「繼續營業單位本期淨利」之「營業內」與「營業外」區分亦有相同限制。如上述特力集團之例中之鉅額信用損失 (呆帳) 與投資損失，在目前之國際財務報導準則下仍將計入「繼續營業單位」本期淨利；鉅額信用損失部分更將被劃分計入「營業利益」；惟實質上此二者均為非經常發生之一次性項目。

此外，某些損益項目雖為非經常性項目，但其能對企業過去或未來之損益傳達額外資訊，故仍為進行財務報表分析時應仔細考量者。如不動產、廠房及設備之減損損失之存在，一方面顯示過去損益須調整，即以前期間提列之折舊過低，淨利有所高估；另一方面同時顯示在減損後因帳面金額減少，以後期間提列之折舊將同步減少而使淨利提高。因成本高於淨變現價值而認列之存貨跌價損失，雖計入認列當期之銷貨成本而使銷貨毛利降低，但同時顯示將因存貨之帳面金額調低，而使未來處分該存貨期間之銷貨毛利提高。

在損益操控部分，作為企業財務績效之衡量，會計損益有助於財務報表使用者了解企業運用其經濟資源之產出，並藉此得以評估管理

當局的經營效率，亦有助於財務報表使用者評估企業未來現金流量的金額、時間與不確定性，從而影響其決策制定。然而，負責編製財務報表的企業管理階層，基於其薪資報酬與財務數字有關而產生之自利考量，自然存有動機影響會計損益數字，即所謂損益操控 (或稱盈餘管理)。損益操控將使會計損益對企業財務績效之衡量功能受損，即所謂之盈餘品質 (earnings quality) 下降，許多會計弊案如 2001 年美國的安隆 (Erron) 案、2004 年我國的博達案，與 2011 年日本的奧林巴斯 (Olympus) 案均為著名之例證。

　　過去會計研究文獻對損益操控之探討十分豐富，研究結論提出損益操控的時點包括避免財務預測更新、首次上市櫃、融資舉債前等；損益操控的方向則可歸納為向上操控損益、向下操控損益，與損益平穩化。向上操控損益包括避免報導赤字或避免盈餘低於預期的門檻操控；而向下操控損益包括俗稱「洗大澡」的操控，即公司在當期虧損時特意將盈餘向下操控，使未來損益能更輕易的成長。損益操控之達成手法，亦即損益操控之工具，亦有符合會計原則之「合法」操控與不符合會計原則之「不合法」操控兩種途徑。

　　值得注意的是，「合法」操控雖符合會計原則，但並不代表其操控後之損益仍為企業真實財務績效之呈現。如製造商對其通路商「塞貨」，即促使通路商買入多於其銷售所需的存貨，此一「合法」之操控手法雖能一時拉高製造商之營業收入與獲利，然而實為寅吃卯糧，係以提前認列時間之方式美化財務績效，日後將有營業收入與獲利雙雙下降之必然反轉出現。

　　至於「不合法」之操控手法，我國曾有生技公司與另一生技公司簽訂專利權之交互授權、開發及銷售合約，即透過合約使雙方均取得對方之藥物技術，但亦同時移轉其自行開發之藥物技術予對方。就經濟實質而言，該生技公司收取與支付權利金之對象相同，故此交易其屬資產交換，且藥物技術尚有成功與否之重大風險 (例如：須經臨床試驗或核准上市等)，即表示其公允價值無法可靠衡量，應以換出資產之帳面價值衡量換入資產之成本；即就該合約不得認列任何資產、營業收入與獲利之增加。此時若該生技公司將支付之權利金視為資產

取得對價以無形資產列帳，收取之權利金則全額一次列為營業收入，則為使資產、營業收入與獲利均同步提高之「不合法」操控。

簡言之，無論「合法」或「不合法」之損益操控，均可能扭曲企業之真實財務狀況與財務績效，嚴重誤導財務報表之使用者。是以進行財務報表分析時，損益操控實為不可忽視之重大限制，宜綜合各項財務與非財務資訊，考量損益操控存在之可能性與影響。

附錄 4.1　不得重分類與可能重分類之本期其他綜合損益

> 不得重分類之本期其他綜合損益項目包括「透過其他綜合損益按公允價值衡量股票投資未實現評價損益」、「不動產、廠房及設備與無形資產的重估增值」、「確定福利計畫之再衡量數」。

「不得重分類」包括之本期其他綜合損益項目有「透過其他綜合損益按公允價值衡量股票投資未實現評價損益」、「不動產、廠房及設備與無形資產之重估增值」與「確定福利計畫之再衡量數」，此三項本期其他綜合損益項目永遠不影響本期淨利。其中「確定福利計畫之再衡量數」之定義與計算涉及繁複之員工福利會計處理，讀者可參考中級會計學教科書相關章節說明；為使讀者易於了解見，此處以「不動產、廠房及設備與無形資產之重估增值」為例說明不得重分類之本期其他綜合損益項目。另外，「透過其他綜合損益按公允價值衡量之股票投資未實現損益」之處理與重估增值類似，本書第 12 章有詳細之介紹。

> 「不動產、廠房及設備與無形資產之重估增值」為不動產、廠房及設備與無形資產採「重估價模式」時，當公允價值高於原帳面金額時認列之其他綜合損益項目。

「不動產、廠房及設備與無形資產之重估增值」係對不動產、廠房及設備或無形資產此兩項資產採「重估價模式」後續衡量時始有的項目。在「重估價模式」下，公司須經常定期進行重估價，以確保不動產、廠房及設備或無形資產列示於資產負債表之金額，與該資產於資產負債表日之公允價值無重大差異。「不動產、廠房及設備與無形資產之重估增值」即為當公允價值高於資產原帳面金額時而認列為其他綜合損益項目之重估增值利益。「不動產、廠房及設備與無形資產之重估增值」則得選擇於處分時直接轉入保留盈餘；亦得選擇於使用時透過提列折舊之差額逐步轉入保留盈餘。

我們以簡例說明「不動產、廠房及設備與無形資產之重估增值」

如何透過提列折舊之差額逐步轉入保留盈餘。假設公司於×1年初以 $110 購入一設備，耐用年限 11 年，無殘值，以直線法提列折舊並以重估價模式後續衡量，故該設備×1年提列折舊 $10，×1年底帳面金額 $100。×2年初，該設備進行重估價，當日公允價值 $120，故將該設備當日之帳面金額由 $100 增加到 $120，認列「其他綜合損益－不動產、廠房及設備與無形資產的重估增值」$20 並將其結轉至相關其他權益項目。若公司選擇透過提列折舊之差額，將累計於其他權益之重估增值 $20 逐步轉入保留盈餘，則×2年底提列折舊時之相關分錄如下：

折舊費用	12	
累計折舊－設備		12
其他權益－重估增值	2	
保留盈餘		2

由上分錄可知，重估增值使該設備之帳面金額增加 (上例中為由 $100 增加到 $120)，故重估後提列之折舊增加 (上例中為由 $10 增加到 $12)，致使保留盈餘較若未重估時減少 (上例中為減少 $2)。但因公司選擇將累計於其他權益之重估增值，就折舊增加之金額 (上例中為 2) 逐步轉入保留盈餘，故最後保留盈餘之影響數與未重估時並無差異。

此外，由上例中可以發現，×2年綜合損益表中之綜合損益總額含「其他綜合損益－不動產、廠房及設備與無形資產之重估增值」金額 $20 與計入當期淨利之折舊 $(12)，即與該設備相關之綜合損益總額為 $8；而×2年底資產負債表中「其他權益－重估增值」$18，相較×1年底增加 $18，保留盈餘則有折舊之結轉減少 $12 與其他權益之轉入增加 $2，即合計當期相關權益增加 $8。上述完全符合本章開始所述，完整會計損益之衡量即為本期權益之淨增減數。釋例 4-2 進一步舉例說明「不動產、廠房及設備與無形資產之重估增值」之報表影響。

釋例 4-2

不得重分類之其他綜合損益－土地重估增值變動

甲公司於×1年初成立，×1年1月7日以現金購入A、B兩筆土地，並以重估價模式衡量，其相關資料如下：

	成本	×1年底公允價值
土地A	$1,000,000	$1,200,000
土地B	1,000,000	1,500,000

該公司於×2年10月15日以$1,300,000出售土地A，土地B於×2年底公允價值為$1,900,000。該公司無其他土地交易，且無其他與其他綜合損益相關之交易。試作其×1年、×2年土地相關之報表表達。

解答

×1年12月31日

	土地A	土地B	加總
期初帳面金額 (a)	$1,000,000	$1,000,000	$2,000,000
公允價值 (b)	1,200,000	1,500,000	2,700,000
重估增值變動 (b) – (a)	$ 200,000	$ 500,000	$ 700,000

故×1年相關報表表達部分列示如下：

甲公司 綜合損益表(部分) ×1年1月1日至12月31日	
本期淨利	:
其他綜合損益	
重估增值之變動	700,000
與其他綜合損益組成部分相關之所得稅	:
本期其他綜合損益 (稅後淨額)	:
本期綜合損益總額	:

	甲公司 資產負債表 (部分) ×1 年 12 月 31 日		
資產		負債	
	⋮		⋮
	⋮	權益	
			⋮
土地	2,700,000	保留盈餘	
		其他權益	700,000
	⋮		⋮

×2 年 10 月 15 日

	土地 A	
成本 (c)	$1,000,000	
期初帳面金額 (a)	$1,200,000	
公允價值 (b)	1,300,000	
重估增值變動 (b) − (a)	$ 100,000	本期其他綜合損益
轉入保留盈餘 (b) − (c)	$ 300,000	(不得重分類)

×2 年 12 月 31 日

	土地 B	
期初帳面金額 (a)	$1,500,000	
公允價值 (b)	1,900,000	
重估增值變動 (b) − (a)	$ 400,000	本期其他綜合損益

	其他權益－重估增值之變動
期初金額	$700,000
土地 A 自期初至處分時之重估增值	100,000
土地 B 本期之重估增值	400,000
減：處分土地 A，將其相關之重估增 　　值轉入保留盈餘	(300,000)
期末金額	$900,000

故×2 年相關報表表達部分列示如下：

甲公司
綜合損益表 (部分)
×2年1月1日至12月31日

本期淨利	：
其他綜合損益	
重估增值之變動	500,000
與其他綜合損益組成部分相關之所得稅	：
本期其他綜合損益 (稅後淨額)	：
本期綜合損益總額	：

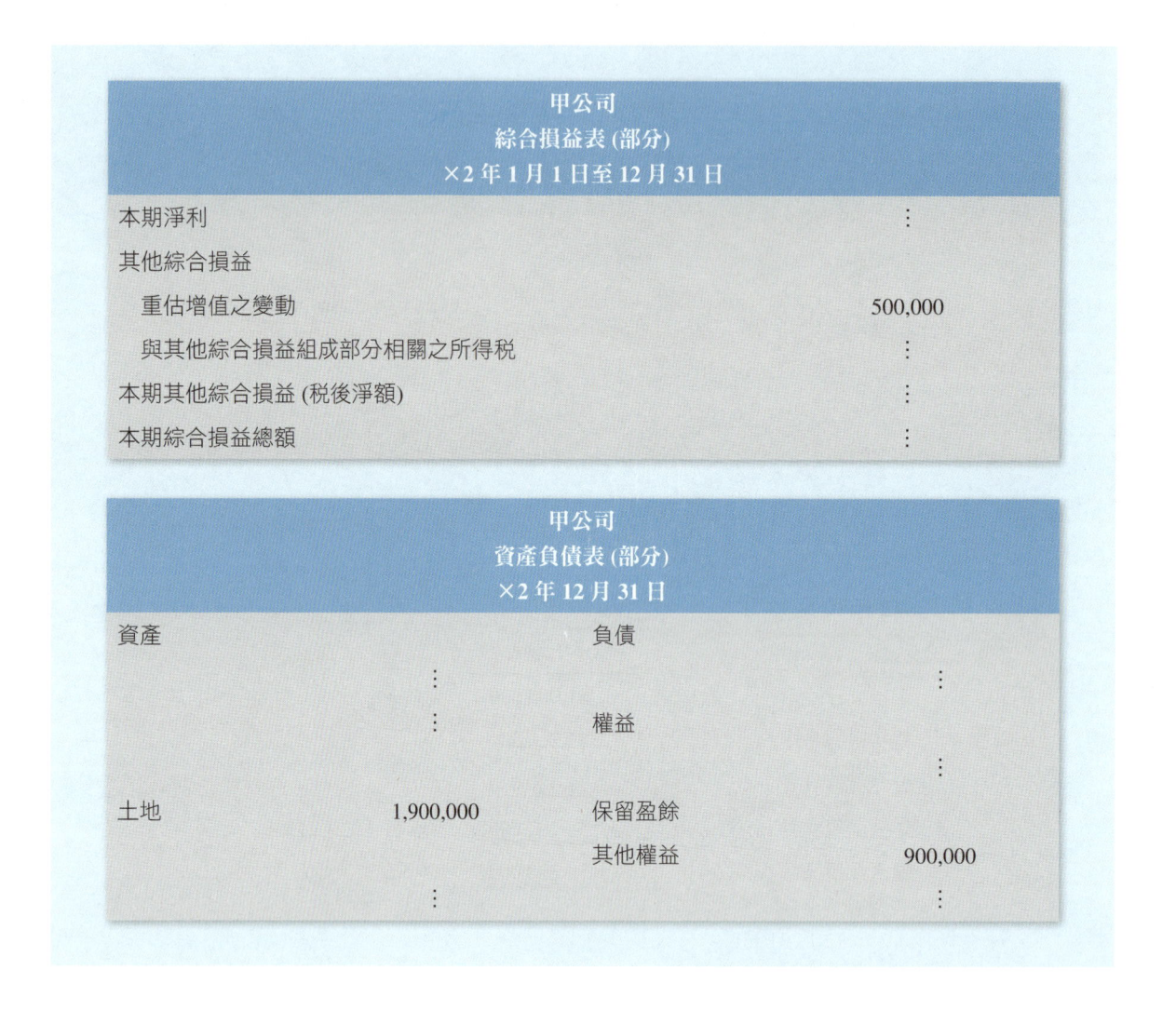

甲公司
資產負債表 (部分)
×2年12月31日

資產		負債	
	：		：
	：	權益	
			：
土地	1,900,000	保留盈餘	
		其他權益	900,000
	：		：

> 可能重分類之本期其他綜合損益項目包括「透過其他綜合損益按公允價值衡量之債券投資未實現評價損益」、「國外營運機構財務報表換算之兌換差額」、「現金流量避險中屬有效避險部分之避險工具利益及損失」。

「可能重分類」組包括之本期其他綜合損益項目有「透過其他綜合損益按公允價值衡量之債券投資未實現評價損益」、「國外營運機構財務報表換算之兌換差額」與「現金流量避險中屬有效避險部分之避險工具利益及損失」等項目。此三項本期其他綜合損益項目將於符合特定條件時，將所有累積數轉列計入本期淨利。其中「國外營運機構財務報表換算之兌換差額」與「現金流量避險中屬有效避險部分之避險工具利益及損失」之定義與計算分別涉及繁複之匯率會計處理與避險會計處理，讀者可參考高等會計學教科書相關章節說明；「透過其他綜合損益按公允價值衡量之債券投資未實現評價損益」之重分類則已於本章 4.3 節討論，此處則以釋例 4-3 進一步舉例說明「透過

其他綜合損益按公允價值衡量之債券投資未實現評價損益」之報表影響。

釋例 4-3

可能重分類之其他綜合損益－透過其他綜合損益按公允價值衡量之債券投資未實現評價損益

甲公司於×1年初成立，×1年1月7日以現金平價購入A、B兩筆債券並分類為透過其他綜合損益按公允價值衡量之債券投資，其相關資料如下：

	攤銷後成本	×1年底公允價值
債券 A	$1,000,000	$1,200,000
債券 B	1,000,000	1,500,000

該公司於×2年10月15日以$1,300,000出售債券A，債券B於×2年底公允價值為$1,900,000。該公司無其他透過其他綜合損益按公允價值衡量之債券投資交易，且無其他與其他綜合損益相關之交易。試作其×1年、×2年相關之報表表達。

解答

×1年12月31日

	債券 A	債券 B	加總
期初帳面金額 (a)	$1,000,000	$1,000,000	$2,000,000
公允價值 (b)	1,200,000	1,500,000	2,700,000
透過其他綜合損益按公允價值衡量債券投資未實現評價損益 (b) − (a)	$ 200,000	$ 500,000	$ 700,000

故×1年之相關報表表達部分列示如下：

甲公司 綜合損益表 (部分) ×1年1月1日至12月31日	
本期淨利	⋮
其他綜合損益	
透過其他綜合損益按公允價值衡量之債券投資未實現評價損益	700,000
與其他綜合損益組成部分相關之所得稅	⋮
本期其他綜合損益 (稅後淨額)	⋮
本期綜合損益總額	⋮

甲公司 資產負債表 (部分) ×1 年 12 月 31 日	
資產	負債
⋮	⋮
⋮	權益
	⋮
透過其他綜合損益按公允價值衡量之債券投資　2,700,000	
	保留盈餘
	其他權益　　　　　　700,000
	⋮

債券 A

×2 年 10 月 15 日		
成本 (c)	$1,000,000	
期初帳面金額 (a)	$1,200,000	
公允價值 (b)	1,300,000	
未實現評價損益 (b) – (a)	$ 100,000	本期其他綜合損益
重分類至處分損益 (b) – (c)	$ 300,000	本期損益 (重分類)

債券 B

×2 年 12 月 31 日		
期初帳面金額 (a)	$1,500,000	
公允價值 (b)	1,900,000	
未實現評價損益 (b) – (a)	$ 400,000	本期其他綜合損益

故×2 年之相關報表表達部分列示如下：

	其他權益－債券公允價值之變動
期初金額	$700,000
債券 A 自期初至處分時之未實現損益	100,000
債券 B 本期之未實現損益	400,000
減：處分債券 A，將其相關之未實現損益 　　轉入處分損益	(300,000)
期末金額	$900,000

甲公司
綜合損益表(部分)
×2年1月1日至12月31日

⋮	⋮	
透過其他綜合損益按公允價值衡量之債券投資處分損益	300,000	
⋮	⋮	
本期淨利		⋮
其他綜合損益		
透過其他綜合損益按公允價值衡量債券投資未實現評價損益	500,000	
減：重分類調整	(300,000)	200,000
與其他綜合損益組成部分相關之所得稅	⋮	
本期其他綜合損益(稅後淨額)		⋮
本期綜合損益總額		⋮

甲公司
資產負債表(部分)
×2年12月31日

資產		負債	
	⋮		⋮
	⋮	權益	
			⋮
透過其他綜合損益按公允價值衡量之債券投資	1,900,000		⋮
		保留盈餘	
		其他權益	900,000
			⋮

習 題

問答題

1. 會計損益又稱盈餘，是最常用以衡量企業財務績效之數據。何謂會計損益？請說明之。
2. 何謂收益及費損？請說明之。
3. 根據國際財務報導準則，綜合損益總額表達格式有哪二項選擇？請分別說明之。我國財務報

告編製準則對於綜合損益表規定採哪一種格式編製？

4. 依據國際財務報導準則規定某些事項之相關收益或費損項目須單獨列示，請說明須於綜合損益表中單獨列示之收益及費損項目為何？

5. 依據國際財務報導準則規定，停業單位損益包含哪些項目？

6. 何謂綜合損益總額？

7. 當期其他綜合損益之組成包括哪些項目？

8. 什麼是其他綜合損益的重分類？其他綜合損益中哪些項目應作重分類？哪些項目不應作重分類？

選擇題

1. 下列何者係列於當期其他綜合損益項下？
   (A) 研發費用
   (B) 營業成本
   (C) 其他權益－國外營運機構財務報表換算之兌換差額
   (D) 透過其他綜合損益按公允價值衡量之債券投資未實現評價損益

2. 對財務報表使用者而言，綜合損益表可以提供：
   (A) 企業過去某個時點的財務狀況　　(B) 企業過去某段期間的財務績效
   (C) 企業未來某段期間的財務績效　　(D) 企業過去某段期間的現金流量

3. 台灣企業所編製之綜合損益表中，當期其他綜合損益組成項目不會出現下列哪個項目？
   (A) 現金流量避險中屬有效避險部分之避險工具利益及損失
   (B) 透過其他綜合損益按公允價值衡量之債券投資未實現評價損益
   (C) 國外營運機構財務報表換算之兌換差額
   (D) 不動產、廠房及設備與無形資產之重估增值的變動

4. 飆馬公司 ×1 年度處分位於東京的工廠，已知處分工廠符合停業單位之定義，×1 年東京工廠的營業利益 $40,000，截至 ×1 年底已處分部分模組的生產設備獲得處分利益 $35,000，×1 年底時按公允價值減出售成本衡量剩餘尚待處分設備計有損失 $15,000。試計算飆馬公司 ×1 年停業單位損益 (不考慮所得稅影響)？
   (A) $90,000　　　　　　　　　　(B) $60,000
   (C) $75,000　　　　　　　　　　(D) $20,000

5. 依據國際會計準則之規定，綜合損益表可以何種方式呈現？
   (A) 要求採單一綜合損益表

(B) 要求列示本期損益的單獨損益表,與自本期損益開始並列示本期其他綜合損益組成部分的綜合損益表

(C) 得選擇採單一綜合損益表,或選擇二張報表方式

(D) 僅列示當期其他綜合損益組成部分的綜合損益表

6. 下列關於每股盈餘之敘述何者不正確?

(A) 每股盈餘之揭露,在顯示對母公司普通股權益持有人而言,每股普通股得分享之本期損益數

(B) 基本每股盈餘之計算為將歸屬於母公司業主之本期損益扣除特別股之股利、清償特別股之差額等特別股影響數後,除以本期流通在外普通股加權平均股數

(C) 稀釋每股盈餘則為考慮稀釋性潛在普通股影響後之每股盈餘,亦即將可轉換金融工具、選擇權、認股證等若轉換成普通股後,將造成之每股盈餘減少計入後之每股盈餘

(D) 目前每股盈餘僅表達母公司權益持有人每股普通股得分享之綜合損益數

7. ×2年中多莉公司以平價 $140,000 購入伍大公司債券,帳列於透過其他綜合損益按公允價值衡量之債券投資項下,該債券×2年底之公允價值為 $160,000,×3年中以 $200,000 處分該債券。試問下列何者為×3年度多莉公司對「透過其他綜合損益按公允價值衡量之債券投資未實現評價損益」所作之重分類:

(A) 不須作重分類

(B) 認列×3年度之其他綜合損益 $40,000

(C) 認列合計持有伍大公司債券期間所有公允價值變動 $60,000

(D) 將累計之「透過其他綜合損益按公允價值衡量之債券投資」變動數 $60,000,轉列為當期之處分利益 $60,000

8. 長安公司對土地之後續衡量採重估價模式,於×1年底時對一筆原帳面價值為 $500,000 土地進行重估,×1年底時重估至 $600,000。該公司於×2年7月31日以 $650,000 出售該筆土地,出售前重估價,公允價值為 $650,000。該公司無其他土地交易。下列何者為×2年度長安公司對「不動產、廠房及設備與無形資產的重估增值」的重分類:

(A) 不須作重分類

(B) 認列持有土地期間所有公允價值變動 $150,000

(C) 認列×2年度之「其他綜合損益-重估增值之變動」$50,000

(D) 將累計之「其他綜合損益-重估增值之變動」$150,000,轉列為本期之處分利益 $150,000

9. 非凡鞋業公司董事會於×4年11月中,打算處分童鞋部門,惟尚未作成最後決定。已知童

鞋部門當年度營業利益為 $50,000，×4 年底淨資產之帳面金額為 $100,000，×4 年底淨資產之公允價值減出售成本金額為 $90,000。×5 年 1 月中，公司董事會核准並宣布開始執行處分童鞋部門，童鞋部門 ×5 年 4 月中以 $85,000 處分，當時淨資產之帳面金額為 $90,000。×5 年度童鞋部門營業損失 $20,000。假設所得稅稅率為 17%，試問非凡鞋業公司 ×4 年綜合損益表中列示之停業單位損益為何？

(A) $33,200   (B) $16,600

(C) $29,050   (D) $0

10. 承上題，非凡鞋業公司 ×5 年綜合損益表中列示之停業單位損益為何？

(A) $20,750   (B) $16,600

(C) $4,150   (D) $0

11. 下列敘述何者錯誤？

(A) 本期淨利包括的收益與費損項目，最後均彙總累積於資產負債表中之保留盈餘項目

(B) 綜合損益表中的本期淨利部分，係由「繼續營業單位本期淨利」與「停業單位損益」兩部分組成

(C) 國際財務報導準則規定，繼續營業單位本期淨利須區分為營業內之「營業利益」與「營業外收入及支出」

(D) 我國財務報告編製準則規定費用之分類應採「功能別」，將營業支出區分為營業成本及營業費用

12. 依國際財務報導準則規定，停業單位為已處分或分類為待出售之企業組成部分，且符合特定條件之一，下列何項非屬停業單位之條件？

(A) 該部分為一單獨主要業務線或營運地區

(B) 專為再出售取得之資產

(C) 為處分單獨主要業務線或營運地區統籌計畫中之一部分

(D) 專為再出售取得之子公司

13. 在目前國際財務報導準則下，下列何者為「確定福利計畫精算損益」之認列方法？

(A) 遞延攤銷認列 (即「緩衝區法」)

(B) 於發生時立即全數認列於本期淨利

(C) 於發生時立即全數認列於本期其他綜合損益

(D) 於發生時不透過綜合損益表立即全數認列於保留盈餘

14. 依據我國財務報告編製準則規定，下列敘述何者錯誤？

(A) 商品生產機器之折舊，歸屬於存貨成本中，待出售時轉為營業成本

(B) 銷售人員配發平板電腦之折舊分類為營業費用中之銷售費用

(C) 研發部門電腦設備之折舊則分類為營業費用中之研發費用

(D) 其他收益及費損分類為營業外收入及支出

15. 依據我國財務報告編製準則規定，下列何者非屬「營業外收入及支出」項目？

(A) 其他收入 (B) 存貨跌價損失

(C) 財務成本 (D) 採用權益法之關聯企業及合資損益之份額

練習題

1. 卡賓公司 ×1 年度綜合損益表出現下列資訊，請問當年度綜合損益總額為何？

營業收入	$500,000
營業成本	$350,000
推銷費用	$50,000
管理費用	$10,000
國外營運機構財務報表換算之兌換損失	$20,000
現金流量避險中屬有效避險部分之避險工具利益	$30,000

2. 繽紛公司 ×2 年度綜合損益表出現下列其他綜合損益項目，試計算 ×2 年度之其他綜合損益總額(不考慮所得稅影響)？

國外營運機構財務報表換算之兌換差額	$40,000 (貸方)
透過其他綜合損益按公允價值衡量之債券投資未實現評價利益	$60,000
現金流量避險中屬有效避險部分之避險工具利益	$20,000
不動產、廠房及設備之重估增值	$160,000
無形資產的重估增值	$140,000
確定福利計畫精算損失	$80,000

3. 快樂公司 ×1 年度營運資訊(依性質別)如下：

營業收入	$375,000
營業支出	
原物料用	125,000
員工福利費用	75,000
研究發展支出	15,000
折舊與攤銷	50,000

不動產、廠房及設備處分利益	5,000
無形資產減損損失	7,500
不動產、廠房及設備災害損失	11,000
其他費用	1,750
營業外收入及支出	
和解賠償損失	1,000
財務成本	1,500
其他利益及損失 (貸餘)	6,150
所得稅費用	18,000
停業單位損失 (稅後淨額)	7,000

試作：分別計算快樂公司 ×1 年度 (1) 營業利益；(2) 稅前淨利；(3) 繼續營業單位本期淨利；(4) 本期淨利。

4. 名發公司 ×1 年度之財務資訊如下：

繼續營業單位本期淨利	$ 432,000
本期綜合損益總額	330,000
本期淨利	157,500
營業利益	390,000
營業費用	900,000
營業毛利	1,200,000
稅前淨利	540,000

試作：分別計算名發公司 ×1 年度 (1) 營業內之其他收益及費損淨額；(2) 營業外收入及支出；(3) 所得稅費用；(4) 停業單位損失 (稅後淨額)；(5) 其他綜合損益 (稅後淨額)。

5. 重慶公司董事會於 ×1 年 10 月中，核准並宣布開始執行處分其符合停業單位定義之電子商務部門。該部門於 ×1 年底前並未售出，當年營業損益為 $135,000，×1 年底淨資產之帳面金額為 $310,000，×1 年底淨資產之公允價值減出售成本金額為 $290,000。×2 年 1 月該部門發生營業損益為 $(65,000)，2 月初該部門以 $300,000 處分，當時淨資產之帳面金額為 $262,500。假設所得稅稅率為 17%。

試作：重慶公司 ×1 年、×2 年度綜合損益表中列示之停業單位損益金額。

6. 好好公司於 ×1 年初成立，×1 年 1 月 2 日以現金購入 A、B 兩筆債券並分類為透過其他綜合損益按公允價值衡量之債券投資，其相關資料如下：

	成本	×1年底公允價值
債券 A	$600,000	$550,000
債券 B	750,000	875,000

該公司於 ×2 年 4 月 1 日以 $650,000 出售債券 A，債券 B 於 ×2 年底公允價值為 $800,000。該公司無其他債券投資交易，且無其他與其他綜合損益相關之交易。

試作：×1 年、×2 年透過其他綜合損益按公允價值衡量之債券投資相關之財務報表表達。

7. 立和公司於 ×1 年初成立，×1 年 2 月 1 日以現金購入 A、B 兩筆土地，其相關資料如下：

	成本	×1年底公允價值
土地 A	$1,250,000	$1,600,000
土地 B	3,400,000	2,850,000

該公司於 ×2 年 8 月 1 日以 $2,000,000 出售土地 A，土地 B 於 ×2 年底公允價值為 $3,250,000。該公司無其他土地交易，土地之後續衡量採重估價模式，且無其他與其他綜合損益相關之交易。

試作：×1 年、×2 年土地相關之財務報表表達。

Objectives

研讀完本章,讀者應能了解:
1. 財務報表之靜態分析。
2. 財務報表之動態分析。
3. 洞悉財務報表數字的意涵。

Chapter 5
財務報表分析技巧

本章架構

　　本章說明財務報表分析技巧,投資人或債權人做成重大經濟決策時,可利用這些工具。所介紹的分析技巧包括靜態分析以及動態分析,財務報表的使用者可以依據這些分析評估企業的各項表現。當然所介紹的財務報表分析亦有其先天的限制而必須加以察覺。

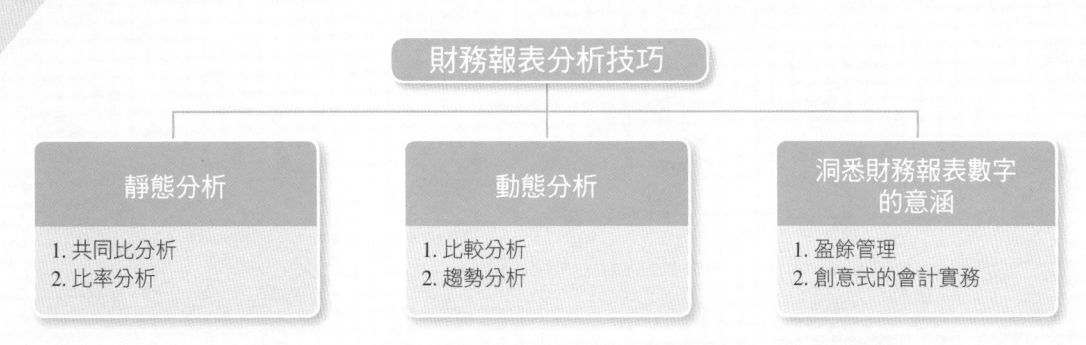

```
                    財務報表分析技巧
        ┌──────────────┼──────────────┐
     靜態分析          動態分析      洞悉財務報表數字
                                        的意涵
    1. 共同比分析    1. 比較分析      1. 盈餘管理
    2. 比率分析      2. 趨勢分析      2. 創意式的會計實務
```

台股股王**大立光** (3008) 為全球智慧型手機鏡頭霸主，市占率達 20%，客戶涵蓋全球一線大廠，包括 Microsoft、Apple、RIM、HTC、Motorola、Sony Ericsson 等各大一線國際手機廠，以及中國本土品牌包括**華為**、**小米**、**酷派**等，其營運狀況變化足以反映全球智慧型手機景氣榮枯。

由於手機鏡頭不斷往高畫素發展，使用的鏡片數也逐漸增多，5M 畫素鏡頭鏡片數約為 4 至 5 片，8M 畫素以上需要 5 片，10M 以上則有 5 或 6 片式結構，在片數增加且薄度要求下，生產難度提高，良率成為競爭關鍵，但**大立光**自動化程度高，在多片數的鏡頭上，尤其在高畫素及 HD 鏡頭技術上，較其他競爭對手擁有絕佳的競爭優勢，形成產業進入障礙。

根據市場研究機構的報告指出，2018 年約有 30% 的智慧型手機採用雙鏡頭，2019 年該比例預估將成長至 50%，例如 **Apple** 發表配備後置雙鏡頭攝影機的 iPhone 7 Plus，以「廣角 + 望遠」(Wide + Tele) 的高階雙鏡頭配置，強調支援兩種消費者最想要的功能。雙鏡頭技術的誕生，雖然有無限商機，但同時也為相機模組製造商與智慧型手機業者帶來挑戰。不僅如此，智慧型手機為了提供消費者更好的視覺體驗，甚至越來越傾向展開三鏡頭升級，三鏡頭設計乃是在原有雙鏡頭基礎下，額外提供一顆鏡頭，以期帶來更強大的變焦能力以及更好的畫質。

另一方面，依據近期亮相的新機規格，2019 年智慧型手機設計之主要趨勢仍是全螢幕與多鏡頭。市場預期，7P (七片塑膠鏡片)、三鏡頭、水滴鏡頭出貨放量，將是**大立光**獲利成長的重要關鍵，而**大立光**豐沛的研發支出與持續擴編的研發團隊，則是推動這些殺手級產品更具競爭力的基石。由於手機運用多鏡頭設計已成大趨勢，且客戶產品影像整合能力大幅強化，在此一方面，**大立光**開發新一代 7P 鏡頭不僅已經出貨，且 8P 鏡頭已由客戶端納入設計，有機會在 2019 年開始布局。**大立光**除了 2017 年底啟用位於營運總部旁的新廠仍持續擴充外，更於 2019 年新購入位於台中西屯區及南屯區兩筆土地，主要擴產重心仍聚焦台中。

以下為**大立光**自 103 年度至 107 年度，以及 108 年第一季綜合損益表項目之財務資料。本章將藉由趨勢分析探討公司的過去與未來。

大立光合併綜合損益表

單位：新台幣百萬元

年度 項目	最近五年度財務資料					108年 第一季
	103年度	104年度	105年度	106年度	107年度	
營業收入	45,810	55,868	48,351	53,127	49,952	9,823
營業毛利	24,519	32,056	32,421	36,855	34,351	6,310
營業損益	21,066	27,654	27,913	32,093	29,611	5,233
營業外收入及支出	1,896	1,505	337	(133)	1,583	885
稅前淨利	22,963	29,159	28,251	31,959	31,195	6,119
繼續營業單位本期淨利	19,438	24,156	22,733	25,975	24,369	5,053
本期淨利(損)	19,438	24,156	22,733	25,975	24,369	5,053
本期其他綜合損益(稅後淨額)	137	(127)	(758)	(1,901)	557	226
本期綜合損益總額	19,576	24,029	21,974	24,073	24,926	5,280
每股盈餘	144.91	180.08	169.47	193.65	181.67	37.68

　　本章將介紹各種財務報表分析的基本技巧。嚴格來說，財務報表分析的層次不僅是表面上各項數字間關係的一種計算，更重要的是，這些數字是如何產生的，其背後創造這些數字所包含的交易分析的邏輯或動機，以及如何詮釋和評價經由各種分析技術所產生的結果，才是報表使用者作成決策的關鍵。因此財務報表分析是一門科學，也是一種藝術，它超越了僅只是機械式的技術方法。在我們正式介紹財務報表分析的技術之前，同學有必要熟知一個重要的資訊來源──公開資訊觀測站。

　　財務報導最主要的目的在於提供有用的資訊給現行和潛在的投資人與債權人，據以作成投資和授信的經濟決策。公開資訊觀測站係經行政院金融監督管理委員會證券期貨局指導，由臺灣證券交易所股份有限公司、財團法人中華民國證券櫃檯買賣中心等相關單位共同合作建置，使投資人可藉由網際網路查詢上市公司、上櫃公司、興櫃公司及公開發行公司之所有公開資訊。

　　公開資訊觀測站有許多的專區，包括：公司基本資料、彙總報表、股東會及股利、公司治理、財務報表、重大訊息與公告、營運概

觀念簡訊

公開資訊觀測站

請同學試著進入「公開資訊觀測站」，輸入公司名稱「台積電」，或「台積電」之股票代號 2330，你將可以發現所有「台積電」的公開資訊。由於台灣的上市、上櫃與興櫃公司自 2013 年開始必須按照 IFRS 編製財務報表，但亦得提早於 2012 年採用之。若是你對「台積電」的財務報表有興趣，可以點選「財務報表」的「採 IFRSs 後」，再點選「合併 / 個別報表」，你將可以看到資產負債表、綜合損益表、現金流量表，以及權益變動表，再依據你的需求，可以選擇最新資料或歷史資料，做相關的財務報表分析。

況，以及投資專區等，其中財務報表專區又分為財務報告公告、財務預測公告、合併 / 個別報表、簡明報表，以及會計師查核 (核閱) 報告等。若從投資人的角度來說，如能養成隨時上網閱讀或研究公開資訊觀測站內容的習慣，將可隨時掌握重要的財務與非財務資訊，較能確保參與資本市場的投資和授信的決策品質，並達成預期的適當報酬。

本章將財務報表分析的技術分為兩類：靜態分析及動態分析，而靜態分析係對同一期財務報表各項目間之關係進行分析，可分為共同比分析和比率分析；動態分析係指對同一項目或科目兩期或兩期以上之財務報表進行分析比較，了解其增減變化之情形，其又分為增減比較分析與趨勢分析，以下各節分別討論這些技術。

5.1 靜態分析 (Static Analysis)

企業經營管理不外乎是持續性地制定決策及解決問題，不論何種分析技巧，皆是協助決策者達到此二個目的。財務報表的使用者除了企業內部經營管理者外，還包括企業外部借錢給企業的債權人 (例如銀行) 以及企業現在的股東或可能購買公司股票的潛在投資人。債權人又分為兩類：短期債權人與長期債權人。財務報表數據雖然可以反映出企業營運成效，企業這些外部的相關單位或個人若只利用單一期間財務報表數據分析，則只能了解企業短期的營運成效，其資訊價值

極為有限，惟再透過財務報表分析的技巧，以時間 (年、季、月) 或空間 (不同報表、不同會計項目或科目) 的立足點，將不同數據加以比較，方能進一步判斷企業長期趨勢及永續營運成效的好壞，作為訂定貸款決策與買賣股票決策之參考依據。

靜態分析係對同一期間財務報表各會計項目間之關係進行分析，了解其比例關係，未直接涉及不同期間的增減變動分析，另因財務報表中各會計項目的排列順序通常是由上而下，所以也稱為垂直分析或縱向分析。透過各項目對某一基準項目所占的比重來了解其重要性，一般而言當該項目之比重越大，其重要性程度越高，對企業的影響程度越高。靜態分析技術可分為共同比分析及比率分析兩種，以下分別就共同比分析及比率分析，加以介紹。

> 靜態分析係對同一期財務報表各會計項目間之關係進行分析，了解其比例關係。

5.1.1 共同比分析 (Common-size Analysis)

共同比分析係指各項財務報表中，列示各組成之會計項目或科目占基準項目之百分比，在此法下可以讓不同規模之企業或不同產業之企業財務數據加以比較，透過比率之大小，了解各項目相互間垂直的關係，包括報表內組成要素之重要性及結構性。常見共同比分析的財務報表有資產負債表與綜合損益表，例如資產負債表以總資產作為基準項目，即以 100% 列示，其餘資產負債表各會計項目或科目均以其占總資產之百分比列示，藉此可以透析企業財務狀況中之財務結構及資源分配結構；綜合損益表則以銷貨淨額作為基準項目，即以 100% 列示，其餘各會計項目或科目均以其占銷貨淨額之百分比列示，藉此可以透析企業營運過程之成本與費用之分配情形，以及營運結果的獲利結構。若同時將不同企業的財務報表加以比較，則可以發掘彼此間之結構差異及產業上中下游之特性。

> 共同比分析係指各項財務報表中，列示各組成之會計項目或科目占基準項目之百分比，在此法下可以讓不同規模的公司財務數據加以比較，透過比率之大小，了解各項目之重要性及結構性。

首先，我們以**台積電**為例，來看共同比資產負債表分析，如表 5-1 所示。若以民國 107 年 12 月 31 日資產總額 $2,090,128 百萬元為共同比資產負債表之基準值，比例為 100%。

圖 5-1 **台積電** 107 年資源分配結構圖中，可以看出不動產、廠房及設備占資產總額為 51.29%，占整個資源分配比重最大，同時也反

表 5-1　台積電共同比合併資產負債表

單位：新台幣千元

會計項目	民國 106 年 12 月 31 日 金額	%	民國 107 年 12 月 31 日 金額	%
流動資產				
現金及約當現金	$ 533,391,696	27.78	$ 577,814,601	27.64
⋮				
應收帳款淨額	121,133,248	6.08	128,613,391	6.15
⋮				
存貨	73,880,747	3.71	103,230,976	4.94
⋮				
流動資產合計	$ 857,203,110	43.04	$ 951,679,721	45.53
非流動資產				
⋮				
⋮				
不動產、廠房及設備	1,062,542,322	53.34	1,072,050,279	51.29
⋮				
非流動資產合計	$1,134,658,533	59.96	$1,138,448,317	54.47
資產總額	$1,991,861,643	100.00	$2,090,128,038	100.00
流動負債				
短期借款	$ 63,766,850	3.20	$ 88,754,640	4.25
⋮				
流動負債合計	358,706,680	18.01	340,542,586	16.29
非流動負債				
應付公司債	91,800,000	4.61	56,900,000	2.72
⋮				
非流動負債合計	110,395,320	5.54	72,089,056	3.45
負債總額	$469,102,000	23.55	$ 412,631,642	19.74
股本合計	259,303,805	13.02	259,303,805	12.41
資本公積合計	56,309,536	2.83	56,315,932	2.69
保留盈餘合計	1,233,362,010	61.92	1,376,647,841	65.86
其他權益合計	−26,917,818	−1.35	−15,449,913	−0.74
歸屬於母公司業主之權益合計	1,522,057,533	76.41	1,676,817,665	80.23
非控制權益	702,110	0.04	678,731	0.03
權益總額	$1,522,759,643	76.45	$1,677,496,396	80.26
負債與權益總計	$1,991,861,643	100.00	$2,090,128,038	100.00

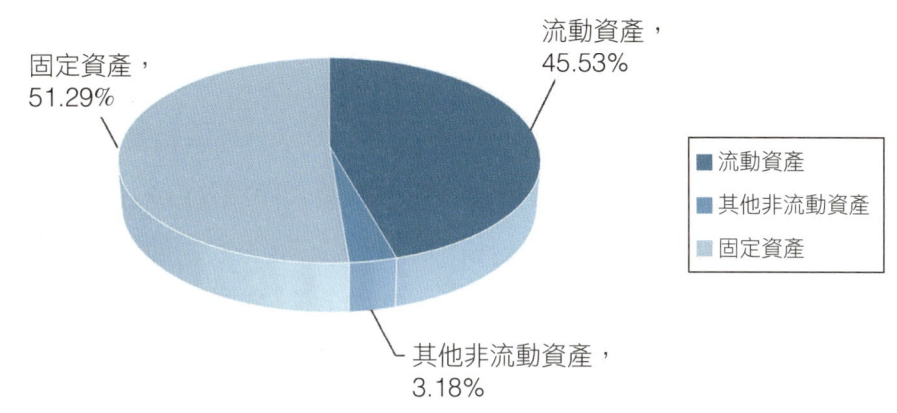

▶ 圖 5-1　台積電民國 107 年資源分配結構圖

映出**台積電**晶圓代工產業資本密集的特性及固定資產之重要性；若要再觀察固定資產中何者占其比重最大，則可以再從固定資產明細推展，如此可以逐步透析最根本之要因為何。從圖 5-2 的**台積電**財務結構圖中，可以看出負債占總資產比率為 19.74% (其中流動負債為 16.29%，非流動負債為 3.45%)，而權益占總資產 80.26%，此亦反映出**台積電**低負債比率和財務結構的穩定性。

我們若也分析**台積電**民國 106 年 12 月 31 日之共同比資產負債表，可以得知流動資產與非流動資產之配置分別為 43.04% 與 59.96%，與 107 年差距不大。惟負債與權益之財務結構比例則分別為 23.55% 與 76.45%，若與 107 年度相比，則 107 年度之負債比率略呈下降，最大原因為應付公司債由 106 年度之 $918 億元下降到 107

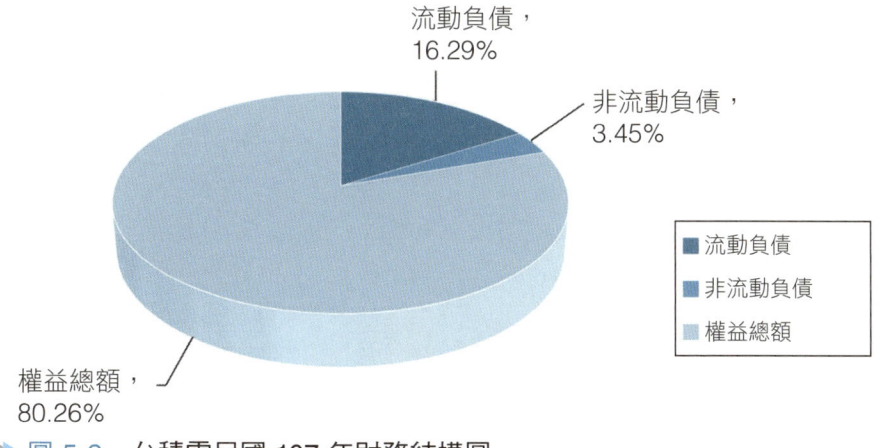

▶ 圖 5-2　台積電民國 107 年財務結構圖

年度之近 $569 億元，主要是一筆海外無擔保普通公司債於 107 年間到期之一次償清。

再者，來看**台積電**共同比損益表分析，如表 5-2 **台積電** 107 年度共同比簡易合併綜合損益表所示，以營業收入淨額 $1,031,473 百萬元為共同比損益表之基準值，比例為 100%。表 5-2 中顯示，從支出面可以看出銷貨成本 (即營業成本) $533,487 百萬元占營業收入淨額為 51.72%，因此營業毛利率達 48.28%。營業費用 $112,149 百萬元占營業收入淨額為 10.87%，營業外收入及支出合計 $13,886 百萬元，僅占營業收入淨額為 1.35%，由此可知，**台積電**主要的費用項目為銷貨成本，若要得知其內容，則可依銷貨成本及製造成本明細再逐一推展，以了解成本結構。最後，亦可從此表得知，**台積電**每 100 元之營業收入淨額，可以為其帶來 $48.28 元的營業毛利，$37.19 元的營業利益及 $34.05 元的本期稅後淨利，如此高的毛利率及稅後淨利率在半導體產業實屬難得。若我們同時觀察**台積電** 106 與 107 年度之共同比損益表可以發現，綜合損益表內主要構成要素，包括營業毛利率、營業費用率、營業利益率和本期淨利率等，在結構上變化均不大。

▲ 表 5-2　台積電共同比簡易合併綜合損益表

單位：新台幣百萬元

期別	106 年度		107 年度	
營業收入淨額	$977,447	100.00%	$1,031,473	100.00%
營業成本	482,616	49.38%	533,487	51.72%
營業毛利	494,826	50.62%	497,986	48.28%
營業費用	107,901	11.04%	112,149	10.87%
營業淨利	385,559	39.45%	383,623	37.19%
營業外收入及支出	10,573	1.08%	13,886	1.35%
稅前淨利	396,133	40.53%	397,510	38.54%
所得稅費用	52,986	5.42%	46,325	4.49%
本年度淨利	343,146	35.11%	351,184	34.05%

註：營業毛利金額已調減「與關聯企業間之未實現利益」。

現場直擊

從共同比資產負債表分析，看不同產業公司間之經營特性

共同比資產負債表分析係以總資產金額，作為資產負債表內其他組成要素的共同基數，將總資產之共同基數設為 100%，再換算表內其他構成要素為共同基數之百分比，藉由資產結構與資金來源的分析，可以了解不同產業間，企業經營的風貌與特色，以及為何須有某種獨特的資產配置形態，以便與營運互相配合。以下列舉不同公司的案例做說明：

(一) 以建材營建業之**長虹** (股票代號 5534) 為例，其資產約近 8 成為存貨項目，如下所示：

資產負債表日	106/12/31	107/12/31
存貨	$240.56 億元 (80.06%)	$227.38 億元 (81.43%)

由財務報告附註得知，**長虹**的存貨組成主要為營建用地、在建土地、在建工程，以及待售房屋及土地，從此處亦可知道營建業的存貨內容與一般製造業和零售業有很大的不同。

(二) 以半導業 IC 設計之**聯發科** (股票代號 2454) 為例，現金及約當現金占總資產近 4 成，如下所示：

資產負債表日	106/12/31	107/12/31
現金及約當現金	$1,453.38 億元 (36.78%)	$1,431.70 億元 (35.54%)

IC 設計產業著重創新的特性，以及隨著積體電路製造技術不斷的精進，業者常面臨如何將數顆晶片組成的複雜系統，開發整合為單一晶片。一般而言，IC 設計公司負責晶片設計，生產則是委外，不動產、廠房及設備就比較少。此外，為了因應研發費用的支出，通常會盡量保持充足的現金部位以及較低的財務槓桿，因此財務安全度也較高。

(三) 以觀光事業之**六福開發** (股票代號 2705) 為例，其不動產、廠房及設備約占整體資產之 7 成左右，如下所示：

資產負債表日	106/12/31	107/12/31
不動產、廠房及設備	$70.69 億元 (75.49%)	$65.17 億元 (77.42%)

六福開發的主要營業項目為觀光旅館 (**六福客棧**及墾丁、關西宿旅)、百貨、電影院、動物園等，固定資產之使用是主要營運收入的來源，從財務報表資訊的附註得知，其主要組成包括土地、房屋及建築、遊樂設備和營業器具。

(四) 以航運業之**華航** (股票代號 2610) 為例，其不動產、廠房及設備亦占總體資產約 7 成，如下所示：

資產負債表日	106/12/31	107/12/31
不動產、廠房及設備	$1,631.07 億元 (70.87%)	$1,536.17 億元 (68.00%)

華航的不動產、廠房及設備係以飛行設備與租賃資產為主，其次則為一般性的房屋及建築物。有趣的是，飛行設備係採重大組成部分按直線法提列折舊的方式，耐用年數列舉如下：飛機機身 (15 年至 25 年)、客機內艙 (7 年至 13 年)、發動機 (10 年至 20 年)、機身大修 (6 年至 8 年)、起落架翻修 (7 年至 10 年)。

(五) 以**台灣高鐵** (公司代號 2633) 為例，其營運特許權資產 (無形資產) 即占了總資產之 9 成左右，如下所示：

資產負債表日	106/12/31	107/12/31
營運特許權資產	$4,132.20 億元 (90.48%)	$4,012.23 億元 (92.65%)

從**台灣高鐵**的財務報告附註，其營運特許權資產係適用 IFRIC 12「服務特許權協議」規範下之無形資產模式，原始取得特許權直接相關之成本，主要為與高速鐵路營運活動直接相關而於特許權期間屆滿時需無償移轉之高速鐵路興建工程 (營運資產及未完工程)，及依照興建營運合約於營運期間以利益分享方式支付回饋金予交通部，作為發展鐵路相關建設之回饋金。上述之營運資產，包括土地改良物、房屋及建築、機器設備和運輸設備，於民國 107 年 12 月 31 日之總額為 $3,335.62 億元，占營運特許權資產約 83%。從此處得知，一般我們所熟知的固定資產內容，在**台灣高鐵**的案例中，是列在「營運特許權資產」的會計項目，屬無形資產，而非列在「不動產、廠房及設備」的會計項目。

另觀察**台灣高鐵**之財務結構，可以發現負債約占總資產之 9 成，如下所示：

資產負債表日	106/12/31	107/12/31
負債總額	$3,770.42 億元 (86%)	$3,636.44 億元 (84%)

台灣高鐵的總體負債，幾乎都屬非流動負債，且多為銀行聯合授信案的長期借款，負債比率與財務風險因此也非常高。

5.1.2 比率分析 (Ratio Analysis)

比率分析係指將財務報表中具有意義或因果關係的兩個相關項目加以相除計算所得之相對比率，利用比率關係解釋公司的財務狀況及經營結果。因為比率容易計算而且易於了解，所以比率分析是最常被

運用的財務報表分析工具。財務比率一般分為：獲利能力比率、經營能力比率、償債能力比率、財務結構比率、現金流量、槓桿度等類別。在運用財務比率分析時，最困難的部分是如何解釋財務比率，單一的比率數字沒有太大的意義，比率分析要得到有意義的結論，必須將比率與一些標準比較，比較的標準包含：

1. 與公司過去的歷史資料比較。
2. 與公司所設定的標準比較。
3. 與產業的平均比較。
4. 與同產業的其他公司比較。
5. 與競爭對手比較。

勤學篇

小練習題

試著進入公開資訊觀測站 (https://mops.twse.com.tw/mops/web/index)，進入新版，按上方標籤「彙總報表」，點選「營運概況」的「財務比率分析」、「採 IFRSs 後」、「財務分析資料查詢彙總表」，並在上方輸入所欲查詢的年度及市場別中上市、上櫃、興櫃、公開發行任一選項，電腦就可以彙總該市場別之所有公司之財務比率。

雖然許多的比率可以單獨用來評估流動性、獲利能力或長期償債能力，但單一比率不可能涵蓋所有財務狀況及經營結果，因此在運用比率分析時，應參考多種比率的結果及相關金額數字變化，進而得到更深層的結論。以下是國內公開發行公司在公開說明書或年報中，所揭露五年財務比率之相關比率及公式，如表 5-3 所示，相關比率之運用及詳細說明，請參閱本書後續章節介紹。

5.2 動態分析 (Dynamic Analysis)

動態分析係指將不同年度財務報表的相同項目加以比較，可採用金額、百分比或兩者皆用之比較方式，據以分析其增減變動情形及變

> 動態分析係指將不同年度財務報表的相同項目加以比較，可採用金額、百分比或兩者皆用之比較方式，據以分析其增減變動情形及變動趨勢。

▲ 表 5-3　財務比率之相關比率及公式

類別	比率名稱	公式說明
財務結構	負債占資產比率	負債占資產比率 = 負債總額 / 資產總額
	長期資金占固定資產比率	長期資金占固定資產比率 = (股東權益淨額 + 長期負債) / 固定資產淨額
償債能力	流動比率 (%)	流動比率 = 流動資產 / 流動負債
	速動比率 (%)	速動比率 = (流動資產－存貨－預付費用) / 流動負債
	利息保障倍數	利息保障倍數 = 所得稅及利息費用前純益 / 本期利息支出
經營能力	應收款項週轉率 (次)	應收款項 (包括應收帳款與因營業而產生之應收票據) 週轉率 = 銷貨淨額 / 各期平均應收款項 (包括應收帳款與因營業而產生之應收票據) 餘額
	平均收現日數	平均收現日數 = 365 / 應收款項週轉率
	存貨週轉率 (次)	存貨週轉率 = 銷貨成本 / 平均存貨額
	應付帳款週轉率 (次)	應付款項 (包括應付帳款與因營業而產生之應付票據) 週轉率 = 銷貨成本 / 各期平均 (包括應付帳款與因營業而產生之應付票據) 餘額
	平均銷貨日數	平均銷貨日數 = 365 / 存貨週轉率
	固定資產週轉率 (次)	固定資產週轉率 = 銷貨淨額 / 固定資產淨額
	總資產週轉率 (次)	總資產週轉率 = 銷貨淨額 / 資產總額
獲利能力	資產報酬率 (%)	資產報酬率 = [稅後損益 + 利息費用 × (1－稅率)] / 平均資產總額
	股東權益報酬率 (%)	股東權益報酬率 = 稅後損益 / 平均股東權益淨額
	純益率 (%)	純益率 = 稅後損益 / 銷貨淨額
	每股盈餘 (元)	每股盈餘 = (稅後淨利－特別股股利) / 加權平均已發行股數
現金流量	現金流量比率 (%)	現金流量比率 = 營業活動淨現金流量 / 流動負債
	現金流量允當比率 (%)	現金流量允當比率 = 最近五年度營業活動淨現金流量 / 最近五年度 (資本支出 + 存貨增加額 + 現金股利)
	現金再投資比率 (%)	現金再投資比率 = (營業活動淨現金流量－現金股利) / (固定資產毛額 + 長期投資 + 其他非流動資產 + 營運資金)
槓桿度	營運槓桿度	營運槓桿度 = (營業收入淨額－變動營業成本及費用) / 營業利益
	財務槓桿度	財務槓桿度 = 營業利益 / (營業利益－利息費用)

註：國內的公開說明書和年報所揭露之相關財務比率，仍繼續沿用「固定資產」、「股東權益」等慣用語，一如本表所示。

動趨勢。常用的動態分析方法有增減比較分析及趨勢分析二種，前者為兩期相同會計項目或科目的比較，後者則為三期或三期以上相同會計項目或科目之長期趨勢比較，由於涉及不同期間的相關金額、百分

比增減變動，故稱為動態分析；又因不同年度同一會計項目或科目以橫向排列在財務報表中呈現，所以也稱為「橫的分析」或「水平分析」。靜態與動態分析可相互配合使用，例如以共同比分析計算損益表中之營業毛利率後，再進一步將各年度之毛利率加以比較，視其增減變動來檢視營運之成效。

勤學篇

小練習題

試著進入公開資訊觀測站 (https://mops.twse.com.tw/mops/web/index)，按上方標籤「基本資料」，點選「電子書」的「年報及股東會相關資料」，並在上方輸入所欲查詢公司代號或簡稱、年度後，按搜尋即可下載該公司之年報資料，並在年報中找尋該公司之五年度財務比率資料。

5.2.1 增減比較分析 (Comparative Analysis)

增減比較分析係指將兩期或兩期以上之財務報表並列比較，用來了解每一會計項目或科目逐期或多期之金額或百分比的增減情形，以分析企業經營概況的變化。

常見比較分析的財務報表包括資產負債表與損益表，其比較方法有：(1)「絕對數字比較法」(例如：今年淨利 $22 億元，比去年淨利 $20 億元多)；(2)「絕對數字增減變動法」(例如：今年淨利比去年淨利多 $2 億元)；(3)「相對數字百分比法」(例如：今年淨利為去年淨利之 110%)；(4)「增減比較百分比法」(例如：今年淨利較去年淨利成長 10%)。

比較分析的步驟須先確認以某一會計期間作為基期，將衡量期之數字與基期數字加以比較，計算出同一會計項目或科目不同年度之增減金額或百分比。此一方式可協助報表使用者發現變動較大或實際與預期變動有較大差異的會計項目或科目，然後進一步分析該會計項目或科目變動 (或無重大變動) 的原因。由於增減百分比的計算是以基期金額為分母，因此當基期金額為零或為負值時將無法計算，而當基

> 增減比較分析係指將兩期或兩期以上財務報表並列並加以比較，用來了解每一會計項目或科目逐期或多期之金額或百分比的增減變化情形，以推悉企業經營概況。

期金額極小時，所得的增減百分比亦將不具意義，故在分析增減變動時，宜同時參考金額及百分比。

另外，當前後期間作比較分析時，如果前後期間的營業性質有所改變、會計方法原則不一致或物價水準有所變動，直接比較將無法獲得正確的解讀，必須先就不一致之條件加以轉換成相同基礎條件，方能進一步做比較。單作一項比較分析可能不具意義，其必須再配合其他資訊加以分析。

下面我們以**台積電** 106 年度與 107 年度簡易合併綜合損益表為例，來說明增減比較分析的四種方法，如表 5-4 所示。我們以 106 年度為基期及 107 年度為衡量期，進行相關計算，可以看出**台積電** 107 年度較 106 年度營業收入淨額為「增加」；「衡量期較基期增加金額為 $54,026 百萬元」；「衡量期為基期的 105.53%」；「衡量期較基期增加 5.53%」。若就**台積電** 107 年度較 106 年度之淨利比較，則為「增加」、「衡量期較基期增加金額為 $8,038 百萬元」、「衡量期為基期的 102.34%」、「衡量期較基期增加 2.34%」。另就淨利增加之 $8,038 百萬元分析，主要係因營業收入淨額增加 $54,026 百萬元，扣除營業成本增加的 $50,871 百萬元，以致毛利增加 $3,160 百萬元，再扣除營業費用的增加數 $4,248 百萬元及營業外收支和所得稅變化所致。

▲ 表 5-4　台積電 106 年度與 107 年度簡易合併綜合損益表之增減比較分析

單位：新台幣百萬元

期別 項目	106 年度 (基期) A 欄	107 年度 (衡量期) B 欄	絕對數字 比較法 (判斷增減)	絕對數字 增減變動法 C = B − A	相對數字 百分比法 B/A×100%	增減比較 百分比法 C/A×100%
營業收入淨額	$977,447	$1,031,473	增加	+54,026	105.53%	+5.53%
營業成本	482,616	533,487	增加	+50,871	110.54%	+10.54%
營業毛利	494,826	497,986	增加	+3,160	100.64%	+0.64%
營業費用	107,901	112,149	增加	+4,248	103.94%	+3.94%
營業淨利	385,559	383,623	減少	−1,936	99.50%	−0.50%
本年度淨利	343,146	351,184	增加	+8,038	102.34%	+2.34%

5.2.2 趨勢分析 (Trend Analysis)

趨勢分析係指在連續各期間的財務報表中，選擇某一期為基期，計算每一期間某會計項目或科目對基期同一會計項目或科目的趨勢百分比，使其成為一系列具有比較性的數值，藉以顯示各項目在各期間的變動趨勢。常見趨勢分析的財務報表包括資產負債表與綜合損益表，就財務報表中相同會計項目或科目至少三年度的數字加以分析，通常以衡量期間的最早期間為基期 (基期金額不得為零或負數，必須為營運正常年度，且具有代表性)，其金額定為 100%，以計算其餘各年相對於基期的百分比，故又稱指數分析。若某會計項目或科目在比較期間之比率大於 100%，則表示該項目在該期間相對於基期而言，具有上升的趨勢；反之，若某會計項目或科目在比較期間之比率小於 100%，則表示該會計項目或科目在該年度相對於基期而言，具有下降的趨勢。此項分析可以透過該會計項目或科目在各期間的變動，幫助決策者預測未來的發展趨勢。

趨勢分析在前後期間營業性質有所改變、物價水準波動很大或會計政策不一致時，將會失去其比較意義及預測價值。趨勢分析必須配合絕對數字同時對照分析，以避免發生誤解。其次，針對某一會計項目或科目單獨作趨勢分析的意義不大，必須與兩個以上相關項目同時做系列性比較分析才有助益，例如在做獲利趨勢分析時，可同時將營業收入淨額趨勢與營業毛利、營業利益、本期稅後淨利等相關項目的趨勢一併觀察，其意義才能明確。

下面我們以**台積電**為例，表 5-5 分別呈現營業收入淨額趨勢，以及營業毛利、營業利益、本期稅後淨利等相關項目之三個年度的變化情形。

從表 5-5 **台積電**民國 105 年至 107 年簡易合併綜合損益表獲利之趨勢分析可以看出，這三年來**台積電**營業收入淨額呈持續上升趨勢，從 105 年基期 $947,938 百萬元持續逐年上升至 107 年 $1,031,473 百萬元，成長 8.81%；營業毛利從 105 年基期 $474,832 百萬元上升至 107 年 $497,986 百萬元，成長 4.88%；營業淨利從 105 年基期

> 趨勢分析係指在連續各期間的財務報表中，選擇某一期為基期，計算每一期間某會計項目或科目對基期同一會計項目或科目的趨勢百分比，藉以顯示各項目在各期間的變動趨勢。

表 5-5 台積電 105 年至 107 年簡易合併綜合損益表獲利之趨勢分析

單位：新台幣百萬元

期別	105 年 (基期)		106 年		107 年		趨勢分析
營業收入淨額	$947,938	100.00%	$977,447	103.11%	$1,031,473	108.81%	↗↗
營業成本	473,077	100.00%	482,616	102.02%	533,487	112.79%	↗↗
營業毛利	474,832	100.00%	494,830	104.21%	497,986	104.88%	↗↗
營業費用	96,904	100.00%	107,901	111.35%	112,149	115.73%	↗↗
營業淨利	377,957	100.00%	385,559	102.01%	383,623	101.50%	↗↗
本年度淨利	334,338	100.00%	343,146	102.63%	351,184	105.04%	↗↗

$377,957 百萬元上升至 107 年 $383,623 百萬元，成長 1.50%；本年度淨利從 105 年基期 $334,338 百萬元上升至 107 年之 $351,184 百萬元，成長 5.04%。從這些相關項目得知，雖營收逐年成長，但卻因營業成本、營業費用等支出項目成長率較營收成長率更大，以致本年度淨利成長不如營收成長。

趨勢分析除上述之介紹外，另一種方法則是將企業連續幾個會計期間的財務比率進行對比，分析企業財務狀況的發展或變動的趨勢。表 5-6 以**台積電**經營能力指標為例，可以觀察**台積電**在相關的財務比率過去五年變化的趨勢。財務比率的趨勢分析也可以與同業公司或產業之平均值相比較，藉以了解公司的競爭優劣勢，並洞悉可以採取之營運或財務操作上對應措施。此外，對於前後期變動達 20% 以上者，我國主管機關要求，公司必須說明變動原因。以**台積電**為例，106 及 107 年度之存貨週轉率為 7.88 和 6.02，變動幅度達 23%。對

表 5-6 台積電 103 年至 107 年經營能力之趨勢分析

經營能力	103 年	104 年	105 年	106 年	107 年
應收帳款週轉率 (次)	8.12	8.37	8.78	7.74	8.19
平均收現日數	44.95	43.61	41.57	47.16	44.57
存貨週轉率 (次)	7.42	6.49	8.18	7.88	6.02
平均銷貨天數	49.19	56.24	44.62	46.32	60.63

註：有關經營能力指標之意義將於第 6 章介紹。

此，**台積電**說明原因主要係原物料增加，以及 7 奈米製程之在製品較多。

現場直擊

以台灣光學元件廠之獲利趨勢，看公司的策略發展

台灣的多家光學元件廠中，以手機鏡頭為主的包括**大立光** (3008)、**玉晶光** (3406) 以及**新鉅科** (3630)。其中**大立光**與**玉晶光**被稱為蘋概股，**新鉅科**則以中國品牌手機廠為主。

大立光挾技術等優勢，總是成為市場追捧的焦點 (請參閱章首故事)。**大立光**客戶結構多元，自 2017 年打入**三星**供應鏈後，全球前五大手機品牌都是**大立光**客戶。受美中貿易戰影響，市場不確定性高，客戶訂單變化較大，尤其是**華為**遭到美國封殺，勢將衝擊供應鏈，**大立光**則以動態調整，降低單一客戶訂單波動的風險，積極在客戶端開發更多機種之數量與廣度，以降低經營風險。

玉晶光因過去良率不佳，且折舊包袱沉重，致使 103 年至 105 年業績處於虧損狀態。不過，隨著折舊費用攤提逐漸減少，且公司導入大數據智慧製造，從光學設計、模具開發到生產良率都有顯著之改善，不僅良率優化，產品也朝高階發展，包括 7P (塑膠鏡片)、後置鏡頭、3D 感測鏡頭全 P (塑膠鏡片) 發射鏡頭、AR/VR/MR、車載鏡頭、AI 等都有專屬技術團隊，成果顯著。公司自專注 Apple 前鏡頭及 3D 感測鏡頭策略奏效後，終於在 106 年度轉虧為盈，合併營收達新台幣 80.08 億元，毛利率 40.85%，年增 16 個百分點，稅後純益 10.48 億元，相較 105 年度之淨損 1.54 億元，每股稅後純益 10.5 元。

新鉅科則是在 103 年至 107 年都是處於虧損狀態，但 108 年第一季財報之單季稅後純益 1.01 億元、EPS 為 0.64 元，卻為近年來的單季獲利新高，原因在於光學屏指紋手機強勁需求，而螢幕下指紋辨識正是新高智慧型手機的創新亮點。**新鉅科**是**匯頂** (中國 Android 品牌) 與**神盾** (Samsung 三星手機) 獨家光學屏指紋鏡頭供貨商，也是潛在光學屏指紋方案之進入者。 此外，**新鉅科**之所以維持幾乎獨家的地位，與一線鏡頭廠商，例如**大立光** (3008) 與**玉晶光** (3406) 將資源集中在快速成長的雙鏡頭與三鏡頭需求有關。

以下為上述三家光學業者自 103 年至 107 年，以及 108 年第一季之獲利能力相關財務數字，可看得出**大立光**之獲利驚人，5 年平均每年可以賺回 170 倍的資本額，**玉晶光**則是自 106 年度開始獲利，且呈現大幅度之躍進，而**新鉅科**則自 108 年起開始轉虧為盈，未來獲利成長可期。

公司	獲利能力	103年	104年	105年	106年	107年	108年第一季
大立光 (3008)	資產報酬率(%)	19.61	24.39	25.11	33.31	39.01	14.85
	權益報酬率(%)	24.37	30.70	32.42	44.09	50.72	18.34
	稅前純益占實收資本額比率(%)	2,325.62	2,382.55	2,106.09	2,173.84	1,711.87	1,824.67
	純益率(%)	48.79	48.89	47.02	43.24	42.43	51.45
	每股盈餘(元)	181.67	193.65	169.47	180.08	144.91	37.68
玉晶光 (3406)	資產報酬率(%)	(3.99)	(6.83)	(0.37)	9.59	7.83	0.61
	權益報酬率(%)	(8.55)	(15.48)	(2.59)	15.04	11.80	0.06
	稅前純益占實收資本額比率(%)	(83.44)	(135.51)	(14.97)	129.89	123.35	2.10
	純益率(%)	(6.81)	(12.70)	(2.43)	12.91	11.41	0.11
	每股盈餘(元)	(6.95)	(11.30)	(1.54)	10.50	9.38	0.05
新鉅科 (3630)	資產報酬率(%)	(7.05)	(16.50)	(14.99)	(16.02)	(9.08)	3.29
	權益報酬率(%)	(12.66)	(27.04)	(28.24)	(26.60)	(14.36)	4.99
	稅前純益占實收資本額比率(%)	(39.71)	(69.90)	(53.48)	(32.19)	(19.37)	6.33
	純益率(%)	(25.35)	(72.34)	(48.94)	(59.89)	(18.84)	15.77
	每股盈餘(元)	(4.06)	(7.04)	(5.35)	(4.36)	(1.96)	0.64

5.3　洞悉財務報表數字的意涵

　　投資人或是債權人在做重大決策時，經常運用本章所說明的財務報表分析工具協助分析，任何一種分析工具都不可能是十全十美或全面性的。財務報表分析的主要對象是企業財務報表，其來自於企業交易活動所產生之憑證，經過一連串會計程序而編製的財務報表。在此產生過程中會受限於一些環境因素及條件，以致無法百分之百正確分析企業的真實經營面貌，可能導致決策錯誤之風險，故決策者必須了解財務報表數字背後的許多意涵。

　　在本書的第 2 章及第 4 章，均談到盈餘管理的概念，從管理當局

的角度而言，無論是董事會、財務主管或是其他高階管理人員，他們作為會計資訊的提供者，往往有權利選擇會計政策和方法，當然也有權利從事會計估計的變動。在資訊不對稱性的前提下，為他們進行盈餘管理提供了有利的條件，進而獲得自身利益，例如：公司管理階層為了績效紅利、操縱股價，規避融資限制條款、公司營運之政治成本考量等。

通常盈餘管理在進行過程中，管理當局可以運用不同的會計判斷或營運管理之判斷，去影響或改變財務報告，例如：會計估計之選擇，常包括耐用年限與殘值、備抵呆帳之提列；會計方法的選擇，常包括折舊方法、存貨評估之方式等；收益與費損認列時點的選擇，以及透過規劃重大交易的方式，達到某種報導之目的。

除了盈餘管理之外，尚有較為激進創意式的會計實務 (creative accounting practices)，藉由尋求現有會計制度的漏洞與模糊之處，在不違背會計準則和有關會計法規的條件下，為達到某種目的而有意識地選擇會計處理的做法，使得公司財務報表嚴重失真。當公司的財務狀況和經營績效的報告，逾越了一般公認會計原則的極限時，有可能也跨越了財務報告舞弊的紅線。因此財務報告的使用者，除了熟知各種財務報表分析的工具之外，更是需要洞悉企業財務數字遊戲的誘因與操縱的工具，以保障自身的利益。

習題

問答題

1. 何謂靜態分析？
2. 何謂共同比分析？此分析的目的為何？
3. 何謂比率分析？比率分析可分成哪幾類？
4. 單一的比率數字是否能看出公司財務狀況的優劣？如無，有哪些標準可作為比較的依據？
5. 可用來分析經營能力之比率有哪些？

選擇題

1. 下列何項比率屬於靜態分析？

(A) 毛利成長率 (B) 淨利率
(C) 銷貨成長率 (D) 現金股率成長率

2. 下列何項比率屬於動態分析？
(A) 毛利成長率 (B) 淨利率
(C) 負債比率 (D) 流動比率

3. 何謂財務報表的水平分析？
(A) 比較同一家公司不同年度之財務資料 (B) 計算各種有用的財務比率
(C) 係以共同比財務報表方式分析 (D) 可表現應收帳款及存貨週轉率

[101 年初等特考]

4. 共同比財務報表中會選擇一些項目作為100%，這些項目包括哪些？
(A) 總資產和業主權益 (B) 總資產和銷貨總額
(C) 總資產和銷貨淨額 (D) 業主權益和銷貨淨額 [97 年地方特考改編]

5. 下列何者對共同比財務報表分析的敘述錯誤？
(A) 共同比綜合損益表是以銷貨淨額為總數 (B) 共同比資產負債表是以權益總額為總數
(C) 適用於不同規模公司的比較 (D) 有助於了解公司的資本結構

[96 年地方特考改編]

6. 下列何者最適於用來評估企業的財務結構？
(A) 利息保障倍數 (B) 應收帳款週轉率
(C) 負債占資產的比率 (D) 總資產週轉率

7. 連續多年或多期財務報表間，相同項目或科目增減變化之比較分析，稱為：
(A) 水平分析 (B) 垂直分析
(C) 比率分析 (D) 共同比分析 [102 年證業]

8. 以下關於共同比分析的敘述何者為非？
(A) 在財務報表中，列示各項目所占總額之百分比
(B) 亦稱縱的分析
(C) 在共同比資產負債表中，通常以資產總額作為共同基數
(D) 在共同比損益表中，通常以銷貨毛額作為共同基數 [102 年證分]

9. 下列何項最適合用來評估企業的流動性？
(A) 資產週轉率 (B) 每股盈餘
(C) 現金流量對銷貨收入比率 (D) 現金流量對流動負債比率 [97 年特考]

10. 比較兩家營業規模相差數倍的公司時，下列何種方法最佳？

(A) 共同比財務報表分析 　　　　　　(B) 比較分析
(C) 水平分析 　　　　　　　　　　　(D) 趨勢分析 　　　　　　　　[92 年高業]

11. 指出何者為動態分析？
(A) 比率分析 　　　　　　　　　　　(B) 同一報表各項目的比較
(C) 不同期間報表相同科目之比較 　　(D) 相同科目數字上的結構分析

12. 下列何種組合是財務報表分析中之同義詞？
(A) 比率分析－趨勢分析 　　　　　　(B) 水平分析－趨勢分析
(C) 垂直分析－比率分析 　　　　　　(D) 水平分析－比率分析 　　[95 年證分]

13. 通常不作共同比分析的財務報表是哪個？
(A) 綜合損益表 　　　　　　　　　　(B) 資產負債表
(C) 現金流量表 　　　　　　　　　　(D) 以上皆非

14. 單一的比率數字無法評估企業財務狀況及營業結果，並將該比率與下列何者相比較，才具有意義？
(A) 與產業的平均值比較 　　　　　　(B) 公司過去的歷史資料比較
(C) 與競爭對手比較 　　　　　　　　(D) 以上均是

15. 下列敘述何者有誤？
(A) 將財務報表項目之增減金額與增減百分比相比較，分析者對於增減金額較感興趣
(B) 財務分析時，如果無形資產不具任何價值應予以消除
(C) 財務報表分析在投資決策中仍為一項不可忽視之基本分析方法
(D) 財務報表分析的目的之一為預測出企業未來發展趨勢 　　　　[96 年高業]

練習題

1. 文南公司 20×1 年銷貨收入 $90,000，銷貨退回及折讓 $7,000，銷貨折扣 $3,000，銷貨成本 $36,000，營業費用 $24,000，處分設備損失 $8,000，利息費用 $2,000，所得稅率為 17%。

試作：編製文南公司綜合及共同比損益表。

2.

圓仔公司
資產負債表
20×1 年 12 月 31 日

流動資產		流動負債	
現金	$ 10,000	應付票據	$ 20,000
應收帳款	35,000	應付帳款	40,000
存貨	45,000	預收貨款	10,000
流動資產總額	$ 90,000	流動負債總額	$ 70,000
不動產、廠房及設備		長期負債	
土地	$ 80,000	應付公司債	80,000
設備淨額	140,000	負債總額	$150,000
不動產、廠房及設備總額	$220,000	權益	
		普通股	$120,000
		保留盈餘	40,000
		權益總額	$160,000
總資產	$310,000	總負債及權益	$310,000

試作：試編圓仔公司共同比資產負債表。

3.

珊珊公司
共同比綜合損益表
20×1 年度至 20×3 年度

	20×1 年	20×2 年	20×3 年
銷貨淨額	100	100	100
銷貨成本	45	46	47
銷貨毛利	55	54	53
營業費用	23	22.5	22
營業淨利	32	31.5	31
營業外費損	5	4.8	4.5
稅前淨利	27	26.7	26.5
所得稅 (20%)	5.4	5.34	5.3
本期淨利	21.6	21.36	21.2

其他資訊：

(1) 20×1 年的銷貨額為 $120,000；

(2) 20×2 年的淨利為 $32,040；

(3) 20×3 年的銷貨毛利為 $106,000。

試作：珊珊公司 (1) 三年的綜合損益表；(2) 以 20×1 年為基期作趨勢百分比分析。

4.

太陽公司
比較資產負債表
20×1 年及 20×2 年

項目	20×1 年	20×2 年
流動資產	$ 50,000	$ 45,000
權益法之長期股權投資	60,000	80,000
不動產、廠房及設備淨額	200,000	220,000
無形資產－專利權	40,000	36,000
資產總額	350,000	381,000
流動負債	70,000	82,000
長期負債	160,000	140,000
負債總額	230,000	222,000
權益總額	120,000	159,000
負債及權益總額	350,000	381,000

試作：以水平分析列出兩年度資產負債的增減金額及增減百分比。

5. 下列是悅寒公司不完整之共同比資產負債表：

悅寒公司
20×1 年 12 月 31 日
共同比資產負債表

流動資產	15%	流動負債	?
權益法之長期投資	?	長期負債	?
不動產、廠房及設備	45%	總負債	54%
其他資產	?	普通股	?
總資產	?	保留盈餘	11%
		負債及權益	?

其他增額資訊：

(1) 權益法之長期投資金額和其他資產相同；

(2) 不動產、廠房及設備為 $81,000；

(3) 長期負債是流動負債的 2 倍。

試作：(1) 資產負債表；(2) 共同比資產負債表。

Objectives

研讀完本章，讀者應能了解：
1. 資產負債表表達之財務結構問題。
2. 資產負債表表達之資源分配結構問題。
3. 企業短期償債能力、流動性問題。

Chapter 6
短期償債能力分析

本章架構

本章主要針對企業的流動性，亦即公司支付短期債務的能力做分析。本章首先分析企業流動資產與流動負債的內容，以及相關會計項目做介紹，並進一步討論週轉率的概念，最後並介紹各種不同的短償債能力指標。

```
                    短期償債能力分析
        ┌──────────────┼──────────────┐
   流動資產之分析      流動負債之分析      短期償債能力指標
  1. 現金與約當現金之分析  1. 流動負債之定義   1. 流動比率
  2. 應收款項之分析      2. 應付帳款週轉率   2. 速動比率
  3. 存貨之分析                        3. 現金流量比率
                                      4. 短期涵蓋比率
                                      5. 營業循環
```

存貨管理與公司之經營效益息息相關，因為存貨有其不同的成本組成，包括各項原物料成本、直接和間接製造費用、人工成本、運輸成本、倉儲管理費用和保險費用等。企業若能有效控管存貨的流動性以及合理適量的存貨資金，則能確保生產經營的連續性，並且提高資金的使用效率，強化企業的短期償債能力。

存貨週轉率主要用於反映存貨的週轉速度，代表企業銷售商品的能力與經營績效。存貨週轉率的適當水準主要取決於企業所處的行業特徵，最重要的用法，不是跟別人比，而是跟自己作趨勢比較，只要公司的存貨週轉出現異常走勢，就要特別留意公司的狀況，包括存貨管控、生產線管控、業務管控等。一般而言，企業都希望存貨週轉率越高，也就是存貨週轉天數或銷售天數越低越好，這代表資金運用效率較高，然存貨週轉率過高時，亦可能表示企業存貨不足，導致銷貨機會喪失。相反地，若存貨週轉率越低，則表示企業存貨過多，可能是營運不振的結果。

存貨週轉天數要多少天才是好的呢？其實要看產業相關產品的生命週期而定，以下我們試著比較**中鋼**、**神腦**和**瓦城泰統**的存貨週轉天數：因為鋼鐵的產品生命週期長，**中鋼**的存貨週轉天數平均約 120 天。**神腦**則是通訊產品、行動電話及相關配件之代理及買賣，由於科技產品的生命週期很短，必須留意存貨跌價風險，因此**神腦**的存貨週轉天數大約控制在 30 天左右。至於**瓦城泰統**集團則主要提供餐食料理，公司旗下品牌有瓦城泰國料理、非常泰等，對於餐飲業而言，食品原物料不可能放太久，該集團設有資源運籌中心，負責前端的採購與食材整理，也負擔品保與後勤支援的功能，所以存貨週轉天數就必須更為縮短，約為 20 天。

以下為上述三家不同產業別之公司，其存貨週轉天數之概況，可以作為本章學習的參考。

▲ 不同產業之存貨週轉天數

產業別	公司	103 年	104 年	105 年	106 年	107 年
鋼鐵業	中鋼 (2002)	110	125	130	116	115
電子零組件業	神腦 (2450)	32	31	29	27	29
食品業	瓦城泰統 (2729)	20	21	20	20	22

6.1 流動資產 / 流動負債之分析

資產負債表係表達一個企業在某一特定時點的財務狀況，包括有多少資產、負債及權益。資產與負債資訊搭配使用有助於評估企業之

流動性與償債能力、額外融資之需求及取得該資金之可能程度。資產負債表除了一般會計項目及報表分類之定義外，其中更隱含著資金的來源和運用，使報表閱讀者得以評估企業現有之流動性與償債能力，及未來額外籌資之需求及取得該資金之可能程度，圖 6-1 為資產負債表功能之示意圖。

> 國際財務報導準則與我國財務報告準則均規定，原則上資產負債表中之資產與負債，需按流動與非流動的分類分別表達。

觀察圖 6-1 資產負債表右邊科目之組合，即為企業之財務結構，所謂財務結構是指企業資金的來源是由他人資金及自有資金 (即業主提供之資金) 所組成，同時呈現企業全部資金是如何籌資取得或調度。一個企業在營運過程中難免會舉債經營，一方面可彌補自有資金之不足，另一方面可發揮財務槓桿。當資金來源增加時，可能來自於資產減少、負債增加、權益增加、營業淨利所致。對股東而言，希望以最少自有資金來支應整個營運；相對地，就債權人而言，當然不希望股東出資之自有資金太少，而讓其償債風險增高。對企業而言，財務結構組合設計可二個方向來思維：一是取得的資金成本，包括向金融機構借款之利息及向股東增資每年須發放之股利，二是現金流入與流出的配合，以使企業有清償債務之能力。各項負債依其到期日由上至下列示，流動負債在非流動負債之上，股東權益因為股東最後清算

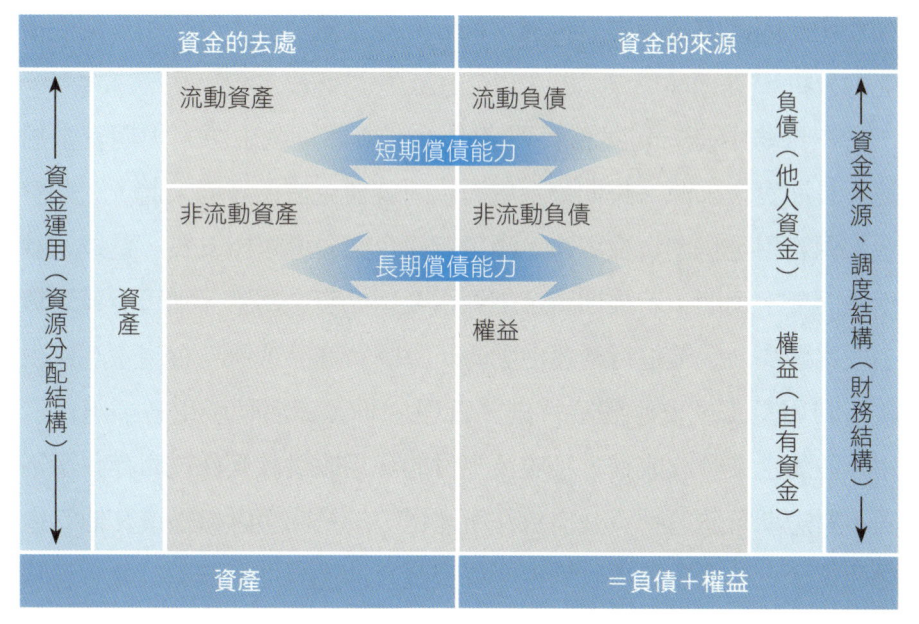

資金運用（資源分配結構）	資產	資金的去處	資金的來源		資金來源、調度結構（財務結構）
		流動資產	流動負債	負債（他人資金）	
		← 短期償債能力 →			
		非流動資產	非流動負債		
		← 長期償債能力 →			
			權益	權益（自有資金）	
	資產		＝負債＋權益		

▶ 圖 6-1　資產負債表功能

時剩餘財產清償之權利，沒有到期日及還款義務，而列在非流動負債下面。

　　資產負債表左邊科目之組合，即為企業之資源分配結構，從創造價值的觀點來看，企業依其經營理念、方針計畫、產業特性、企業定位型態、營運模式，藉由各項資產的配置，將取得之資金用於各項資產的投入，期能創造收入、獲取利潤和回收資金。而且從資產變現觀點來看，強調流動性的重要，越上面的科目變現性越快，例如流動資產的變現性相較於非流動資產快，或貿易業的固定資產占總資產比重相較於製造業來得小。長期性而言，從資產組合來思維，當企業投資一些建廠及機台建置等資本支出後，經營者希望非流動資產效益發揮，將該金額能逐漸轉移至流動資產，使非流動資產占總資產比例降低，除非企業看到另一營運契機或轉型，再次投資重大資本支出，使非流動資產占總資產比例增加，主要強調如何使企業資源配置達至最適，讓企業獲利及效益最大化。

　　再者，觀察資產負債表左右兩邊之關係，清楚反映出企業之償債能力問題，對於企業投資者、經營者和債權者之決策具有重要的意義與作用。企業償債能力分析深受負債內容和償債所需資產內容影響，由於負債可分為流動負債和非流動負債，資產可分為流動資產和非流動資產，因此償債能力分析通常被分為短期償債能力分析和長期償債能力分析。

　　在實務中有一句財務管理名言：「短期資金來源，短期資金用途；長期資金來源，長期資金用途」。就資金使用層面來看，短期資金來源若用至長期資金用途，極可能使企業營運以短支長，造成週轉不靈而黑字倒閉；若長期資金來源用至短期資金用途，則可能導致資金成本過高。企業進行營運活動時，為購買商品或原料會產生應付帳款，聘用員工、支應各項行銷、管理、研發等活動產生各項應付費用，並隨企業營收成長、應收及應付的交易收付款條件或庫存政策不同，對短期營運週轉資金需求在所難免，於是向金融機構或其他管道融通資金，待應收款項收到現金或資金充沛後再進行償還借款。意味著企業要維持正常營運，須仰賴穩定的短期營運週轉金，當企業遭遇

外在景氣不佳、市場競爭失利或營收下滑時，會使得存貨去化不易或帳款收現出現困難，可能導致資金週轉困難，而產生流動性問題，甚至黑字倒閉現象。以下將就流動資產、流動負債之相關科目、短期償債能力作解析。

6.1.1 現金和約當現金之分析

現金之內容

會計上所謂「現金」，係指企業可隨時作為交易媒介與支付的工具，而且沒有任何指定用途，也沒有受到法令或其他約定之限制。它比一般所認知的現金 (紙鈔及硬幣) 更為廣泛。除了紙鈔及硬幣外，銀行支票存款、銀行活期存款、即期支票、即期本票及匯票、銀行本票及保付支票 (可隨時向銀行要求兌現) 及郵政匯票等，亦屬於會計上之現金。

至於約當現金 (cash equivalent)，則係指短期並具高度流動性之投資，該投資可隨時轉換成一固定金額之現金且其價值變動的風險很小。持有約當現金之目的必須在於滿足短期現金支付之需求，而不是作為賺取差價或享有高額利息收入之用。因此，通常只有短期內 (如自投資日起三個月內) 到期的投資才可視為約當現金，例如自投資日起三個月內到期之短期票券及附賣回條件之票券等。

銀行定期存款是否屬於現金或約當現金？根據許多其他國家銀行實務，定期存款提早解約時，必須支付罰款，因此本金無法全部取回，所以不可視為現金或約當現金。但在我國銀行實務上，定期存款如果提前解約，雖然會喪失部分利息，但本金仍可全數收回，因此似有符合現金或約當現金定義的可能。但我國採取較嚴格的定義，仍然以三個月內到期的定期存款，才算是符合 IFRS 現金及約當現金之定義。

員工退休而提撥之基金，雖具有現金之其他要件，但只能作為員工退休時之給付，並不得挪為他用，不符合現金的定義。償債基金由於有指定用途必須清償債務，故不是現金或約當現金。企業向銀行借款時，銀行若要求必須作補償性回存時，由於該回存銀行之存款受到

> 在財務報表上，現金及約當現金通常加總一起，以「現金及約當現金」科目表達，並在財務報表附註中必須揭露現金與約當現金之明細及數額，此乃因兩者都能迅速滿足企業短期現金支付之需求，是企業所有資產中流動性最高的資產。

提領限制，故亦不屬於現金。

銀行透支則是銀行有時為保護客戶之信用及賺取利息收入，提供透支額度給企業，此一性質其實為銀行對企業之短期放款，應屬於負債，但如果該銀行透支可以由企業整體現金支應及隨時償還者，則在報表上應與同一銀行的存款互抵。

至於遠期支票在國內常作為信用工具，到期前不能向銀行要求兌現，所以並非現金，而應歸類在應收票據科目。員工借款條係借款給員工而取得的借據，無法作為支付工具，故應歸屬於應收款。郵票及印花稅票則應歸屬於預付郵電費。存放他處之保證金或押金則應列為存出保證金之會計項目。

台積電民國 107 年 12 月 31 日的財務報表附註揭露，該公司約當現金係指自投資日起三個月內到期之附買回條件公司債、商業本票及政府機構債券三種。表 6-1 **台積電**之現金及約當現金呈現該公司民國 106 年及 107 年 12 月 31 日之現金及約當現金金額分別為 $5,534 億元和 $5,778 億元。整體而言，**台積電**之現金及約當現金占整體資產比重，在 106 年及 107 年中，約為 27.78% 及 27.64%，**台積電**擁有之現金部位甚為龐大。

▲ 表 6-1　台積電之現金及約當現金

單位：新台幣千元

	106 年 12 月 31 日	107 年 12 月 31 日
現金及銀行存款	$551,919,770	$575,825,502
附買回條件公司債	–	1,229,600
商業本票	695,901	759,499
政府機構債券	776,025	–
合計	$553,391,696	$577,814,601

現金和約當現金之分析

企業如人體，資金如同血液，是企業運行的血脈，對企業運作相當重要，資金的流向表現在會計項目，資金的流速則決定於各項管理政策及交易條件，其流入及流出都是透過企業營運活動來運作。企業

經營者的理念，常關係著企業現金部位的高低，有的企業理念較保守或重視景氣循環造成企業競爭力之考驗及影響，常保持高度現金餘額，並儘量以較低或甚至零負債的財務結構經營公司。這一類型的公司通常較因應景氣考驗，且由於資金調度較為方便，可以有效因應技術研發的提升或擴廠等機會，而擁有擴大營業空間的利基。現金是企業所有資產中流動性 (變現性) 最高的資產，因為現金不須經過任何變現程序，就可以用來購買資產、支付費用及償還債務。

　　資金在企業經營上可興利及防弊。興利方面，當景氣好或企業有好的投資對象及足夠的資金時，則可以積極從事購併與投資；防弊方面，在不景氣時，有充裕的資金則可以幫助企業度過寒冬。充裕的資金可以因應未來景氣好壞，具有進可攻、退可守的營運實力，公司若擁有不錯的現金部位，代表流動性較佳，且配發現金給股東的能力也較強，通常較會受到外部投資人的喜愛。從另一角度來看，公司若不能擁有穩定的現金流量，則容易造成企業經營風險的升高。在管理上因許多交易常會涉及現金收付，最怕無法如期支付債務，而且現金是流動性最高的資產，人人喜愛，遭竊、舞弊或挪用的風險極高，故良好的現金管理十分重要。故企業一般採行措施，諸如：人員管錢不管帳、任何交易避免由同一人或部門負責完成、盡可能集中收入及支出現金作業、收付款後立即入帳、編製銀行調節表、不定期盤點現金、內部稽核人員不定期稽查及小額現金支出以零用金支付。

　　在財務分析時，必須了解上述現金相關的會計定義外，尚須注意企業是否具有窗飾的企圖。有些居心不良企業於資產負債表日前後，利用銀行借款來取得現金，以使企業之現金餘額虛增，改善一些相關比率達到窗飾之效果。再者，應從現金流量表中去檢視企業的連續幾年營收成長且營運活動現金流量是否為正，以判定有無虛灌營收之嫌。表 6-2 **台積電**之部分現金流量表顯示該公司連續二年之營業活動均呈現淨現金流入。以民國 107 年度為例，其營業活動淨現金流入 $583,318,167 千元，足以支應投資活動之淨現金流出 $336,164,903 千元及籌資活動之淨現金流出 $215,697,629 千元。

　　對企業草創初期尚未獲利的公司而言，除損益兩平點分析之計算

▲ 表 6-2　台積電之部分現金流量表

台灣積體電路製造股份有限公司 部分現金流量表 106 年度及 107 年度		單位：新台幣千元
	106 年度	**107 年度**
營業活動之淨現金流入 (流出)	$573,954,308	$585,318,167
投資活動之淨現金流入 (流出)	(314,268,908)	(336,164,903)
籌資活動之淨現金流入 (流出)	(245,124,791)	(215,697,629)
匯率變動對現金及約當現金之影響	9,862,296	(21,317,772)
現金及約當現金增加 (減少) 數	24,422,905	12,137,863
年初現金及約當現金餘額	533,391,696	541,253,833
年底現金及約當現金餘額	$577,814,601	$553,391,696

外，可利用資金耗用速度公式來測試公司現存之資金是否足以支持企業至營業活動之現金呈淨流入，其為「現金及約當現金」與「平均每日營業現金支出」的比值，如式 (6-1) 所示。該比值越大表示資金能支應每日營業現金支出的期間越長；相反地，該比值越小表示資金能支應每日營業現金支出的期間越短，對營運更加困難。此公式適用在景氣十分蕭條，訂單大幅減少，存貨滯銷，完全得不到外界資金及客戶款項延付時，如 2008 年次級房貸初期，可用來檢測企業是否有足夠之資金來度景氣蕭條期 (如同個人在沒有任何工作收入下，你手邊的現金可以支應幾天的生活支出)。

$$資金耗用速度 = \frac{現金及約當現金}{平均每日營業現金支出} \qquad (6-1)$$

平均每日營業現金支出係指企業一個營業週期經常性必要現金支出，即以「營業成本 + 營業費用 + 利息費用 + 所得稅 − 非現金支出之費用」與 365 天的比值，如式 (6-2) 所示。惟應注意營業成本及營業費用中是否含有折舊費用、攤銷費用，因為這些費用不會產生現金流出，故應予以減除。

$$平均每日營業現金支出 =$$

$$\frac{營業成本 + 營業費用 + 利息費用 + 所得稅 - 折舊費用 - 攤銷費用}{365 \text{ 天}}$$

(6-2)

接下來我們以**台積電**為例，表 6-3 為**台積電**之民國 107 年度部分損益表。另外，該公司民國 107 年現金流量表上列示之折舊費用為 $288,124,897 千元、攤銷費用 $4,421,405 千元，資產負債表上列示之現金及約當現金為 $577,814,601 千元，分別計算 107 年度之「平均每日營業現金支出」及「資金耗用速度」。

台積電 107 年度之平均每日營業現金支出
= ($533,487,516 千元 + $112,149,280 千元 + $3,051,223 千元 + $46,325,857 千元 − $288,124,897 千元 − $4,421,405 千元) / 365 天
= $402,467,574 千元 / 365 天
= $1,102,650 千元 / 天。

台積電 107 年度之資金耗用速度
= $553,391,696 千元 / $1,102,650 千元
= 501.87 天

▲ 表 6-3　台積電之 107 年度部分損益表

台灣積體電路製造股份有限公司 民國 107 年度 部分損益表	單位：新台幣千元
營業收入	$1,031,473,557
營業成本	533,487,516
營業費用	112,149,280
利息費用	3,051,223
所得稅費用	46,325,857

現場直擊

私募增資引進現金，台塑集團搶救南亞科技大作戰

台塑集團於 2013 年 1 月 18 日宣布，將終止與美光的十年 DRAM (Dynamic Random Access Memory，動態隨機存取記憶體) 合作研發計畫，並轉型投入利基型 DRAM，等於宣告**台塑**全面退出 PC DRAM 市場，而國內 DRAM 廠商幾乎全部轉型，使當初投入兆元、卻慘賠千億，堪稱「四大慘業」之首的台灣「DRAM」業正式畫下句點。

根據**台塑集團南亞塑膠**發布重大訊息指出，為了改善經營體質、因應**台塑集團** DRAM 廠的調整策略，**南亞**轉投資事業**南科**積極進行再造轉型工程，與**美光**協商終止共同研發 DRAM 技術計畫；以及**南科**轉投資公司**華科**大多數產能交由**美光**與子公司承接。而「**華亞科**」與「**南科**」也分別以重大訊息宣布，減少彼此間的業務往來。**南科**退出 PC DRAM 市場，轉進消費型、低功率記憶體領域，未來則採取向**美光**取得技術授權策略，預估每個月可以先減少 10 億元虧損。曾經耗資上兆元投入的台灣 DRAM 產業，未來市場將由美、韓大廠寡占，而國內 DRAM 大廠轉型方向，包括了轉型晶圓代工或消費利基型 DRAM。

檢視上市櫃公司 2011 年財報數字，被稱為「四大慘業」的 DRAM 虧損總計超過千億元，DRAM 廠以**南科**稅後淨損 $398.8 億元、每股淨損 $8.01 最多；**力晶**、**華亞科**也各虧損逾 $210 億元；設備最新、製程最先進的**瑞晶**也難逃稅後虧損 $62.52 億元。**南科**、**華亞科**、**力晶**、**瑞晶**等四家業者 2011 年合計大虧 $892.63 億元；若加上**茂德** 2011 年前三季稅後淨損 $146.2 億元，台灣五大 DRAM 廠虧損合計已逾千億元，等於一天平均虧掉 $3 億元，慘烈程度僅次於 2008 年金融海嘯時期。**茂德**淨值轉為負數，股票被迫下櫃；**力晶**、**南科**都被打入全額交割，**華亞科**也被取消信用交易，全淪為「雞蛋水餃股」。

2011 年**南亞**科技虧損連連，公司淨值接近負數，召開的臨時股東會決議辦理不超過 150 億股的「私募增資案」，並調整「額定資本額」高達 $1,910 億元，僅次於國內晶圓代工大廠「**台積電**」。此外，**台塑**、**南亞**、**台塑石化**和**台化**等「台塑四寶」，增資**南科**共新台幣 $300 億元，而**南科**股本也將大幅提升到 148.6 億股，資本額則高達 $1,486 億元，此私募案將有助於**南科**度過難關，成功讓**南科**暫時脫離負淨值，以及股票下市的危機。

另一個關於資金分析的觀念，就是自由現金流量 (free cash flow，簡稱 FCF)，表示企業可以自由運用的現金流量，係指營業活動所產生的現金流量，減掉維持現有營運所需的資本支出後的餘額。由於「維持現有營運所需的資本支出」無論自公開的財務報表得知，

實務上逕以年度的資本支出衡量。企業可以利用自由現金流量作為發放股東股利、清償負債或是預留下來準備度過景氣蕭條期。總之，自由現金流量是公司在不影響營運下可以自由使用的現金餘額，也是衡量公司財務彈性的指標，該金額越大，表示企業可自由運用的資金越大，相較於該金額小的企業來得安定及具有較佳的財務彈性。在第 10 章與第 11 章有進一步的討論。

6.1.2 應收款項之分析 (含應收款項週轉率)

應收款項之內容

應收款項在會計上的定義是指對企業或個人之貨幣之請求權。就資產負債表之表達方式而言，應收款項可列為流動 (短期) 或非流動 (長期)。若預期應收款項能在正常營業週期內收現則應列為流動資產項下，否則應列為非流動資產。

應收款項就其內容而言，可分類為營業性或非營業性之應收款項。營業性應收款項係指企業在主要營業活動中，由於賒銷商品或提供勞務而產生，包括應收帳款和應收票據。顧客使用信用卡支付，以及公司直接給予客戶信用額度賒銷等，均會產生應收帳款。應收票據則是正式的債權憑證，在賒帳交易時，由發票人 (顧客) 同意在未來特定日支付一定金額的一種書面承諾。

> 營業性應收款項係指企業在主要營業活動中，由於賒銷商品或提供勞務而產生，包括應收帳款和應收票據。

非營業性應收款項為主要營業活動以外原因所產生之債權，可能源自於不同交易性質，如應收租金、應收股利及利息、應收訴訟賠償款、應收退稅款、應收子公司之墊款等。非營業性應收款項，常以其合併金額在資產負債表上列為其他應收款表達，然金額重大或性質較具意義者，應單獨設立科目加以列示。

> 非營業性應收款項為主要營業活動以外原因所產生之債權，可能源自於不同交易性質，如應收租金、應收股利及利息、應收訴訟賠償款、應收退稅款、應收子公司之墊款等。

「銷貨折扣」有時也稱為現金折扣，是為了鼓勵顧客提早付款而給予優惠，如銷貨條件為 2/10, n/30，代表顧客若於發票日後 10 日內付款，可享有貨款總額 2% 折扣，超過 10 天之期限則無折扣，且貨款最遲於 30 天須全部付清。銷貨折扣使銷貨收入減少，但卻減少資金的積壓及降低呆帳風險。

企業銷售與顧客的商品，因品質不合規定或其他原因而遭退貨，

並被要求退回或沖銷貨款者,稱為銷貨退回。倘若顧客因賣方同意減價而接受瑕疵品,稱為銷貨折讓。銷貨折扣及銷貨退回與折讓均為銷貨收入的抵銷科目,使銷貨收入的淨額減少,同時亦會使應收帳款的可收現金金額減少。

賒銷雖可刺激客戶購買意願,但另一方面卻可能因呆帳而無法收現。就應收帳款而言,並不可能百分之百的金額將來會全數收回,商場上難免有些收不回來的呆帳 (或壞帳),每家公司總是會試著去估算可能收不回來的帳款金額,而以備抵呆帳科目表示之。國內上市公司備抵呆帳金額的提列,可以從財務報表附註之重大會計政策說明中可知,通常是依據收款經驗、客戶信用評等並考量內部授信政策決定。以應收帳款的總額減去所估列的備抵呆帳,就是應收帳款淨額代表可變現之價值,會計上藉此對應收帳款予以評價。另外,以呆帳科目代表帳款收不回來的估計損失。

> 國內上市公司備抵呆帳金額的提列,可以從財務報表附註之重大會計政策說明中可知,通常是依據收款經驗、客戶信用評等並考量內部授信政策決定。呆帳為損益表之營業費用,備抵呆帳則是資產負債表內應收帳款的減項。

應收款項之分析 (含應收款項週轉率)

應收款項為企業流動資產的重要科目之一,而判斷企業應收款項的品質良窳,在於評估其本身流動性和發生呆帳的可能性。所謂流動性,係指應收款項轉變現的速度或能力,雖然賒帳期限越長,對顧客資金運作越有利且可刺激銷貨,相對地也大大提高了呆帳損失之風險。整體而言,應收款項週轉率 (receivables turnover in times) 是一種評估企業應收款項流動性極具意義的指標。

應收款項週轉率是指在一定時期內 (通常為一年) 應收款項轉化為現金的平均次數,用來衡量企業應收款項流動速度的指標,是企業在一定時期內 (通常為一年) 賒銷淨額與平均應收款項餘額的比值。賒銷淨額因實務上較難取得,故以綜合損益表上銷貨收入減掉銷貨折扣、銷貨折讓、銷貨退回後的銷售淨額來代替,如式 (6-3) 所示。

$$應收款項週轉率 = \frac{賒銷淨額}{平均應收款項餘額} \qquad (6\text{-}3)$$

平均應收款項餘額是指期初應收款項餘額與期末應收款項餘額的平均數,若應收款項包括銷貨以外的交易所產生者,不應計入,因為

應收款項週轉率關心的是賒銷金額收回速度。此外，應以總額 (即：毛額) 而非減除備抵呆帳後之淨額計算，因為應收款項週轉率考慮的是顧客 (有時含不列入合併個體之關係人) 欠款之收回，若扣除了備抵呆帳，則隱含表示備抵呆帳的部分已經收回，事實不然，且因此使應收款項週轉率高列，然而，企業提列備抵呆帳乃因帳款逾期或難收，應收款項週轉率應更低才是。此外，備抵呆帳還涉及估計，若高列備抵呆帳，而又用淨額計算，則使應收款項週轉率高列。應收款項總額可從財務報表附註得知。

一般來說，應收款項週轉率越高，表示應收款項收回現金速度越快，平均收款期間越短，收款政策越佳，或企業緊縮信用，資金積壓情況則獲得改善；相反地，應收款項週轉率越低，表示應收款項收回現金速度越慢，平均收款期間越長，企業收款條件或收帳政策不當，或客戶發生財務困難，或企業寬鬆信用，造成資金積壓情況更為惡化。此項指標也可以運用在企業產品競爭力上之評估，當產品是奇貨可居，則市場客戶會預付訂金搶貨；反之，若是有其他替代品或競爭品，收款條件可能須因應市場競爭而放寬。

> 應收款項週轉率也是企業產品競爭力之表相。

財務分析中常用兩個具有關聯性的金額以比率方式來觀察企業各項能力，雖比率可以消除規模不一的問題及簡化一些複雜資訊，但其本身仍需配合其他分析或數據方能進一步下定論。就應收款項週轉率而言，當分子銷貨淨額增加而分母平均應收帳款餘額不變時，應收款項週轉率會上升；反之，當分母平均應收帳款餘額增加而分子銷貨淨額不變時，應收款項週轉率會下降。分析應收款項週轉率時，應注意連續幾年該比率之趨勢變化，若變差時則應檢視分子或分母之相關會計項目變動是否有異常，管理者則應從內部作業流程進行問題根因找尋及改善措施。反之，若變好，亦應觀察相關數據是否異常或有窗飾之情事。趨勢分析應著重變好及變壞的轉折。此外，我們也可以將實際值與標準值做比較，該標準值可以為企業前幾年之平均值或公正單位公布之同業相關數據，如：中華徵信所每年會出版《台灣地區工商業財務總分析》。

> 中華徵信所每年會出版《台灣地區工商業財務總分析》，會蒐錄製造業 16 大產業 70 多項分業、服務業 17 大產業 30 多項分業、金融業 3 大產業財務比率資料。整合分析各行業資產、負債及權益與收入結構、支出分配等產業平均數值。提供各行業財務結構、獲利能力、經營效能、償債能力、現金流量分析五大類共 37 項財務指標。

接下來我們以**台積電**為例，表 6-4 為**台積電** 106 及 107 年度應

▲ 表 6-4　台積電之應收款項相關資料

單位：新台幣千元

	民國 106 年 12 月 31 日	民國 107 年 12 月 31 日
1. 應收票據及帳款 (總額)	$121,604,989	$128,620,644
2. 應收關係人款項	1,184,124	584,412
3. 其他應收關係人款項	171,058	65,028
應收款項小計 (只含 1 與 2 兩項)	$122,789,113	$129,205,056

收款項相關資料，該公司 107 年度損益表中銷貨 (營業) 收入淨額為 $1,031,473,557 (千元)，可計算 107 年度之「應收款項週轉率」。

台積電 107 年度應收款項週轉率：

$$= \frac{\$1,031,473,557 \text{ 千元}}{(\$122,789,113 \text{ 千元} + \$129,205,056 \text{ 千元}) / 2}$$

$$= 8.18 \text{ 次}$$

我們也可以用天數來表示應收款項收現的速度，此一天數稱為平均收現期間 (average collection period) 或應收款項週轉天數 (receivable turnover in days)，是一年 365 天與應收款項週轉率的比值，如式 (6-4) 所示。此天數代表貨款回收的期間和速度，回收天數越短，意味著應收款項之回收速度越快，帳款回收安全性就較高，營運資金週轉就越輕鬆，並可以將此一天數和企業應收帳款授信政策做一比對，作為判斷帳款安全性及業務員談判力之依據。

$$\text{應收款項週轉天數} = \frac{365 \text{ 天}}{\text{應收款項週轉率}} \qquad (6\text{-}4)$$

同樣地以**台積電**為例，計算民國 107 年之「應收款項週轉天數」。

台積電 107 年應收款項週轉天數：

$$= \frac{365 \text{ 天}}{8.18 \text{ 次}}$$

$$= 44.62 \text{ 天}$$

表 6-5 顯示台積電 103 至 107 年度應收款項週轉率及應收款項週轉天數之趨勢變化。大致而言，應收款項週轉天數，亦即平均收現日數大致為 44.37 日，表現極為穩定。

▲ 表 6-5　台積電之應收款項週轉率、應收款項週轉天數近五年度相關資料彙整

	103 年度	104 年度	105 年度	106 年度	107 年度
應收款項週轉率 (次)	8.12	8.37	8.78	7.74	8.19
應收款項週轉天數	44.95	43.61	41.57	47.16	44.57

6.1.3　存貨之分析 (含存貨週轉率)

存貨之內容

存貨通常是指貨品的庫存或儲存，不同企業有不同的存貨類別及內容。存貨在企業資產結構中，為一金額相對較為重大的項目，就資產負債表的表達方式而言，存貨常列為流動資產，因為通常存貨是預期可以在一個營業週期內出售而變現的。存貨之會計處理對於資產評價和損益衡量，影響頗為重大。從存貨管理角度而言，設計良好的存貨管理系統可以增加企業的獲利能力，但是不良的存貨管理則可能導致利益流失，並使企業失去競爭力。在供應鏈管理中常會考慮安全存量的問題，庫存不足容易造成銷售流失、較低的顧客滿意度和可能的生產瓶頸。相對地，提高安全存量可以避免可能的缺貨現象，但同時提高存貨的持有成本，特別在高科技產業中產品生命週期較短的電子產品，面對需求多變時，持有過多的存貨可能造成新產品加入不易，及舊產品庫存項目過多，將容易暴露於價格減損的風險。

存貨的型態以及在報表中的表達方式，常因企業的營運方式不同，存貨的分類也各異。買賣業的存貨通稱為商品存貨。製造業則將買入的原料加工，變成製成品之後再行出售，因此其存貨包含原料存貨、在製品存貨及製成品存貨。

企業判定存貨的歸屬時，可參考 IAS18 有關出售商品收入認列條件包括：

> 國際會計準則第 2 號規定，存貨係指符合下列任一條件之資產：
> - 備供正常營業出售；或
> - 正在生產中且將於完成後供正常營業出售者；或
> - 將於商品生產或勞務提供過程中消耗之材料或物料。

- 企業已將商品所有權之重大風險及報酬移轉予買方；
- 企業對於已經出售之商品既不持續參與管理，亦未維持有效控制；
- 收入金額能可靠衡量。

存貨的錯誤將對多期的財務報表產生重大影響，且會影響流動資產總額、營運資金及流動比率等計算，因此應該正確處理存貨的歸屬。

存貨制度通常係指存貨數量的盤點方法，有定期盤存制和永續盤存制。存貨評價方法包括：(1) 個別認定法；(2) 先進先出法；(3) 後進先出法；及 (4) 加權平均法。個別認定法較符合商品實際流動情形，先進先出法係假設先買進先出售，轉入銷貨成本，因此期末存貨成本來自於可供銷售商品中最近所購入者。後進先出法係假設將後期買進的商品先行出售，轉入銷貨成本，因此期末存貨成本來自於早期的進貨成本。國際財務報導準則已廢除「後進先出法」，故不宜採用。加權平均法係假設期初存貨與本期買進的商品均勻混合，因此可以求算平均單位成本。在定期盤存制之下的平均法，為加權平均法，在永續盤存制之下的加權平均法，則為移動平均法。

在存貨之續後評價中，應以成本與淨變現價值孰低衡量。淨變現價值是指在正常情況下之估計售價減除至完工尚須投入之成本與銷售費用後之餘額。企業比較存貨之成本與淨變現價值時，宜逐項比較，惟類似或相關之項目得分類為同一類別作比較。

存貨之分析 (含存貨週轉率)

一般而言，存貨占流動資產之比重相當高，因此在評估企業短期償債能力時，存貨週轉率 (inventory turnover in times) 是一種極具意義的指標。

存貨週轉率係指存貨全年度週轉的次數，是企業在一定時期內 (通常為一年) 銷貨成本除以平均存貨的比值，如式 (6-5) 所示。當存貨週轉率越高，表示存貨全年度週轉次數越多，平均存貨存放期間越短，存貨庫存政策越佳，資金積壓情況則獲得改善；相反地，存貨週

轉率越低，表示存貨全年度週轉次數越少，平均存貨存放期間越長，存貨管理出現問題或市場景氣不佳，導致資金積壓情況更為惡化。

$$存貨週轉率 = \frac{銷貨成本}{平均存貨} \qquad (6\text{-}5)$$

觀念簡訊

存貨週轉率的正確觀念

計算存貨週轉率時，分母為平均存貨，且按減除備抵存貨跌價 (損失) 前之總額 (即：毛額)，而非減除後之淨額衡量。因為存貨週轉率係用以評估存貨出售的速度，賣得越慢的存貨，其週轉率越低。當備抵存貨跌價越多時，也是反映因出售速度較慢，所導致的存貨價值之可能減損越多。一旦用淨額計算，一則隱含備抵存貨跌價的部分已被出售；二則因提列的備抵金額越多，使公式中的分母變小，進而使越賣不掉的存貨，其週轉率反而越高，與事實剛好相反。另外，企業也可能藉由備抵金額的高列，使週轉率提高。

資產負債表的主體僅列示存貨淨額，在附註中若另行揭露總額，即可按總額計算。但若未揭露總額，實務上可能為求方便，或因備抵金額不大，往往直接以存貨淨額計算存貨週轉率。本章及以後章節採用淨額計算。

接下來我們以**台積電**為例，表 6-6 為**台積電** 106 年及 107 年 12 月 31 日存貨相關資料，該公司 107 年度損益表中營業成本 (即銷貨成本) 為 $533,487,516 千元，計算 107 年度之「存貨週轉率」如下：

台積電 107 年存貨週轉率：

$$= \frac{\$533{,}487{,}516 \text{ 千元}}{(\$73{,}880{,}747 \text{ 千元} + \$103{,}230{,}976 \text{ 千元})/2}$$

$$= 6.02 \text{ 次}$$

▲ 表 6-6　台積電之存貨資料

單位：新台幣千元

	民國 106 年 12 月 31 日	民國 107 年 12 月 31 日
存貨	$73,880,747	$103,230,976

我們也可以用天數來表示存貨週轉的速度，此一天數稱為**存貨週轉天數** (inventory turnover in days) 或**存貨銷售天數** (days to sell inventory)，它是一年 365 天與存貨週轉率的比值，如式 (6-6) 所示。此天數代表存貨每週轉一次平均所需的天數和速度，存貨週轉天數越短，意味著存貨銷售流動性越順暢；反之，存貨週轉天數越多，代表存貨銷售呈現衰退或停滯狀態，必須注意存貨積壓的問題。有些產業，例如食品業、高科技業或精品時尚產業，更是要留意商品過時可能出現之減損，因此必須做好企業庫存政策及管理。

$$存貨週轉天數 = \frac{365 \text{ 天}}{存貨週轉率} \tag{6-6}$$

同樣地以**台積電**為例，計算民國 107 年之「存貨週轉天數」。

台積電民國 107 年存貨週轉天數：

$$= \frac{365 \text{ 天}}{6.02 \text{ 次}}$$

$$= 60.63 \text{ 天}$$

表 6-7 顯示**台積電** 103 至 107 年度存貨週轉率及存貨週轉天數之趨勢變化。存貨週轉天數，亦即平均銷貨天數，自 105 年至 107 年有增加趨勢。根據**台積電**之解釋，此為營收顯著成長，必須增加原物料之備料，以及 7 奈米製程之在製品較多之緣故。

▲ 表 6-7　台積電之存貨週轉率、存貨週轉天數近五年度相關資料彙整

	103 年度	104 年度	105 年度	106 年度	107 年度
存貨週轉率 (次)	7.41	6.49	8.18	7.88	6.02
存貨週轉天數	49.19	56.24	44.62	46.32	60.63

現場直擊

存貨週轉率為 0

　　五月天的概念股**必應創造** (6625) 是台灣的文創類股，專注於統包演唱會及頒獎典禮等活動製作的專業公司。不只五月天，歌手林俊傑、蕭敬騰、頑童、張學友等演唱會，**必應創造**都是幕後製作專屬團隊。該公司主要藉由研發創新，創意整合執行，以及軟硬體規劃，包括從導演、舞台設計到視覺設計等，為客戶創造獨特、新穎的演出內容和感官震撼。營收主要源自於整合流行文創影音相關的軟硬體製作、設備租賃、舞台與視覺設計及節目流程統籌。**必應創造**以其營業的特性，其資產負債表上並無存貨科目，也因此年報上面所顯示的 5 年財務分析資料，均顯示存貨週轉天數為 0。

6.2 流動負債之分析 (含應付帳款週轉率)

6.2.1 流動負債之內容

　　企業為從事正常營業活動，必須投入各種不同類型之資產組合，也因此需要不同類型的長短期資金。負債為因過去已發生事件，使得企業現有義務，會造成未來經濟資源的流出。若將負債依到期時間之長短，可分為流動負債與非流動負債兩種。凡負債符合下列條件之一者，應列為流動負債：(1) 企業預期將於其正常營業週期中清償之負債；(2) 主要為交易目的而持有者；(3) 須於報導期間後 12 個月內清償之負債；(4) 企業不得無條件延期至報導期間後逾 12 個月清償之負債。負債若不屬於流動負債則歸類為非流動負債。

　　流動負債由於到期時間短，通常不超過一年，可以不計算現值，而以到期值作為入帳金額。流動負債其來源為：一是由正常營業活動所產生之流動負債，如：應付票據、應付帳款、應付費用，以及預收款項；二是提供企業短期資金的金融負債，包括短期借款、應付短期票券，以及一年內到期之長期負債。流動負債是企業短期資金的主要來源之一，相對地也代表公司有立即償還債務的壓力。

> 流動負債主要包括因營業而發生之債務且將於正常營業週期中償還者；為交易目的而發生者；於資產負債表日後 12 個月內清償者；企業不得無條件延期至資產負債表日後逾 12 個月清償之負債。

6.2.2 流動負債之分析 (含應付款項週轉率)

由於流動負債大多是由正常營業活動所產生，應付款項占流動負債之比重相當高，且有還款之急迫性，因此在評估企業短期償債能力時，應付款項週轉率 (account payables turnover in times) 是一種極具意義的指標。

應付款項週轉率係指企業應付款項全年度週轉的次數，同時也代表企業償還應付款項的速度。是企業在一定時期內 (通常為一年) 銷貨成本除以平均應付款項的比值，如式 (6-7) 所示。當應付款項週轉率越高，表示全年度償還應付帳款週轉次數越多，平均應付款項償還期間越短，資金調度壓力加重；相反地，應付款項週轉率越低，表示全年度償還應付款項週轉次數越少，平均應付款項償還期間越長，資金調度壓力減輕。

$$應付款項週轉率 = \frac{進貨或銷貨成本}{平均應付款項} \qquad (6-7)$$

理論上言，分子應為當期的進貨金額，該金額必須從期初存貨、期末存貨及當期銷貨成本推算得知。因此，實務上直接用銷貨成本代替，尤其是期初存貨與期末存貨差異不大時。此外，當分子 (銷貨成本) 增加而分母 (平均應付款項) 不變時，應付款項週轉率會上升；反之，當分母增加而分子不變時，應付款項週轉率會下降。

接下來我們以**台積電**為例，如表 6-8 為**台積電** 106 年及 107 年 12 月 31 日應付款項相關資料，該公司 107 年度損益表中銷貨成本為 $533,487,516 千元，計算 107 年度之「應付款項週轉率」。

台積電 107 年應付款項週轉率：

$$= \frac{\$533{,}487{,}516 \text{ 千元}}{(\$30{,}069{,}163 \text{ 千元} + \$34{,}357{,}432 \text{ 千元}) / 2}$$

$$= 16.56 \text{ 次}$$

▲ 表 6-8　台積電之應付款項資料

單位：新台幣千元

	106 年 12 月 31 日	107 年 12 月 31 日
應付帳款	$28,412,807	$32,980,933
應付關係人款項	1,656,356	1,376,499
小計	$30,069,163	$34,357,432

我們也可以用天數來表示應付款項週轉的速度，此一天數稱為應付款項週轉天數 (accounts payable turnover in days) 或平均付款天數 (days to pay payable)，它是一年 365 天與應付款項週轉率的比值，如式 (6-8) 所示。此天數代表應付款項每週轉一次平均所需的天數和速度，應付款項週轉天數越短，意味著企業償付供應商貨款速度越快，不利於公司資金調度；反之，應付款項週轉天數越長，意味著企業償付供應商貨款速度越慢，有利於公司資金調度，並可將此一天數和企業對供應商的付款政策做一比對。

$$應付款項週轉天數 = \frac{365 \text{ 天}}{應付款項週轉率} \quad (6\text{-}8)$$

同樣地以台積電為例，計算民國 107 年之「平均付款天數」。

台積電 107 年平均付款天數：

$$= \frac{365 \text{ 天}}{16.56 \text{ 次}}$$

$$= 22.04 \text{ 天}$$

表 6-9 顯示台積電 103 至 107 年度應付款項週轉率及平均付款天數之趨勢變化。以 106 年及 107 年之平均付款天數而言，稍長於前 3 年，可能之解釋為，公司相對於供應商而言，能夠談到較好的付款條件。

▲ 表 6-9　台積電之應付款項週轉率、平均付款天數近五年度相關資料彙整

	103 年度	104 年度	105 年度	106 年度	107 年度
應付款項週轉率 (次)	19.39	20.10	20.11	16.82	16.56
平均付款天數	18.82	18.16	18.15	21.70	22.04

6.3 短期償債能力指標

償債能力主要在看資產負債表左右兩邊對稱性的問題,其中短期償債能力是企業償還流動負債的能力,短期償債能力主要取決於流動資產的流動性,即資產轉換成現金的速度,它會受到多種因素的影響,例如:總體經濟、行業特性、經營環境、生產週轉速度、帳款週轉速度、流動資產結構、流動資產運用效率等。當企業短期償債能力差時,對投資人而言,風險增高,投資報酬可能減少;對債權人而言,深怕本金和利息會求償無門,血本無歸;對企業而言,喪失營運擴充機會,信用緊縮,資金成本提高,甚至週轉不靈而破產。

進行企業短期償債能力分析時,若僅憑單項指標,很難對企業短期償債能力作出客觀評價的全貌,故常混合使用流動比率、營運資金、速動比率、現金流量比率、短期涵蓋比率和營業循環等一系列指標,來有效衡量短期償債能力。

6.3.1 流動比率

流動比率 (current ratio) 是企業流動資產除以流動負債的比值,一種評估企業短期償債能力時極具意義的指標,如式 (6-9) 所示。代表企業每元的流動負債有多少元的流動資產作為支應,當流動比率越高,對債權人而言,債權越有保障;對經營者而言,維持一個足以償還短期債務能力範圍程度,適度舉債經營也是一個不錯的策略方向。一般來說,流動比率為 100% 以下,表示企業存在高度的流動性風險,流動比率為 200% 時,該企業短期償債能力相當不錯。當企業的流動比率長期間都超過 300%,則顯示企業可能有過多閒置流動資產或對未來經營沒有更明確方向,做新的長期資本投入或利潤回饋投資者。

流動比率是靜態的觀念,它僅係反映在資產負債表日當時,若流動負債全數到期,則有多少倍數的流動資產可以變現償還。由於此一比率受限於一些流動資產未來變現性的問題,如應收帳款可能會因呆

帳發生而造成收現的不確定性，或存貨可能有呆滯貨無法出售變現等情形，就算流動比率大於或等於 100% 也無法代表未來償還短期負債的能力。

$$流動比率 = \frac{流動資產}{流動負債} \times 100\% \quad (6\text{-}9)$$

接下來我們以**台積電**為例，表 6-10 為**台積電**民國 107 年 12 月 31 日流動資產及流動負債相關資料。

台積電 107 年流動比率：
$$= \frac{\$951,679,721 \text{ 千元}}{\$340,542,586 \text{ 千元}} \times 100\%$$
$$= 279.46\%$$

另以**台積電** 103 至 107 年度資料來做分析說明，如表 6-11 所示，103 年及 104 年之流動比率均大於 3，105 年至 107 年之平均大

表 6-10　台積電之流動資產及流動負債資料

單位：新台幣千元

	107 年 12 月 31 日
流動資產	
現金及約當現金	$577,814,601
透過損益按公允價值衡量之金融資產	3,504,590
透過其他綜合損益按公允價值衡量之金融資產	99,561,740
按攤銷後成本衡量之金融資產	14,277,615
避險之金融資產	23,497
應收票據及帳款淨額	128,613,391
應收關係人款項	584,412
其他應收關係人款項	65,028
存貨	103,230,976
其他金融資產	18,597,448
其他流動資產	5,406,423
流動資產合計	$951,679,721
流動負債	$340,542,586

▲ 表 6-11　台積電之流動比率五年度相關資料彙整 (%)

	103 年度	104 年度	105 年度	106 年度	107 年度
流動比率	311.70	351.86	256.95	238.97	279.46

約為 2.59，雖稍微下降，但**台積電**之短期償債能力仍屬優越。

由於流動比率係以百分比來表達，雖可以消除比較對象規模大小不一之問題，然而企業在營運資金控管上對金額也十分重視，故營運資金也常用來作為短期償債能力的企業內部衡量指標。營運資金 (working capital) 係指流動資產減流動負債，如式 (6-10)，反映流動資產可用於償還流動負債後所剩餘的金額。營運資金越多，表示企業可用於償還流動負債的資金越充裕，短期償債能力就越強，債權人的保障就越高。

$$營運資金 = 流動資產 - 流動負債 \qquad (6-10)$$

台積電 107 年營運資金：
= $951,679,721 千元 − $340,542,586 千元
= $611,137,135 千元

值得注意的是，營運資金也是一種靜態的分析，而且營運資金是一個絕對的數值，並非比率的概念。因此，兩家公司的營運資金相等，並不代表流動性相同，尚須考慮企業規模不同所需求的營運資金也不相同。另一方面，我們亦必須注意流動資產與流動負債的組成，才能真正決定出企業流動性的品質。例如兩家企業規模類似，營運資金亦相等，但流動資產組成一家偏多現金與約當現金，另一家則多為存貨，顯然流動資產組成不同，導致兩家企業流動性的品質也不同。

6.3.2　速動比率

速動比率 (quick ratio) 又稱酸性測驗比率 (acid-test ratio) 是將企業速動資產除以流動負債的比值，如式 (6-11) 所示，代表企業每元的流動負債有多少元的速動資產作為支應。當速動比率越高，對債權人而言，債權越有保障。由於流動比率有一些分析上的盲點，當流動比

率很高，但其變現及清償能力可能有所差異，例如存貨賣掉可能要很久以後，再經過收現，歷時較長，無法支應立即償債之需。因此速動資產相較於流動資產是變現力更強的資產，故速動比率是流動比率的進階指標。一般來說，除一些行業特性因素外，速動比率為 100% 以下，表示企業存在無法完全清償流動負債之風險，速動比率為 100% 或大於 100% 時，該企業短期償債能力相當不錯。

$$速動比率 = \frac{速動資產}{流動負債} \times 100\% \quad (6\text{-}11)$$

速動資產包括現金及約當現金、不同類別之流動性金融資產、應收票據、應收帳款、其他應收款等。但是，速動資產並未包括存貨、預付款項及其他流動資產，如式 (6-12) 所示。主要係因這些科目的變現性較弱，如存貨何時可以出售，尤其是高科技產業，若市場出現新的產品，則既有的產品可能無法出售或須削價出售，變現差異很大；預付款項及其他流動資產，則因其未來的變現性極小，大多只是減少企業未來的現金流出，無法用來清償流動負債，故將之從流動資產中減除，不列為速動資產之項目。

$$速動資產 = 流動資產 - 存貨 - 預付款項 - 其他流動資產 \quad (6\text{-}12)$$

接下來我們以**台積電**為例，依表 6-10 之相關資料，計算 107 年之「速動比率」。

首先，必須先計算速動資產金額，流動資產 $951,679,721 千元 − 存貨 $103,230,976 千元 − 其他流動資產 $24,003,871 千元 = $824,444,874 千元。

$$\begin{aligned}&台積電\ 107\ 年速動比率\\ &= \frac{\$824,444,874\ 千元}{\$340,542,586\ 千元} \times 100\% \\ &= 242.09\%\end{aligned}$$

表 6-12 呈現**台積電** 103 至 107 年度速動比率之情形。整體而言，**台積電**之速動比率均大於 2，優於一般標準之 1，代表**台積電**擁

表 6-12　台積電之速動比率五年度相關資料彙整 (%)

	103 年度	104 年度	105 年度	106 年度	107 年度
速動比率	278.03	319.58	241.34	217.94	248.76

註：本表所列 107 年度台積電之速動比率為 248.76%，略高於上述計算之 242.09%，可能在「其他流動資產」內容上，台積電有更細緻之分類，有部分金額具變現性之緣故。

有豐厚之速動資產，可用以償還流動負債。

有些不良企業經理人可能企圖掩蓋企業財務狀況不佳，藉由在資產負債表日前償還借款，俟資產負債表日後再借回款項，或以長期借款來增加流動資產或償還流動負債等各種方式進行調整，使速動比率或流動比率顯示足以清償流動負債之窗飾效果。速動比率、流動比率小於 1 的公司，在資產負債表日前幾日向銀行舉借短期借款數日，同時增加企業的現金 (速動資產、流動資產) 及短期借款 (流動負債)，可以提高公司的流動比率；速動比率、流動比率大於 1 的公司，可於資產負債表日前幾日提前償還短期借款，資產負債表日後另行商借，如此可同時減少企業的現金 (速動資產、流動資產) 及短期借款 (流動負債)，同樣可以達到提高公司流動比率的目的。

現場直擊

有些流動負債可能是「好債」

資本結構代表企業資金來源之權益與負債組合之比例。由於負債有到期清償日，權益資本為負債之最後保障，因此負債與權益之相對比重，反映了公司之財務風險。國內高負債比的上市公司為數不少，但其中卻有一些公司是投資的好標的，原因在於它們的負債結構中，有一些是好的債務。

資產負債表之總負債組成包括流動負債、非流動負債以及其他負債，其中流動負債中，可能有一些是屬於好的債務。例如應付帳款，它的產生是因為購買材料、商品或接受勞務供應而發生的債務，此種負債代表支付供應商的貨款晚一點，但這部分是不用支付利息的，某種程度也顯示，公司對於上游供應商有一定的議價能力，而且供應商願意提供良好的付款條件，可能代表對公司的信用有某種程度的信賴。

另一類不必支付利息的好的流動負債，即為預收帳款，例如預收貨款、預收訂金等。企業在收

到這筆款項時，商品或勞務的銷售合約尚未履行，商品尚未賣出，錢就已經進來了，因此不能認列為收入，只能認列為「預收帳款」之負債。

當負債比很高，且大部分都是流動負債的時候，有可能不是一件壞事，例如**統一超**。下表 107 年度之資產負債表顯示，其負債總計為 836 億元，總負債比率為 66%。負債總額中，流動負債為 681 億元，占總資產之 54%。我們觀察**統一超**流動負債之組成，其中應付帳款 206 億元，占總資產之 16%，而其他應付款 (包括門市代收款項、代收集貨款、應付加盟店績效獎金、應付薪資及獎金等) 則有 279 億元，占總資產之 22%。此二類型之負債占流動負債之最大部分，且都是不用支付利息的，因此**統一超**之整體負債比率雖達 66%，但不必付息的好債成分高，財務結構算是相當穩健，又可以有充裕的資金作為營業週轉。

單位：新台幣千元

	107 年 12 月 31 日	
	金額	%
流動負債		
短期借款	$ 7,237,785	6
應付短期票券	–	–
合約負債－流動	2,843,189	2
應付票據	1,866,610	2
應付帳款	20,673,579	16
應付帳款－關係人	2,475,104	2
其他應付款	27,954,181	22
本期所得稅負債	1,801,229	1
其他流動負債	3,260,538	3
流動負債合計	68,112,215	54

6.3.3 現金流量比率

現金流量比率 (cash flow ratio) 是企業營業活動淨現金流量除以流動負債的比值，代表企業每元的流動負債有多少元的營運活動現金流量作為支應，如式 (6-13) 所示。由於現金是所有流動資產中流動性最高之科目，此比率用以衡量公司用現金償還流動負債能力之高低。重要的是，此比率與流動比率和速動比率不同之處在於，其係以公司

全年度來自營業活動之現金流量作為衡量基礎,而非以某一特定時點之靜態金額作衡量。公式中流動負債可採平均流動負債,惟因現金流量比率在一些短期償債比率中可視為流動比率、速動比率之改良進階比率,主要在探討某一特定資產負債表日時,企業流動負債是否有足夠的資源或資金可以償還,故在此較不傾向以平均流動負債的觀念計算。當現金流量比率越高,對債權人而言,債權越有保障。企業現金流入主要以營運活動所產生之現金流入為主,次以投資活動或籌資活動之現金流量為輔。藉由現金流量比率分析,從而知悉償付流動負債所需要的主要現金來源是否充裕。

$$現金流量比率 = \frac{營業活動淨現金流量}{流動負債} \times 100\% \qquad (6\text{-}13)$$

以**台積電**為例,**台積電** 107 年度營業活動淨現金流入為 $585,318,167 千元,其民國 107 年 12 月 31 日之流動負債為 $340,542,586 千元,因此

台積電 107 年現金流量比率:

$$= \frac{\$585,318,167 \text{ 千元}}{\$340,542,586 \text{ 千元}} \times 100\%$$

$$= 171.88\%$$

表 6-13 呈現台積電 103 至 107 年度現金流量比率之情形。現金流量比率在 105 至 107 年度雖低於 103 至 104 年度,然台積電藉由自身創造現金的能力,足以償付未來一年必須償還的流動負債。

▲ 表 6-13　台積電之現金流量比率近五年度相關資料彙整 (%)

	103 年度	104 年度	105 年度	106 年度	107 年度
現金流量比率	209.70	249.67	169.63	163.17	168.54

註:本表所列 107 年度台積電之現金流量比率為 168.54% 與上表之計算 171.88% 略有不同,估計原因可能為台積電使用兩個年度之平均流動負債作為分母,該計算出來之比率為 167.41%。

6.3.4 短期涵蓋比率

短期涵蓋比率 (short-term coverage ratio) 也稱為**短期防護比率** (short-term defensive interval ratio)，是企業速動資產除以平均每日營業現金支出的比值，如式 (6-14) 所示，數值越大越好。主要在探討當企業營運狀況不佳，已無力再取得外界的銀行借款或投資者的增資，在沒有任何資金流入狀況下，同時也無力償還任何負債時，企業僅剩存的速動資產可以支應多少天的營運支出 (如同個人在沒有任何工作收入下，你手邊的現金及金飾等可迅速變現資產，以支應幾天的生活支出)。

$$短期涵蓋比率 = \frac{速動資產}{平均每日營業現金支出} \quad (6\text{-}14)$$

其中平均每日營業現金支出同式 (6-2)，亦即

平均每日營業現金支出 =

$$\frac{營業成本 + 營業費用 + 利息費用 + 所得稅 - 折舊費用 - 攤銷費用}{365 \text{ 天}}$$

以**台積電**為例，**台積電**民國 107 年 12 月 31 日之速動資產為 $824,444,874 千元，107 年度計算平均每日營業現金支出如前述章節計算為 $1,102,650 千元，因此

台積電民國 107 年之短期涵蓋比率：

$$= \frac{\$824,444,874 \text{ 千元}}{\$1,102,650 \text{ 千元}}$$

$$= 747.69\%$$

6.3.5 營業循環

營業循環 (operating cycle) 係指從購買商品承擔應付款項義務，到收回應收款項的這段時間，如式 (6-15) 所示。企業成立主要是為「賺錢」，其透過營運模式來獲取利潤、回收資金。從時間面來思維，檢視企業資金流出及流入的整個營運週期，隨著營收規模的變化，營業週轉金是否充裕或有積壓現象。

企業自採購商品驗收 (或進料加工、生產) 成為存貨，經行銷活動將存貨出售而產生應收帳款，最後再依交易收款條件將應收帳款收現回收資金，這樣完整的營業過程即為營業循環，詳見圖 6-2 營業週期和應收帳款週轉天數、存貨週轉天數、應付帳款週轉天數的關係。營業循環越長表示企業資金積壓天數越長，回收資金速度慢，所需的週轉金就越高，企業對外融資需求就越大，財務彈性越小，因應突發狀況較弱，同時也反映企業應收款項和存貨未能有效管理；相對地，營業循環越短表示企業資金積壓天數越短，回收資金速度快，所需的週轉金就越低，企業對外融資需求就降低，同時也反映企業應收款項和存貨能有效管理。

$$營業循環 = 存貨週轉天數 + 應收款項週轉天數 \qquad (6\text{-}15)$$

一般而言，營業循環短，說明資金週轉速度快；營業循環長，表示企業資金週轉速度慢。因此提高存貨週轉率或應收款項週轉率，縮短營業週期，可以提高企業的變現能力及經營效益。

接下來我們以**台積電**為例，**台積電**民國 107 年依先前章節計算出之存貨週轉天數、應收款項週轉天數分別為 60.63 天及 44.62 天等相關資料，計算 107 年度之「營業循環」。

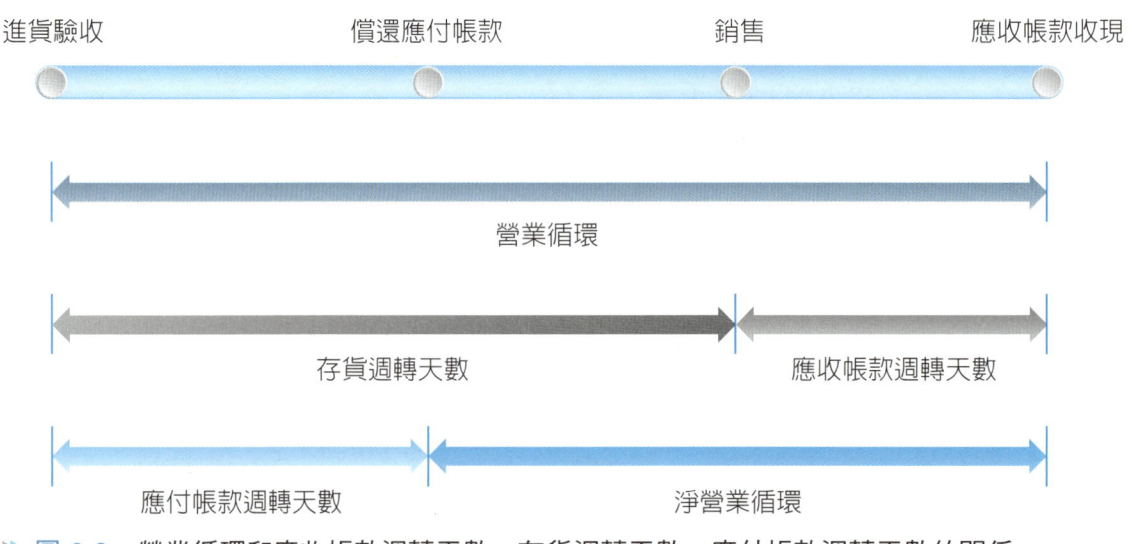

▶ 圖 6-2　營業循環和應收帳款週轉天數、存貨週轉天數、應付帳款週轉天數的關係

台積電 107 年度營業循環：
= 60.63 天 + 44.62 天
= 105.25 天

企業在此營業循環中，供應商也會給予企業延付賒購款項條件，減緩企業資金壓力。從企業支付應付款項至商品出售、收回應收款項之期間稱為淨營業循環 (net operating cycle)，如式 (6-16) 所示。

淨營業循環 = 存貨週轉天數 + 應收款項週轉天數 − 應付款項週轉天數
　　　　　 = 營業循環 − 應付款項週轉天數　　　　　　　　(6-16)

一般而言，企業運作，一手收錢、一手付錢，若收錢的速度慢，付錢的速度快，就很容易陷入資金週轉不靈。淨營業循環短，說明企業營業淨資金流入流出速度快；淨營業循環長，表示企業營業淨資金流入流出速度慢。因此提高存貨週轉率 (或提高生產速度) 或應收款項週轉率，或降低應付款項週轉率，可以縮短營業循環及淨營業循環的天數，提高企業的變現能力及經營效益。

同樣地我們以**台積電**為例，**台積電**民國 107 年度之存貨週轉天數、應收款項週轉天數、應收帳項週轉天數分別為 60.63 天、44.62 天和 22.04 天，因此

台積電 107 年度淨營業循環：
= 60.63 天 + 44.62 天 − 22.04 天
= 83.21 天

習題

問答題

1. 何謂現金流量比率？
2. 甲公司期末有一筆賒購的在途存貨未入帳，此項錯誤是否會影響存貨週轉率和營運資金？
3. IAS18 對企業出售商品時收入認列的條件為何？
4. 試述存貨週轉率之意涵為何？

5. 何謂短期涵蓋比率？

選擇題

1. 企業持有約當現金的目的為：
   (A) 賺取差價
   (B) 享受高額的利息收入
   (C) 滿足短期現金支付的需求
   (D) 支付長期負債

2. 屬於現金的項目：
   (A) 員工退休金
   (B) 存放於他處的保證金或押金
   (C) 補償性回存的銀行存款
   (D) 以上皆非

3. 大聖公司的財務報表中列示：現金及約當現金 $300,000；其他流動資產 $1,000,000；折舊費用 $30,000；無形資產攤銷 $10,000；營業成本 $200,000；營業費用 $100,000；利息費用 $20,000；所得稅 $50,000；出售閒置資產損失 $20,000；則平均每日營業現金支出等於
   (A) $1,014
   (B) $986
   (C) $904
   (D) $712

4. 承上題，則資金耗用速度為多少天：
   (A) 295.86 天
   (B) 304.26 天
   (C) 331.86 天
   (D) 421.35 天

5. 若平均每日營業現金支出等於 $12,000，速動資產為 $30,000，流動資產為 $100,000，則短期涵蓋比率為：
   (A) 0.12
   (B) 0.4
   (C) 2.5
   (D) 8.33

6. 甲公司 20×1 年的期初應收帳款為 $10,000，期末應收帳款為 $30,000，賒銷淨額為 $600,000，則應收帳款週轉率及平均收帳日數分別為：
   (A) 20 次及 18.25 天
   (B) 30 次及 12.17 天
   (C) 30 次及 12 天
   (D) 60 次及 6.08 天

7. 期初存貨 $100,000，期末存貨 $140,000，銷貨 $1,560,000，銷貨成本 $960,000，則
   (A) 存貨週轉率為 8 次；平均存貨銷售天數為 45.63 天
   (B) 存貨週轉率為 13 次；平均存貨銷售天數為 28.08 天
   (C) 存貨週轉率為 6.86 次；平均存貨銷售天數為 53.21 天
   (D) 存貨週轉率為 11.14 次；平均存貨銷售天數為 32.76 天

8.

	20×1 年初	20×1 年底
應收帳款	$160,000	$240,000
存貨	320,000	280,000

全年淨銷貨為 $1,750,000，存貨週轉率為 5 次，則下列何者正確：
(A) 營業循環為 114.71 天；銷貨成本為 $1,500,000
(B) 營業循環為 135.61 天；銷貨成本為 $1,000,000
(C) 營業循環為 114.71 天；銷貨成本為 $1,000,000
(D) 營業循環為 135.61 天；銷貨成本為 $1,500,000

9. 甲公司的採購均採賒購模式，本年期初應付帳款為 $70,000，期末應付帳款為 $50,000，期初存貨為 $60,000，期末存貨為 $100,000，銷貨成本為 $380,000，則應付帳款週轉率為
(A) 7 次
(B) 6.33 次
(C) 5 次
(D) 4.75 次

10. 承上題，應付帳款週轉天數為
(A) 52.14 天
(B) 57.66 天
(C) 73 天
(D) 76.84 天

11. 承上題，設營業循環為 120 天，則淨營業循環
(A) 67.86 天
(B) 172.14 天
(C) 62.34 天
(D) 177.66 天

12. 甲公司的速動比率為 1.5，如以一筆現金償還流動負債對速動比率的影響為
(A) 速動比率不變
(B) 速動比率上升
(C) 速動比率下降
(D) 流動比率下降

13. 甲公司本年來自營業活動的現金流量為 $420,000，來自投資活動的現金流量 $240,000，平均流動負債 $300,000，則現金流量比率為
(A) 1.4
(B) 0.8
(C) 1.75
(D) 0.71

14. 甲公司 20×1 年的銷貨收入為 $500,000，毛利率為 40%，期初應收帳款為 $120,000，期末應收帳款為 $80,000，期初存貨為 $100,000，期末存貨為 $60,000，則甲公司的營業循環天數為：
(A) 192.14 天
(B) 186.35 天
(C) 180.07 天
(D) 170.33 天

15. 甲公司的部分財務資料顯示現金 $50,000，應收帳款 $100,000，交易目的金融資產－流動 $50,000，存貨 $180,000，預付費用 $20,000，應付帳款 $180,000，應付所得稅 $20,000，則流動比率及速動比率分別為：

(A) 2；1 (B) 1.75；1
(C) 2；1.9 (D) 1.75；0.75

練習題

1. 以下有關甲、乙、丙、丁四家公司之交易事項，請分別回答對於相關短期償債能力影響之評估：

(1) 甲公司認列存貨跌價損失將使
   (A) 僅流動比率下降   (B) 僅速動比率下降
   (C) 流動比率與速動比率均下降   (D) 流動比率與速動比率均不受影響

(2) 乙公司完成下列交易前之流動比率為 1.2，下列四項交易中，有幾項會降低乙公司之流動比率？
   ①賒購商品　　　　　　　②簽發應付短期票據，借入款項
   ③償還短期借款　　　　　④應收帳款收現
   (A) ①   (B) ②
   (C) ③   (D) ④

(3) 丙公司之應收帳款週轉率及存貨週轉率均為 2，若存貨依成本與淨變現價值孰低法評價，帳面金額將減少 $5,000；且公司原本採備抵法記帳，將確定無法回收之呆帳 $10,000 予以沖銷。上述二項事件對丙公司的影響為何？
   (A) 應收帳款週轉率增加   (B) 存貨週轉率減少
   (C) 速動比率不變   (D) 營業循環天數將增加

(4) 丁公司流動資產項目計有現金、應收帳款、存貨及預付費用四項，原流動比率為 2，速動比率為 1.5，在出售一批售價為 $100,000，毛利率為 40% 之商品後，速動比率變為 2.0，試問商品出售後流動比率為何？
   (A) 2.12   (B) 2.20
   (C) 2.30   (D) 2.32

2. 灰狼公司 20×1 年底的部分財務資料如下：

| 現金 | $ 50,000 | 應收帳款 (期末) | $200,000 |
| 交易目的金融資產－流動 | 20,000 | 備供出售金融資產－流動 | 30,000 |

預付費用	10,000	流動負債	200,000
期初存貨	120,000	20×1 年進貨	800,000
20×1 年銷貨 (85% 為賒銷)	1,000,000	20×1 年銷貨毛利	30%
期初應收帳款	160,000		

試求：(1) 營運資金；(2) 流動比率；(3) 速動比率；(4) 應收帳款週轉率；(5) 平均收帳日數；(6) 存貨週轉率；(7) 平均存貨銷售天數；(8) 營業週期。 [93 年身障四考試改編]

3. 傑文公司的比較資產負債表如下：

傑文公司
資產負債表
20×1 年及 20×2 年 12 月 31 日

	20×1 年	20×2 年
現金	$ 30,000	$ 40,000
應收帳款	65,000	75,000
經常交易金融資產－流動	50,000	70,000
存貨	50,000	70,000
預付費用	5,000	6,000
廠房設備資產	200,000	220,000
合計	$400,000	$481,000
應付帳款	$ 70,000	$ 80,000
應付所得稅	60,000	90,000
應付抵押借款	100,000	100,000
普通股	150,000	150,000
保留盈餘	20,000	61,000
合計	$400,000	$481,000

增額資訊：

(1) 20×2 年淨賒銷金額 $560,000；

(2) 20×2 年銷貨成本 $420,000；

(3) 20×2 年營業活動的現金淨流入 $90,000；

(4) 20×2 年平均每日營業現金支出 $10,000；

(5) 20×2 年投資活動現金流量下的固定資產增購金額 $25,000；

(6) 20×2 年的利息費用為 $5,000，所得稅為 $10,000。

試作：傑文公司 20×2 年之下列數據：

(1) 資金耗用速度是幾天？　　　　　(2) 自由現金流量為何？

(3) 應收帳款週轉率。　　　　　　　(4) 平均收帳日數。

(5) 存貨週轉率。　　　　　　　　　(6) 平均存貨銷售天數。

(7) 應付帳款週轉率。　　　　　　　(8) 應付帳款平均付款天數。

(9) 淨營業週期。　　　　　　　　　(10) 現金流量比率。

(11) 短期涵蓋比率。

4. 有關 A 與 B 兩家股份有限公司民國 100 及 101 年度的資產負債表與損益表資料如下：

	A 公司 100 年	A 公司 101 年	B 公司 100 年	B 公司 101 年
流動資產	$177,644,110	$42,620,917	$57,897,547	$103,321,085
應收帳款	58,498,069	216,689,577	59,811,329	80,491,424
存貨	134,178,245	44,509,140	195,729,745	83,539,250
流動負債	39,993,644	146,039,649	77,096,776	170,840,056
應付帳款	68,432,653	43,336,949	143,018,437	71,638,728
營業收入淨額	$384,112,294	$331,757,508	$448,684,621	$387,566,173
營業成本	$475,258,118	$436,735,393	$429,510,913	$386,315,169

若一年以 365 天計算，請回答下列問題：(計算四捨五入取至小數後兩位數)

(1) 請計算 A、B 兩家公司在 101 年的應收帳款週轉率、存貨週轉率、應付帳款週轉率。

(2) 計算兩家公司的毛營運週期及淨營運週期。

(3) 假設兩家公司同樣有一筆 45 天即將到期必須償還的短期借款，請問對兩家公司各有何影響？

[102 年高考財務審計]

5. 下列資料摘自正華公司民國 96 年至 98 年之財務報表：

	96 年	97 年	98 年
流動資產	$720,000	$630,000	$675,000
流動負債	600,000	525,000	570,000
銷貨收入	2,070,000	2,175,000	2,190,000
銷貨成本	1,650,000	1,650,000	1,800,000
存貨	345,000	300,000	375,000
應收帳款	165,000	180,000	195,000

試作：請根據上列資料回答下列問題 (答案計算無法整除時，請四捨五入至小數點後第二位)：

(1) 試計算該公司民國 98 年之營運資金、流動比率、酸性測驗 (速動) 比率、應收帳款週轉率、商品存貨週轉率及商品存貨週轉日數 (以 365 天計算)。

(2) 請說明於分析企業之流動性時，除運用一些比率分析外，尚須考慮哪些因素？

[99 年高考財務審計人員]

6. 以下為統一超 (股票代號：2912) 102 及 103 年度合併綜合損益表上的相關資訊。

	102 年度	103 年度
	金額 (千元)	金額 (千元)
銷貨淨額	$200,610,839	$207,989,021
銷貨成本	137,188,780	?
存貨	9,997,474	?

假設 103 年度統一超的毛利率仍維持 102 年度的水準，且 103 年度可供銷售商品成本為 $153,261,793。

試作：

(1) 統一超 103 年度銷貨成本，以及 103 年期末存貨的估計值。

(2) 超一超 103 年存貨週轉率及存貨週轉平均天數。

Objectives

研讀完本章,讀者應能了解:
1. 財務槓桿觀念與效益。
2. 從資產負債表評估企業長期償債能力。
3. 從綜合損益表和現金流量表評估企業長期償債能力。

Chapter 7

長期償債能力分析

本章架構

本章首先介紹資本結構的內涵,藉由了解長期資金來源對公司財務與業主權益的影響,引入財務槓桿的概念。本章更進一步針對資產結構、財務結構、資本結構做綜合整理,並從資產負債表、綜合損益表及現金流量表的觀點,評估企業長期償債能力。

```
                    長期償債能力分析
                          │
    ┌─────────────────────┼─────────────────────┐
    │                     │                     │
 財務槓桿的概念         資本結構分析        從綜合損益表及現金流
                                          量表分析長期償債能力

 1. 財務槓桿定義      1. 負債比率            1. 利息保障倍數
 2. 財務槓桿指數      2. 負債對股東權益比率   2. 固定支出涵蓋倍數
                     3. 長期資金對不動產、    3. 現金流量對固定支出保
                        廠房及設備比率          障倍數
```

台灣高鐵是台灣第一個採用民間興建,營運後轉移模式 (BOT 模式) 的公共工程,建設成本約新台幣 4,500 億元 (約 145 億美元)。於 1998 年由**大陸工程**、**長榮**、**富邦**、**太平洋電線電纜**及**東元**等企業共同出資設立,興建與營運的工作則由**台灣高鐵公司**負責。2007 年落成並開始營運,提供西部主要城市間的高速鐵路客運服務,全線縱貫台灣人口最密集的西部走廊,全長有 345 公里,其中 9% 在路塹或路堤上,73% 位於高架橋。

台灣高鐵之總體基礎係採用日本新幹線系統為主,但有些細部設計、號誌、機電系統方面則酌採歐洲規格。所使用的列車是由**日本川崎重工**、**日本車輛**和**日立**製作生產的台灣高鐵 700T 型,為 JR 西日本設計的新幹線 700 系列改良而成,列車的最高行駛速度可為 300 公里 / 小時。

2014 年 3 月,交通部為解決**台灣高鐵**財務問題,規劃**台灣高鐵**減資三成,約 321 億元,再辦理增資 400 億元,但五大原始發起股東不可參與增資計畫,由公股及泛公股的股東增資,以達到政府實質掌控高鐵目的。2015 年公司完成減資再增資後,交通部成為最大股東,**台灣高鐵**正式成為國有民營,交回了站區土地開發權,營運特許權年限並從原先之 35 年延長到 70 年。70 年的特許經營權到期後,公司必須將高鐵無償交還政府經營,交通部則需於 2065 年,將接續營運的機構通知**台灣高鐵公司**。

台灣高鐵為一特許獨占交通事業,並有極重的官方色彩,公司財務結構脆弱,龐大的負債仍是沉重負擔。以下為**台灣高鐵**近 5 年償債能力的整理:

財務比率	103 年	104 年	105 年	106 年	107 年
負債占資產之比率	91.0%	88.1%	86.8%	85.7%	84.0%
利息保障倍數	1.28	3.03	1.60	1.87	2.10

台灣高鐵雖然經過財務改革,以 107 年度之財務報表為例,負債比率仍在 84% 左右,負債為權益之 5.67 倍,財務槓桿比率仍高。負債總額之 3,636 億元中,長期銀行借款約為 2,760 億元。107 年度之利息費用約為 66.18 億元,占營業收入之 454.15 億元,約為 14.57%。營運特許權資產是**台灣高鐵**資產結構中最大比率者,以 107 年度為例,約為 4,011 億元,占總資產之 93%,藉由直線法之攤提,由原先之 35 年延長至 70 年,每年減少之折舊費用,可以增加許多帳面淨利,亦可美化利息保障倍數。

7.1 財務槓桿的概念

企業為因應市場變化,追求企業長期競爭力、成長力及提升生產產能效率,必須擴增廠房增加資本支出、或基於經營策略考量而轉投資、併購、發放股利或改善企業長期以來償債能力明顯不足的現象,

而產生了企業長期資金需求,來支應這些長期資金用途。然而這些長期資金需求,企業除向股東增資或保留獲利等權益資金來支應外,尚可以對外舉借債務資金。

企業對外舉借債務資金時,不論短期或長期,均須按期償付利息及到期償還本金。舉債之優點如利息費用有節省所得稅的稅盾效果 (tax shield),稅盾效果是指支付利息費用產生降低所得稅的效益,降低舉債之實質負擔,且該利息費用支付具固定性特質,不會有盈餘及控制權稀釋問題,當企業營運狀況佳時,股東可以藉財務槓桿操作,不用與債權人分享此超過利息費用之增額獲利;缺點為除到期償還本金的壓力外,無論企業營運賺錢與否,都需支付利息,尤其當企業負債比率過高或營運不佳時,其無法償付利息及本金之財務風險越高。

> 稅盾效果是指支付利息費用產生降低所得稅的效益,降低舉債之實質負擔,例如:因借錢產生 $1,000 的利息費用,稅率 17%,則因利息費用產生的稅盾效果為 $1,000 × 17% = $170。

倘若運用發行普通股、特別股等權益資金時,也必須考量其優缺點,發行普通股、特別股等權益資金優點為無須按期償付利息及到期償還本金之壓力,也無強制發放股利之規定,可以視企業營運情形,由股東來議決發放與否及金額大小,較具彈性,另外也可以透過發行權益資金改善財務結構;缺點則為盈餘及控制權稀釋問題。

在物理學中,利用一根槓桿和一個支點,如圖 7-1 所示,就能用很小的力量抬起很重的物體。阿基米德利用槓桿原理,創造一台機械讓國王輕鬆地用一隻手,就把一艘船拉上岸。槓桿原理係指當一個系統靜止平衡時,作用在系統上的各力矩總和為零,力矩 = 施力 × 力臂,這種現象稱為槓桿原理,是物理中節省力量的工具之一。我們將此槓桿原理運用至財務面,企業當有資金需求時,綜合考量上述發行權益資金或舉借債務資金之優缺點後,從權益面來看,利用舉債來增加淨利的作用就是財務槓桿,以下將針對財務槓桿對企業盈餘影響及財務槓桿指數作進一步說明。

▶ 圖 7-1　槓桿原理

7.1.1 財務槓桿對盈餘、股東權益的影響

企業資金來源,來自於權益資金和舉債,就股東及企業觀點,如何利用舉債來增加淨利的作用就是財務槓桿 (financial leverage)。就潛在投資人的觀點,也可以用財務槓桿衡量企業的財務風險。適當舉債一來可以彌補股東本身資本不足,並調整資本結構,同時給企業帶來增額利潤。如果負債經營使得企業每股盈餘上升,便稱為正財務槓桿;如果使得企業每股盈餘下降,通常稱為負財務槓桿。

> 財務槓桿就股東及企業觀點,如何利用舉債來增加淨利的作用,同時也是投資人用來衡量企業財務風險的方法之一。

企業可以增加舉債透過財務槓桿來達到增加盈餘的目的,下面以精華公司為例來說明利用財務槓桿作用對企業盈餘的影響。精華公司原先資產規模為 $1,000,000,完全沒有負債,權益為 $1,000,000,流通在外股數為 25,000 股,因應公司營運成長,經營者決議想擴充生產線增加資本支出 $500,000,所需的總資金需求為 $500,000 (詳見表 7-1 精華公司部分財務數據),公司擬以舉債 $500,000 方式來增加資金來源,利率為 5%。

根據精華公司經營者按原先舉債前的獲利狀況,來預測舉債後可能的三種情況,分別是情況一:悲觀;情況二:持平;情況三:樂觀。目前獲利情形及舉債後相關預估數據如表 7-2 所示,目前 (舉債前) 稅前息前淨利為 $50,000,稅後淨利為 $41,500,股東權益報酬率為 4.15%,每股盈餘為 $1.66。

就舉債後情況一:悲觀,預估為稅前息前淨利為 $60,000,稅後

▲ 表 7-1 精華公司部分財務數據

	目前	舉債後
資產	$1,000,000	$1,500,000
負債	0	$500,000
權益	$1,000,000	$1,000,000
負債 / 資產比率	0%	33%
股價	$40	$40
流通在外股數	25,000	25,000
利率		5%

▲ 表 7-2　精華公司舉債前、舉債後部分獲利預估財務數據

	目前	情況一 悲觀	差異	情況二 持平	差異	情況三 樂觀	差異
稅前息前淨利	$50,000	$60,000	$10,000	$75,000	$25,000	$90,000	$40,000
利息費用	0	$25,000	$25,000	$25,000	$25,000	$25,000	$25,000
稅前淨利	$50,000	$35,000	−$15,000	$50,000	0	$65,000	$15,000
所得稅 (17%)	$8,500	$5,950	−$2,550	$8,500	0	$11,050	$2,550
稅後淨利	$41,500	$29,050	−$12,450	$41,500	0	$53,950	$12,450
股東權益報酬率[註1]	4.15%	2.91%	−1.25%	4.15%	0	5.40%	1.25%
每股盈餘[註2]	$1.66	$1.16	−$0.50	$1.66	0	$2.16	$0.50

註 1：股東權益報酬率＝稅後淨利／股東權益，在此案例因新設立，故未採平均。
註 2：每股盈餘＝稅後淨利／流通在外股數。

淨利為 $29,050，股東權益報酬率為 2.91%，每股盈餘為 $1.16。可以看出公司透過舉債增加 $25,000 利息費用 ($500,000 × 5%)，稅前息前淨利僅增加 $10,000，並未幫公司創造增額利潤，反而造成稅前淨利減少 $15,000，稅後淨利減少 $12,450。股東權益報酬率由目前 4.15% 降低至 2.91%，每股盈餘由目前 $1.66 降低至 $1.16，此為負財務槓桿作用。

就舉債後情況二：持平，預估為稅前息前淨利為 $75,000，稅後淨利為 $41,500，股東權益報酬率為 4.15%，每股盈餘為 $1.66。可以看出公司透過舉債增加 $25,000 利息費用 ($500,000 × 5%)，稅前息前淨利剛好也增加 $25,000，並未幫公司創造增額利潤。股東權益報酬率仍維持目前 4.15%，每股盈餘也維持目前 $1.66，財務槓桿作用為 0。

就舉債後情況三：樂觀，預估為稅前息前淨利為 $90,000，稅後淨利為 $53,950，股東權益報酬率為 5.40%，每股盈餘為 $2.16。可以看出公司透過舉債增加 $25,000 利息費用 ($500,000 × 5%)，稅前息前淨利大幅增加 $40,000，扣除利息費用後幫公司創造增額利潤，造成稅前淨利增加 $15,000，稅後淨利增加 $12,450。股東權益報酬率由目前 4.15% 提升至 5.4%，每股盈餘由目前 $1.66 提高至 $2.16，此為正財務槓桿作用。

財務槓桿除了上述對企業盈餘會產生變化外，另一方面，企業同樣地可以利用舉債透過財務槓桿來達到增加股東權益的目的。下面以新設立中華公司為例，說明財務槓桿對股東權益的影響。中華公司所需的總資金需求為 $1,000,000 (即為資產，詳見表 7-3 中華公司部分財務數據)，公司目前有二個方案，方案一為全部資金需求 $1,000,000 全由股東來出資，流通在外股數為 25,000 股；方案二為一半 $500,000，以每股 $40 向股東募資，流通在外股數為 12,500 股，另一半 $500,000 則對外舉債，利率為：8%。

中華公司若採取方案一：無舉債，由表 7-4 中華公司無舉債部分獲利預估財務數據可知，在景氣差、景氣持平、景氣好時其獲利預估相關財務數據，稅前息前淨利分別為 $50,000、$80,000、$120,000，

▲ 表 7-3　中華公司部分財務數據

	方案一：無舉債	方案二：舉債
資產	$1,000,000	$1,000,000
負債	0	$500,000
權益	$1,000,000	$500,000
負債 / 資產比率	0%	50%
股價	$40	$40
流通在外股數	25,000	12,500
利率		8%

▲ 表 7-4　中華公司無舉債部分獲利預估財務數據

無舉債的預估財務數據			
	景氣差	景氣持平	景氣好
稅前息前淨利	$50,000	$80,000	$120,000
利息費用	0	0	0
稅前淨利	$50,000	$80,000	$120,000
所得稅 (17%)	$8,500	$13,600	$20,400
稅後淨利	$41,500	$66,400	$99,600
股東權益報酬率	4.15%	6.64%	9.96%
每股盈餘	$1.66	$2.66	$3.98

稅後淨利分別為 $41,500、$66,400、$99,600，股東權益報酬率分別為 4.15%、6.64%、9.96%，每股盈餘分別為 $1.66、$2.66、$3.98。

中華公司若採取方案二：舉債 $50 萬元，由表 7-5 中華公司舉債 $50 萬元部分獲利預估財務數據可知，在景氣差、景氣持平、景氣好時其獲利預估相關財務數據，稅後淨利分別為 $8,300、$33,200、$66,400，股東權益報酬率分別為 1.66%、6.64%、13.28%，每股盈餘分別為 $0.66、$2.66、$5.31。

在此案例中，方案二利用財務槓桿舉債 $50 萬元，從表 7-6 中華公司舉債與無舉債之比較表中可知，無論景氣如何，舉債稅後淨利較無舉債稅後淨利減少 $33,200，係因舉債增加利息費用減其稅盾效果後所致 ($40,000 − $40,000 × 17% = $33,200)。在景氣差時，舉債較無舉債方案之股東權益報酬率減少 2.49% (減幅為 60%)、每股盈餘減

▲ 表 7-5　中華公司舉債 $50 萬元部分獲利預估財務數據

	50 萬元的預估財務數據		
	景氣差	景氣持平	景氣好
稅前息前淨利	$50,000	$80,000	$120,000
利息費用	$40,000	$40,000	$40,000
稅前淨利	$10,000	$40,000	$80,000
所得稅 (17%)	$1,700	$6,800	$13,600
稅後淨利	$8,300	$33,200	$66,400
股東權益報酬率	1.66%	6.64%	13.28%
每股盈餘	$0.66	$2.66	$5.31

▲ 表 7-6　中華公司舉債與無舉債之比較表

	舉債與無舉債之比較		
	景氣差	景氣持平	景氣好
稅後淨利增加 (減少)	($33,200)	($33,200)	($33,200)
股東權益報酬率增加 (減少)	−2.49%	0.00%	3.32%
股東權益報酬率變動百分比	−60.0%	0.0%	33.3%
每股盈餘增加 (減少)	−$1.00	$0.00	$1.33
每股盈餘變動百分比	−60%	0%	33%

少 $1 (減幅為 60%)，係因舉債方案透過舉債增加利息費用 $40,000，造成舉債方案稅後淨利 $8,300，為未舉債方案稅後淨利 $41,500 的 1/5，然其股東權益及流通在外股數卻只有未舉債方案的 1/2 (詳見表 7-3)，兩個力量互抵所致 (1/5 × 2/1 − 1 = −0.6)；在景氣持平時，舉債較無舉債方案之股東權益報酬率減少 0% (減幅為 0%)、每股盈餘減少 $0 (減幅為 0%)，係因舉債方案透過舉債增加利息費用 $40,000，造成舉債方案稅後淨利 $33,200 為未舉債方案稅後淨利 $66,400 的 1/2，然其股東權益及流通在外股數卻只有未舉債方案的 1/2，兩個力量互抵所致 (1/2 × 2/1 − 1 = 0)；在景氣好時，舉債較無舉債方案之股東權益報酬率增加 3.32% (增幅為 33.3%)、每股盈餘增加 $1.33 (增幅為 33%)，係因舉債方案透過舉債增加利息費用 $40,000，造成舉債方案稅後淨利 $66,400 為未舉債方案稅後淨利 $99,600 的 2/3，然其股東權益及流通在外股數卻只有未舉債的 1/2，兩個力量互抵所致 (2/3 × 2/1 − 1 = 0.33)。

從此案例可以看出，股東權益報酬率、每股盈餘深受舉債所衍生的淨利變化和權益、流通在外股數的力量所影響。當我們將財務槓桿用在景氣好，淨利增加幅度大於權益、流通在外股數增加幅度時，則對股東權益報酬率、每股盈餘是正向影響；反之，用在景氣差，淨利增加幅度小於權益、流通在外股數增加幅度時，股東權益報酬率、每股盈餘是負向影響。由此可知，舉債實為一刀兩刃，財務槓桿有正反面放大效果，在實務操作上必須十分謹慎，宜在對的時點上加以運用。

7.1.2 財務槓桿指數

財務槓桿指數 (financial leverage index) 亦稱為舉債經營指數，就是股東權益報酬率除以總資產報酬率的比值，如式 (7-1) 所示，當財務槓桿指數大於 1，表示企業因舉債經營有利，即股東權益報酬率大於總資產報酬率，是有利財務槓桿。反之，財務槓桿指數小於 1，表示企業因舉債經營不利，即股東權益報酬率小於總資產報酬率，是不利財務槓桿。由於企業向外舉債需要按期付息到期還本，自然產生財

> 財務槓桿指數，就是股東權益報酬率除以總資產報酬率的比值，當財務槓桿指數大於 1，表示企業因舉債經營有利。反之，財務槓桿指數小於 1，表示企業因舉債經營不利，是不利財務槓桿。

務風險及影響安定性，但舉債如能妥善應用，則能提高企業的獲利能力。因此可將財務槓桿指數，運用在衡量舉債經營的優劣及成效，並作為財務策略之依據。

$$財務槓桿指數 = \frac{股東權益報酬率}{總資產報酬率} \qquad (7\text{-}1)$$

接下來我們將以**台積電**為例，**台積電** 107 年之股東權益報酬率與總資產報酬率分別為 21.95% 與 17.34%，計算 107 年之「財務槓桿指數」。

$$台積電\ 107\ 年財務槓桿指數 = 21.95\% / 17.34\%$$
$$= 1.27$$

最後，我們將這個比率以**台積電**五年度資料來做一分析說明。如表 7-7 所示，從表中可以得知，**台積電** 103 年至 107 年之財務槓桿指數均大於 1，顯示財務槓桿運用成功，舉債經營有利；然從第 5 章**台積電**之財務結構分析，其負債比率極低，約只占 20%，代表公司低度的財務風險或穩健的財務政策。從另一方面來看，低度的財務槓桿操作，也減少了積極創造獲利的機會。

▲ 表 7-7　台積電之財務槓桿指數五年度相關資料彙整

指標	103 年	104 年	105 年	106 年	107 年
總資產報酬率 (%)(A)	19.33	19.62	19.03	17.84	17.34
股東權益報酬率 (%)(B)	27.86	27.04	25.60	23.57	21.95
財務槓桿指數 (B÷A)	1.44	1.38	1.35	1.32	1.27

7.2　資本結構分析

企業經營在於追求價值極大化，當企業從事任何營運活動時可能產生資金需求及用途，不同的資金用途組合反映在企業資產負債表左邊的資產科目餘額，此為資產結構 (asset structure)。為了支應資金用途，企業資金來源可分為內部資金及外部資金，透過營運週轉 (應付帳款)、債券 (債務資金)、股票 (權益資金)、混合債券等方式取

得資金。不同的資金來源所構成的資金組合，反映在企業資產負債表右邊的負債及股東權益等相關科目之餘額，即為企業之財務結構 (financial structure)。

企業因應營運活動，作出屬長期性的投資活動決策及資金需求，進而產生籌資決策。因金額重大且回收期間長，攸關企業生存，風險便增高不少，舉凡資金籌措就必須衡量資金使用期間、資金成本、財務風險、控制權等問題，並透過財務槓桿的運用，決定取得資金方式，進而影響企業價值。因此從長期觀點來看，長期資金取得之結構，攸關著企業經營的安全性、成長性及債權人的保障。不同的長期資金來源所構成的資金組合，反映在企業資產負債表右邊非流動負債及股東權益等相關科目的餘額，即為企業之資本結構 (capital structure)，其較財務結構少了流動負債。由於流動負債須在短時間內償還，這一類型負債很難用來支應長期性用途之投資活動。因此，在衡量長期償債能力時，偏重在資本結構分析，而非財務結構。以下就資產結構、財務結構、資本結構做一綜合整理，說明如下：

> 資產結構(資源分配結構)：流動資產與非流動資產之組合。
>
> 財務結構：流動負債、非流動負債、股本、資本公積、保留盈餘與其他權益之組合。
>
> 資本結構：非流動負債、股本、資本公積、保留盈餘與其他權益之組合。

承第 6 章所述，短期資金作短期用途，長期資金作長期用途。倘若企業投資活動之長期資本支出(長期用途)係由流動負債支應，因這些資本支出的特性為資金回收期間長，短期內較難創造大幅現金流入。除非處分這些長期性資產或再行籌措資金，否則不足以支應由於流動負債所造成的短期到期償還本金及付息壓力，造成週轉不靈而倒閉；故這些長期資本支出必須由長期資金來支應。再者，未來這些長期資金的利息及到期還本，著重在企業長期獲利能力方能因應。因此企業是否有良好的體質，及負債到期償債能力，攸關妥善規劃各種資金來源，維持適當的資本結構，實為經營管理重點。以下我們將就負

資產結構(資源分配結構)：流動資產與非流動資產之組合。

財務結構：流動負債、非流動負債、股本、資本公積、保留盈餘與其他權益之組合。

資本結構：非流動負債、股本、資本公積、保留盈餘與其他權益之組合。

債比率、負債對股東權益比率及長期資金對固定資產比率，說明長期償債能力及資金來源結構。

7.2.1 負債比率

負債比率 (debt ratio)，就是總負債除以總資產的比值，也是財務結構分析比率的一種，如式 (7-2) 所示。當負債比率越大，即表示每一元總資產，其來自負債的資金來源比例越高，企業財務結構體質較差及長期償債風險較高，未來能舉債空間相對性低，經營及財務彈性也較低；當負債比率越小，即表示每一元總資產，其來自負債的資金來源比例越低，企業財務結構體質較好及長期償債風險較低，未來能夠再舉債空間相對性高，經營及財務彈性也較高。一般而言，負債比率不宜超過 50%，當超過 50% 時，股東出資金額較債權人貸款金額低，從道德危機來看，股東承擔整個企業經營風險的責任較債權人低，衍生出代理成本問題。倘若負債比率超過 60% 時，表示企業若只是一直憑藉舉債不斷地擴張成長，再加上實際經營無法獲取高於利息費用的利潤時，可能會無力償付鉅額還本付息的壓力，最終會阻礙企業成長、甚至降低競爭力及走上破產之路。

> 負債比率，就是總負債除以總資產的比值。

$$\text{負債比率} = \frac{\text{總負債}}{\text{總資產}} \times 100\%$$

$$= \frac{\text{總負債}}{\text{總負債} + \text{總(股東)權益}} \times 100\% \quad (7\text{-}2)$$

我們以**台積電**為例，**台積電** 107 年 12 月 31 日總負債為 $412,631,642 千元、總資產為 $2,090,128,038 千元，因此

台積電 107 年負債比率：

$$= \frac{\$412{,}631{,}642 \text{ 千元}}{\$2{,}090{,}128{,}038 \text{ 千元}} \times 100\%$$

$$= 19.74\%$$

最後，我們將這個比率以**台積電**近五年度資料來做一分析說明，從表 7-8 可以得知，負債比率自 103 年之 30.01% 幾乎逐年遞減至

▲ 表 7-8　台積電之負債比率近五年度相關資料彙整

指標	103 年度	104 年度	105 年度	106 年度	107 年度
負債比率	30.01%	26.26%	26.31%	23.55%	19.74%

107 年之 19.74%，比較同業晶圓製造之**聯電**，其 107 年之負債比率為 43.35%，以及同為半導體之另一封裝測試公司**華泰**之 67.14%，顯示**台積電**財務結構優於同業。

若就上述式 (7-2) 負債比率來看，負債總額包含營運性質負債 (如：應付票據、應付帳款、應付薪資、應付費用等) 及向外舉債之金融性負債。然而營運性質負債乃屬企業營運過程中自然產生，通常較不會產生利息費用，此一行為並不是企業用來籌措資金的方式，故若要將負債比率做更精準的衍生衡量，可以將營運性質負債予以排除，修改為金融性負債比率，如式 (7-3) 所示，就是金融性負債除以總資產的比值。當金融性負債比率越大，即表示每一元總資產，其來自金融性負債的資金來源比例越高。

$$金融性負債比率 = \frac{金融性負債}{總資產} \times 100\% \tag{7-3}$$

現場直擊

大同集團的財務結構

根據公開資訊觀測站，**大同集團**相關上市櫃企業 107 年度財報顯示，母公司**大同**由於認列**華映**和**綠能**損益影響達 99 億元，導致 107 年度大虧 333 億元，每股虧損 4.75 元。**大同**之總資產 1,391.61 億元，雖是**大同集團**中最高的一家，然總負債高達 1,082.36 億元，也是集團當中之冠；負債比率高達 77.8%。

大同集團企業當中，**華映**、**綠能**、**尚志**亦身陷財務危機，負債比率都超過三位數，分別是 113.5%、124.3%、116.8%，**綠能**與**華映**更因淨值轉負數，於 108 年 5 月下市；**尚志**也由於認列**綠能**鉅額虧損逾 20 億元，再加上 108 年首季持續認列損失，造成淨值轉負，依規定必須辦理下市。

華映是台灣第一家生產液晶面板的廠商，107 年 12 月 13 日，**大同**宣布子公司**華映**向法院聲請重整與緊急處分，主要原因是**福建電信**及**華映**轉投資中國的**華映科技**，同時寄發催款信，向台灣的**華映**，追討其欠**華映科技**公司的人民幣 33 億元欠款，引爆了**華映**的債務危機。**華映**連續 9 年的虧損，再加母公司**大同**無力提供額外的財力支援，即使**華映**思考企業轉型，也欠缺資金的挹注。截至 107 年底，**華映**虧損累計達 773 億元，總負債也高達 381 億元，其中積欠**臺銀**和**京城銀** 127 億元，才向法院聲請重整。

另一家**大同**集團旗下之**綠能**，曾經是台灣最大的太陽能矽晶圓廠，也是台灣第一家因財務狀況不佳，股票下市的太陽能廠。台灣太陽能業在 2008 年金融海嘯前攀上高峰，**綠能**當年股價一度攀上 283 元天價；另一家大廠**益通**也曾登上千元成為台股股王。對照**綠能**與**益通**股價現今只剩個位數，反映業者經營處境非常艱難。由於太陽能產業劇烈波動，**綠能**雖加速轉型，仍不及產業快速變化，營運無法及時獲利。**綠能**在 107 年第四季認列存貨跌價損失 1.12 億元，呆帳損失 1.61 億元，並認列南科廠房與**宇駿**股權投資減損等資產減損損失約 11.15 億元，同時認列料源長約之虧損性合約損失約 14.93 億元，及認列遞延所得稅費用約 2.39 億元。在認列上述損失後，**綠能** 107 年第四季營運虧損擴大，造成稅後虧損 37 億元，每股虧損 8.56 元，每股淨值也由 107 年第三季的 3.3 元，轉為第四季之負 5.53 元，依規定必須辦理下市。

至於**尚志**則是繼**綠能**、**華映**之後，成為第三家下市的**大同**集團子公司。**尚志**主要提供太陽能產業半導體設備，自 2011 年起，受到整體太陽產業產能供過於求，導致價格崩跌，因此已經連虧 8 年。**尚志**因持有**綠能** 21% 股權，而因為認列轉投資虧損，導致 107 年度稅後虧損高達 20.25 億元，每股虧損高達 17.52 元，認列子公司**綠能**科技的虧損，造成每股淨值轉為負 3.95 元。

以下是**大同**集團，包括**大同**、**華映**、**綠能**，以及**尚志** 107 年度財務報表之相關資料。高負債比率反映出低度償債能力，甚或無力償還，在在均顯示集團內各家企業經營的困境。

公司	現金及約當現金 (億元)	總資產 (億元)	總負債 (億元)	負債比率 (%)
大同 (2371)	89.73	1,391.61	1,082.36	77.7
華映 (2475)	7.74	335.71	381.32	113.5
綠能 (3519)	1.54	90.51	112.59	124.3
尚志 (3579)	2.06	99.11	115.83	116.8

現場直擊

財務結構之隱憂——太陽能產業

在過去的二、三十年中,每當國際石油價格巨幅攀升的時候,太陽能等新能源的開發與應用,就會受到矚目。太陽能產業在美國、歐洲及亞洲均受到各國政府的重點扶植,特別是從全球經濟的永續發展和環境保護的角度而言,更是對太陽能產業起了推波助瀾的作用。

太陽能產業的公司由於規模經濟的思維,一連串的擴廠所引發的全球產能嚴重過剩的問題,成了不可承受之重,在需求遠遠落後產能的情況下,全球太陽能廠紛紛吹起了倒閉的風潮,從歐美市場蔓延到中國。雪上加霜的是,太陽能產業的競爭,更是提升到國家政策主導的層次。由於中國廠商自 2011 年起大量量產並出口多晶矽晶圓至世界各地,導致太陽能產品價格大幅下跌,因此美國太陽能廠商向美國商務部 (Department of Commerce, DOC) 和美國國際貿易委員會 (International Trade Commission, ITC) 提出訴願,表達美國國內產業受到很大的傷害。美國商務部於 2012 年 10 月對中國太陽能的電池產品,採取反傾銷、反補貼的措施,並於 2015 年 1 月投票通過中國及台灣太陽能產品有傾銷事實,而課徵不等之稅率。不僅如此,歐盟以及印度亦相繼針對中國業者提出反傾銷調查,使得中國業者面臨大規模的停產及拉長停工的天數。

太陽能業者的財務狀況,往往是國際資金移動關注的焦點,許多廠商因為平均銷售價格不斷下降,出現了負的營業毛利率以及負的淨利。我們若是觀察全球主要太陽能廠商之財務結構,其中不乏負債占資產比率超過 80% 者。

整體而言,太陽能廠商普遍存在不甚健全的財務結構,以及因為產能遠大於需求造成獲利難以提升,壓縮了廠商的現金部位,償債能力始終是一個關注的焦點,再加上太陽能產品的貿易壁壘及新興市場政治面不確定性的風險,廠商間唯有經歷重新洗牌和加速重整,才能有效降低整體產業的營運風險。以下是國內太陽能主要業者之負債比率:

國內太陽能業者之高負債比率 (107 年 12 月 31 日)

國碩 (2406)	聯合再生 (3576)	茂迪 (6244)	碩禾 (3691)	中美晶 (5483)
74.17%	55.73%	71.22%	68.30%	53.92%

7.2.2 負債對 (股東) 權益比率

> 負債對股東權益比率亦稱為槓桿比率或債本比,就是總負債除以總股東權益的比值。

負債對股東權益比率 (debt to equity ratio) 或稱負債對權益比率,亦稱為槓桿比率 (leverage ratio) 或債本比,就是總負債除以總股東權益 (即總權益) 的比值,亦是企業使用財務槓桿的一種表象,也是財

務結構分析比率的一種，如式 (7-4) 所示。從債權人或償債能力角度來看，該比率越低越好，表示股東權益對負債償還的程度相對性高。當負債對股東權益比率大於 100% 時，表示企業對外借的資金大於自有資金，運用財務槓桿程度越高，對債權人保障較小；反之，當負債對股東權益比率小於 100% 時，表示企業對外借的資金小於自有資金，運用財務槓桿程度越低，對債權人保障較大。

$$負債對股東權益比率 = \frac{總負債}{總股東權益} \times 100\% \quad (7-4)$$

我們可以將式 (7-4) 加以推演：

$$\begin{aligned}負債對股東權益比率 &= \frac{總負債}{總股東權益} \times 100\% \\ &= \frac{總負債 / 總資產}{總股東權益 / 總資產} \times 100\% \\ &= \frac{負債比率}{權益比率} \times 100\% \\ &= \frac{負債比率}{1 - 負債比率} \times 100\%\end{aligned}$$

接下來我們將以**台積電**為例，**台積電** 107 年 12 月 31 日總負債為 $412,631,642 千元、總股東權益為 $1,677,496,396 千元，因此

台積電 107 年負債對股東權益比率：

$$= \frac{\$412,631,642 \text{ 千元}}{\$1,677,496,396 \text{ 千元}} \times 100\%$$
$$= 24.59\%$$

最後，我們將這個比率以**台積電**近五年度資料來做一分析說明，如表 7-9 所示，從表中可以得知，此比率自 103 年度至 107 年度亦是逐漸遞減。

▲ 表 7-9　台積電之負債對股東權益比率近五年度相關資料彙整

	103 年度	104 年度	105 年度	106 年度	107 年度
負債對股東權益比率	42.87%	35.61%	35.70%	30.80%	24.59%

7.2.3 長期資金占固定資產比率

企業為了長期競爭力追求價值極大化，必須不斷投入新的製程、新的研發、創新技術或擴增廠房及生產線，然而企業因應這些營運活動，必須進行長期性的投資活動決策並產生長期性資金需求。因這些資本支出的特性為資金回收期間長，短期內較難創造大幅現金流入，為了滿足這些長期性資金需求，故這些長期資本支出必須由長期資金來支應，以達到企業經營的安全性、成長性及債權人的保障。

長期資金占固定資產比率 (long-term capital to fixed assets ratio) 亦稱為固定資產適合率，就是長期資金除以固定資產 (即不動產、廠房及設備) 淨額的比值，此比率越高越好，如式 (7-5) 所示，同時也是長期資金作長期用途的一種表徵，說明企業是否有足夠的長期資金來支應長期的固定資產支出之需，及是否有以短支長現象。何謂長期資金呢？一般而言，意指長期負債及股東權益。當長期資金對固定資產比率大於 100% 時，表示企業購置固定資產有足夠的長期資金來支應，較無以短支長現象；反之，當長期資金對固定資產淨額比率小於 100% 時，表示企業購置固定資產缺乏長期資金來支應，有以短期資金來支應之嫌，呈現以短支長現象。由於固定資產的投資金額通常較龐大，若是以短期資金支應，因還款期限較短，企業有較大的償還壓力，若遇景氣不佳或營運狀況不好時，債權人可能會緊縮信用，如此金額重大的短期負債無法順利展延，企業便無法立即償還本息，造成週轉不靈，陷入經營危機。

> 長期資金占固定資產比率亦稱為固定資產適合率，就是長期資金除以固定資產淨額的比值。

$$長期資金占固定資產比率 = \frac{長期資金}{固定資產淨額} \times 100\% \qquad (7\text{-}5)$$

接下來我們以**台積電**為例，**台積電** 107 年 12 月 31 日之長期資金包括非流動負債 $72,089,056 千元，以及股東權益 $1,677,496,396，總計 $1,749,585,452 千元，固定資產 (即不動產、廠房及設備) 淨額則為 $1,072,050,279 千元，因此

台積電 107 年長期資金占固定資產比率：

$$= \frac{\$1,749,585,452 \text{ 千元}}{\$1,072,050,279 \text{ 千元}} \times 100\%$$

$$= 163.20\%$$

最後，我們將這個比率以**台積電**近五年度資料來做一分析說明，如表 7-10 所示。從表中可以得知，此比率自 103 年度至 107 年度均大於 100%，代表**台積電**以長期穩定的資金來支應固定投資的需求，亦即長期資金有適當地配置於固定資產。

▲ 表 7-10　台積電之長期資金占固定資產比率五年度相關資料彙整

	103 年度	104 年度	105 年度	106 年度	107 年度
長期資金對固定資產比率	158.16%	169.34%	157.17%	153.70%	163.20%

企業通常會基於理財目的將資金做長期或短期投資，所投資的標的大多在兩類金融市場，一是流通期間於一年內到期的貨幣市場金融工具，例如定存單、商業本票和銀行承兌匯票等；另一是資本市場的投資，包括股票或到期日距今超過一年的金融工具，在資本市場交易的金融工具包括政府公債、公司債、轉換公司債、特別股和普通股等。上述貨幣市場和資本市場的金融工具，基本上不外乎三種型態，亦即企業持有的現金與約當現金、債務工具 (如債券與票券投資) 與權益工具 (如股票投資)。若企業有進行長期投資，不管是債務工具或權益工具，則變成企業另一項長期資金的用途，因此這類型長期投資理應以長期資金來支應。長期投資的會計項目種類，通常可在資產負債表之非流動資產項下發現，包括備供出售金融資產、持有至到期日金融資產，以成本衡量之金融資產，以及採權益法之投資等。

我們可以將式 (7-5) 修改為**長期資金適合率**，即長期資金與 (固定資產淨額 + 長期投資) 之比值，如式 (7-6) 所示，表示長期資金是否足以支應固定資產和長期投資。此適合率除了反映企業的償債能力外，同時也反映了企業資金使用的合理性，亦即從企業長期性資產和長期資金的平衡性提供了檢視的能力，有助於企業評估財務結構的穩定和財務風險的程度。一般而言，此比率應該大於 100% 較好，最好

不要低於 100%。當此項比率大於 1 時，代表企業有足夠的長期資金可供購置固定資產和長期投資使用外，尚有部分資金可供營運資金使用，此為較為穩健的財務結構。

> 長期資金適合率，就是長期資金與(固定資產淨額＋長期投資)的比值。

$$\text{長期資金適合率} = \frac{\text{長期資金}}{\text{固定資產淨額} + \text{長期投資}} \times 100\% \qquad (7\text{-}6)$$

同樣地，我們以**台積電**為例，**台積電** 107 年 12 月 31 日之長期資金如前述為 \$1,749,585,452 千元，固定資產為 \$1,072,050,279 千元，長期投資則包括：透過其他綜合損益按公允價值之金融資產 \$3,910,681 千元、按攤銷後成本衡量金融資產 \$7,528,277 千元，以及採用權益法之投資 \$17,865,838 千元，合計 \$29,304,796 千元。因此

台積電 107 年之長期資金適合率：

$$= \frac{\$1{,}749{,}585{,}452 \text{ 千元}}{(\$1{,}072{,}050{,}279 \text{ 千元} + \$29{,}304{,}796 \text{ 千元})} \times 100\%$$

$$= 158.86\%$$

此比率代表**台積電**的固定資產與長期投資都以長期性資金來源支應，換言之，資金來源與用途兩者間的期間配適是得當的。

7.3 從綜合損益表及現金流量表觀點評估長期償債能力

前兩節，我們以資產負債表的角度，來看財務槓桿運用程度、長期借款結構性問題及償債能力。由於長期借款的金額鉅大，且期間長，所支應的資金用途多是企業的固定資產，如土地、廠房及機器設備，這些資產的性質多數變現能力差，回收期間長，除非這些資產為長期閒置，否則其處分容易損及企業長期發展。故企業要償付因舉借長期資金所需支應的各期利息支出及本金償還，必須以未來企業本身長期獲利及各期現金流量來支應。因此，我們亦可以從一家企業的獲利能力來檢視其是否有好的長期償債能力，以強化其財務安全性。故本節將以綜合損益表及現金流量表的觀點，來作為評估企業長期償債

能力之重要指標。

7.3.1 利息保障倍數

利息保障倍數 (times interest earned) 亦稱為淨利為利息倍數，係以綜合損益表的角度來分析，企業營運之獲利狀況是否能支應借款所須負擔的利息費用，就是稅前息前淨利支應利息費用的倍數，此比率越高對債權人越有保障，正常情形下應大於 2.5 倍。如式 (7-7) 所示：

$$利息保障倍數 = \frac{稅前息前淨利}{利息費用} \times 100\%$$

$$= \frac{稅前淨利 + 利息費用}{利息費用} \times 100\% \quad (7-7)$$

> 利息保障倍數，係以綜合損益表的角度來分析，企業營運之獲利狀況是否能支應借款所須支付的利息費用，就是稅前息前淨利支應利息費用的倍數。

上述公式稅前息前淨利為稅前淨利加回利息費用，表示企業尚未償付利息費用和所得稅前，營運所賺取的淨利，故分母的利息費用應包含 (即：應加回) 融資租賃所產生利息資本化的部分。因為會計處理雖然將利息費用資本化，但實質上仍是必須支付的利息支出。另外，在計算分子之稅前息前淨利時，利息費用不須加回融資租賃所產生利息資本化的部分，因為在計算綜合損益表中的稅前淨利時，所減除的利息費用本身並未包含融資租賃所產生利息資本化那一部分的利息金額，故不須加回。

從債權人觀點用來評量其利息受到企業獲利保障的程度，企業淨利越大，可用於償付借款的本息之資金就越多。當此一倍數越大，表示償債能力越好；若此一倍數越小，則表示償債能力越差。當企業利潤大幅降低或為虧損時，可能會使企業無法支應本金和利息，違反與債權人借款合約之規定，可能面臨須立即支付龐大未償還本金，使企業陷入無法繼續經營之窘境。

接下來我們以**台積電**為例，**台積電** 107 年底稅前淨利為 $397,510,263 千元、利息費用 (即財務成本) 為 $3,051,223 千元，因此

台積電 107 年度利息保障倍數：

$$= \frac{\$397,510,263 \text{ 千元} + \$3,051,223 \text{ 千元}}{\$3,051,223 \text{ 千元}}$$

$$= 131.28 \text{ 倍}$$

最後，我們將這個比率以**台積電**近五年度資料來做一分析說明，如表 7-11 所示，從表中可以得知該公司五年的利息保障倍數均非常高，代表台積電有超強的能力償付借款的利息。

▲ 表 7-11　台積電之利息保障倍數近五年度相關資料彙整

	103 年度	104 年度	105 年度	106 年度	107 年度
利息保障倍數	94.34	110.84	117.74	119.95	131.28

7.3.2　固定支出涵蓋倍數

企業在營運過程中，不管營運狀況如何，除了前節所述的利息支出外，尚有一些固定性質支出項目必須支付，例如不可撤銷之原料進貨、租金費用、償債基金提撥、特別股股利等，若無法如期支付這些固定支出，顯然企業財務狀況已發生問題，正常營運已受到影響，更遑論要擴充廠房設備、提升技術及競爭力。

首先，我們先來說明這些固定支出，如：租賃之固定給付、特別股股利以及償債基金等固定性質支出項目，再說明如何計算固定支出涵蓋倍數。

由於資產可依其特性分為所有權與使用權，企業因營運所需有時會藉由取得資產的長期使用權，代替取得其所有權，此為一種變相融資。根據 IFRS16，租賃係指出租人將特定資產之使用權於約定期間轉讓予承租人，並定期向承租人收取定額或不定額之租金以為報酬之交易行為。儘管租賃合約之法律形式，承租人可能未取得租賃資產之法定所有權，其實質與財務事實係承租人以承擔給付義務，換取使用租賃資產租賃期間內之經濟效益。此種租賃交易若未反映於承租人之財務狀況表，企業之經濟資源與所承擔義務將被低估，從而扭曲財務比率。因此較適當之作法為，將租賃於承租人之資產負債表中同時認

列為一項資產及一項對未來租賃給付之義務。亦即承租人須認列「使用權資產」，同時須以未來支付租賃給付之義務的現值，認列為「租賃負債」。在計算固定支出涵蓋倍數時，應將已經資本化的租賃固定給付，包含在分母中，視為一種固定性質的支出。

其次，公司發行權益工具可分為普通股 (common stock) 及特別股 (preferred share)。由於普通股具有股東不得要求定期支付現金股利及到期還本之特性，故符合權益工具之定義。然因某些特別股在一些特定條件上比較特別，如優先分配特別股股利、強制贖回、買回權、賣回權等條件，必須個別檢視才能判斷其為權益工具或金融負債。有關金融負債型特別股的部分，IASB 原則上規定：法律形式上為權益，但依其經濟實質應重分類為負債之金融工具 (如強制贖回或公司一旦有盈餘必須進行贖回之特別股等)，在採用 IFRS 之後，必須進行重分類，將其由權益重分類為「特別股負債」，且該特別股股利亦應由盈餘分配改列為綜合損益表上之利息費用。反之，若不具負債性質之特別股，則認為權益項目，且該特別股股利仍應列為盈餘分配。我國金管會規定於 2005 年 12 月 31 日前發行之特別股，只要之後沒有重大修改原發行條件者，還是視為權益項目，無須進行重分類。

因此，若屬於負債型特別股在計算固定支出保障倍數時，因該特別股股利已被計為利息費用，計算分子可用於支付固定性質支出之盈餘時，為稅前淨利加利息費用加租賃費用，已含括綜合損益表中被當費用減除的借款性質利息費用、負債型特別股股利，故不必再做任何調整；惟若屬於權益型特別股時，因特別股股利必須從稅後淨利中來提列支付，因此在計算固定支出涵蓋倍數時應以特別股股利除以 (1 － 稅率) 來計入分母的固定性質支出，假設公司若要支付特別股股利 $87，所得稅率為 17%，則須有稅前淨利 $100 方能支應，即 $87 除以 (1 － 17%) 等於 $100。也就是說，這樣才能將分子及分母的相關項目，都以稅前的基礎來衡量。

最後，償債基金 (sinking fund) 係因企業發行債券的期間較長，且金額龐大，到期時非一時可以籌措還款來源，故才附有償債基金條款，其主要意義為企業在其債務期限內，必須定期贖回或攤還一定比

> 金融負債型特別股 IASB 原則上規定：法律形式上為權益，但依其經濟實質應重分類為負債之金融工具，在採用 IFRS 之後，必須進行重分類，將其由權益重分類為「特別股負債」，且該特別股股利亦應由盈餘分配改列為綜合損益表上之利息費用。

例的債務。而附加此種償債基金條款的債券則稱為償債基金債券，償債基金債券償還債務的方式有兩種：一種是由發行企業自公開市場直接購回債券來消滅債務；另一種則由發行企業設立一個償債基金帳戶 (sinking fund account)，定期提撥現金作為未來償還債務之用途。在附償債基金條款的債券契約中，除了票面利率、到期期限、債券面額等基本條款之外，償債基金條款還必須記載償還本金的時間表，另外必須記載每期贖回的比率 (retirement ratio) 與贖回方式等。為確保公司未來可以按時償還本金，故定期會提撥一定比率的資金，作為償還債券本金的來源以避免「違約」。由於此項提撥涉及到公司法中之特別盈餘公積，涉及盈餘指定用途，如同權益型特別股股利一樣，是從稅後淨利中來提列支付，因此在計算固定支出涵蓋倍數時，應折算成稅前的數值進行計算。換言之，應以償債基金提撥數除以 (1 – 稅率)，來計入分母的固定性質支出。

綜上所述，企業的固定性質支出包括利息費用、租賃之固定給付、特別股股利、提撥償債基金數額等。固定支出涵蓋倍數 (fixed charge coverage ratio) 如同利息保障倍數，也是以綜合損益表的角度來分析，企業營運之獲利狀況是否能支應企業營運下固定性質支出的能力，就是可供支付固定支出之淨利支應固定性質支出的倍數，如式 (7-8) 所示。

> 固定支出涵蓋倍數也是以綜合損益表的角度來分析，企業營運之獲利狀況是否能支應企業營運下固定性質支出的能力。

$$\text{固定支出涵蓋倍數}$$

$$= \frac{\text{可用於支付固定性質支出之盈餘}}{\text{固定性質支出}}$$

$$= \frac{\text{稅前淨利} + \text{利息費用} + \text{租賃之固定給付}}{\text{利息費用} + \text{租賃之固定給付} + \frac{\text{權益型特別股股利}}{1 - \text{稅率}} + \frac{\text{償債基金提撥數}}{1 - \text{稅率}}}$$

(7-8)

以上公式中，分子為可供支付固定性質支出之淨利，包括稅前淨利加回綜合損益表固定性質的支出，亦即稅前淨利加利息費用加租賃固定給付，表示企業尚未支付利息費用、租賃固定給付和所得稅前，

營運所賺取的淨利；分母之固定性質支出則為利息費用加租賃固定給付加特別股股利除以 (1 − 稅率) 再加上償債基金提撥數除以 (1 − 稅率)。此一比率越高越好，表示企業有能力從盈餘來支應營運所產生之固定性質支出；反之，當此一比率偏低，若遇景氣不佳企業營運狀況不佳時，其支應營運所產生之固定性質支出的風險就越高，進而產生違約而無法順利營運。

接下來我們以精華公司為例，其某年度相關資料如下，計算精華公司之固定支出涵蓋倍數。

銷貨收入	$1,800,000
銷貨成本	(1,000,000)
銷貨毛利	$ 800,000
營業費用	(500,000)
營業利益	$ 300,000
利息費用	(50,000)
稅前淨利	$ 250,000
所得稅費用 (17%)	(42,500)
稅後淨利	$ 207,500

其中每年之租賃固定給付為 $40,000，每年提撥償債基金 $41,500，每年支付權益型特別股之股利 $83,000，所得稅率為 17%。

精華公司固定支出涵蓋倍數：

$$= \frac{\$250,000 + \$50,000 + \$40,000}{\$50,000 + \$40,000 + \frac{\$83,000}{1-17\%} + \frac{\$41,500}{1-17\%}}$$

$= \$340,000 / \$240,000$

$= 1.42$ (倍)

7.3.3 現金流量對固定支出保障倍數

第 6 章我們曾探討短期償債能力，在評量企業短期償債能力時，較強調企業是否具有足夠流動性來支應短期即將到期債務。在本章檢

現場直擊

法院判贖特別股，高鐵陷危機

企業可運用的財務工具很多，例如可以發行特別股、現金增資、公司債、發行存託憑證或不動產證券化等。在這些工具中，特別股究竟有何特別呢？特別股指股份所表彰之股東權所具有之盈餘分配請求權、剩餘財產分配請求權或表決權等權利內容不同於普通股者。企業發行特別股募集資金，一般而言，其發行條件會比一般普通股的條件來得優惠，甚至可以針對投資者量身訂做。

企業在需要資金但不想影響經營權下，會做一些財務上的規劃，如金融業因要符合銀行法資本適足率規定，2005 年**台新金控公司**為入主**彰化銀行**，並取得經營主導權，以 $365.8 億元買進**彰銀**轉換特別股，轉換後持有 22.55% 股數，成為**彰銀**最大股東。另外，**台灣高鐵**因為其營運性質，投資興建期長，短期內不易賺錢，故以固定付息方式發行特別股。發行特別股依公司法第 157 條規定，須在章程中訂明有關特別股分派股息及紅利的順序、定額或定率，與特別股分派公司賸餘財產之順序、定額或定率，特別股股東行使表決權之順序、限制或無表決權，和特別股權利、義務之其他事項等。在此一規定下，企業方面可以根據本身的考量，訂定特別股發行條件。

以**台灣高鐵**所發行之甲種和乙種記名式可轉換特別股為例，發行條件包括：(1) 特別股以每股面額發行，股息訂為年利率 5%，依面額計算，每年以現金一次發放。若某一年度無盈餘不分派特別股之股息時，上述特別股股息應累積於以後有盈餘年度優先補足；(2) 特別股股東未於轉換期間辦理轉換，將於到期日以面額贖回；(3) 本特別股除領取特別股股息外，不得參加普通股關於盈餘及資本公積分派；(4) 本特別股分派本公司剩餘財產之順序優先於普通股，但以不超過特別股票面金額為限；(5) 本特別股股東於普通股股東會無表決權，亦無選舉董事、監察人之權利；但得被選舉為董事或監察人；(6) 自特別股發行滿三年之翌日起，至到期日前之三個月止，特別股股東得於轉換期間內，請求本公司依一股換一股之比例，一次全數轉換為本公司新發行之普通股等。

截至目前，**台灣高鐵**是國內發行特別股金額最多的企業，從 2002 年起，陸續發行了 $555 多億元的特別股，單是 2004 年度該公司對外公告的甲、乙、丙三種特別股股息就高達 $20 億元。

企業發行特別股，如果要固定發股息、分配盈餘給投資人，其條件也有如「變形的公司債」，在我國 36 號會計公報實施後，特別股若具有債務的性質，應被視為負債，不能再被列為股本。目前有近半數金控公司與**台灣高鐵**，都有發行特別股來籌措資本，按照舊行會計準則，特別股列為業主權益。依據 36 號公報精神，若特別股條件存在所謂「無條件避免交付現金或其他金融資產之合約義務」，特別股不能再列為權益，而須改列為負債。由於 36 號公報之施行，對**台灣高鐵**籌資造成莫大衝擊，於民國 100 年 7 月 7 日發布之金管證審字第 10000322083 號函令規定，民國 95 年 1 月 1 日前已依發行法律形式上為權益惟依經濟實質具負債性質之特別股，採用 IFRS 後得列於權益

項下,並不區分為金融負債及權益要素。**台灣高鐵公司**是此一規定最明顯受益者,即民國 95 年 1 月 1 日後發行之特別股,才被視為「特別股負債」。若無此一特別的「豁免」,**台灣高鐵**的淨值將大減 $400 億元。

　　台灣高鐵資本額約新台幣 $1,050 億元,興建期間曾發行約 $500 多億元之甲、乙、丙種不同條件記名式之可轉換特別股,已贖回 $100 多億元,五大原始股東之**大陸工程**、**富邦**、**長榮國際**、**東元**和**太平洋電纜**投入資金不足又不願意繼續增資,依規定**高鐵**自民國 99 年起即須贖回特別股,但**台灣高鐵**資金不足又遲無動作,認購者紛提告要求贖回。以民國 102 年底法院首判股東之一的**中華開發**為例,士林地方法院宣判,**中華開發工業銀行**請求贖回**台灣高鐵**特別股股本案勝訴,但在請求支付股息上則是敗訴,原因是特別股當初就有明訂,公司有盈餘才能分配利息。

　　特別股訴訟案一旦三審定讞,**台灣高鐵**全數特別股 392 億股本及其遲延利息將提列為債務;若未能妥適處理特別股債,**台灣高鐵**將面臨破產命運。因此再由交通部向立法院提報,以解決特別股債務及財務結構改善等問題,促使**台灣高鐵公司**及**高鐵**營運之穩定運作。主要方向將以全民釋股和增資的方式,以避免舊財改方案讓外界認為有圖利財團的疑慮。

視企業是否具長期償債能力時,則較強調企業獲利能力,如同前述 7.3.1 節利息保障倍數及 7.3.2 節固定支出保障倍數皆是從綜合損益表中的會計獲利觀點,兩者所關注的焦點有所不同。然而在評量企業長期償債能力,若僅以會計獲利觀點來衡量是否足以支應企業舉債所產生之利息費用或企業營運所產生之固定性質支出,實際上恐會發生會計獲利不等同可以用來支應的現金流量之情事。即使帳上有會計獲利或這兩個比率倍數很高,但仍不足以表示其具有足夠的現金流量來支應這些實際要付現的支出。為了解決此一問題,我們做了一些修正,即以現金流量表的觀點,以營運活動之現金流量來取代會計獲利。

　　現金流量對固定支出保障倍數,就是以可用於支付固定性質支出之營運活動現金流量除以固定性質支出的比值,如式 (7-9) 所示,說明企業由營運活動所產生之現金流量是否足以支應固定性質支出之需。

> 現金流量對固定支出保障倍數,就是以可用於支付固定性質支出之營運活動現金流量除以固定性質支出的比值。

$$現金流量對固定支出保障倍數$$

$$= \frac{可用於支付固定性質支出之營運活動現金流量}{固定性質支出}$$

$$= \frac{營運活動現金流量 + 利息費用 + 租賃之固定給付}{利息費用 + 租賃之固定給付 + 特別股股利 + 償債基金提撥數}$$

(7-9)

　　此一比率的分子可用於支付固定性質支出之營運活動現金流量為現金流量表中營運活動現金流量加利息費用加租賃之固定給付。由於此部分是以營運活動現金流量為基礎，非前兩節以損益表觀點之盈餘，故不須加回所得稅。另外，特別股股利、償債基金提撥數在營運活動現金流量計算時，並未扣除，故不必在分子加回。相反地，因利息費用和租賃之固定給付因已含括在營運活動現金流量計算，故須在分子加回；分母固定性質支出則為利息費用加租賃之固定給付加特別股股利加償債基金提撥數。其中特別股股利、償債基金提撥數不須除以 $(1-t\%)$，係因分子已改為現金流量，故毋須再除以 $(1-t\%)$ 推至稅前觀念。此一比率越高越好，表示企業越有能力從營運活動所產生現金流量來支應營運所產生之固定性質支出；反之，當此一比率偏低，若遇景氣不佳企業營運狀況不佳時，其支應營運所產生之固定性質支出的風險就越高，進而產生違約而無法順利營運。

　　接下來我們仍然以上節精華公司為例，且精華公司該年度來自營業活動之現金流量為 $300,000，則

精華公司現金流量對固定支出保障倍數：

$$= \frac{\$300,000 + \$50,000 + \$40,000}{\$50,000 + \$40,000 + \$83,000 + \$41,500}$$

$$= \frac{\$390,000}{\$214,500}$$

$$= 1.82 \,(倍)$$

習 題

問答題

1. 舉債融資而不增資發行新股取得資金的優缺點？
2. 何謂正財務槓桿和負財務槓桿？
3. 何謂固定資產適合率？如果此比率大於 100% 有何意涵？
4. 以現金流量取代會計利益來衡量長期償債能力有何優點？
5. 何謂固定支出涵蓋倍數？

選擇題

1. 頂新公司之股東權益報酬率為 10%，總資產報酬率為 6.25%，總負債為 $900,000，權益為 $1,500,000，則財務槓桿指數為：
   (A) 0.6   (B) 0.625
   (C) 1.6   (D) 1.76

2. 喜洋洋公司之總負債為 $400,000，股東權益為 $800,000，股東權益報酬率為 8%，則財務槓桿指數為：
   (A) 0.5   (B) 1.51
   (C) 1.6   (D) 2

3. 田田公司之流動資產 $400,000，非流動資產 $800,000，流動負債 $250,000，權益 $500,000，則公司的負債比為
   (A) 41.7%   (B) 58.3%
   (C) 62.5%   (D) 56.3%

4. 20×1 年苑珊企業之淨利為 $100,000，同年之資產負債表顯示流動資產 $300,000，非流動資產 $800,000，流動負債 $200,000，非流動負債為 $400,000，則財務槓桿指數為
   (A) 0.46   (B) 1.6
   (C) 1.9   (D) 2.2

5. 佩佩公司之股東權益報酬率為 20%，總資產報酬率為 15%，則權益比為
   (A) 0.75   (B) 0.85
   (C) 1   (D) 1.33

6. 台北公司 ×2 年淨利為 $120,000，現金流量表顯示該年支付利息及所得稅金額分別為 $25,000、$12,000。若 ×2 年底應付利息較上年減少 $5,000，應付所得稅較上年減少 $2,000，則甲公司 ×2 年利息保障倍數為多少？

(A) 5.33 倍 (B) 5.46 倍
(C) 7.5 倍 (D) 7.7 倍

7. 大仁公司的流動負債為 $400,000，長期負債為 $800,000，此外無其他負債項目。權益為 $1,200,000，流動資產為 $600,000，不動產、廠房及設備淨額 (固定資產) 為 $1,800,000，此外無其他資產項目，則長期資金對固定資產的比率為

(A) 44.44% (B) 66.67%
(C) 111.11% (D) 133.33%

8. 如固定資產適合率為 85% 代表

(A) 購固定資產的資金均以長期資金支應
(B) 購固定資產的資金有 15% 以短期資金支應
(C) 購固定資產的資金有 85% 以短期資金支應
(D) 此比率越小越適合

9. 師擊公司的流動資產為 $250,000，基金及投資為 $500,000，不動產、廠房及設備淨額 (固定資產) 為 $1,000,000，流動負債為 $200,000，長期負債為 $900,000，權益為 $650,000，則長期資金適合率為

(A) 155% (B) 103.33%
(C) 65% (D) 43.33%

10. 承上題，固定資產適合率為

(A) 155% (B) 103.33%
(C) 65% (D) 43.33%

11. 承上題，長期資金適合率為

(A) 154.99% (B) 103.33%
(C) 90.00% (D) 64.99%

12. 畫意公司稅後淨利為 $120,000，所得稅率為 20%，利息費用為 $20,000，則利息保障倍數為

(A) 6.3 (B) 7
(C) 8.3 (D) 8.5

13. 同理公司之稅前淨利為 $350,000，利息費用 $40,000，融資租賃之租賃之固定給付 $20,000，每年支付負債型特別股股利 $24,900，所得稅稅率 17%，則固定支出涵蓋倍數為

(A) 4.56 (B) 4.83
(C) 6.83 (D) 9.75

14. 承上題，同理公司之營業活動淨現金流入為 $380,000，則營業活動淨現金流入對固定支出保

障倍數為

(A) 4.48 (B) 5.18
(C) 6.33 (D) 7

15. 宜庭公司稅前淨利 $300,000，所得稅 $30,000，利息費用 $50,000，則利息保障倍數為

(A) 6 (B) 6.4
(C) 7 (D) 7.6

練習題

1. 彤彤公司的損益資料如下：

	彤彤公司 綜合損益表
銷貨收入	$1,000,000
銷貨成本	(600,000)
銷貨毛利	$ 400,000
營業費用	(250,000)
營業淨利	$ 150,000
利息費用	(30,000)
稅前淨利	$ 120,000
所得稅	(20,400)
本期淨利	$ 99,600

其他資料：

(1) 彤彤公司融資租賃之資本化利息 $36,000；

(2) 每年提撥償債基金 $24,900；

(3) 每年支付金融負債型特別股股利 $37,350；

(4) 營業活動的淨現金流入 $140,000；

(5) 營利事業的所得稅稅率為 17%；

(6) 當期未發生其他綜合損益。

試求：

(1) 計算利息保障倍數。

(2) (a) 計算固定支出涵蓋倍數；(b) 從彤彤公司的固定支出涵蓋倍數解釋其財務意涵。

(3) 計算現金流量對固定支出之保障倍數。

2. 輕景公司簡明資產負債表如下：

輕景公司
簡明資產負債表
20×1 年 12 月 31 日

流動資產	$ 380,000	流動負債	$ 250,000
投資	200,000	非流動負債	300,000
不動產、廠房及設備	620,000	權益	650,000
資產總計	$1,200,000	負債及權益	$1,200,000

輕景公司
綜合損益表
20×1 年度

銷貨	$1,230,000
銷貨成本	(600,000)
銷貨毛利	$ 630,000
營業費用	(230,000)
營業淨利	$ 400,000
利息費用	(18,000)
稅前淨利	$ 382,000
所得稅	(64,940)
本期淨利	$ 317,060

其他資料：

(1) 非流動負債的平均利率為 6%，企業所得稅率為 17%；

(2) 流動負債均由營業所產生，未有由短期融資所產生；

(3) 當期未發生其他綜合損益。

試求：

(1) 計算財務槓桿指數？從此指標指出舉債經營對輕景企業的影響？

(2) 試指出 (a) 財務結構；(b) 資本結構。

(3) 計算負債比率？對公司而言此比率的意涵？

(4) 計算金融性負債比。

(5) 計算負債對權益之比率。

(6) 計算 (a) 長期資金占固定資產比率；(b) 解釋輕景公司此比率之意涵。

(7) 計算長期資金適合率並解釋輕景公司此比率之意涵。

3. ×3 年甲、乙二家公司之資產總額均維持在 $4,000,000，甲公司資產之資金完全來自權益，乙公司則有負債 $2,000,000 及權益 $2,000,000。假設所得稅率為 25%，乙公司舉債利率為 10%。

    試作：依下列各自獨立情況，評論相較於甲公司，乙公司財務槓桿之運用是否成功。
    (1) 甲、乙二公司之稅前息前淨利均為 $300,000。
    (2) 甲、乙二公司之稅前息前淨利均為 $400,000。
    (3) 甲、乙二公司之稅前息前淨利均為 $600,000。　　　　　　　[101 年高考財務審計人員]

4. 沛含公司 20×1 年的財務資料如下：

流動負債	$ 150,000
長期負債	300,000
股東權益	750,000
負債及權益	$1,200,000

    補充資料：
    (1) 本期淨利為 $120,000；
    (2) 長期負債的利率為 6%；
    (3) 所得稅率為 20%；
    (4) 所有的資產與負債均與營業有關。

    試求：
    (1) 總資產報酬率、股東權益報酬率及財務槓桿指數。
    (2) 列示股東權益報酬率的分解，並說明沛含公司透過長期負債融資產生之影響。

5. 下列資料擷取自七賢公司 20×2 年底資產負債表：

資產	
流動資產	$ 500,000
非流動資產	3,500,000
資產合計	$4,000,000
負債及權益	
流動負債	$ 400,000
公司債 (市場利率為 8%)	1,350,000
普通股業主權益	2,250,000
負債及權益合計	$4,000,000

有關七賢公司之額外資訊：

(1) 20×2 年之淨利為 $315,000。

(2) 假設所得稅率為 50%。

(3) 20×1 年及 20×2 年之總資產與權益金額兩年度並無變動。

(4) 所有的資產與負債均與營業有關。

試作：

(1) 七賢公司的長期負債融資活動是否對股東有利？(須提供相關數字加以說明)

(2) 利用股東權益報酬率的分解，列示並說明七賢公司透過長期負債融資產生之有利或不利影響。

[98 年公務人員高等考試改編]

Objectives

研讀完本章，讀者應能了解：
1. 獲利能力分析之主要工具。
2. 分析企業之損益結構、投資報酬率與經營管理效率。
3. 杜邦分析。
4. 其他重要獲利能力分析之補充資訊。

Chapter 8

獲利能力

本章架構

本章討論下列主題：簡介獲利能力分析、損益結構分析、投資報酬率分析、經營管理效率分析、杜邦分析、部門別資訊、綜合損益、擬制性財務資訊、期中財務報表。

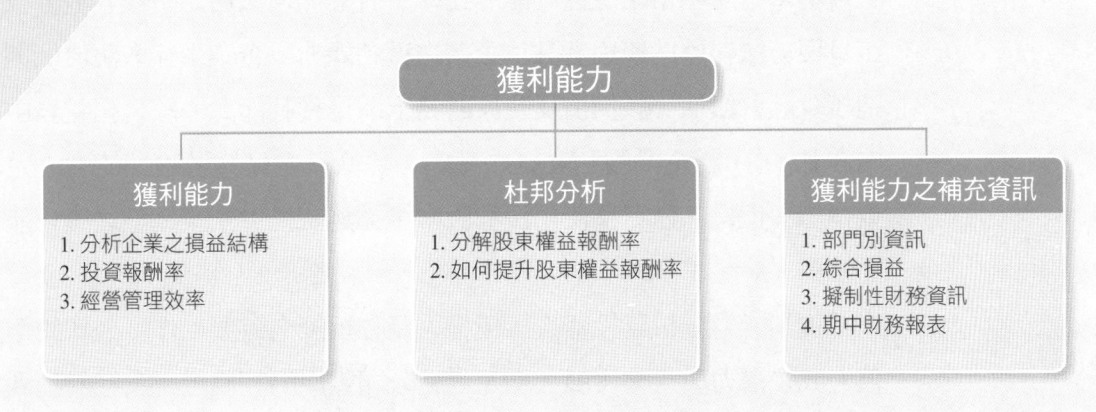

```
                        獲利能力
        ┌──────────────────┼──────────────────┐
     獲利能力            杜邦分析        獲利能力之補充資訊
  1. 分析企業之損益結構  1. 分解股東權益報酬率   1. 部門別資訊
  2. 投資報酬率        2. 如何提升股東權益報酬率  2. 綜合損益
  3. 經營管理效率                           3. 擬制性財務資訊
                                         4. 期中財務報表
```

219

張三是大學商管科系的學生，已修完會計、經濟及財務基礎課程，雖然平時致力於運用所學之理論，但對於運用財務報表常用之比率分析工具仍不熟悉，某日張三拿著以下兩篇新聞簡報及室友的問題與老師討論：

「2009 年 8 月 19 日鉅亨網有一篇報導，內容為受金融風暴衝擊，全球經濟不景氣中，**台積電**公布上半年正式財報，上半年營收為新台幣 1,095.56 億元，較去年同期減少約 35%，營業毛利 $417.36 億元，毛利率由去年同期 44.9% 下降為 38.09%；營業淨利為 $289.23 億元，營業淨利率由去年同期 35.28% 下滑至 26.4%；上半年淨利為 $260 億元，每股盈餘為 1.01 元，稀釋後每股盈餘為 1 元。**台積電**今年第一季每股獲利僅 0.06 元，單季毛利率更僅 18.9%，但第二季每股獲利大增為 0.94 元，毛利率也大幅回升至 46.2%，顯示營運脫離谷底。」

「2009 年 9 月 3 日自由時報報導，上半年企業財報出爐，營業淨利率超過 30%，且上半年稅後 EPS 超過 1.5 元的公司，共有 20 家，凸顯這些企業上半年業績相對不受景氣衝擊。上半年營業淨利率超過 40% 的公司，共有 13 家；營業淨利率超過 30% 的公司，共有 40 家；營業淨利率超過 20% 的公司，共有 92 家；但相對地，竟也有 471 家企業，上半年營業淨利率還是負數。」

「甲公司純益率為 2%，乙公司純益率為 10%，兩家企業之股東權益報酬率有可能皆大約 30% 嗎？」

什麼是毛利率、營業淨利率與純益率？其與景氣有何關聯？為什麼財經新聞大量使用這些專業術語？張三室友的問題，老師卻以「條條大路通股東權益報酬率」答覆，其意涵係指如何達到股東權益報酬率大約 30% 之經營，企業允許有不同之策略差異，所以「條條大路通股東權益報酬率」，老師則請張三回家想想有哪些不同之策略 (可參考本章 8.5.2 節之解析)。

8.1 獲利能力分析之工具概述

本章將說明常用之獲利能力比率，討論如何使用比率與其他分析工具與方法，協助使用者評估企業之獲利能力。企業生存取決於能創造多少社會價值，該價值反映於財務上即是獲利能力，綜合損益表中的淨利 (損) 為企業股利發放之基礎，係衡量企業經營獲利能力之主要指標，但是，僅單獨使用淨利數字，卻無法提供企業完整之獲利能力輪廓。

獲利能力分析為投資人、債權人及分析師之首要工作，公司的價值、成長潛力與未來發展，均建立在公司豐厚的利潤上。良好的獲利能力，除了提供債權人基本的債權保障、提供股東資本報酬外，也提

供了企業未來成長的基本動力。此外,獲利能力亦是管理者經營績效之重要衡量指標。

如果有人問你:「甲公司是一家賺錢的企業嗎?」你該如何評估該企業與回答此問題?獲利能力比率 (operating profitability ratio) 是利用綜合損益表與資產負債表資訊,呈現企業整體經營獲利能力之輪廓。首先,所謂「賺錢」就是收入扣減成本後之利潤,但是,利潤透過綜合損益表有許多不同之衡量指標,表達不同之意涵;此外,企業為賺取利潤須投入許多資源,故評估企業獲利能力亦須透過資產負債表,考量其投入資源之多寡。因此,獲利能力之分析工具可略分為兩大類:(1) 單獨使用綜合損益表資訊之分析工具 (損益結構分析);與 (2) 同時使用綜合損益表與資產負債表資訊之分析工具 (投資報酬率分析、杜邦分析與經營管理效率分析)。

> 獲利能力之分析工具可略分為兩大類:(1) 單獨使用綜合損益表資訊之分析工具 (損益結構分析);與 (2) 同時使用綜合損益表與資產負債表資訊之分析工具 (投資報酬率分析、杜邦分析與經營管理效率分析)。

進行獲利能力分析,若企業銷售多項性質差異之產品或地區等不同部門時,尚需利用部門別資訊,以從事較精細之資料分析;此外,獲利能力分析亦應同時參考綜合損益 (comprehensive income)、擬制性財務資訊 (pro forma financial information),與期中財務報表 (interim reports),故一併在本章討論。

8.2 損益結構分析

損益結構分析係單獨使用綜合損益表資訊衡量企業之獲利能力,即是回答企業每賣一塊錢實際賺多少錢之根本議題,反映企業管理與控制成本之能力;換言之,獲利能力之衡量可透過比較各種成本與銷貨收入間之關係而呈現,此即為共同比綜合損益表 (common size comprehensive income statement) 分析之運用。企業之多站式綜合損益表能提供各種不同之「收入扣減成本後之利潤」,例如銷貨毛利、營業利益、稅前淨利及本期淨利。

> 獲利能力之衡量可透過比較各種成本與銷貨收入間之關係而呈現,此即為共同比綜合損益表。

如表 8-1 所示,不同衡量指標下,平均每銷貨 1 元的收入可獲得多少百分比的利益或利潤 (銷貨毛利、營業利益、稅前淨利、本期淨利)。比率越大,獲利能力越高;比率越小,獲利能力越低。常用之

▲ 表 8-1　損益結構分析比率

(1) 收入	(2) 成本項目					(3) 利潤 = (1) − (2)	(4) 比率 = (3) ÷ (1)
	銷貨成本	營業費用	營業外損益		所得稅費用		
			其他	利息費用			
銷貨收入	▲					銷貨毛利	毛利率
	▲	▲				營業利益	營業淨利率
	▲	▲	▲			稅前息前淨利	稅前息前淨利率
	▲	▲	▲	▲		稅前淨利	稅前純益率
	▲	▲	▲	▲	▲	淨利	純益率

註：▲表示包含該成本項目。

分析工具包括毛利率、營業淨利率、稅前息前淨利率、稅前純益率、淨利率、每股盈餘，依序說明如下：

8.2.1　毛利率 (Gross Profit Margin)

$$毛利率 = \frac{銷貨毛利}{銷貨淨額}^1$$

> 毛利率表達企業每銷售一元可獲得的毛利 (銷貨收入減除銷貨成本) 比率。

　　毛利率為企業產品獲利能力的指標。毛利率表達企業每銷售一元可獲得的毛利 (銷貨收入淨額減除銷貨成本) 比率。享有高毛利率的企業通常表示該企業產品在該領域具有競爭優勢，有能力向客戶收取較高之成本加價，這些競爭優勢通常源於公司之創新能力、關鍵技術、成本管控與規模經濟等因素；由於毛利率是一個企業獲利能力的最基本指標，因此觀察其變化將可找出企業獲利變化的趨勢。當企業的毛利率往上提升時，可能代表著企業存貨或生產成本因規模經濟而下降、產品售價因創新增加需求而提高、新產品效益逐漸浮現，均為企業體質好轉的指標。毛利率之使用，除了一般投資人與債權人外，企業內部亦常利用毛利率作為未來獲利能力的預測、成本控制、期中財報存貨水準之估計、保險理賠之推估；此外，會計師與國稅局也利用毛利率作為判斷會計資訊之正確性與合理性。

---

1 本章銷貨淨額有時與營業收入淨額意義相同。

8.2.2 營業淨利率 (Operating Profit Margin)

$$營業淨利率 = \frac{營業利益}{銷貨淨額}$$

營業淨利率係指營業利益與銷貨收入的比率，營業利益 = 銷貨毛利 – 營業費用。在營業毛利一定的條件下，營業利益決定於營業費用的高低。營業費用越高，營業利益越少。營業淨利率排除營業外之損益 (如投資損益及利息費用) 與所得稅等之影響，可以直接反映企業核心業務之獲利能力。

> 營業淨利率係指營業利益與銷貨收入的比率。

8.2.3 稅前純益率與稅前息前淨利率

$$稅前純益率 = \frac{稅前淨利}{銷貨淨額}$$

稅前純益率又稱稅前淨利率。稅前淨利是營業損益加營業外收入並減營業外支出後的淨額，稅前純益率越高表示企業賺錢能力強、獲利率越佳。該數字與營業淨利率的差異在於營業外損益的部分。有些企業可能本業表現不佳，因此營業淨利率不好，但該企業業外收入表現顯眼，使其仍保有不錯之稅前純益率。

> 稅前純益率又稱稅前淨利率。稅前淨利是營業損益加營業外收入並減營業外支出後的淨額。

$$稅前息前淨利率 = \frac{(稅前淨利 + 利息費用)}{銷貨淨額}$$

稅前息前淨利率與稅前純益率之差別為利息費用，企業若無舉債之情況下，稅前息前淨利率將等於稅前純益率。

8.2.4 純益率 (Net Profit Margin)

$$純益率 = \frac{本期淨利}{銷貨淨額}$$

純益率為本期淨利與銷貨收入淨額之比率關係，又稱為淨利率 (return of sales, ROS) 或稅後淨利率，用以測試企業經營獲利能力的高低，淨利率越高表示企業獲利能力越好。此比率亦可用於衡量企業成本費用控制能力。這項比率會因為行業不同，而有很大的差異。淨利率須與同業或與歷史比較才能真正衡量獲利能力。

> 純益率為本期淨利與銷貨收入淨額之比率關係，又稱為淨利率或稅後淨利率。

研究櫥窗

獲利能力之決定因素

會計、財務、產業經濟與策略管理等領域之研究,嘗試尋找出影響企業獲利能力之決定因素;過去文獻顯示獲利能力與產業結構 (如市場占有率、集中度、規模經濟、進入與退出市場障礙)、無形資產 (如聲譽、科技與創新能力)、有形資源 (如獨特之特殊資源)、產品生命週期、組織與管理能力等因素有關。分析公司獲利能力,應考量該企業處於產業發展之階段,不同產業階段會反映不同之獲利結構。一般而言,獲利能力與市場競爭程度息息相關,市場越競爭可能導致整體產業獲利能力下滑。

觀念簡訊

盈餘品質與盈餘持續性

綜合損益表有幾個數字可用以衡量獲利能力,獲利能力指標應注意盈餘持續性,好的盈餘品質應是預期未來能持續穩定發生,因此,於進行獲利能力比率分析時,應同時考量且必要時應調整停業單位損益 (discontinued operations)、或其他損益金額和發生頻率無法預期等非屬經常性損益 (recurring income) 之項目,以反映確實的獲利性指標。參見第 4 章 4.5.1 節「會計損益與財務報表分析」的解說。

以**台積電**為例說明,根據**台積電** 107 年度合併綜合損益表,106 年、107 年「其他營業收益及費損淨額」摘錄於下表,106 年、107 年該損益項目大幅變動,財報附註顯示主要原因在於 107 年度認列「不動產、廠房及設備減損損失」,但 106 年則無該項減損,上述差異說明該項減損損失可能非為經常性,故在使用相關數字時,應做進一步的考量及調整。

台積電綜合損益表、附註──摘錄

	106 年度	107 年度
其他營業收益及費損淨額	($1,365,511)	($2,101,449)
不動產、廠房及設備減損損失*	–	(423,468)

*取自合併財務報告附註。

釋例 8-1

請利用**台積電**民國 107 年度年報中「合併損益表」所提供之盈餘資訊，計算**台積電**當年度之毛利率、營業淨利率、稅前純益率及淨利率四項獲利能力比率，並進行**台積電** 106、107 年度之損益結構分析。

合併綜合損益表　　　　　　　　　　　　　　　　　　　　　　　單位：新台幣千元

	民國 106 年	民國 107 年
營業收入淨額	$977,447,241	$1,031,473,557
營業成本	482,616,286	533,487,516
營業毛利	494,830,955	497,874,253
營業費用	107,901,668	112,149,280
營業淨利	385,559,223	383,623,524
營業外收入及支出	10,573,807	13,886,739
稅前淨利	396,133,030	397,510,263
所得稅費用	(52,986,182)	(46,325,857)
本年度合併總淨利	343,146,848	351,184,406
本期淨利－母公司業主	343,111,476	351,130,884

解答

台積電 107 年度之各項獲利能力比率計算結果如下：

(1) 毛利率 (107 年度) = $\dfrac{銷貨毛利}{銷貨淨額} = \dfrac{\$497,874,253}{\$1,031,473,557} = 48.27\%$

(2) 營業淨利率 (107 年度) = $\dfrac{營業利益}{銷貨淨額} = \dfrac{\$383,623,524}{\$1,031,473,557} = 37.19\%$

(3) 稅前純益率 (107 年度) = $\dfrac{稅前純益}{銷貨淨額} = \dfrac{\$397,510,263}{\$1,031,473,557} = 38.54\%$

(4) 純益率 (107 年度) = $\dfrac{本期淨利}{銷貨淨額} = \dfrac{\$351,184,406}{\$1,031,473,557} = 34.05\%$

同理可計算**台積電** 106 年度之各項獲利能力比率，結果列示如下：

	106 年度	107 年度
毛利率	50.62%	48.27%
營業淨利率	39.44%	37.19%
稅前純益率	40.52%	38.54%
純益率	35.11%	34.05%

　　透過跨年度之損益結構分析,可觀察到**台積電**各項獲利能力比率呈現約略下降的趨勢。利用合併損益表進一步分析,亦可發現此現象:107 年度之銷貨收入及銷貨成本相較於 106 年度皆增加,其中銷貨收入增加 6%,而銷貨成本增加 11%,因此毛利率呈現下降之結果。由此可見使用毛利率進行企業獲利能力分析之好處之一,在於可以直接透過毛利率之變動,了解銷貨收入及銷貨成本之相對變動情形,以得知該公司產品之相對競爭優勢。

　　透過**台積電**之合併綜合損益表,如前述分析 107 年度毛利率較去年下降,加上 107 年度之營業費用增加了 4%,使得本期營業淨利率稍降,而因為營業外收入及支出淨額較前期增加,使稅前純益率略為提升。

8.3　投資報酬率分析

　　投資報酬率分析係一種投入−產出比率分析,為投資項目收益與投資金額的比率,是對投入利用與產出效能的直接之衡量標準。每項投資報酬率分析比率,皆可衡量企業經營或管理效果和效率。投資報酬率的基本計算公式:

$$投資報酬率 = \frac{投資項目收益}{投資金額}$$

> 投資報酬率之計算須利用投資項目收益與投資金額,故須同時使用綜合損益表與資產負債表資訊。

　　投資報酬率之計算須利用投資項目收益與投資金額,故須同時使用綜合損益表與資產負債表資訊。當投資報酬率低於所屬行業平均投資報酬率,特別是低於同期銀行存款利率時,即可視為一個警訊。如表 8-2 所示,依據不同之投入與產出歸納出下表三種常用之投資報酬率,依序說明如下:

表 8-2　投資報酬率分析之各項比率

投入	產出	產出 ÷ 投入
資產總額 = 自有資金 + 外來資金	本期淨利 + 利息費用 × (1 – 稅率)	資產報酬率
股東權益	本期淨利	股東權益報酬率
普通股股東權益	本期淨利 – 特別股股利	普通股股東報酬率

8.3.1　資產報酬率

$$資產報酬率 = \frac{本期淨利 + 利息費用 \times (1 - 稅率)}{平均資產總額}$$

資產報酬率係衡量企業之資產是否充分利用的指標，不論資產是來自舉債或是股東資金，企業利用其所有的資產從事生產活動，所獲得的報酬表現在稅後淨利上，因此資產報酬率係衡量企業整體資產的運用效率狀況，比率越高，表示整體資產的運用效率越高，經營效率越好。

8.3.2　股東權益報酬率 (Return on Owner's Equity, ROE)

$$股東權益報酬率 = \frac{本期淨利}{平均股東權益}$$

衡量一個企業績效之有系統的分析之起點就是股東權益報酬率，某年度的股東權益報酬率就是該年度股東權益的成長速度，乃表達企業能為股東創造多少獲利之指標。股東權益報酬率係來自企業之盈餘，因此亦顯示一個企業即使不仰賴對外舉債，也能增進其成長的能力。

8.3.3　普通股股東報酬率

$$普通股股東報酬率 = \frac{本期淨利 - 特別股股利}{平均普通股股東權益}$$

其中，本期淨利部分須扣除掉特別股股利[2] 後之盈餘，而分母則

---

[2] 此處假設該特別股符合權益定義，若特別股認列為負債時，特別股股利則認列為利息費用，故無需調整。

為普通股股東權益。由於普通股股東權益報酬率,是以普通股股東權益為主要考量,故可衡量公司經營階層的目標是否與普通股股東目標一致。

現場直擊

巴菲特投資理念

投資大師巴菲特認為企業之全年股東權益報酬率超過 20%,或是每季股東權益報酬率超過 5%,就是好公司。這項指標因為巴菲特強力推薦而聞名,他認為以股東權益報酬率衡量企業價值,比其他財務比率更能彰顯公司獲利能力。

釋例 8-2

請利用**台積電**民國 107 年度年報中「合併簡明資產負債表」及「合併簡明損益表」所提供之財務及盈餘資訊進行投資報酬率分析,計算**台積電**當年度之資產報酬率、股東權益報酬率、普通股股東報酬率。**台積電** 107 年度無特別股流通在外,稅率為 17%。

合併簡明資產負債表

單位:新台幣千元

項目	民國 106 年	民國 107 年
流動資產	$ 857,203,110	$ 951,679,721
不動產、廠房及設備	1,062,542,322	1,072,050,279
其他非流動資產	72,116,211	66,398,038
資產總額	1,991,861,643	2,090,128,038
流動負債	358,706,680	340,542,586
非流動負債	110,395,320	72,089,056
負債總額	469,102,000	412,631,642
股本	259,303,805	259,303,805
資本公積	56,309,536	56,315,932
保留盈餘	1,233,362,010	1,376,647,841
母公司業主權益合計	1,522,057,553	1,676,817,665
權益總額	1,522,759,643	1,677,496,396

合併簡明損益表
單位：新台幣千元

項目	民國 106 年	民國 107 年
營業收入淨額	$977,447,241	$1,031,473,557
營業毛利	494,826,402	497,874,253
營業淨利	385,559,223	383,623,524
營業外收入及支出	10,573,807	13,886,739
利息收入*	9,464,706	14,694,456
財務成本	(3,330,313)	(3,051,223)
稅前淨利	396,133,030	397,510,263
本年度合併總淨利	343,146,848	351,184,406
本期淨利－母公司業主	343,111,476	351,130,884

*利息收入金額係參考合併財務報告附註揭露。

解答

台積電 107 年度之各項投資報酬率計算結果如下：

(1) 資產報酬率 $= \dfrac{\text{本期淨利} + \text{利息費用} \times (1 - \text{稅率})}{\text{平均資產總額}}$

$= \dfrac{\$351,184,406 + \$3,051,223 \times (1 - 0.17)}{(\$1,991,861,643 + \$2,090,128,038) / 2}$

$= 17.33\%$

(2) 股東權益報酬率 $= \dfrac{\text{本期淨利}}{\text{平均股東權益淨額}}$

$= \dfrac{\$351,130,884}{(\$1,522,057,553 + \$1,676,817,665) / 2}$

$= 21.95\%$

由於計算股東權益報酬率時不考慮非控制權益，故分子應為「本期淨利－母公司業主」，而分母之股東權益淨額為母公司業主權益合計。

(3) 普通股股東報酬率 $= \dfrac{\text{本期淨利} - \text{特別股股利}}{\text{平均普通股股東權益}}$

$= \dfrac{\$351,130,884 - 0}{(\$1,522,057,553 + \$1,676,817,665) / 2}$

$= 21.95\%$

由於**台積電** 107 年度並無特別股流通在外，普通股股東權益即股東權益淨額，故普通股股東報酬率恰為股東權益報酬率。

8.4 經營管理效率分析

在第 6 章討論流動資產與流動負債時，曾說明一些應收款項、存貨及應付款項相關的財務比率，這些與週轉率有關的比率固然與資產變現速度乃至資金壓力有關，也與企業使用資產效率以及經營管理效率乃至獲利能力有關，因此本章再度提到上述比率。總資產週轉率為決定最終經營管理效率的綜合指標，另外，可以更進一步將其細分某些組成要素比率。總資產週轉率中常見重要的組成要素包括應收款項週轉率、應付款項週轉率、存貨週轉率及不動產、廠房及設備週轉率。

> 不動產、廠房及設備週轉率原稱固定資產週轉率。

8.4.1 應收款項週轉率與平均收現日數

$$應收款項週轉率 = \frac{銷貨淨額}{各期平均應收款項餘額}$$

應收款項餘額包括應收帳款與因營業而產生之應收票據，平均應收款項餘額則係期初應收款項餘額和期末應收款項餘額之平均數。應收款項週轉率又稱**應收帳款週轉率** (accounts receivable turnover)，表達應收款項週轉次數，亦即應收款項發生及收回的平均次數。此一比率可用以衡量應收款項品質和流動性。應收款項週轉率亦可轉換成以應收款項收回的平均天數 (亦稱應收款項週轉天數) 來表達。

> 應收款項週轉率又稱應收帳款週轉率，表達應收款項週轉次數，亦即應收款項發生及收回的平均次數。

$$平均收現日數 = \frac{365}{應收款項週轉率}$$

應收款項週轉率越高，代表應收款項收現的週轉次數越多，應收款項的收款效率佳，通常週轉率高收款速度快，被倒帳風險就低，應收帳款品質較好，反之則否。

應收款項週轉率也透露公司信用政策是否太鬆或太緊，若是信用政策太鬆，則收現速度太慢，週轉率小；但是，週轉率太高，收現速

> **研究櫥窗**
>
> **應收款項週轉率明顯下降與上升**
>
> 應收款項週轉率明顯下降，通常是一種警訊。尤其，過去許多發生財務危機的公司，出事之前就可以發現應收款項週轉率迅速下降。應收款項週轉率明顯上升，通常是一項好的指標，表示應收款項平均收現日數大幅縮短時，但須注意其上升之原因是否僅因當期提列之呆帳大幅增加，導致應收帳款餘額下降所致，而非收款速度變快。

度太快，也可能是信用過嚴，犧牲了一部分信用較差的客戶訂單所致，若信用政策太緊，亦有可能會導致銷售額下滑。此外，可以根據銷貨信用政策條件來解釋平均收款期間，如果銷貨條件是 30 天收款，而應收帳款平均收現日數若高達 100 天，表示與公司之銷貨信用政策條件不符，此時，則須進一步了解背後理由。

8.4.2 應付款項週轉率與平均付現日數

$$應付款項週轉率 = \frac{銷貨成本^3（或進貨金額）}{各期平均應付款項餘額}$$

應付款項週轉率又稱為**應付帳款週轉率** (accounts payable turnover)，應付款項餘額包括應付帳款與因營業而產生之應付票據，應付款項週轉率的增加代表公司付款給供應商的時間加快，對現金的需求也更高。應付款項付款時間反映許多因素，例如：買賣雙方爭取有利買賣條件之能力、產品市場需求、資金狀況等，一般而言，應付款項週轉率越小對企業較好，表示資金需求較少。另外，亦可以將應付款項週轉率轉換成以應付款項付現的平均天數 (亦稱應付帳款週轉天數) 來表達。

應付款項週轉率的增加代表公司付款給供應商的時間加快，對現金的需求也更高。

$$平均付現日數 = \frac{365}{應付款項週轉率}$$

8.4.3 存貨週轉率與平均銷貨日數

$$存貨週轉率 = \frac{銷貨成本}{平均存貨}$$

---

[3] 本章銷貨成本有時與營業成本交互使用。

> 存貨週轉率顯示公司存貨銷售的快慢。存貨週轉率是以一年銷售幾次來表達。

存貨週轉率 (inventory turnover) 顯示公司存貨銷售的快慢。存貨週轉率是以一年銷售幾次來表達。過高或過低之存貨週轉率都須特別注意，企業應考量過高或過低之利弊因素，決定存貨最理想水準，找出最適的存貨週轉率。存貨週轉率越高，代表管理存貨的效率越高，不過若是存貨週轉率太高，也可能意味著存貨水準太低，有可能造成缺貨而流失顧客的結果，因此，喪失存貨投資之獲利能力。相反地，存貨週轉率過低，表示存貨週轉太慢，存貨銷售情況不理想，容易造成存貨過期滯銷或存貨跌價損失，影響獲利。

亦可以將存貨週轉率轉換成以銷貨的平均日數 (亦稱存貨週轉天數) 來表達：

$$平均銷貨日數 = \frac{365}{存貨週轉率}$$

存貨週轉率越高，存貨平均銷售天數就越短，代表存貨管理效率越高；反之，存貨週轉率越低，存貨平均銷售天數就越長，代表存貨管理效率越差。

8.4.4 不動產、廠房及設備週轉率

$$不動產、廠房及設備週轉率 = \frac{銷貨淨額}{平均不動產、廠房及設備淨額}$$

因為企業投資可觀的資源於不動產、廠房及設備上，所以，如何充分有效地利用這些資源，對公司整體的獲利能力之提升非常重要，不動產、廠房及設備週轉率太低代表欠缺生產力。比較高的不動產、廠房及設備週轉率則表示相對於銷貨額，投資於不動產、廠房及設備

> 不動產、廠房及設備週轉率太低代表欠缺生產力。

研究櫥窗

快速成長企業與不動產、廠房及設備週轉率

快速成長企業須大量投入資金購買設備，通常在產生銷貨前好幾期就投資不動產、廠房及設備，因此，不動產、廠房及設備週轉率過低或逐漸降低時，有可能表示企業正在擴張中，為未來的成長做準備，不代表公司資產運用沒有效率。

的金額是較低的,通常這被認為是好消息。

8.4.5 總資產週轉率

$$總資產週轉率 = \frac{銷貨淨額}{平均資產總額}$$

總資產週轉率指出每一塊錢的資產可以創造多少銷貨金額。用以衡量公司所有資產的使用效率。總資產週轉率太低表示公司沒有充分運用資產。和同業相比如果偏低,則可能銷售額要再提高,或者應該處分閒置的資產。

> 總資產週轉率指出每一塊錢的資產可以創造多少銷貨金額。

釋例 8-3

下列財務及盈餘資訊摘錄自**台積電**民國 107 年度年報中「合併資產負債表」及「合併綜合損益表」,請計算應收款項週轉率與平均收現日數、應付款項週轉率與平均付現日數、存貨週轉率與平均銷貨日數、不動產、廠房及設備週轉率、總資產週轉率,以進行**台積電**當年度經營管理效率分析。

合併資產負債表——摘錄　　　　　　　　　　　　　　　　　　　　單位:新台幣千元

項目	民國 106 年	民國 107 年
流動資產	$ 857,203,110	$ 951,679,721
現金及約當現金	553,391,696	577,814,601
應收關係人款項	1,184,124	584,412
應收票據及帳款淨額	121,133,248	128,613,391
其他應收關係人款項	65,028	171,058
存貨-淨額	73,880,747	103,230,976
不動產、廠房及設備	1,062,542,322	1,072,050,279
其他資產	72,116,211	66,398,038
資產總額	1,991,861,643	2,090,128,038
流動負債	358,706,680	340,542,586
應付帳款	28,412,807	32,980,933
應付關係人款項	1,656,356	1,376,499
非流動負債	110,395,320	72,089,056
負債總額	469,102,000	412,631,642
母公司業主權益合計	1,522,057,553	1,676,817,665
權益總額	1,522,959,643	1,677,496,396

合併綜合損益表──摘錄

單位：新台幣千元

	民國 106 年	民國 107 年
營業收入淨額	$977,447,241	$1,031,473,557
營業成本	482,616,286	533,487,516
營業毛利 (調整後)	494,826,402	497,874,253
營業淨利	385,559,223	383,623,524
稅前淨利	396,133,030	397,510,263
本年度合併總淨利	343,146,848	351,184,406
本期淨利－母公司業主	343,111,476	351,130,884

合併財務報告──附註

	106 年 12 月 31 日	107 年 12 月 31 日
按攤銷後成本衡量應收票據及帳款 (不含應收關係人款項)	$121,604,989	$125,025,575
備抵損失	(471,741)	(7,253)
	121,133,248	125,018,322
透過其他綜合損益按公允價值衡量	–	3,595,069
應收票據及帳款淨額	$121,133,248	$128,613,391

解答

　　台積電 107 年度經營管理效率相關財務比率之計算結果如下：

(1) 107 年期初應收款項 (包括應收帳款與因營業而產生之應收票據)

　　= $1,184,124 + $121,604,989 = $122,789,113

　　107 年期末應收款項 = $584,412 + $128,613,391 + $7,253 = $129,205,056

$$\text{應收款項週轉率} = \frac{\text{銷貨淨額}}{\text{各期平均應收款項餘額}} = \frac{\$1,031,473,557}{(\$122,789,113 + \$129,205,056) / 2} = 8.19$$

(2) 平均收現日數 = $\dfrac{365}{\text{應收款項週轉率}} = \dfrac{365}{8.19} = 44.57$

(3) 107 年期初應付款項 (包括應付帳款與因營業而產生之應付票據)

　　= $28,412,807 + $1,656,356 = $30,069,163

　　107 年期末應付款項 = $32,980,933 + $1,376,499 = $34,357,432

$$\text{應付款項週轉率} = \frac{\text{銷貨成本}}{\text{各期平均應付款項餘額}} = \frac{\$533,487,516}{(\$30,069,163 + \$34,357,432) / 2} = 16.56$$

(4) 平均付現日數 = $\dfrac{365}{\text{應付款項週轉率}} = \dfrac{365}{16.56} = 22.04$ (天)

(5) 存貨週轉率 = $\dfrac{\text{銷貨成本}}{\text{平均存貨}} = \dfrac{\$533,487,516}{(\$73,880,747 + \$103,230,976)/2} = 6.02$

(6) 平均銷貨日數 = $\dfrac{365}{\text{存貨週轉率}} = \dfrac{365}{6.02} = 60.63$ (天)

(7) 不動產、廠房及設備週轉率 = $\dfrac{\text{銷貨淨額}}{\text{平均不動產、廠房及設備淨額}}$

$= \dfrac{\$1,031,473,557}{(\$1,062,542,322 + \$1,072,050,279)/2} = 0.97$

(8) 總資產週轉率 = $\dfrac{\text{銷貨淨額}}{\text{平均資產總額}} = \dfrac{\$1,031,473,557}{(\$1,991,861,643 + \$2,090,128,038)/2} = 0.51$

接著利用年報所提供之「台積電公司及子公司財務分析」資料來進行 106、107 年度之跨年度經營管理效率分析。

	106 年度	107 年度
應收款項週轉率	7.74	8.19
平均收現日數	47.16	44.57
應付款項週轉率	16.82	16.56
平均付現日數	21.70	22.04
存貨週轉率	7.88	6.02
平均銷貨日數	46.32	60.63
不動產、廠房及設備週轉率	0.95	0.97
總資產週轉率	0.5	0.51

和 106 年度相比，**台積電** 107 年度在應收帳款之「資產管理能力」上升主係本期銷貨淨額大幅增加，至於不動產、廠房及設備與總資產之「資產使用效率」稍稍上升亦肇因於銷貨淨額的增加。

由於各項週轉率之分子 (銷貨收入) 為流量，而分母 (各項資產或負債餘額) 為存量，故分母採「平均」的方法一般而言較能改善計算結果之解釋能力。此外，如同第 6 與第 7 兩章的解說，讀者宜透過**台積電**各項經營管理效率比率與產業平均之比較，以更正確地評估**台積電**經營管理能力之變化。

研究櫥窗

企業成立之時間與資產週轉率

由於資產負債表中不動產、廠房及設備是用歷史成本入帳，較老舊的公司或者資產較早購入的公司，其不動產、廠房及設備淨額會被低估，因而使得資產週轉率與不動產、廠房及設備週轉率偏高。

觀念簡訊

財務分析比率須注意分子與分母之合理對應

就財務比率分析而言，理論上分子與分母的項目需合理對應，較能反映公司的狀況，故在解讀財務比率時，應留意公式使用數字造成的限制及影響。以衡量經營能力的總資產週轉率(營業收入／平均總資產)為例，在分析該比率的變化原因時，除了營收或營運資產使用效率為可能原因外，讀者亦須考慮與產生營收無直接關聯的項目(如定存或有價證券)是否有重大影響，像是**台積電** 107 年底持有的現金及約當現金達 $577,814,601 千元，占總資產的比例為 28%；**Apple 公司** 2018 年 12 月底持有之現金、約當現金及有價證券投資[1] 合計 $245,035 百萬美元，高達總資產的 65%；**Google 公司** 2018 年 12 月底持有之現金、約當現金及有價證券投資合計 $122,999 百萬美元，占總資產的 52.8%。由此可見，若企業在持有一定比例與產生營收無直接相關的資產下，採用總資產計算週轉率或相關比率，會影響財報使用人的解讀與判斷。

以**台積電**為例說明，其 107 年度營業收入淨額 $1,031,473,557 千元，平均總資產 $2,040,994,841 千元，總資產週轉率為 0.6 次；然而，根據**台積電** 107 年度合併資產負債表，企業持有一定數量之金融資產，其中 107 年度透過其他綜合損益按公允價值衡量之金融資產 $103,472,421 千元，達總資產之 5%，若去除金融資產[2] 之影響則資產週轉率為 0.54 次。**台積電** 107 年度帳上現金及約當現金 $577,814,601 千元，達總資產之 28%，大部分為銀行定存，若進一步去除現金及約當現金之影響，則資產週轉率達 0.76 次，與總資產週轉率有顯著差異，各資產週轉率整理如下表。

台積電 107 年度資產週轉率

總資產週轉率	去除金融資產 (不包括現金及約當現金) 影響	去除金融資產 (包括現金及約當現金) 影響
0.51	0.54	0.76

1 Total cash, cash equivalents, short-term marketable securities, and long-term marketable securities.
2 考慮台積電合併資產負債表上的金融資產，包括：透過損益按公允價值衡量之金融資產(流動資產)、透過其他綜合損益按公允價值衡量之金融資產(流動資產、非流動資產)、持有至到期日金融資產(流動資產、非流動資產)、按攤銷後成本衡量之金融資產(非流動資產)。

觀念簡訊

產業別差異與財務比率分析

比較不同企業的財務比率時，須留意產業別差異對於財務比率的影響。以**台積電**與**聯發科**為例，**台積電** 107 年底不動產、廠房及設備達 $1,072,050,279 (千元)，占總資產的 51%；而**聯發科** 107 年帳上不動產、廠房及設備為 $37,603,586 千元，僅占總資產的 9%。**台積電**的不動產、廠房及設備週轉率遠低於**聯發科**，此主係因**台積電**從事晶圓代工為資本密集產業，須投資廠房等，故不動產、廠房及設備週轉率低；而**聯發科**從事 IC 設計，不自行製造產品或興建廠房，不動產、廠房及設備週轉率高。由此可知，**台積電**、**聯發科**即便同屬於半導體產業，但因價值鏈位置不同而影響財務比率的呈現，故不宜遽下結論認為**台積電**的經營能力不如**聯發科**，應選擇同樣從事晶圓代工的**聯電**與**台積電**比較；同理，從事 IC 設計之**高通**則適合與**聯發科**比較，相關結果整理於下表。

不動產、廠房及設備週轉率 (民國 107 年)

企業	行業別	不動產、廠房及設備占總資產比例	不動產、廠房及設備週轉率
台積電	晶圓代工	51.29%	0.97
聯電	晶圓代工	47.41%	0.80
聯發科	IC 設計	9.33%	6.38
高通	IC 設計	9.10%	7.34

8.5 杜邦系統分析 (DuPont System)

杜邦分析法是財務比率分析中最常用的一種綜合分析方法。杜邦分析法利用幾種主要的財務比率之間的關係，綜合地分析企業的財務狀況，這種分析方法最早由美國杜邦公司使用，故名杜邦分析法。杜邦分析法是一種用來評價公司獲利能力和股東權益報酬，從整體角度評價企業績效的一種經典方法。其基本思想是將企業股東權益報酬率逐級分解為多項財務比率之乘積，這樣有助於深入分析比較企業經營業績。

股東權益報酬率是一個綜合性最強的財務分析指標，是杜邦分析系統的核心。根據杜邦分析，股東權益報酬率可拆解成淨利率、資產週轉率與權益乘數三部分。杜邦分析法中的主要財務指標關係為：

> 投資報酬率之計算須利用投資項目收益與投資金額，故須同時使用綜合損益表與資產負債表資訊。

$$股東權益報酬率 = \frac{本期淨利}{平均股東權益}$$

$$= \frac{本期淨利}{平均資產總額} \times \frac{平均資產總額}{平均股東權益}$$

$$= 資產報酬率 \times 權益乘數$$

利用資產報酬率，可以告訴我們平均投資 1 元的資產可以獲得多少的利潤，換句話說，不考慮資產的資金來源為何，僅考慮資產所能創造的利潤是多少。為了解資產報酬率的改變，可以將資產報酬率再分解為純益率和總資產週轉率：

$$資產報酬率 = \frac{本期淨利}{平均資產總額}$$

$$= \frac{本期淨利}{銷貨淨額} \times \frac{銷貨淨額}{平均資產總額}$$

$$= 純益率 \times 總資產週轉率$$

故股東權益報酬率＝純益率×總資產週轉率×權益乘數。

資產報酬率是影響股東權益報酬率的最重要的指標，而資產報酬率又取決於純益率和總資產週轉率。總資產週轉率反映總資產的使用效率。對總資產週轉率的分析，需要對影響總資產週轉率的各因素進行分析，以判明影響企業總資產週轉率的主要問題在哪裡。純益率反映銷售收入的獲利水準。擴大銷售收入，降低成本費用是提高企業銷售利潤率的根本途徑，而擴大銷售收入，同時也是提高總資產週轉率的必要條件和途徑。

權益乘數表示企業的負債程度，反映了企業利用財務槓桿進行經營活動的程度。企業之負債金額高，權益乘數就大，這說明企業負債程度高，公司會有較多的槓桿利益，但風險也高；反之，負債比率低，權益乘數就小，這說明企業負債程度低，會有較少的槓桿利益，但相對所承擔的風險也低。

杜邦分析法說明股東權益報酬率受三類因素影響：(1) 營運效率，用純益率衡量；(2) 資產使用效率，用總資產週轉率衡量；以及

> 杜邦分析法說明股東權益報酬率受三類因素影響：(1) 營運效率，用純益率衡量；(2) 資產使用效率，用總資產週轉率衡量；以及 (3) 財務槓桿，用權益乘數衡量。

(3) 財務槓桿，用權益乘數衡量。如果股東權益報酬率 (ROE) 表現不佳，杜邦分析法可以具體找出是哪部分表現欠佳，藉由杜邦分析法分解資產與權益報酬率找出問題所在，例如：降低生產的成本以改善營運的效率、減少閒置的產能或處分閒置的資產以提升資產週轉率或適度的使用負債改變財務結構。杜邦分析法可使財務比率分析的層次更清晰、條理更突出，有助於企業管理階層與報表分析者更加明白地看到股東權益報酬率的決定因素，以及純益率與總資產週轉率、負債比率之間的相互關係，提供了管理階層一張明晰的考察企業資產管理效率和是否最大化股東投資報酬的路線圖。

釋例 8-4

請利用**台積電**民國 107 年度合併財務報表中「簡明資產負債表」及「簡明損益表」所提供之財務及盈餘資訊進行 106、107 年度杜邦分析，並說明由分析結果中觀察到之現象。

簡明資產負債表　　　　　　　　　　　　　　　　　　　　　　　　　單位：新台幣千元

項目	民國 105 年	民國 106 年	民國 107 年
流動資產	$817,729,126	$857,203,110	$951,679,721
不動產、廠房及設備	997,777,687	1,062,542,322	1,072,050,279
其他非流動資產	70,948,489	72,116,211	66,398,038
資產總額	1,886,455,302	1,991,861,643	2,090,128,038
流動負債	318,239,273	358,706,680	340,542,586
非流動負債	178,164,903	110,395,320	72,089,056
負債總額	496,404,176	469,102,000	412,631,642
股本	259,303,805	259,303,805	259,303,805
資本公積	56,272,304	56,309,536	56,315,932
保留盈餘	1,072,008,169	1,233,362,010	1,376,647,841
母公司權益總額	1,389,248,261	1,522,057,533	1,676,817,665
權益合計	1,390,051,126	1,522,759,643	1,677,496,396

簡明損益表

單位:新台幣千元

	民國 106 年	民國 107 年
營業收入淨額	$977,447,241	$1,031,473,557
營業毛利	494,826,402	497,874,253
營業淨利	385,559,223	383,623,524
營業外收入及支出	10,573,807	13,886,739
利息收入	9,464,706	14,694,456
財務成本	(3,330,313)	(3,051,223)
稅前淨利	396,133,030	397,510,263
本期淨利	343,111,476	351,130,884
本期淨利－母公司業主	314,294,993	360,965,015

解答

$$股東權益報酬率 = \frac{本期淨利}{平均股東權益}$$

$$= \frac{本期淨利}{平均資產總額} \times \frac{平均資產總額}{平均股東權益}$$

$$= \frac{本期淨利}{銷貨淨額} \times \frac{銷貨淨額}{平均資產總額} \times \frac{平均資產總額}{平均股東權益}$$

$$= 純益率 \times 資產週轉率 \times 權益乘數$$

台積電 107 年度之杜邦分析結果為:

$$股東權益報酬率\,(107\,年) = \frac{\$360,965,015}{\$1,031,473,557}$$

$$\times \frac{\$1,031,473,557}{(\$1,991,861,643 + \$2,090,128,038)/2}$$

$$\times \frac{(\$1,991,861,643 + \$2,090,128,038)/2}{(\$1,522,057,533 + \$1,676,817,665)/2}$$

$$= 35.00\% \times 50.54\% \times 1.2761 = 22.57\%$$

台積電 106 年度之杜邦分析結果為:

$$股東權益報酬率\,(106\,年) = \frac{\$314,294,993}{\$977,447,241}$$

$$\times \frac{\$977,447,241}{(\$1,886,455,302 + \$1,991,861,643)/2}$$

$$\times \frac{(\$1{,}886{,}455{,}302 + \$1{,}991{,}861{,}643)/2}{(\$1{,}389{,}248{,}261 + \$1{,}522{,}759{,}643)/2}$$

$$= 32.15\% \times 50.41\% \times 1.3318$$

$$= 21.58\%$$

進一步將分析結果列示如下：

	純益率	總資產週轉率	權益乘數	歸屬於母公司業主之權益報酬率
106 年度	32.15%	50.41%	1.3318	21.58%
107 年度	35.00%	50.54%	1.2761	22.57%

讀者可以觀察到，107 年度的權益乘數降低，表示**台積電**承擔較少風險也有較少的槓桿利益，而純益率、資產週轉率、股東權益報酬率皆略為上升，則可與 8.2 節之損益結構分析結果相呼應，**台積電** 107 年度營運效率之變化來自於獲利能力各項比率之影響。此外，資產週轉率的下降則主要受平均資產總額增加之影響。

進行杜邦分析時，需特別注意公式中各項財務比率之定義。讀者應該會發現，杜邦分析中之資產報酬率 $\left(= \frac{\text{本期淨利}}{\text{平均資產總額}}\right)$ 與 8.3 節所提到之資產報酬率 $\left(= \frac{\text{本期淨利} + \text{利息費用} \times (1 - \text{稅率})}{\text{平均資產總額}}\right)$ 定義有所不同，前者是以股東角度來看企業之資產報酬率，後者則是以股東及債權人共同之角度來看之資產報酬率。由於股東權益報酬率為表達企業能為股東創造多少獲利之指標，故杜邦分析中資產報酬率乃採前者之定義。因此，讀者於記取杜邦公式 (股東權益報酬率 = 資產報酬率 × 權益乘數 = 純益率 × 總資產週轉率 × 權益乘數)，及應用年報中現有財務比率於杜邦分析時，應特別注意資產報酬率、資產週轉率之定義是否一致。

8.5.1 財務槓桿指數 (Financial Leverage Index) 與財務槓桿因素

$$\text{財務槓桿指數} = \frac{\text{股東權益報酬率}}{\text{總資產報酬率}}$$

如第 7 章所述，財務槓桿指數又稱槓桿比率，為衡量企業未來是舉債有利 (外來資金，採長期借款方式)，或是股東自己出資較有利 (自有資金，亦即發行股票)，換言之，財務槓桿是企業利用舉債方式以增進股東報酬。如果舉債經營使股東報酬提高，則是有利之財務槓桿；若股東報酬反因舉債而降低，則為不利之財務槓桿。有利或不利

> 財務槓桿指數又稱槓桿比率，為衡量企業未來是舉債有利，或是股東自己出資較有利。

之關鍵在於資產報酬率是否大於債務稅後資金成本而定。

財務槓桿因素 = 股東權益報酬率 − 總資產報酬率

財務槓桿因素係衡量舉債經營是否合宜之指標,若為正值,表示舉債經營有利。

例如:公司發行公司債 $1,000,000,年利率 6%,故每年要支付 $60,000 利息費用,假設稅率 25%,此 $1,000,000 投資後,每年賺取利潤若超過 $60,000 × (1 − 25%) = $45,000,亦即利潤大於稅後利息費用,剩餘之金額屬可多分配給股東之盈餘,即具有槓桿效果,代表舉債有利,因為股東不必多出資,即可多分配盈餘。

釋例 8-5

請根據釋例 8-2 之結果,計算**台積電**公司 107 年財務槓桿指數、財務槓桿因素,並說明對**台積電**公司而言,這些數值代表什麼意義。

解答

$$財務槓桿指數 = \frac{股東權益報酬率}{總資產報酬率} = \frac{21.95\%}{17.33\%} = 1.27 > 1$$

表示舉債經營可增加**台積電**股東之報酬,未來應持續舉債經營。

財務槓桿因素 = 股東權益報酬率 − 總資產報酬率
　　　　　　 = 21.95% − 17.33%
　　　　　　 = 4.62% > 0

再次得到舉債經營對股東有利之結論。

8.5.2 條條大路通股東權益報酬率

股東權益報酬率可以說是彙總所有企業活動影響後之比率,本章章首故事提到張三室友之問題:「甲公司純益率為 2%,乙公司純益率為 10%,兩家企業之股東權益報酬率有可能皆大約 30% 嗎?」老師以「條條大路通股東權益報酬率」答覆,並請張三回家想想有哪些不同之策略。由杜邦系統分析可知,其實其策略反映於表 8-3,表 8-3 彙總股東權益報酬率之決定因素,股東權益報酬率同時受營業活

表 8-3　股東權益報酬率決定因素之綜合整理

企業活動	營業活動	投資活動	融資活動
決定因素 (1)	資產報酬率		權益乘數
決定因素 (2)	純益率	總資產週轉率	權益乘數
決定因素之項目	毛利率 營業淨利率 稅前純益率	應收款項週轉率 存貨週轉率 不動產、廠房及設備週轉率 應付款項週轉率	自有資金與外來資金之比例

動、投資活動及融資活動之影響，故企業之損益結構、資產運用與資金來源結構對股東權益報酬率皆有重大影響。不同之純益率企業，有可能產生相近之股東權益報酬率，其原因當然是透過投資活動或融資活動差異使其股東權益報酬率接近。例如，純益率低的企業，透過薄利多銷而產生高股東權益報酬率。

8.6　其他重要財報資訊

8.6.1　部門別資訊

　　營運部門資訊有助於財務報表使用者評估企業在經營及所處的經濟環境下，各類業務活動的性質及其對財務影響之資訊。營運部門係企業的組成部分，且具下列特徵：(1) 從事可賺取收入並發生費用 (包括與同一企業內的其他組成部分進行交易而發生的相關收入和費用) 的經營活動；(2) 其經營成果由企業的主要經營決策者定期進行覆核，以決定對部門資源的分配並評估其績效；及 (3) 可取得其個別的財務資訊。

　　營運部門資訊包括產業別、地區別、外銷銷貨及重要客戶，可提供更精細之資訊，營運部門資訊可協助財報使用者，辨識企業純益率或股東權益報酬率之變動，是否係由於某特定產品、銷售區域或重要客戶之變化所影響。以下係**台塑石化**及**長榮航空**於 107 年度財報中所提供之各項營運部門資訊：

> 營運部門資訊包括產業別、地區別、外銷銷貨及重要客戶，可提供更精細之資訊。

台塑石化外銷銷貨資訊

單位：新台幣千元

地區	金額 107 年度	金額 106 年度
台灣	$444,081,332	$380,248,052
菲律賓	83,130,199	92,210,595
新加坡	37,642,170	32,687,569
馬來西亞	19,158,741	22,219,104
中國大陸	20,520,222	20,509,983
韓國	73,684,289	21,172,940
其他國家	89,333,265	55,059,649
合計	$767,550,218	$624,107,892

台塑石化民國 107 年度產業別財務資訊

單位：新台幣千元

項目	石油化學部門	公用部門	其他部門	調整及銷除	合計
收入					
來自公司以外客戶之收入	$707,629,443	$41,641,239	$18,279,536	$ —	$767,550,218
來自公司內部之收入	15,218,381	11,300,224	4,683,805	(31,202,410)	—
收入合計	$722,847,824	$52,941,463	$22,963,341	$(31,202,410)	$767,550,218
利息收入	—	—	891,976	—	891,976
租金收入	1,075,887	—	113,271	—	1,189,158
利息費用	510,010	72,626	107,607	—	690,243
折舊及折耗	8,390,609	4,027,083	800,841	—	13,218,533
攤銷	1,942,678	—	8,954	—	1,951,632
其他重大非現金項目					
資產減損	—	—	47,918	—	47,918
部門損益	$ 63,963,059	$ 6,271,790	$ 950,757	$ 3,361,507	$ 74,547,113
資產					
採用權益法之投資	—	—	48,949,755	(22,893,730)	26,056,025
部門資產	$201,667,818	$37,478,836	$194,794,154	$(28,171,353)	$405,769,455
部門負債	$ 49,874,344	$ 4,051,550	$ 16,465,003	$ (5,277,622)	$ 65,113,275

長榮航空民國 107 年度部門別財務資訊

單位：新台幣千元

	航空運輸部門	維修部門	空廚部門	所有其他部門	調整及銷除	合計
收入						
來自外部客戶收入	$135,439,838	$40,692,837	$ 722,691	$ 3,154,160	$ (102,194)	$179,907,332
部門間收入	180,812	3,988,420	2,714,104	3,096,224	(9,979,560)	–
利息收入	612,624	68,375	3,606	20,794	–	705,399
收入合計	**$136,233,274**	**$44,749,632**	**$ 3,440,401**	**$ 6,271,178**	**$(10,081,754)**	**$180,612,731**
利息費用	(1,798,071)	(124,430)	(10,629)	(69,097)	–	(2,002,227)
折舊與攤銷	(11,839,640)	(585,004)	(207,988)	(612,256)	11,796	(13,233,092)
採用權益法之關聯企業損益之份額	1,988,335	(82,444)	–	–	(1,704,317)	201,574
應報導部門損益	**$ 5,995,142**	**$ 2,264,179**	**$ 678,596**	**$ 17,377**	**$ (66,166)**	**$ 8,889,128**
資產						
採用權益法之投資	15,879,855	498,781	–	428,595	(16,097,229)	710,002
非流動資產資本支出	16,753,490	1,029,106	1,122,904	1,318,534	–	20,224,034
應報導部門資產	**$210,287,417**	**$28,054,148**	**$ 6,443,192**	**$14,667,457**	**$(18,258,311)**	**$241,193,903**
應報導部門負債	**$146,705,148**	**$15,984,997**	**$ 2,213,084**	**$ 8,150,123**	**$ (1,979,184)**	**$171,074,168**

8.6.2 綜合損益

回顧過去之發展，損益報導方式有兩種主要的所得觀念：當期營業績效觀念與全含所得觀念。美國財務會計準則委員會 (FASB) 第 130 號財務會計準則公報，進一步朝向全含所得觀念 (all-inclusive concept) 發展，並將綜合損益 (comprehensive income) 區分為當期淨利 (net income) 及當期之其他綜合損益 (other comprehensive income)。其他綜合損益包括了外幣換算調整數、長期投資 (透過其他綜合損益按公允價值衡量之金融資產) 未實現損益、補列之退休金負債超出前期服務成本未攤銷餘額的部分，以及衍生性金融工具的某些損益等。這種全含所得觀念與國際財務報導準則所定義的所得觀念一致：所得為企業在一期間排除股東的投入與分配予股東所帶來的資產、負債變動後之股東權益變動數。綜合損益之表達方式，可採：(1) 獨立的綜合損益表；(2) 合併綜合損益表 (含淨利、其他綜合損益及綜合損

> 綜合損益區分為當期淨利及當期其他綜合損益。其他綜合損益包括了外幣換算調整數、長期投資 (透過其他綜合損益按公允價值衡量之金融資產) 未實現損益、補列之退休金負債超出前期服務成本未攤銷餘額的部分，以及衍生性金融工具的某些損益等。

> **觀念簡訊**

其他綜合損益再循環影響本期淨利

財務報告使用人在分析企業損益時，除了淨利之外，須考量其他綜合損益項目對未來淨利的影響，例如「透過其他綜合損益按公允價值衡量之金融資產未實現評價損益」為需要再循環 (重分類) 至淨利的項目，[1] 未來當企業處分該金融資產，則過去累計的評價調整數，需一次轉列當期處分損益。又例如不動產、廠房及設備的重估增值利益雖不計入淨利，但資產因重估而提升帳面價值，後續折舊費用增加，進而影響淨利。

以**台積電**為例，根據其合併綜合損益表，107 年度稅後淨利達 $351,184,406 千元，占營業收入淨額之 34%；而其他綜合損益 (稅後淨額) 為 $9,836,976 千元，占營業收入淨額之 0.95%，占稅後淨利之 2.8%，**台積電**其他綜合損益項目中，以國外營運機構財務報表換算之兌換差額的影響較為重大。若僅考慮稅後淨利，則**台積電**每股盈餘為 13.54 元，若納入其他綜合損益每股盈餘達 13.92 元，財報使用人須留意其他綜合損益之影響。

---

1 其他綜合損益按性質分類為：(a) 後續不重分類至損益者；及 (b) 於符合特定條件時，後續將重分類至損益者。企業應揭露與其他綜合損益組成部分相關之重分類調整，重分類調整產生自處分國外營運機構 (見國際會計準則第 21 號)、除列透過其他綜合損益按公允價值衡量之金融資產 (見國際會計準則第 39 號) 及當被避險之預期交易影響損益時。

益)；或 (3) 列示於股東權益變動表；我國於 2013 年採用國際財務報導準則後，規定依合併綜合損益表方式表達 (即第 2 種方式)。另外，累計其他綜合損益 (accumulated other comprehensive income) 應單獨表達於資產負債表的股東權益項下。而前期損益調整及會計原則變動累積影響數，則不歸入其他綜合損益中。

8.6.3 擬制性財務資訊 (Pro Forma Financial Information)

> 擬制性財務資訊係脫離一般公認會計原則下，所編製之財務資訊，為一假設情況下或預期之財務資訊。

擬制性財務資訊係脫離一般公認會計原則下，所編製之財務資訊，為一假設情況下或預期之財務資訊，例如將非經常性發生的損益項目 [如組織重組費用 (restructuring costs)]，排除在綜合損益表之外，以求得另一擬制性盈餘 (pro forma earnings)。

擬制性財務資訊之目的，係希望能提供投資人更攸關之財務資

訊，故財務會計準則公報或主管機關對特定情況之交易，要求提供擬制性財務資訊，例如台灣證券交易所股份有限公司「分割受讓公司申請上市編製擬制性財務報表應行揭露事項要點」規定，受讓上市公司獨立營運部門之新設公司或既存公司申請上市者，應依據經會計師查核簽證或核閱之被分割公司及分割受讓公司財務報表，編製擬制性質之歷史性分割財務報表及合併財務報表 (簡稱擬制性財務報表)。又例如股份基礎給付交易之給與日在民國 97 年 1 月 1 日之前者，無須追溯適用財務會計準則公報第 39 號「股份基礎給付之會計處理準則」，惟仍揭露依該公報規定衡量股份基礎給付交付之擬制淨利中及每股盈餘資訊。以中國信託商業銀行為例，依財務會計準則公報第 39 號之規定認列酬勞成本之擬制淨利與每股盈餘資訊列示如下：

		96 年度	97 年度
淨利	報表認列之淨利	$10,614,773	$12,551,841
	擬制淨利	10,550,954	12,615,657
基本每股盈餘	報表認列之每股盈餘	1.77	1.75
	擬制每股盈餘	1.75	1.76

除了法令強制規定揭露之情況，企業經理人亦可能主動提供擬制性財務資訊，尤其以國外公司較為常見。例如：如表 8-4 所示，高盛集團 (Goldman Sachs Group) 於 2008 年度財務報告之外，額外揭露擬制性 ROTE (pro forma return on average tangible common shareholders' equity) 資訊，因其高階經理人認為此資訊有助於評估該公司 2008 年之主要營運活動績效。更明確地說，高盛集團試圖排除 2008 年全球金融危機對其所造成之影響 (亦即排除 Principal Investment 營運部門、非投資等級信用衍生性商品、房屋貸款和商業貸款及相關證券化商品之收入與費用)，透過擬制性盈餘及擬制性 ROTE 之計算，高盛集團認為能提供投資者更攸關之資訊。

企業有時會企圖利用提供擬制性財務資訊之方式，達到混淆實情之目的，例如任意將公司一般經常性業務成本予以剔除 (如：計算擬制性盈餘時，將以股票為基礎的員工津貼與無形資產之攤銷費用等成

表 8-4　Goldman Sachs Group Inc.
Pro Forma Return on Average Tangible Common Shareholders' Equity ($ in millions)

	Year Ended November 2008		
	As Reported	Pro Forma Adjustments	Pro Forma
Net revenues	$22,222	$8,914	$31,136
Compensation and benefits	10,934	4,279	15,213
Non-compensation expenses	8,952	–	8,952
Total operating expenses	19,886	4,279	24,165
Pre-tax earnings	2,336	4,635	6,971
Provision for taxes	14	2,077	2,091
Net earnings	2,322	2,558	4,880
Preferred stock dividends	281	–	281
Net earnings applicable to common shareholders	$ 2,041	$2,558	$ 4,599

	Year Ended November 2008
Total shareholders' equity	$47.167
Preferred stock	(5,157)
Common shareholders' equity	42,010
Goodwill and identifiable intangible assets	(5,220)
Tangible common shareholders' equity	36,790
Pro forma adjustments	912
Pro forma tangible common shareholders' equity	$37,702
Pro forma annualized return on average tangible	
Common shareholders' equity	12%

本予以剔除，不列入損益之計算)。

8.6.4　期中財務報表

> 期中財務報表係指以短於一年之時間為會計期間而提供之財務資訊。

　　期中財務報表係指以短於一年之時間為會計期間而提供之財務資訊。通常期中財務報表可以更及時的提供攸關但稍欠完整的資訊。運用期中財務報表資訊應先了解其編製精神，我國原採整體理論，亦即

將各期中期間視為全年度期間的一部分；因此編製期中報表時應就全年可能之結果先做預測，以便就該預測結果於期中報表中做適當之調整。但於 2013 年採國際財務報導準則後，則改採個體理論，將各期中期間視為獨立會計期間；期間損益的決定應使用與年度報表完全一致之一般公認會計原則。

我國第一季、半年與第三季等期中財務報表採會計師核閱 (review)，年報則須經會計師查核 (audit) 審計，故期中財務報表資訊，整體而言，可靠性不如年度財報。期中財務報表分析有助於了解企業季節性之差異，及早了解企業經營狀況之變化。

研究櫥窗

盈餘管理與操弄

過去學術文獻顯示，管理者有管理與操弄盈餘之現象，就盈餘管理與操弄方法而言，管理人員可透過許多途徑影響其對外所報導之會計資訊，例如，應計項目 (accrual items) 之提列、損益實現時點 (timing of transactions) 之控制或會計原則或方法之選擇等。

所謂應計項目，係指管理者基於權責基礎 (accrual basis)(應計基礎)，根據收入實現 (revenue recognition) 原則及收入費用配合 (matching) 原則，對於尚未產生實際現金流入或流出之經濟事項，予以估計入帳；例如，經理利用其擁有之私有資訊及專業判斷，對其應收款項預期無法收回之金額，估計提列呆帳。由於，該等應計項目之估計入帳金額，經理人員存有部分裁量權，使其有機會利用該項目操弄損益。

損益實現時點 (timing of transactions) 之產生，係由於企業基於穩健原則，帳上之資產 (例如：不動產、廠房及設備) 平日並未及時反映其價值變動之損益，只有當企業出售或處分資產時，方可認列帳面與處分金額差異為已實現損益。由於經理人擁有資產處分之決策權，故其存有裁量及操弄何時處分資產及處分何類資產之空間。

經理人基於自利動機操弄盈餘之結果，操弄盈餘之動機可能係基於資本管制規定、政治壓力 (political sensitivity)、損益平穩化 (income smoothing) 或獎酬合約 (bonus & compensation contract)，導致經理有操弄盈餘之動機；因此，經理之盈餘目標，並非是單向目的地拉高盈餘。例如，今年盈餘特別高時，可能利用此機會多認列費用或損失 [此即為「洗大澡」(take a big bath)]，以備未來低盈餘年度操弄需要。

觀念簡訊

收益與利得之差異、費用與損失之差異

收益 (revenues) 與利得 (gains) 之差異，取決於企業的經濟活動。收益係來自於主要且經常性的交易或營業活動；而利得則是由企業非主要交易或營業活動而來。同理，費用 (expenses) 與損失 (losses) 之差異，也同上所述。

利得與損失可產生於三種情況：(1) 發生實際對等交換之交易 (exchange transactions)，如：出售資產損益、清償債務損益等；(2) 資產或負債在繼續持有期間的價值變化，如：股票投資未實現跌價損失；(3) 企業與非股東間的單方面移轉 (non-reciprocal transfers)，如：訴訟、罰款、天然災害等。

觀念簡訊

費用／費損之認列

依據收益與費用配合原則，費用之認列有下列三種方式：(1) 因果關係 (association of cause and effect)：當某項成本與某特定收益有直接因果關係時，若認列該收益，則其相關的成本亦應轉列為費用，如：存貨在銷貨時轉為銷貨成本；(2) 採用系統且合理的方式分攤 (systematic and rational allocation)：當某項成本與某特定收益有間接關係時，成本可在其效益提供期間，以有系統且合理的方式轉列為費用，如：折舊費用 (有形資產) 及攤銷費用 (無形資產)；(3) 立即認列為費用 (immediate recognition)：當該項成本無明確可辨認的未來經濟效益，且不符合前述 (1)、(2) 之條件時，應在成本發生當期直接認列為費用，如：一般管理及行政費用。

研究櫥窗

區分研究發展費用與營業成本

如上述提到費用之認列有三種方式，然而實務上運作時，有些費用及成本歸屬認定並非易事，其中想特別提醒讀者有關區分研究發展支出與營業成本議題。企業投入之研究發展支出可能為企業帶來技術領先、產品差異化與未來的獲利。例如**台積電** 102 年研究發展費用為 $48,118,165 千元、營業收入淨額 $597,024,197 千元，研究發展費用占營業收入淨額之比例達 8%，係投入大量的資金於晶片製程研發。而值得注意的是對於某些企業而言，綜合損益表上的部分研究發展費用在本質

上實為營業成本而非營業費用，以從事 IC 設計之**聯發科**為例，102 年研究發展費用 $26,453,942 千元，營業收入 $136,055,954 千元，研究發展費用占營業收入之比例高達 19%，然而因該企業之主要營業活動即為研究、開發、設計積體電路，相關支出可能無法輕易區分為營業成本或研究發展費用；換言之，**聯發科**綜合損益表上部分的研究發展費用為銷售活動所產生，與未來的技術創新並無直接關聯。報表使用人比較不同企業之研究發展費用水準、比率時，須留意上述之成本、費用分類差異的影響。

附錄 8.1　附加價值分析

目前世界各國皆利用傳統財務報表 (資產負債表、損益表與現金流量表)，以衡量企業的財務狀況、經營績效及資金管理。儘管傳統財務報表的有用性已建立廣泛基礎，但是，仍未能提供企業的總生產力及不同成員 (如股東、債權人、員工與政府) 相對比重與管理等重要資訊。附加價值報導 (value-added reporting) 與分析，有助於了解企業財富之創造與分配過程。

觀念與理論基礎

附加價值係指企業組織於特定期間內使用企業資源而創造的財富，從另一角度而言，附加價值亦可指企業組織於特定期間內分配財富給企業組織之主要參與者 (如股東、債權人、員工及政府等) 之合計金額。

假設甲公司出售一產品之售價為 $100，如果甲公司從乙公司購入原料與半成品 $40，則甲公司所創造的附加價值並非 $100。在這個例子中，甲公司的附加價值應該為 $60 (= $100 − $40)。假設甲公司支付員工 $15、債權人 $5、政府 $10、與股東 $30 ($10 現金股利、保留盈餘再投資 $20)，附加價值亦等於分配財富給企業組織之主要參與者之合計金額 $60 (= $15 + $5 + $10 + $30)。從整個社會而言，所有企業創造的社會總財富，即為個別企業附加價值的累計加總金額。即將其他生產者的貢獻由公司總生產價值中扣除，因此，附加價值基本上就是公司所創造的價值部分。

附加價值將經營焦點放在所有參與的成員，而非僅考慮股東所獲報酬，所以附加價值報導提供一個衡量所有成員 (股東、債權人、員工與政府) 所獲總報酬的方法。

報導格式

下表顯示如何由綜合損益表改編為附加價值表。在此例中，附加價值為 $1,120,000，而企業將 $1,120,000 之附加價值分別分配給員工 $400,000、股東 $100,000、債權人 $120,000 及政府 $300,000，另外，留下未分配盈餘 $200,000 (保留再投資)。

簡易綜合損益表 (含股利資訊)		
銷貨收入		$2,000,000
減：　已使用之原料成本	$200,000	
薪資費用	400,000	
服務成本	600,000	
利息費用	120,000	
折舊費用	80,000	(1,400,000)
稅前淨利		$ 600,000
所得稅 (稅率 50%)		(300,000)
本期淨利		$ 300,000
減：　支付股利		(100,000)
本年度保留盈餘		$ 200,000

簡易附加價值表		
銷貨收入		$2,000,000
減：　原料成本、服務成本、折舊費用		(880,000)
可分配之附加價值		$1,120,000
分配項目		
分配與員工		$400,000
分配與資本主		
利息費用	$120,000	
發放之股利	100,000	220,000
分配與政府		300,000
未分配之保留盈餘		200,000
附加價值		$1,120,000

基本分析

1. **總報酬之貢獻**

   附加價值是團隊努力的結果。衡量團隊成員貢獻之指標包括：
   - 薪資 ÷ 淨附加價值：衡量員工對總報酬得分享以及貢獻之比率。
   - 淨利 ÷ 淨附加價值：衡量股東對報酬得分享以及貢獻之比率。
   - 所得稅 ÷ 淨附加價值：衡量政府對報酬得分享以及貢獻之比率。
   - 利息費用 ÷ 淨附加價值：衡量債權人對報酬得分享以及貢獻之比率。
   - 上述比率可透過跨企業 (不同公司間) 或跨時間 (不同年度) 方式，比較股東、債權人、員工以及政府對報酬得分享比率之變化。

2. **垂直整合管理**

   附加價值除以銷貨之比率係衡量企業垂直整合之程度，若該比率為 1，則此公司為完全垂直整合之組織。舉例來說，如果一家公司：(1) 擁有供伐木用的森林；(2) 自行砍伐；及 (3) 製造相關產品，這樣的公司其附加價值占銷售之比率較高；因高垂直整合之組織，其向外買進原料或零件之金額相對較低。相反地，生產木製產品的公司，若無可供伐木用的森林，則可能因為需向外買進木材原料或零件，故其附加價值占銷售之比率較低。

   附加價值除以銷貨之比率可作為衡量企業容易受外部傷害或脆弱程度之指標，例如：若企業附加價值除以銷貨之比率非常低時，顯示其有許多上游供應層，故當有緊急事件阻斷上游原料供應時，企業容易受上游供應商之傷害。

3. **生產效率**

   生產效率的指標包括：
   - 附加價值 ÷ 銷貨：係一個衡量生產效率較好的指標，該數值反映企業銷售金額中，平均每一元所創造之價值。
   - 附加價值 ÷ 薪資：表達每一元薪資所創造之附加價值，亦可衡量每位員工的附加價值 [附加價值 ÷ 員工人數]，以及每一工作小時的附加價值 [附加價值 ÷ 員工工作時數]，是一個衡量員工效率

極好的方式。

- 附加價值÷機器時間：是一個衡量機器效率極好的指標。

4. 公司彈性

折舊加上保留之盈餘÷附加價值毛額，可衡量一家公司的財務彈性或改變能力的指標。相似地，不動產、廠房及設備與存貨等投資之金額÷附加價值毛額，亦可作為衡量企業彈性 (必須再投資) 之程度。

5. 研究發展投入強度

研究與發展費用÷淨附加價值可衡量一家公司研究發展投入強度之一種間接指標。企業之研究與發展費用÷淨附加價值比率高時，反映該公司為注重研發之管理政策。這樣的比率優於傳統研究與發展費用÷淨利之比率，傳統之比率僅顯示來自淨利之研發費用之比例，並未呈現對公司總創造價值之回饋。

6. 管理效能

衡量管理效能的指標包括：

- 淨附加價值÷總資產：傳統之資產報酬率外，另一個顯示資產報酬的表達方式。
- 淨附加價值÷股東權益：傳統之股東權益報酬率外，另一個顯示權益報酬的表達方式。
- 淨附加價值÷普通股權益：傳統之普通股東權益報酬率外，另一個顯示普通股報酬的表達方式。

附加價值報導在歐洲較為普遍，此現象反映歐洲對社會經濟變遷納入會計資訊提供之考量。附加價值報導成為會計與社會結合之重要範例，其資訊綜合社會生產層面之特徵、財富之創造與分配過程，清楚表達合作團隊成員在生產面所創造的財富與其共同努力之成果。

習　題

問答題

1. 從毛利率指標可獲得之資訊為何？
2. 股東權益報酬率係用以表達公司能為股東創造多少獲利之指標。以杜邦分析法分析股東權益報酬率會受到哪些因素之影響？公司可以如何運用杜邦分析法提升股東權益報酬率？
3. 探討股東權益報酬率的決定因素中哪些是屬於營業活動、投資活動或籌資活動？
4. 何謂總資產週轉率？此比率的意涵為何？
5. 營運部門的部門別資訊如何分類？分類的目的為何？

選擇題

1. 長榮公司 20×1 年度的財務報表列示：銷貨淨額為 $1,200,000，銷貨成本為 $480,000，營業費用為銷貨淨額的 25%，營業外損失為銷貨淨額的 1%，利息費用為銷貨淨額的 4%，所得稅率為 20%，則：
   (A) 毛利率為 60%，純益率為 10%
   (B) 毛利率為 40%，純益率為 10%
   (C) 毛利率為 60%，純益率為 24%
   (D) 毛利率為 40%，純益率為 24%

2. 承上題，下列何者正確？
   (A) 銷貨成本率為 40%，營業淨利率為 30%
   (B) 營業淨利率為 24%，稅前息前淨利率為 34%
   (C) 稅前純益率為 35%，純益率為 24%
   (D) 稅前純益率為 30%，純益率為 24%

3. 本年度銷貨收入 $1,000,000，銷貨退回 $10,000，銷貨成本 $613,800，銷貨毛利率為：
   (A) 62%
   (B) 38%
   (C) 38.62%
   (D) 61.38%

4. 瑞光公司 20×1 年平均資產總額 $900,000，平均負債總額 $500,000，當年度利息費用 $50,000，若所得稅率 20%，總資產報酬率 15%，則股東權益報酬率若干？
   (A) 21.25%
   (B) 23.75%
   (C) 31.25%
   (D) 33.75%

5. 新科公司 20×2 年本期淨利 $200,000，資產報酬率 10%，權益乘數 2，則根據杜邦分析，股東權益報酬率為何？
   (A) 10%
   (B) 15%
   (C) 25%
   (D) 20%

6. 園區公司 20×1 年本期淨利為 $300,000，平均股東權益 $1,400,000，平均負債 $600,000，利息費用 $48,000，所得稅率 17%，則資產報酬率為：
   (A) 12.6%   (B) 13%
   (C) 13.6%   (D) 17%

7. 彥祥公司 20×1 年度總銷貨收入 $2,000,000，資產週轉率為 5 倍，當年度的淨利為 $120,000，請問該公司 20×1 年的資產報酬率為：
   (A) 6%   (B) 24%
   (C) 30%   (D) 40%

8. 台北公司 20×1 年度之部分財務資料為：(1) 銷貨收入 $1,000,000；(2) 本期淨利率 7.5%；(3) 平均資產總額 $2,000,000；(4) 平均負債 $800,000，利息費用 $64,000；(5) 所得稅率 25%。台北公司 20×1 年度除 8% 之應付公司債外，並無其他負債。試問，依上述資料計算台北公司 20×1 年度之財務槓桿指數為： **[91 年會計師考題改編]**
   (A) 0.90   (B) 1.35
   (C) 1.02   (D) 1.67

9. 下列敘述何者不正確？
   (A) 對穩定經營的企業而言，不動產、廠房及設備週轉率較低者表示具有較高的生產力
   (B) 對穩定經營的企業而言，不動產、廠房及設備週轉率較高表示具有較高的生產力
   (C) 不動產、廠房及設備週轉率等於銷貨淨額除以不動產、廠房及設備淨額
   (D) 對面臨快速成長之企業，不動產、廠房及設備週轉率降低代表企業正在擴充中

10. 下列關於總資產報酬率及週轉率之敘述何者錯誤？
    (A) 降低不動產、廠房及設備對長期資金比率，可提高總資產報酬率
    (B) 總資產週轉率之計算為營業收入除以平均資產總額
    (C) 宣告發放現金股利可增加總資產報酬率
    (D) 總資產週轉率越高，顯示資產使用效率越高

11. 下列敘述何者錯誤？
    (A) 應收帳款週轉率越高，代表應收帳款進帳、收現的週轉次數越多，應收帳款的收款效率佳
    (B) 如某期提列之呆帳大幅增加，應收帳款週轉率會下降
    (C) 當企業授信政策太鬆，則週轉率小
    (D) 當企業授信政策太嚴，有可能會導致銷售額下滑

12. 下列敘述何者正確？

    (A) 不動產、廠房及設備週轉率太低代表欠缺生產力

    (B) 快速成長企業不動產、廠房及設備週轉率過低或逐漸降低時，有可能表示企業正在擴張中，不代表公司資產運用沒有效率

    (C) 總資產週轉率太低可能銷售額要再提高，或者應該處分閒置的資產

    (D) 以上皆是

13. 深坑公司 20×1 年度資產總額年初為 $1,500,000，年底為 $2,500,000，資產報酬率為 15%，利息費用為 $100,000，所得稅率為 25%，淨利率為 10%。試問該公司 20×1 年營業收入為多少元？　　　　　　　　　　　　　　　　　　　　　　　　　[98 年會計師考題改編]

    (A) $2,000,000　　　　　　　　(B) $2,250,000
    (C) $2,500,000　　　　　　　　(D) $3,000,000

14. 假設 E 公司 20×1 年度之淨利率為 0.2，而資產週轉率為 0.5，請問該公司 20×1 年度之資產報酬率為：　　　　　　　　　　　　　　　　　　　　　　　　　　[96 年普考題改編]

    (A) 0.1　　　　　　　　　　　(B) 0.4
    (C) 2.5　　　　　　　　　　　(D) 0.7

15. 假設甲公司之淨利率為 5%、資產週轉率 2.1、權益乘數 1.5，請問目前該公司之股東權益報酬率為何？　　　　　　　　　　　　　　　　　　　　　　　　　　　[95 年投業改編]

    (A) 6.3%　　　　　　　　　　(B) 9.3%
    (C) 13.5%　　　　　　　　　(D) 15.75%

練習題

1. 茵美公司 ×9 年度之部分財務資料為：銷貨收入 $1,000,000，本期淨利率 7.5%，資產總額 $2,000,000，負債比率 40%，所得稅率 25%。茵美公司 ×9 年度除 8% 之應付公司債外，並無其他負債。試問，依上述資料計算茵美公司 ×9 年之財務槓桿指數約為多少？(假設期初資產的金額等於期末資產的金額，且期初股東權益的金額等於期末股東權益資產的金額。)

   [95 年證分]

2. 下表係華華電信 20×1 年度部分財務報表資料：

	20×0 年度	20×1 年度
應收票據及帳款	10,844,712	11,973,180
存貨	3,902,498	4,049,207
應付票據及帳款	11,359,570	10,155,383

	20×0 年度	20×1 年度
營業收入	186,780,650	184,040,272
營業成本	95,789,726	97,229,277

試計算 20×1 年度以下之財務比率並回答下列問題：

(1) 應收款項週轉率及平均收現日數。

(2) 應付款項週轉率及平均付現日數。

(3) 存貨週轉率及平均銷貨日數。

(4) 假設華華電信對客戶之授信天數約為 30 天，請問計算出來之平均收現日數是否合理？

(5) 針對所計算出來之平均收現日數及平均付現日數，說明華華電信營運資金之情形。

3. 晨星公司的綜合損益表如下：

晨星公司
綜合損益表
20×1 年度

銷貨淨額	$ 400 萬
銷貨成本	180 萬
銷貨毛利	220 萬
營業費用	84 萬
營業淨利	136 萬
營業外利益	
出售金融資產利益	12 萬
營業外費用及損失	
利息費用	10 萬
稅前淨利	138 萬
所得稅	23.46 萬
本期淨利	$114.54 萬

試求：下列比率：

(1) 毛利率。

(2) 營業淨利率。

(3) 稅前息前淨利率。

(4) 稅前純益率。

(5) 純益率。

4. 康曦公司 20×1 年度部分財務資料如下：

	20×1 年 1 月 1 日	20×1 年 12 月 31 日
資產總數	$1,100,000	$1,300,000
不動產、廠房及設備	600,000	700,000
股東權益	800,000	900,000
10% 特別股 (每股面額 $10)	300,000	300,000

20×1 年其他資料：

(1) 銷貨淨額 $3,000,000；

(2) 稅前淨利 $320,000；

(3) 利息費用 $80,000；

(4) 所得稅率 17%。

試求：

(1) 淨利率。

(2) 總資產報酬率。

(3) 股東權益報酬率。

(4) 普通股股東權益報酬率。

(5) 財務槓桿指數 (以普通股股東權益報酬率計算)。

(6) 不動產、廠房及設備週轉率。

(7) 總資產週轉率。

(8) 權益乘數。

(9) 財務槓桿因素。

5. 伊霖公司 20×1 年之部分財務資料如下：(1) 權益乘數 = 3；(2) 財務槓桿指數 = 2.5；(3) 總資產週轉率 = 2；(4) 淨利率 = 12%；(5) 所得稅率 = 20%；(6) 本年度銷貨為 $1,500,000。

試求：

(1) 本期淨利。

(2) 平均總資產。

(3) 平均股東權益金額。

(4) 股東權益報酬率。

(5) 總資產報酬率。

(6) 利息費用。

6. 以下是 B 股份有限公司民國 99 年、100 年與 101 年之部分資產、負債及損益資料：

	99 年	100 年	101 年
資產	$202,893,883	$223,382,987	$267,216,585
負債	96,535,603	107,208,301	139,365,391
股東權益	106,358,280	116,174,686	127,851,194
保留盈餘	94,960,135	99,100,280	110,607,586
營業收入淨額	$429,802,853	$384,112,294	$448,684,621
稅前息前淨利	21,633,354	20,263,191	27,185,771
利息費用	207,620	128,960	87,587
稅前淨利	21,425,734	20,134,231	27,098,184
所得稅費用	3,386,131	3,286,833	4,610,723
稅後淨利	18,039,603	16,847,398	22,487,461

杜邦公司曾創立一個方程式，稱為杜邦方程式。此方程式後來廣為學術界與實務界擴張採用作為學術研究基礎及實務策略參考，主要用途在於了解如何運用策略提高股東權益報酬率。上述 B 公司的股東權益報酬率由 100 年的 15.14% 提升至 101 年的 18.43%。請回答以下問題：(以上述 B 公司資料為分析基礎)

(1) 請利用杜邦方程式，分析 B 公司 101 年獲利能力之變動是否對 B 公司股東權益報酬率之提升有助益？請利用上述資料說明之。

(2) 請利用杜邦方程式，分析 B 公司 101 年經營能力 (即資源使用效率) 之變動是否對 B 公司股東權益報酬率之提升有助益？請利用上述資料說明之。

(3) 請利用杜邦方程式，分析 B 公司 101 年運用財務槓桿是否對股東權益報酬率之提升有助益？請利用上述資料說明之。　　　　　　　　　　　　　　　[102 年高考財務審計人員]

7. 回答以下有關總資產報酬率 (ROA, return on total assets) 與股東權益報酬率 (ROE, return on stockholders' equity) 之問題。　　　　　　　　　　　　　　　　　[96 年高考審計人員]

(1) 丁公司 06 年部分財務資料如下，在考慮利息與租稅情形下，試說明丁公司 06 年之①總資產報酬率 (ROA)；②股東權益報酬率 (ROE)；③財務槓桿指數 (financial leverage index) 為何？

銷貨收入淨額	$1,300,000
銷貨成本	740,000
營業費用	347,000
營業純益	213,000

利息費用	30,000
稅前純益	183,000
所得稅	73,000
本期純益	110,000
期初總資產	1,367,000
期末總資產	1,505,000
期初普通股股東權益(僅有普通股)	707,000
期末普通股股東權益(僅有普通股)	781,000

(2) 戊公司 06 年部分財務資料如下，若「股東權益報酬率」為 40%，平均總資產對平均股東權益比率 (asset/equity ratio) 為 2，假設利息與所得稅皆為 0，試說明①「淨利率」(或純益率，profit margin, or profitability) 為何？②「資產週轉率」(asset turnover ratio) 為何？

銷貨收入淨額	$2,000
期初總資產	900
期初股東權益(僅有普通股)	450
期末股東權益(僅有普通股)	550

Objectives

研讀完本章，讀者應能了解：

1. 股東權益(即「權益」)之重要組成項目。
2. 股票或股份制度。
3. 上市公司與上櫃公司。
4. 海外存託憑證、台灣存託憑證。
5. 庫藏股制度。
6. 股利政策。
7. 成長潛力分析。
8. 員工認股權。
9. 股東權益項目的指標。

Chapter 9

股東權益

本章架構

　　本章討論資產負債表上的股東權益(即「權益」)。除了分析股本、資本公積、保留盈餘、庫藏股等各項股東權益的項目外，並深入討論相關的指標如每股盈餘、每股淨值、每股股利、股利發放率、市價對帳面價值比及本益比外，其他議題如股票之發行、增減資、海外存託憑證、台灣存託憑證、成長潛力分析、股利政策與員工認股權亦於此章一併討論。

股東權益

股東權益之重要組成項目
1. 股本
2. 資本公積
3. 保留盈餘
4. 庫藏股
5. 其他項目

股票或股份制度與機制
1. 上市公司與上櫃公司
2. 海外存託憑證、台灣存託憑證
3. 增資與減資
4. 庫藏股制度
5. 員工認股權

成長潛力分析與股東權益項目的指標
1. 成長潛力分析
2. 股東權益項目的指標
3. 股利政策

台灣積體電路製造股份有限公司成立於 1987 年 2 月 21 日，1994 年 9 月 5 日於台灣證券交易所上市，簡稱**台積電**或**台積**，英文全名為 Taiwan Semiconductor Manufacturing Company Limited，簡寫「TSMC」。是全球第一家，也是全球最大的專業積體電路製造服務 (晶圓代工) 公司。身為專業積體電路製造服務商業模式的創始者與領導者，**台積電**在提供先進晶圓製程技術與最佳的製造效率上已建立聲譽。以營收計算是全球前十大半導體公司；民國 98 年全年晶圓出貨量為 774 萬片八吋約當晶圓，約占全球積體電路晶圓總出貨量的 8%，營收則約占專業積體電路製造服務領域的 50%。

下表係**台積電**歷年發放之股利資訊，包括每股現金股利、每股股票股利及現金股利總金額。

年度	(1) 現金股利	(2) = (3) + (4) 股票股利	(3) 盈餘配股	(4) 公積配股	(5) = (1) + (2) 股利合計	總金額 (億元) 現金股利
83	0	8	8	0	8	0
84	0	8	8	0	8	0
85	0	5	5	0	5	0
86	0	4.50	4.50	0	4.50	0
87	0	2.30	2.30	0	2.30	0
88	0	2.81	2.56	0.25	2.81	0
89	0	4	4	0	4.00	0
90	0	1	1	0	1.00	0
91	0	0.80	0.80	0	0.80	0
92	0.60	1.41	1.41	0	2.01	121.59
93	2	0.50	0.50	0	2.50	465.00
94	2.50	0.30	0.15	0.15	2.80	618.25
95	3	0.05	0.02	0.03	3.05	774.89
96	3	0.05	0.02	0.03	3.05	774.00
97	3	0.05	0.02	0.03	3.05	768.80
98	3	0	0	0	3.00	777.08
99	3	0	0	0	3	777.3
100	3	0	0	0	3	777.5
101	3	0	0	0	3	777.7
102	3	0	0	0	3	777.9

台積電股利政策 / 每股金額

台積電股利政策

年度	每股金額					總金額 (億元)
	(1) 現金股利	(2) = (3) + (4) 股票股利	(3) 盈餘配股	(4) 公積配股	(5) = (1) + (2) 股利合計	現金股利
103	4.5	0	0	0	4.5	1,166.8
104	6	0	0	0	6	1,556
105	7	0	0	0	7	1,815
106	8	0	0	0	8	2,074
107	8	0	0	0	8	2,071

台積電 95 年至 107 年現金股利發放金額皆超過新台幣 700 億元，但民國 91 年前皆未發放現金股利，相對地，股票股利近幾年卻大幅減少。為何**台積電**股利發放金額與股利組成內容 (現金股利與股票股利之相對比重) 有如此重大變化？股利政策對**台積電**長期發展如何產生關鍵性的影響？**台積電**股利政策是否合理與正確？

9.1 股東權益 (權益) 之重要組成項目

股東權益係指企業資產減去負債的差額，因此，股東權益代表的是一項剩餘利益，從剩餘觀點來看，股東權益不能獨立存在於資產與負債之外，故股東權益代表的是企業的淨資產價值。股東權益之重要組成項目如表 9-1 所列，包含：(1) 資本 (capital stock)；(2) 資本公積 [額外投入資本 (additional paid-in capital)]；(3) 保留盈餘 (retained earnings) 及其他股東權益項目 (如備供出售投資之未實現損益、庫藏股)。

資本，指股東對企業投入之資本額，並向主管機關登記者，實收資本係指已發行之股本，流通在外股本係指已發行股本扣除庫藏股股本。資本及資本公積代表投入資本 (paid-in capital)，保留盈餘為公司所賺得之資本。投入資本係指所有法定資本 (流通在外股票面額) 及資本公積 (額外投入資本)。資本公積，指公司因股本交易所產生之權益。賺得資本係指保留盈餘 (負值時則為累積虧損)，當公司有獲利時，保留投資在企業中所有未分配出去的利益，故保留盈餘或累積虧

> 股東權益 (權益) 代表的是企業的淨資產價值，包含資本、資本公積、保留盈餘及其他股東權益項目。

▲ 表 9-1　股東權益重要組成項目

股東權益重要組成項目
1. 資本
2. 資本公積
3. 保留盈餘
3.1 法定盈餘公積
3.2 特別盈餘公積
3.3 未分配盈餘或累積虧損
4. 金融工具未實現損益
5. 國外營運機構財務報表換算之兌換差額
6. 未實現重估增值
7. 庫藏股

損，指由營業結果所產生之權益；保留盈餘項目可細分為如下類別：

1. 法定盈餘公積：指依公司法或其他相關法律規定，自盈餘中指撥之公積。
2. 特別盈餘公積：指依法令或盈餘分派之議案，自盈餘中指撥之公積，以限制股息及紅利之分派者。
3. 未分配盈餘或累積虧損：指未經指撥之盈餘或未經彌補之虧損。盈餘分配或虧損彌補，應俟業主同意或股東會決議後方可列帳，有盈餘分配或虧損彌補之議案，應在財務報表附註中註明。

其他股東權益項目，指其他造成股東權益增加或減少之項目，其項目分類如下：

1. 金融工具未實現損益：指透過其他綜合損益按公允價值衡量之金融資產，依公允價值衡量產生之未實現損益，及適用現金流量避險時避險工具屬有效避險部分之損益，應列為股東權益調整項目。
2. 國外營運機構財務報表換算之兌換差額：指因外幣交易或外幣財務報表換算所產生之換算調整數，應列為股東權益之加項或減項。
3. 未實現重估增值：指不動產、廠房及設備、遞耗資產及無形資產依法辦理資產重估價所產生之未實現重估增值，應列為股東權益之加

項；資產如已辦理重估價，其減損損失應先減少未實現重估增值，如有不足，方於綜合損益表認列為損失。

4. 庫藏股：指企業收回已發行股票，尚未再出售或註銷者；其股票應註明股數，列為股東權益之減項，應以成本入帳，並按加權平均法計算其帳面價值。

表 9-2 列出台灣各產業主要上市企業 2013 年年底重要股東權益項目占總資產之比例，各項目占總資產之比例差異極大，例如：**中華電**與**中華汽車**等之股東權益占總資產之比例高達 80%，但**華航**及**長榮**只有 20% 左右。

▲ 表 9-2　主要企業重要股東權益項目占總資產之比例

產業別	公司	普通股股本	資本公積	法定盈餘公積	未分配盈餘	庫藏股票	股東權益
水泥食品	台泥	12.61%	4.18%	4.01%	8.45%	0	55%
	統一	13.67%	0.96%	3.16%	3.08%	0	37%
	亞泥	11.89%	0.38%	4.69%	7.82%	0	57%
塑膠紡織	台化	11.04%	1.63%	8.07%	6.47%	−0.06%	61%
	南亞	14.89%	4.30%	8.68%	6.83%	0	63%
	遠東新	10.57%	0.74%	2.70%	3.47%	−0.01%	53%
電機電器	東元	24.20%	9.18%	6.05%	11.66%	−0.39%	64%
	士電	15.25%	7.55%	5.60%	17.15%	0	63%
	華新	32.88%	14.39%	2.24%	4.40%	−0.27%	60%
化學生醫	榮化	21.99%	23.70%	5.68%	−20.19%	0	27%
	中纖	2.46%	0.26%	0.09%	0.56%	−0.21%	8%
	喬山	15.03%	0.25%	4.32%	24.35%	0	45%
玻璃造紙	台玻	22.44%	0.35%	5.29%	5.15%	0	50%
	永豐餘	14.79%	0.55%	2.79%	5.38%	0	44%
	正隆	18.68%	2.03%	3.56%	7.77%	0	40%
鋼鐵橡膠	中鋼	23.05%	5.45%	8.34%	3.53%	−1.26%	49%
	燁聯	38.98%	1.58%	0	−9.26%	0	34%
	正新	19.08%	0.03%	5.93%	23.06%	0	52%

▲ 表 9-2　主要企業重要股東權益項目占總資產之比例 (續)

產業別	公司	普通股股本	資本公積	法定盈餘公積	未分配盈餘	庫藏股票	股東權益
汽車業	和泰車	3.66%	0.18%	4.27%	14.62%	0	28%
	裕隆	7.75%	3.23%	3.53%	1.70%	−0.19%	40%
	中華	22.50%	10.39%	12.35%	28.88%	0	84%
半導體	台積電	17.34%	3.74%	10.12%	37.00%	0	70%
	聯電	40.62%	12.59%	2.08%	12.08%	−0.74%	72%
	日月光	23.51%	4.79%	3.08%	11.60%	−0.59%	47%
電腦光電	華碩	2.11%	1.26%	7.90%	26.36%	0	47%
	友達	20.48%	12.61%	0	0	0	43%
	宏碁	14.63%	17.84%	0	0.49%	−1.67%	32%
通訊網路	中華電	17.37%	37.62%	17.21%	8.55%	0	83%
	台灣大	22.28%	9.58%	14.03%	12.91%	−19.36%	43%
	宏達電	5.10%	9.24%	11.08%	25.26%	−2.29%	49%
電子業	鴻海	6.01%	2.91%	3.25%	22.21%	0	40%
	欣興	14.87%	8.85%	4.24%	14.59%	−0.33%	48%
	台達電	11.06%	11.71%	7.06%	15.23%	0	52%
航運業	華航	22.91%	0.87%	0	−1.69%	−0.02%	22%
	長榮航	19.45%	1.22%	0.77%	−0.78%	0	24%
	陽明	19.22%	3.30%	0	0.28%	0	23%
貿易油電	遠百	12.89%	3.13%	2.31%	2.62%	−0.09%	35%
	統一超	11.84%	0.01%	7.39%	10.15%	0	34%
	台塑化	20.14%	6.62%	8.72%	7.37%	0	51%

9.2　股票或股份制度

　　股本通常分割為大量的股份，這種制度最大的特色在於，股東出售股份不須獲得企業或其他股東之同意。一般來說，股東所持有的特定種類股票每一股具有相同的權利，例如：(1) 分享利潤損失；(2) 參與管理權 (選舉董監事)；(3) 清算時，享有公司財產請求權；及 (4) 優先認購新股權利。[優先認股權 (preemptive right)——避免股東因企業發行新股非自願性地稀釋股份而給予之權利。]

9.2.1 所有權權利種類

股本通常分為普通股與特別股,普通股為企業剩餘權利中,承受最後損失風險及分享成功利益之股份。而特別股通常在某些特定權利之下,優先於其他普通股股份。

特別股係指其權利異於普通股 (部分權利優先於普通股) 的股份,通常以面額發行,而股利的形式係以面額的百分比或每股特定金額來表示。其特性如下:

1. 具有股利發放優先權利:
   (1) 累積特別股:以前年度未發放之股利可於有盈餘的年度發放,累積特別股未發放的股利稱為積欠股利,積欠股利不是負債,但須在資產負債表上附註揭露。
   (2) 參加特別股:特別股股利除優先發放之外,當普通股股利率大於特別股時,特別股也可參加分配,依可參與之剩餘盈餘分配權是否有最高額限制,又可分為全部參加特別股及部分參加特別股。
2. 優先享有清算財產權利。
3. 可轉換成普通股之權利:特別股股東有權利在特定轉換期間內轉換為普通股股東,稱為可轉換特別股 (convertible preferred stock)。
4. 可買回特別股 (callable preferred stock):發行公司在特定期間內以特定價格可收回或要求收回流通在外之特別股。
5. 無表決權 (或限制表決權)。

9.2.2 特別股之債務特性

從特別股的性質中可發現,特別股投資人多數僅能收取特定收益、無投票權,若該特別股具有可收回的性質,則發行公司得於一定時間以特定價格收回,故這種特別股除了無到期時間外,性質近似於負債。第 7 章提到的**台灣高鐵**發行的特別股,即屬負債性質。

依據我國財務會計準則之規定,企業應依經濟實質決定金融工具之分類,企業應判斷特別股是否有無條件避免交付現金或其他金融資

產之合約義務。經濟實質通常與法律形式一致，但特別股若有義務交付現金或其他金融資產時，則該特別股應認列為負債而不是權益，例如：強制贖回特別股或附賣回權之特別股。

9.2.3 增　資

企業增資除現金增資外，亦可透過盈餘轉增資與資本公積轉增資，盈餘轉增資與資本公積轉增資兩者皆是股票股利之來源。增資，即企業增加 (註冊) 資本的行為，企業增資多係為擴大經營規模、拓展業務或提高公司的自有資本。公司資本實際上需要隨著公司經營活動的發展而發生變化，尤其是公司產品屬市場成長期，發展前景看好，資本的需求量必然增加，這時，就需要透過籌募與保留現金於企業而調整。現金增資之股份通常會部分由原股東認購，此外，亦會保留部分開放給予員工認購，或透過公開承銷方式給不特定之投資大眾認購。企業於發行證券時，除可採上述公募方式發行外，亦可依相關規範採私募形式發行，私募發行有時有助於企業彈性之財務調度與策略聯盟。

增資完成後，資金除可作為擴充設備、投資與擴展版圖之用途外，若用於籌措長期營運發展基金、償還銀行借款、減少利息支出，將使企業之財務結構更健全，強化償債能力，資金調度更靈活，負債比率降低，使企業內部的營運資金成本下降。但是，如果增資股本過度膨脹，獲利能力無法同時增長，將可能造成每股盈餘 (EPS) 與股東權益報酬率 (ROE) 之下降。未來企業瘦身壓力就會如影隨形，即使如**台積電**和**聯電**等公司也藉庫藏股或現金減資來降低股本擴增的壓力。

9.2.4 減　資

當企業之產品與市場屬成熟期，成長與資金需求減緩，減資成為企業退回多餘現金給股東的重要工具，企業減資的模式主要有兩種，其一是現金減資返還股東股款，即按持有股數每股退回一定額度現金，同時消除對等數量的股份，帳上係將庫存現金與實收資本對沖縮減；其二是彌補虧損的減資，是用資本公積及股本這兩個項目來打消

累積虧損，減除一定比例的實收資本以彌補累積虧損，此種減資僅在股東權益項下調整。現金減資與虧損減資這兩種模式並不會改變原股東的持股比率。另外，庫藏股買回後註銷之減資也屬資本的減除，它與前述現金減資類似，即企業以自有資金從市場買回部分股東之股份並辦理資本減除，差別在於其他股東並無收到現金。

從財務結構面分析，現金減資因同時降低流動資產與股東權益，將弱化償債能力，及增加負債比率，惟有能力辦理現金減資的公司，通常其現金流量與存量均豐富，因此財務狀況尚不致惡化。至於虧損減資，由於是資本與累積虧損對沖抵銷，減資對其財務結構毫無影響，不過這類公司因長期經營不善，其財務狀況已屬不佳，減資最大效益是為了保殼，即避免被變更交易，因為若每股淨值低於 10 元時，股票就會被停止信用交易；每股淨值低到 5 元以下時，這家公司就會被變更交易為全額交割股。另外，這兩種減資模式與庫藏股的共同特色，皆會增加每股淨值及減少股票流通數量，且未來若營運正常也將提升股東權益報酬率 (ROE) 與每股盈餘 (EPS)。

9.2.5 公開發行股票與非公開發行股票

股份有限公司依照公司法及證券交易法規定，辦理發行程序，將其財務業務予以公開揭露或分散股權，謂之公開發行。所謂公開發行指的是向廣大、不特定的投資大眾公開募集資金。公開發行之方式可分為：(1) 募集設立公開發行；(2) 補辦公開發行 (初次辦理公開發行)：公司就原已發行之股份辦理公開發行或發行新股同時辦理公開發行；(3) 已公開發行公司再次發行新股。

> 所謂公開發行指的是向廣大、不特定的投資大眾公開募集資金。

9.3 上市公司與上櫃公司

上市股票係指已經公開發行，且在台灣證券交易所 (集中市場) 進行交易的股票；已經公開發行，且在證券櫃檯買賣中心 (店頭市場) 進行交易的股票稱為上櫃股票；上市櫃必須先經過一些審查程序，符合標準審查通過才得以公開募集與掛牌。各地上市櫃的門檻都不一。

> 上市股票係指已經公開發行，且在台灣證券交易所 (集中市場) 進行交易的股票；已經公開發行，且在證券櫃檯買賣中心 (店頭市場) 進行交易的股票稱為上櫃股票。

例如，台灣有資本額的限制，上市至少需新台幣 6 億元，上櫃則需新台幣 5,000 萬元。同樣，若有符合終止上市櫃規定，也可能會下市櫃。而在興櫃市場與未上市市場交易的股票，都稱為未上市股票。

上述上市 (listed) 或上櫃 (over the counter, OTC) 之過程稱為**首次公開募股** (initial public offering, IPO)，是指公司第一次將其股票在證券交易所或證券櫃檯買賣中心發行銷售，首次公開向投資者增發股票，以期募集用於企業發展資金的過程。在股市投資人的眼中，初次上市、上櫃公司經常會出現股價上漲之「蜜月期」，但蜜月期一過，股價往往會反轉下跌。

企業管理高層在決定是否上市或上櫃之前，首先必須考量企業的目標、情況、利益和風險，公司透過股票上市櫃具有很多優點，其中最重要的包括便利籌措資金、增加籌資管道和加速資本形成，投資人也可以透過此管道參與投資公司，贏得形象和聲望，提高股票市值與股票流動性 (通常比未上市企業高)，及使用股票和股票認股權證提高員工向心力，吸引並留住有才幹的員工等。但企業選擇上市或上櫃，也帶來潛在之重大不利因素和成本，例如：揭露企業私有資訊、獲利能力壓力、潛在失去控制權與被併購的風險及上市與上櫃之相關必要成本。

台灣的股票市場除集中市場與店頭市場外，還有興櫃市場與未上市交易市場。已經申報上市 (櫃) 輔導契約之公開發行公司的普通股股票，在還沒有上市 (櫃) 掛牌之前，經過櫃檯中心依據相關規定核准，先在證券商營業處所議價買賣者，稱為興櫃股票。換言之，企業符合下列條件者得申請其股票登錄為櫃檯買賣：(1) 為公開發行公司；(2) 已與證券商簽訂輔導契約；(3) 經二家以上輔導推薦證券商書面推薦。

> 首次公開募股，是指公司第一次將其股票在證券交易所或證券櫃檯買賣中心發行銷售，首次公開向投資者增發股票。

9.4 海外存託憑證及台灣存託憑證

存託憑證 (depositary receipts) 之種類，依發行地不同可區分為台灣存託憑證 (TDR) 及海外存託憑證。台灣存託憑證，係一種表彰外

國掛牌公司股票之有價證券，在經由我國證券相關主管機關審議核可後，准許在我國交易市場掛牌，其與一般國內上市公司股票同樣，投資人可在台灣證券市場直接進行交易買賣。台灣存託憑證和原上市地的股票不一定是一股換一股。例如：**中國旺旺**是一股 TDR 等於一股在香港掛牌的原股，但**康師傅**卻是一股 TDR 等於 0.5 股康師傅原股。現在掛牌的台灣存託憑證來自不同國家的交易所，例如：香港、新加坡、泰國、南非等，全世界各地的上市公司都可以來台灣申請發行台灣存託憑證。

> 台灣存託憑證，係一種表彰外國掛牌公司股票之有價證券，在經由我國證券相關主管機關審議核可後，准許在我國交易市場掛牌。

海外存託憑證是國內上市上櫃公司將公司股票交付國外存託機構，由該機構以股票憑證(股份權利的一種替代性證券)的方式，出售給海外投資人的一項企業籌資及投資人投資的工具。

> 海外存託憑證是國內上市上櫃公司將公司股票交付國外存託機構，由該機構以股票憑證(股份權利的一種替代性證券)的方式，出售給海外投資人的一項企業籌資及投資人投資的工具。

當公司發行存託憑證時，必須提交同等數量的本國公司股票，寄放於海外委託發行的存託銀行或信託公司在本國國內的保管機構，然後才能於海外發行相等數量的存託憑證，因而存託憑證之持有人實際上就是寄存股票所有人。海外投資人購買該存託憑證，即等於間接持有本國該上市上櫃公司的股票，故海外存託憑證持有人的權利義務與國內普通股股東相同。買賣存託憑證時並無股票過戶問題，存放於保管銀行之股票亦無需移轉，可以免除直接持有的種種不便。

依存託憑證發行地不同區分，目前市場上的存託憑證有在美國發行之美國存託憑證 ADR (American Depositary Receipts)，在歐洲倫敦、盧森堡、德國發行之 EDR (European Depositary Receipts)，在全球發行之全球存託憑證 GDR (Global Depositary Receipts) 以及在我國發行者稱為台灣存託憑證 TDR (Taiwan Depositary Receipts)。

企業發行海外存託憑證的好處在於有彈性地籌資，提升公司國際知名度及產品的國際聲譽，以利發展海外業務。國內上市公司發行海外存託憑證計有 57 家，**台積電**海外存託憑證初次發行之日期為 1997 年 10 月 8 日，上市地點美國紐約證券交易所，存託機構美商**花旗銀行**，保管機構花旗(台灣)銀行。表 9-3 列示(截至 2019 年 7 月)我國企業發行海外存託憑證的上市公司與地點，歐洲盧森堡有高達 39 家企業，其次為倫敦與紐約，分別為 10 家與 6 家企業。

表 9-3　我國企業發行海外存託憑證的上市公司與地點 (截至 2019 年 7 月)

上市地點	上市公司	家數
盧森堡	台泥、佳格、遠東新、聲寶、華新、中鋼、東和鋼鐵、台達電、台揚科技、仁寶電腦、國巨、茂矽、華邦電、智邦科技、聯強國際、錸德科技、佳世達、華碩、大同、瑞昱、廣達、翔耀實業、晶電、可成科技、宏達電、遠東商銀、國泰金、富邦金、玉山金控、新光金、第一金控、緯創、TPK-KY、遠傳、和碩、彩晶、力成、中租-KY、GIS-KY	39
倫敦	亞泥、東元電機、光寶科技、鴻海、宏碁、凌陽科技、長榮海運、陽明海運、遠雄建設、慧洋-KY	10
紐約	聯電、日月光、台積電、南茂科技、友達、中華電	6
新加坡	誠美材	1
不於任何交易所上市	中信金	1

9.5　庫藏股

> 庫藏股係指公司買回或收回其已發行股份，但尚未再出售或註銷者，故庫藏股不是資產，當庫藏股被買回或收回時，資產及股東權益同時發生減少。庫藏股實質上等於未發行股票，所以庫藏股不得享有股東權益，也不得作為借款質押之資產。

　　庫藏股係指公司買回或收回其已發行股份，但尚未再出售或註銷者，故庫藏股不是資產，當庫藏股被買回或收回時，資產及股東權益同時發生減少。庫藏股實質上等於未發行股票，所以庫藏股不得享有股東權益，也不得作為借款質押之資產。

　　2000 年 6 月 30 日立法院三讀通過證交法新修訂條文，增訂第 28 條之 2，正式允許上市 (櫃) 公司在一定條件下，經由公開市場買回公司已發行在外股份，同年 7 月 19 日經總統明令公布在案，並由金管會依證交法第 28 條之 1 第 3 項的授權，擬定「上市上櫃公司買回本公司股份辦法」(簡稱「買回辦法」) 作為庫藏股合法實施的主要依據，於 2000 年 8 月份正式開始實施庫藏股制度。庫藏股須具備曾經發行在外、再收回及尚未註銷之三要件。除了在某些特殊狀況下，我國在 2000 年 8 月份以前禁止公司收回發行在外股份。

　　台灣的公司在宣告買回股票時必須說明買回的目的且負宣告的義務。證交法第 28 條之 2 第 1 項規定：「股票已在證券交易所上市或於證券商營業處所買賣之公司，有下列情事之一者，即公司係為轉讓股份予員工 (目的 1)，為配合附認股權公司債、附認股權特別股、可

轉換公司債、可轉換特別股或認股權憑證之發行；作為股權轉換之用 (目的 2) 和為維護公司信用及股東權益所必要而買回，並辦理消除股份者 (目的 3)，得經董事會三分之二以上董事之出席及出席董事超過二分之一同意，於有價證券集中交易市場或證券商營業處所或依第 43 條之 1 第 2 項規定買回其股份，不受公司法第 167 條第 1 項規定之限制。」另外，買回辦法第 1 條規定：「公司買回股份應於董事會決議之日起二日內公告，向金管會申報。並應將相關訊息內容，輸入公開資訊觀測站資訊系統後，得免登載於報紙。」除了說明買回目的外，買回辦法第 2 條尚規定公司還需宣告買回之區間價格、買回數量、買回總金額上限等資訊。

台積電近年來數次自台灣證券集中交易市場公開買回庫藏股票 (如表 9-4 所示)，**台積電**的實收資本額一直都是台灣資本市場的前幾名，且絕大部分是歷年盈餘轉增資所累積，**台積電**在 2007 年達到最高峰 $2,643 億元。由於資本龐大無法提升每股盈餘與淨值，間接影響公司價值表現，又因為歷年來製造了豐沛現金存量與流量，因此，運用庫藏股減資進行資本瘦身，**台積電**利用庫藏股回購大股東荷蘭飛利浦公司股權並辦理註銷，耗費資金也是市場之最。

企業購買庫藏股之誘因受稅制之影響，例如由於台灣目前證券交易所得已列為課稅項目，故該證券交易所得之課稅規定對法人股東、個人股東及企業發放股利決策之影響，都是企業在是否購買庫藏股之考量因素。再加上兩稅合一稅制對企業未分配盈餘加徵 10% 所得稅，使得企業進行庫藏股交易或發放現金股利之抉擇更形複雜。

▲ 表 9-4　台積電歷年買回庫藏股彙總表

買回期間	買回股數 (張 / 千股)	金額 (億元) (平均每股買回價格)	目的
93 年 03 月 24 日至 93 年 05 月 23 日	12 萬 4,720	70.59 (56.61)	–
96 年 11 月 14 日至 97 年 01 月 13 日	80 萬	484.67 (60.58)	註銷股本
97 年 05 月 14 日至 97 年 07 月 13 日	21 萬 6,674	139.27 (64.28)	註銷股本
97 年 08 月 13 日至 97 年 10 月 12 日	27 萬 8,875	164.99 (59.17)	註銷股本
合計	142 萬 0,269	859.54	

研究櫥窗

我國與國外庫藏股制度比較

買回動機

公司宣告庫藏股買回的動機,過去文獻有不同的發現,訊號假說認為管理者以買回本身股份向市場傳達股價受到低估之訊息,過去大多數研究認為訊號假說帶來的效益,使企業傾向將買回庫藏股作為其主要的理財工具之一,公司經由買回宣告傳遞未來成長遠景,藉由修正市場的預期,使股票價格進而得到提升。

買回機制

英國、德國和日本庫藏股制度實施需要經過股東會同意通過,而美國和台灣只需要經過董事會同意通過即可實施。美國原則上允許公司係出於正當目的和不侵害資本維持的原則下,得自由取得自己公司股份,法律未明文限制買回原因。

美國股票買回的方式可透過公開市場買回宣告、公開收購或私下議價,德國法律只允許公司從公開市場買回發行在外股份,而英國、日本和台灣的買回方式均可透過公開市場買回宣告或公開收購,公司較常採用公開市場股票買回的方式。

買回數量

我國規定當日買回股份之數量,不得超過計畫買回總數量之三分之一,公司每日買回股份之數量不超過20萬股者,得不受前項有關買回數量之限制。證交法第28條之2第2項規定:「已持有尚未處分之庫藏股加計本次擬買回數量,不得超過該公司已發行股份總數10%。」

美國只限制當日買回最大數量,而英國、德國和日本只限制買回總數,只有台灣對於當日買回最大數量和執行期間買回總數皆有限制。美國限制當日買回最大數量不得逾買回當週之前四週該股每日平均成交量之25%,英國規定買回總數不能超過已發行總股份15%。

執行期間限制

美國法律未明文規範宣告買回股票後的執行買回期間,英國和德國的執行期間均為股東會決議後18個月,日本執行期間為股東會決議後1年,我國規定公司買回股份,應於申報日起2個月內執行完畢。

大量買回公告

各國法律皆未明文規範執行買回期間買回數量和金額重大時公司須負公告的義務,我國規定公司初次買回股份數量達已發行股份總數2%或金額達新台幣3億元以上其中一項條件時,即應於兩

日內公告並申報；後續當已買回而尚未公告之股數累積再達已發行股份總數 2% 或金額達新台幣 3 億元時，均應依規定公告。

執行完畢或期限屆滿公告

各國法律未明文規範執行完畢或期限屆滿公司須負公告的義務，我國規定公司買回股份，應於申報日起 2 個月內執行完畢，並應於上述期間屆滿或執行完畢後五日內申報並公告執行情形；逾期未執行完畢者，如須再行買回，應重行提經董事會決議。

觀念簡訊

發行股票與庫藏股之會計處理

發行股票之會計處理

以 1,200,000 元出售 (發行) 面額 800,000 之普通股 (每股 15 元)

現金	1,200,000	
普通股股本		800,000
資本公積－普通股發行溢價		400,000
(額外投入資本)		

庫藏股之會計處理

我國庫藏股交易之會計處理係採成本法，當公司買回股票時，以買回價格作為庫藏股成本入帳。重新發行時，若再發行價格高於買回價格，其超出數貸記「資本公積－庫藏股交易」；若再發行價格低於買回價格，其差額先沖銷「資本公積－庫藏股交易」，若不足再沖減保留盈餘。

若公司欲註銷庫藏股，應將原發行成本 (股本與溢價) 與庫藏股成本對沖，其差額再記入「資本公積－庫藏股交易」，若該項目不足沖減，則不足數應減少保留盈餘。於期末編製報表時，「庫藏股」應列為股東權益之減項。

×1 年 4 月 5 日買回庫藏股 100,000 股 (每股 20 元)

借：庫藏股票	2,000,000	
貸：現金		2,000,000

×1 年 9 月 8 日員工以每股 28 元認購股票 50,000 股，公司轉讓 ×1 年 4 月 5 日購入之庫藏股

借：現金	1,400,000	
貸：庫藏股票		1,000,000
資本公積－庫藏股交易		400,000

×1 年註銷庫藏股 10,000 股

借：普通股股本	100,000	
資本公積－普通股發行溢價	50,000	
資本公積－庫藏股票交易	50,000	
貸：庫藏股票		200,000

現場直擊

買回庫藏股與現金減資

　　台積電近年來較強調高現金股利政策，反對透過以現金減資之方式，將錢一次退還給股東。不過，**台積電**過去亦曾經大舉買回庫藏股以註銷股本，實質上已變相達到減資之效果。

　　根據統計，**台積電**實施四次庫藏股，第一次在民國 93 年初，只買回 70 多億元，可以說是「牛刀小試」；民國 96 年**台積電**最大外資股東**飛利浦**決定出清持股，**台積電**以「維護股東權益與股價穩定」為由，與**飛利浦**聯手訂定釋股四階段計畫，也啟動**台積電**成立以來最大規模庫藏股行動。

　　從民國 96 年至 97 年間，**台積電**三度實施庫藏股，耗資近 700 億元，買回百萬張的自家股票，平均買進價格約 60 元，買回的庫藏股後全數註銷，這也是證券史上最大規模的庫藏股減資案。

　　但是庫藏股減資，等於用買庫藏股的現金換回股份，如果市價較面額高，公司現金減少的部位相對較多；**台積電**買回庫藏股平均每股成交價高達 60 元以上，耗資 700 多億元，卻只註銷 100 多萬張股份。另外，現金減資一視同仁把錢退還給大小股東；庫藏股減資只有賣掉股票的股東享受好處，小股東無福消受。

9.6 每股盈餘與本益比

每股盈餘，是用以顯示公司本年度平均每一股普通股可獲多少盈餘報酬 (稅後純益) 的比率。

　　每股盈餘 (Earnings Per Share, EPS) 是用以顯示公司本年度平均每一股普通股可獲多少盈餘報酬 (稅後純益) 的比率。分析時一般僅以普通股為對象，特別股並不包含在內；這是因為特別股一般只有分配

定額股利的權利，性質較似公司債，因此計算時需將之減除 (若認列為特別股負債時，則無須扣減)。企業須於損益表上揭露每股盈餘，以方便使用者了解每股普通股之獲利能力。其計算方法為：

$$每股盈餘 = \frac{本期淨利 - 本期特別股股利}{普通股流通在外加權平均股數}$$[1]

每股盈餘應用相當廣泛，每股盈餘與市價存有高度的關係，視大盤股市多空，投資人常給予個股本益比倍數，然後求得股價操作區間的建議。本益比 (price-earnings ratio, P/E Ratio)，是指每股市價對每股盈餘的比率。

> 本益比，是指每股市價對每股盈餘的比率。

$$本益比\ (P/E\ Ratio) = \frac{每股市價}{每股盈餘}$$

本益比指的是投資人欲獲得企業賺的一塊錢，所必須付出的成本有多少。當本益比越高，代表投資人必須付出的成本也越高，回收期間也越長。本益比是分析師或投資人常用來衡量企業前景的比率，也常用來檢視企業股份市價的合理性。通常成長前景很好且具成長潛力的企業，投資人所願付出比較高的價格，本益比就會較高，但若為成熟型的企業，成長低，風險也低，本益比就會較低。例如：以 60 元購入某企業股票，而該企業每年的 EPS 為 4 元，因此你購入的本益比就是 15 倍；或者我們可以解釋說，你必須花 15 年的時間回收你的投資成本。所以，當你以越高的本益比購入某企業股票，其實就隱含了你必須花更久的時間來回收你所投資的成本。另外，本益比的倒數，其實就是指投資人的投資報酬率，也就是說，每付出 1 元的成本，企業可為投資人賺進多少每股稅後盈餘；換言之，如果一家企業的 EPS 穩定成長，變動幅度不大，則投資人購買的成本若越低，報酬率也就越高。

---

[1] 在國際會計準則下，許多特別股雖然法律形式為股票，但分類為負債，其股利認列為利息費用，故計算每股盈餘時，無須減除該股利；若該特別股確實符合權益之定義時，始從本期淨利中減除。

9.7 每股股利與股利政策

9.7.1 盈餘分派之規定

公司年度終了結算後，依法於完納一切稅捐，彌補以往年度虧損先提出 10% 法定盈餘公積後之盈餘，分派與股東或用以轉增資。公司法第 232 條：公司非彌補虧損及依本法規定提出法定盈餘公積後，不得分派股息及紅利。公司無盈餘時，不得分派股息及紅利。但法定盈餘公積已超過實收資本額 50% 時，得以其超過部分派充股息及紅利。

9.7.2 股利理論

由於台灣已實施兩稅合一，股利重複課稅現象減緩，且加強對未分配盈餘課稅，因此，整體而言，企業會提高股利發放率。股利政策之選擇，理論上可能因企業有極大之差異。股利政策係企業重要財務政策之一，米勒和莫迪格利安尼 (簡稱 M&M) 於 1961 年在其發表的文獻中，最早提出了有關股利政策的理論模型，後來財務理論界將其概括為「股利無關論」，該理論認為在一個無稅收的完美股市上，股利政策和股價是不相關的。自 M&M 的股利無關論以來，陸續又有不同股利政策理論相繼提出。「股利訊息理論」主張經理人利用實際發放股利和投資人預期企業發放之股利水準的差異，向投資人透露企業經營的遠景。「一鳥在手論」主張投資者較喜歡股利而不喜歡資本利得，因此股利發放越多的股票價格越高，其資金成本也越高。「顧客效應理論」預測年輕工作階層喜好發放高股利之股票。

9.7.3 每股股利

每股股利 (Dividend Per Share)，為企業每股股份 (流通在外的股數) 可以發放股利 (現金股利或股票股利) 的金額。可依企業支付股利方式為現金或股票，區分為每股現金股利及每股股票股利，計算方法如下：

$$每股股利 = \frac{股利總額}{流通在外的股數}$$

$$每股現金股利 = \frac{現金股利金額}{流通在外的股數}$$

$$每股股票股利 = \frac{股票股利金額}{流通在外的股數}$$

現金股利係企業分派盈餘之主要方式,因發放現金給股東,使公司的現金會因而減少。企業除發放現金股利外,亦得發放股票股利給股東,換言之,企業發放自己公司之股票給股東,股票股利之發放基礎除來自企業盈餘外 (又稱盈餘配股),亦可來自資本公積 (又稱公積配股),資本公積依法不得作為分配現金股利之基礎,僅能用以彌補企業之虧損或發放股票股利轉為企業之股本。發放股票股利,公司的現金不會減少,但會因而增加企業之股本,亦即盈餘轉增資。

假設張三持有**台積電**股票 1,000 股,**台積電**於 98 年宣布 97 年之盈餘分派,共發放 3 元現金及 0.5 元股票股利 (由於股票面額為 10 元,故 1 股普通股可拿 0.5/10 股),則張三可拿 3 × 1,000 = 3,000 元的現金及 1,000 × (0.5/10) = 50 股的**台積電**股票。投資人為計算股利收取數額相對於股價之大小,常以本利比表達。

本利比 = 每股市價 / 每股股利,本利比是每股市價對每股股利的比率。

釋例 9-1

請計算**台積電** 106、107 年度之每股盈餘及年報公布日本益比。**台積電**於 106、107 年度無特別股流通在外、普通股流通在外加權平均股數均為 25,930,380 股、年度最後一天 (106 年 12 月 29 日與 107 年 12 月 28 日) 收盤價各為 $229.5 及 $225.5。

合併簡明綜合損益表　　　　　　　　　　　　　　　　　　　　單位：新台幣千元

	民國 106 年	民國 107 年
營業收入淨額	$977,447,241	1,031,473,557
營業毛利	494,826,402	497,874,253
營業淨利	385,559,223	383,623,524
營業外收入及支出	10,573,807	13,886,739
利息收入	9,464,706	14,694,456
財務成本	(3,330,313)	(3,051,223)
稅前淨利	396,133,030	397,510,263
本年度合併總淨利	343,146,848	351,184,406
本期淨利－母公司業主	343,111,476	351,130,884

解答

(1) 每股盈餘 (107 年) $= \dfrac{\text{本期淨利} - \text{本期特別股股利}}{\text{普通股流通在外加權平均股數}}$

$= \dfrac{\$351,130,884 - 0}{25,930,380} = \$13.54$

讀者須特別注意，由於每股盈餘表示當年度每一普通股可獲得之盈餘報酬，故應使用「歸屬於母公司業主之淨利」(即合併總淨利減除歸屬於非控制權益之淨利) 來計算每股盈餘。為方便讀者了解，在此不考慮「具稀釋作用潛在普通股」(如：員工分紅、員工認股權證) 之影響，此種情況下計算而得之每股盈餘又稱為基本每股盈餘。

(2) 利用每股盈餘計算本益比時，股價通常取最新收盤價。本釋例假設於**台積電** 107 年度最後一開盤日 (107/12/28) 計算**台積電**股票之本益比，而當日收盤價為 $225.5，因此，本益比為 16.65，計算如下。

本益比 (107 年) $= \dfrac{\text{每股市價}}{\text{每股盈餘}} = \dfrac{\$225.5}{\$13.54} = 16.65$

同理可計算**台積電** 106 年度之每股盈餘及年度最後一開盤日 (106 年 12 月 29 日) 之本益比，結果列示如下：

項目	106 年度	107 年度
每股盈餘	$13.23	$13.54
本益比	17.35	16.65

> 由於 107 年度**台積電**獲利能力略微提升，使得普通股股東可獲得之每股盈餘也隨之略升，而投資人對於台積電之前景較 106 年時採保守觀望態度，因此本益比亦呈現稍微下降趨勢。

9.7.4 股利政策

「股利政策」是企業將營運過程中所獲得的盈餘，以特定形式及比率發放給股東，或將盈餘保留起來作為再投資用之決策。一般而言，股利發放的形式有現金股利及股票股利兩種。現金股利是以現金形式發放的股利，又稱為「股息」。其發放動機多為企業對股東投資所作的一項具體回饋。但這會使企業有大筆現金流出，影響財務的調度，使資產與股東權益同時減少，也會影響市場上投資人的預期而造成股價的波動。股票股利則是以企業新發行的股票作為股利分配給股東，又稱為「無償配股」。股票股利的發放雖不會使資金減少，但卻有膨脹股本、稀釋盈餘之危險 (當公司的獲利能力無法超過股本膨脹的速度時)，企業若是因為實施有利的投資計畫而保留現金，這個出發點是正確的；但有些時候，企業是因自身財務狀況不佳才以股票替代現金股利。一般常用股利政策如下：

> 現金股利是以現金形式發放的股利，又稱為「股息」。

> 股票股利則是以企業新發行的股票作為股利分配給股東，又稱為「無償配股」。

> 一般企業常用股利政策如下：
> 1. 固定現金股利支付率。
> 2. 固定或持續增加之現金股利。
> 3. 低現金股利加額外股利。
> 4. 剩餘股利。

1. **固定現金股利支付率政策**：於保留盈餘中每年皆發放一定比率之現金股利，該政策之優點在於公司得提前就股利之發放進行安排與規劃，且該部分之現金流量固定，當企業生命週期正值「成熟期」(投資報酬率相對穩定之產業) 之企業將較適合採取此股利政策。
2. **固定或持續增加之現金股利政策**：現金股利支付率採每年以固定或遞增之成長率增加，惟採該項股利政策之企業，每年須有穩定成長之現金流入，較適用企業生命週期正值「成長期」之企業。
3. **低現金股利加額外股利政策**：每年至少發放少量之現金股利，惟企業有較多之盈餘或資金充足時，則提高其發放比率。此項股利政策則適用於企業生命週期正介於「創業期」及「成長期」之企業，該等公司雖仍待資金之投入，惟為滿足股東對現金流入之需求，可採此政策。

4. 剩餘股利政策：此政策主要係依據企業未來之資本預算規劃來衡量未來年度之資金需求，然後先以保留盈餘融通所需之資金後，剩餘之盈餘才以現金股利之方式分派。

因此，不同的企業生命週期應有不同的股利政策，故企業應考慮法律規定及經營績效、償債需要、企業未來成長機會等自身特性後，決定最適合的股利政策。例如：**聯電** 2009 年稅後淨利為 38.74 億元，每股盈餘為 0.31 元，由於公司法允許企業年度營運未出現虧損時，可以動用資本公積發放現金股利，所以，**聯電** 2009 年決議派發 0.5 元現金股利，大於每股盈餘為 0.31 元，使得 2009 年**聯電**之股利發放率高達 160.89%。

表 9-5 列示各產業主要公司股利發放率與本益比，其中**榮化** 2013 年稅後淨損 2.24 億元，每股虧損 0.26 元，但因其股東權益尚有足夠的未分配盈餘，所以決議發放 0.5 元現金股利，使其 2013 年股利發放率為 –189.70%。

9.7.5 台積電股利政策之變化

台積電現金增資占整體資本形成的比例一直不高，主要係經由盈餘轉增資的方式，但近年來**台積電**現金股利占淨利之比率有逐年成長

▲ 表 9-5 各產業 2013 年主要公司股利年發放率與本益比

產業別	公司	2013 年本期稅後淨利(損)	每股盈餘	股利發放率(現金)	股利發放率(現金及股票)	本益比
水泥食品	台泥	10,026,731	2.72	84.69%	84.69%	9.38
	統一	12,764,241	2.48	60.57%	84.80%	11.93
	亞泥	10,517,318	3.42	56.40%	62.67%	10.41
塑膠紡織	台化	24,863,645	4.25	58.93%	58.93%	16.07
	南亞	25,271,588	3.19	59.63%	59.63%	17.9
	遠東新	13,215,754	2.75	50.61%	50.61%	9.5
電機電器	東元	3,759,872	2.01	58.59%	58.59%	13.53
	士電	1,172,687	2.25	62.20%	62.20%	20.86
	華新	(2,688,696)	(0.77)	0.00%	0.00%	116.48

▲ 表 9-5　各產業 2013 年主要公司股利年發放率與本益比 (續)

產業別	公司	2013 年本期稅後淨利 (損)	每股盈餘	股利發放率 (現金)	股利發放率 (現金及股票)	本益比
化學生醫	榮化	(224,887)	(0.26)	–189.70%	–189.70%	45.94
	中纖	958,678	0.85	0.00%	0.00%	6.23
	喬山	856,968	4.25	47.01%	164.55%	17.21
玻璃造紙	台玻	(896,175)	(0.38)	–26.54%	–26.54%	–
	永豐餘	610,546	0.37	108.78%	108.78%	38.76
	正隆	1,201,985	1.12	53.58%	53.58%	10.79
鋼鐵橡膠	中鋼	15,981,540	1.05	67.56%	86.87%	18.07
	燁聯	(839,903)	(0.38)	0.00%	0.00%	–
	正新	18,548,522	5.72	52.43%	52.43%	10.82
汽車業	和泰車	7,650,112	14.01	89.96%	89.96%	19.24
	裕隆	2,371,183	1.62	46.43%	46.43%	26.7
	中華	2,531,878	1.86	60.13%	60.13%	12.72
半導體	台積電	188,146,790	7.26	41.34%	41.34%	12.75
	聯電	12,630,203	1.01	0.99%	0.99%	25.71
	日月光	15,689,074	2.09	64.73%	64.73%	11.3
電腦光電	華碩	21,449,895	28.66	67.52%	67.52%	7.69
	友達	4,180,376	0.45	2.30%	2.30%	15.71
	宏碁	(20,519,428)	(7.54)	0.00%	0.00%	–
通訊網路	中華電	39,715,693	5.12	46.65%	46.65%	14.71
	台灣大	15,583,447	5.79	96.67%	96.67%	15.85
	宏達電	(1,323,785)	(1.60)	0.00%	0.00%	–
電子業	鴻海	106,697,157	8.16	22.15%	36.91%	7.71
	欣興	1,172,551	0.76	78.73%	78.73%	20.36
	台達電	17,776,202	7.32	79.53%	79.53%	18.14
航運業	華航	(1,274,046)	(0.25)	0.00%	0.00%	–
	長榮航	747,450	0.23	0.00%	0.00%	23.61
	陽明	(2,946,114)	(0.90)	0.00%	0.00%	–
貿易油電	遠百	2,185,839	1.56	74.23%	87.14%	11.21
	統一超	8,036,752	7.73	66.62%	66.62%	18.63
	台塑化	26,858,263	2.82	88.67%	88.67%	26.15

之趨勢，如表 9-6 所示，從零成長至近年之 60%，顯示**台積電**之股利政策之轉變，已漸從高配股轉變為高配息的股利政策，代表**台積電**對未來的經營以求取穩健為主，而不再是一味追求高成長。

台積電過去長期的稅後淨利為穩定成長趨勢，營業活動現金流量 (operating cash flow) 有不錯之表現，皆大於淨利，營業活動現金流量約為稅後淨利的 150% 至 200%，顯示盈餘品質非常良好，雖長期有一定的資本支出，但近十年來不常透過舉債方式作為充實或擴建資金之來源，負債比率低，因此，**台積電**較有能力發放現金股利。

▲ 表 9-6　台積電歷年股利、淨利、資本支出、現金增資與舉債資訊

年度	現金股利(千元)	淨利(千元)	資本支出(千元)	現金增資(千元)	舉債(千元)	現金股利/淨利
87	$ 0	$ 15,344,203	$ 41,113,609	$19,658,760	$ 9,772,500	0
88	$ 0	$ 24,559,884	$ 51,459,113	$16,237,057	$ 9,450,634	0
89	$ 0	$ 65,106,194	$103,761,905	$53,184,829	$ 9,000,000	0
90	$ 0	$ 14,483,174	$ 70,201,205	$51,431,885	$ 0	0
91	$ 0	$ 21,610,291	$ 55,235,458	$17,903,336	$ 10,000,000	0
92	$ 12,159,000	$ 47,337,049	$ 37,870,907	$16,437,322	$ 0	0.256860118
93	$ 46,500,000	$ 92,340,760	$ 81,094,557	$31,099,781	$ 0	0.503569605
94	$ 61,825,000	$ 93,575,035	$ 79,878,724	$14,712,239	$ 0	0.660699726
95	$ 77,489,000	$127,009,731	$ 78,737,265	$10,851,137	$ 0	0.610102859
96	$ 77,400,000	$109,177,093	$ 84,000,985	$ 5,864,283	$ 0	0.708939924
97	$ 76,880,000	$ 99,933,168	$ 59,222,654	$ 5,221,238	$ 0	0.769314148
98	$ 77,708,000	$ 89,217,836	$ 87,784,906	$ 2,699,971	$ 0	0.87099176
99	$ 77,730,236	$161,605,009	$186,944,203	$ 0	$ 0	0.48098903
100	$ 77,748,668	$134,201,279	$213,962,521	$ 0	$ 18,000,000	0.57934372
101	$ 77,773,307	$166,158,802	$246,137,361	$ 0	$ 62,000,000	0.46764484
102	$ 77,785,851	$188,146,790	$287,594,773	$ 0	$130,844,821	0.41343172
103	$116,683,481	$263,898,794	$288,540,028	$ 0	$ 0	0.44215238
104	$155,582,283	$306,573,837	$257,516,835	$ 0	$ 0	0.50748715064
105	$181,512,663	$334,247,180	$328,045,270	$ 0	$ 0	0.5430491979
106	$207,443,044	$343,111,476	$330,588,188	$ 0	$ 0	0.60459372102
107	$207,443,044	$351,130,884	$315,581,881	$ 0	$ 0	0.590785526

9.7.6 股票股利、企業之成長需求與其後果

企業配發股票股利有可能係為保留部分盈餘 (及現金) 以支應公司未來業務擴張所需之資金，以**台積電**為例，**台積電**在 2004 年以前公司的股利政策以留住營運現金、配發股票股利為主，但 2004 年之後**台積電**由於十幾年來廣發股票股利，已讓股本擴張至 $2,026 億元 (此為 2004 年資本額)。面對如此龐大的股本，股本不斷膨脹所衍生之負面影響已逐漸浮現，半導體產業已不再是當初兩位數字之高成長產業，半導體產業景氣不明，讓投資建廠計畫也開始放緩。

同時**台積電**也因保留過多現金在帳面上 (2004 年初**台積電**帳面可變現資產即高達 $1,700 億元)，而導致營運績效 (如股東權益報酬率) 表現不佳。此外，因為**台積電**大部分八吋晶圓廠都已完成折舊提列，在正常營運狀態之下每年即可產生可觀的現金流量，足已應付公司的營運支出。

2004 年初張忠謀董事長開始考量修改公司的股利政策，改為配發大量現金股利為主而股票股利為輔的方式回報股東，也正式宣告**台積電**成為高現金股息的藍籌股。**台積電**過去幾年之股利分派，皆以現金股利為主，有助於改善**台積電**股本結構，提升股東權益報酬率 (ROE)。

雖然**台積電**民國 95 年至 98 年的淨利呈下降趨勢，但還是維持一樣金額的股利發放 (現金股利 3 元)，**台積電**選擇此穩定的股利發放政策主係在維持投資人的信心。一般而言，股利是看上年度的盈餘而訂，但**台積電**認為其淨利減少只是短期現象，長期來看，他們有信心能夠維持之前良好的表現，故為了防止傳出營業狀況變差的訊息而影響股價，**台積電**選擇每股股利金額不變，提高股利發放率，藉以穩定投資人的信心。

較高的現金股利發放率，當然對一個企業之現金需求增加，但為了穩定投資人對公司的信心、表彰企業長期的表現能力以及對於未來獲利的信心，如此的股利政策帶來的長遠影響應是正面的。

企業在決定發放現金股利之前必須考量下列幾點：閒置的現金流

量、盈餘穩定性、未來投資需求、內部融資狀況、對未來發展的預期、同業競爭者的發放情況，以及投資人偏好等等。民國 86 年至 91 年，**台積電**不發放現金股利主要在於因應建廠之需和支應負債，民國 90 年**台積電**宣布興建首座十二吋晶圓廠，既需要龐大資金水位以保留高融資彈性來降低融資成本，更需要維持公司強勁的成長力道，除了民國 90 年之外，這段期間年年舉債，現金增資亦在民國 89、90 年攀到高點。這段期間**台積電**選擇不發放現金股利改發放股票股利，一方面是為平衡員工讓員工盈餘轉增資得到分紅，當然更是為了滿足資本支出的需求以期順利完工。

民國 92 年十二吋晶圓廠正式啟用，相對前一年度大幅下修其資本支出額度，稅後淨利成長近 120%，顯示當時現金相對充足。為了帶給投資者對**台積電**未來長期穩定的報酬預期，遂開始發放現金股利 0.6 元，由於先前擴廠已達一定水準，大幅降低舉債，加上逐年稅後淨利的增加，讓**台積電**決定往後年度穩定的現金股利發放。

現場直擊

統一企業股利政策之說明

　　本公司所處產業環境多變，企業生命週期正值穩定成長階段，董事會對於盈餘分派議案之擬具，應考慮公司未來之資本支出預算及資金之需求，並衡量以盈餘支應資金需求之必要性，以決定盈餘保留或分派之數額和以現金方式分派股東紅利之金額。

　　本公司每年決算如有盈餘，除依法提繳營利事業所得稅、彌補以往年度虧損外，如尚有餘額，應先提法定盈餘公積 10%，並依法提列或回轉特別盈餘公積後，為本期可分配數，再加計上年度累積未分配盈餘，為累積可分配盈餘，股東紅利應為累積可分配盈餘之 50% 至 100%。

1. 2007 年至 2008 年：現金股利比率不低於當年度股利分配總額之 30%。
2. 2004 年至 2006 年：優先分派現金股利，其餘分派股票股利，股票股利比率以當年度股利分配總額之 50% 為上限。

　　由董事會擬具盈餘分派議案，提請股東會決議後分派之。但其中分派董監事酬勞訂為本期可分配數 2%，員工紅利不得少於本期可分配數 0.2%。

現場直擊

微軟公司 (Microsoft) 股利政策之說明

2003 年之前**微軟**係採零股利政策 (zero dividend policy)，2003 年之後則採股利穩定成長政策。

After a long history of technological innovation, Microsoft showed signs of maturing as a company when it initiated a dividend policy in 2003. Annual dividend payments have increased by an average of 41.60% annually since 2003, which is much higher than the growth in EPS. The past three years have shown annual increases of 12%, 11% and 15% respectively. I would expect MSFT to increase its dividends by 10% over the next five years, until it reaches a dividend achiever status. The dividend payout has remained below 30%. A lower payout is always a plus, since it leaves room for consistent dividend growth minimizing the impact of short-term fluctuations in earnings.

現場直擊

台塑企業股利政策之說明

(2007 年) 本公司所營事業屬成熟期產業，每年獲利相當穩定，股利政策採現金股利、盈餘轉增資與資本公積轉增資三種方式搭配發放，就當年度可分配盈餘扣除法定盈餘公積及特別盈餘公積後，至少分配 50% 以上，並以發放現金股利為優先，盈餘轉增資及資本公積轉增資合計之比例，不得超過當年全部股利之 50%。

9.8 市價對帳面價值比 (股價淨值比)

市價對帳面價值比衡量企業的每股市價與每股帳面價值的倍數。所謂每股帳面價值 (或稱：每股淨值)，就代表每一股流通在外的普通股所能享有的股東權益；這裡所謂的股東權益包括普通股股本、資本公積、保留盈餘。由於市價是代表公司在市場上所得到的綜合性評價，因此，市價對帳面價值比可用來衡量經理人為股東創造財富能力的指標。市價對帳面價值比又稱**股價淨值比** (Price-to-Book Ratio, PBR)。

> 市價對帳面價值比衡量企業的每股市價與每股帳面價值的倍數。

$$市價對帳面價值比 = \frac{每股市價}{每股帳面價值 (淨值)}$$

$$每股帳面價值 (淨值) = \frac{股東權益總額 - 特別股權益}{普通股股數}$$

市價對帳面價值比是價值型投資者常用的評價指標，成長型投資者 (偏好投資成長型個股) 不常使用股價淨值比為評價指標。市價對帳面價值比，可用來評估一家公司市價和其帳面價值的差異，當投資者在股價淨值比低於 1 時買進股票，通常代表是以相對較低的價格投資，但是因為公司會計政策的差異可能使資產真正出售時價格低於帳面價值，因此，班傑明・葛拉漢 (Benjamin Graham) 認為投資者以股價淨值比分析，應保留一定水準的安全邊際，亦即股價應低於每股帳面價值某一比率。由於產業或個股之特性不同，使用股價淨值比時，可將該公司之股價淨值比和整個市場的比較，和同一產業其他公司的比較，或和公司本身歷史股價淨值比的比較，以衡量在某一時點投資的可能風險和報酬。

表 9-7 各產業 2013 年主要公司市價對帳面價值比，整體而言，各產業 2013 年主要公司市價對帳面價值比大多介於 1 與 4，但亦有高達 5 以上，如**和泰車**與**統一超**；或低於 1，如**友達**與**中纖**。

▲ 表 9-7　各產業 2013 年主要公司市價對帳面價值比

產業別	公司	每股淨值	每股市價 2013/12/31	市價對帳面價值比
水泥食品	台泥	30.63	43.95	1.43
水泥食品	統一	16.73	49.26	2.94
水泥食品	亞泥	40.8	36.28	0.89
塑膠紡織	台化	45.71	81.19	1.78
塑膠紡織	南亞	35.62	67.08	1.88
塑膠紡織	遠東新	37.58	32.44	0.86
電機電器	東元	22.07	33.05	1.50
電機電器	士電	39.18	36.64	0.94
電機電器	華新	16.77	9.56	0.57

▲ 表 9-7　各產業 2013 年主要公司市價對帳面價值比 (續)

產業別	公司	每股淨值	每股市價 2013/12/31	市價對帳面價值比
化學生醫	榮化	25.93	37.32	1.44
	中纖	16.79	12.6	0.75
	喬山	33.3	50.84	1.53
玻璃造紙	台玻	19.58	33.02	1.69
	永豐餘	20.23	14.48	0.72
	正隆	17.32	13.69	0.79
鋼鐵橡膠	中鋼	19.14	25.76	1.35
	燁聯	11.02	8.2	0.74
	正新	24.31	74.97	3.08
汽車業	和泰車	60.5	357.29	5.91
	裕隆	43.38	53.23	1.23
	中華	33.76	27.79	0.82
半導體	台積電	32.69	103.18	3.16
	聯電	16.68	11.98	0.72
	日月光	16.17	26.72	1.65
電腦光電	華碩	182.02	251.06	1.38
	友達	17.07	9.41	0.55
	宏碁	20.66	18.02	0.87
通訊網路	中華電	46.44	88.69	1.91
	台灣大	21.35	90.86	4.26
	宏達電	94.37	141	1.49
電子業	鴻海	58.25	70.37	1.21
	欣興	29.55	22.12	0.75
	台達電	38.39	165.39	4.31
航運業	華航	9.78	10.95	1.12
	長榮航	11	15.95	1.45
	陽明	11.59	13.95	1.20
貿易油電	遠百	21.07	27.83	1.32
	統一超	22.84	201.23	8.81
	台塑化	25.23	79.17	3.14

研究櫥窗

市價對帳面價值比

在 1992 年，法瑪 (Eugene Fama) 和法蘭屈 (Kenneth French) 研究 1963 年至 1990 年美國股市，以股價淨值比的高低，將股票分為 10 組，發現股價淨值比最低的一組，平均月報酬率達 1.65%，而股價淨值比最高的一組，平均月報酬率只有 0.72%，投資在低股價淨值比的公司，可以獲得可觀的超額報酬。

美國著名基金經理人詹姆士‧歐沙那希 (James P. O'Shaughnessy)，以 1952 年至 1996 年間 44 年的資料實證，發覺股價淨值比最低的 50 支股票所建立的投資組合，能夠提供每年 1.92% 的超額報酬。換言之，若指數漲幅是 20%，則該投資組合的獲利將可達到 21.92%，若指數跌幅是 10%，則該投資組合的虧損是 8.08%，無論指數處在漲或跌的趨勢下，該投資組合可打敗大盤！

根據美國三一投資管理公司 (Trinity Investment Management) 的研究結果顯示：1980、1994 年間，以 S&P 500 指數成份股中，股價淨值比最低的 30% 的股票為投資組合 (每季更新替換)，年平均報酬率為 18.1%，高出 S&P 500 指數報酬率 4.8%。

根據摩根史坦利公司 (Morgan Stanley) 的研究，自 1981 年至 1990 年，以其國際資料庫中所有的公司股票為樣本 (其中八成為國外公司)，依股價帳面價值比分為 10 等份，發現股價帳面價值比最低的 10% 股票，年複利報酬達 23%，同期摩根史坦利資本國際全球股價指數 (Morgan Stanley Capital International Global Equity Index) 的報酬率為 17.9%，而股價帳面價值比最高的 10% 股票，年複利報酬只有 13.8%。

9.9 成長潛力分析

持續成長比率可用以衡量一家公司的成長潛力以及公司在未改變其獲利能力與財務政策下，企業仍有可能持續成長的決定因素。

持續成長比率 (Sustainable Growth Rate, SGR)
= 股東權益報酬率 × 盈餘保留率
= 股東權益報酬率 × (1 − 股利支付率)

股利支付率可用以衡量一家公司之股利政策，計算公式如下：

$$股利支付率 = \frac{現金股利支付數}{淨利}$$

根據杜邦分析，股東權益報酬率受下列三因素之影響：純益率、總資產週轉率及財務槓桿度。一家公司的股東權益報酬率以及其股利支付政策，決定公司剩餘資金可用於成長的多寡。如果一家公司的獲利能力、股利支付率或財務槓桿改變的話，其持續成長率當然會不同。持續成長率可作為評估公司成長計畫的基準，如果一家公司的成長率期望高於持續成長率，則可評估公司成長的過程中哪些比率可能加以改變。

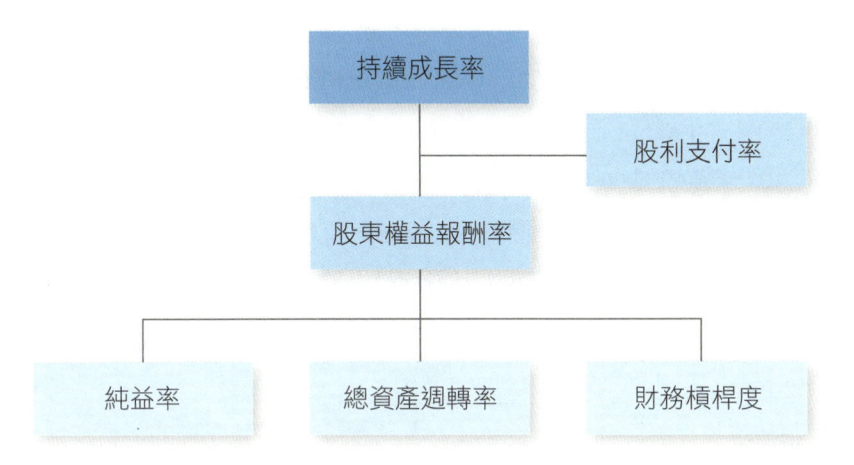

```
                持續成長率
                    |
                    |————— 股利支付率
                    |
                股東權益報酬率
                    |
        ┌———————————┼———————————┐
      純益率    總資產週轉率   財務槓桿度
```

釋例 9-2

請利用下表資料計算**台積電** 106、107 年度之股利支付率、持續成長率，以進行跨年度之成長潛力分析。(註：**台積電**於兩個年度各發放 8 元之現金股利。)

單位：新台幣千元 (除股東權益報酬率以百分比表示)

項目	民國 106 年	民國 107 年
本期淨利－母公司業主	$343,111,476	$351,130,884
現金股利支付數	207,443,044	207,443,044
股東權益報酬率	23.57%	21.95%

解答

$$\text{股利支付率 (107 年度)} = \frac{\text{現金股利支付數}}{\text{淨利}} = \frac{\$207,443,044}{\$351,130,884}$$

$$= 59.08\%$$

持續成長率 (107 年度) = 股東權益報酬率 × 盈餘保留率
            = 股東權益報酬率 × (1 − 股利支付率)
            = 21.95% × (1 − 59.08%) = 8.98%

$$股利支付率 (106 年度) = \frac{現金股利支付數}{淨利} = \frac{\$207,443,044}{\$343,111,476}$$

            = 60.46%

持續成長率 (106 年度) = 23.57% × (1 − 60.46%) = 9.32%

106 年與 107 年**台積電**支付相同的現金股利，但 107 年度的淨利較 106 年度高，因此股利支付率降低。此外，由**台積電**連續 2 年維持相同之現金股利水準，可發現**台積電**和多數公司一樣偏好穩定之股利政策。然而，107 年度較低的股利支付率表示較高比例之盈餘被保留於公司內部供未來成長使用，故在維持 107 年度較高股東權益報酬率及較低股利支付率之假設下，**台積電**之成長潛力高於依 106 年度之股東權益報酬率及股利支付率估計而得之結果，顯然維持成長率並非固定不變，而是隨著公司獲利能力、財務槓桿度、股利支付率而改變。

9.10 員工認股權與員工分紅

我國公司法第 167 條之 2 規定：「公司除法律或章程另有規定者外，得經董事會以董事三分之二以上之出席及出席董事過半數同意之決議，與員工簽定認股權契約，約定於一定期間內，員工得依約定價格認購特定數量之公司股份，訂約後由公司發給員工認股權憑證。員工取得認股權憑證，不得轉讓。但因繼承者，不在此限。」換言之，員工認股選擇權乃「公司員工」(含子公司員工) 得於特定期間選擇是否以特定價買進特定數量股票的選擇權利，無論該特定期間內股票價格為何。此外，員工認股選擇權自發行之日 2 年後方得行使且發行期間最長不得逾 10 年。

員工認股選擇權係股份基礎給付 (share-based payment) 工具之一，近年來已漸漸成為重要之支付方式，作為員工報酬之一部分，以延攬及留用優秀人才，提升企業競爭力之工具，並達成促進企業成長與創造價值之方式。

9.10.1 發行數量之限制

　　主管機關為避免發行公司藉員工認股權發行膨脹股本造成稀釋原股東權益，因此對發行數量予以限制，例如：發行人申報發行員工認股權證，其每次發行得認購股份數額，不得超過已發行股份總數之 10%，且加計前各次員工認股權證流通在外餘額，不得超過已發行股份總數之 15%。另一方面為防止圖利內部特定人，亦對單一認股權人得認購股數做限制。例如：發行人發行員工認股權證，給予單一認購人之認股數量，不得超過每次發行員工認股權憑證總數之 10%，且單一認股權人每一會計年度得認購股數不得超過年度結束日已發行

現場直擊

聯華電子發行員工認股權憑證

董事會決議日期：91 年 08 月 09 日

發行期間：本員工認股權憑證於主管機關申報生效通知到達之日起 1 年內，得視實際需求，一次或分次發行，實際發行日期由董事長訂定之。

認股權人資格條件：以本公司及國內外子公司全職正式員工為限。認股資格基準日由董事長決定。實際得為認股權人之員工及其得認股數量，將參酌服務年資、職等、工作績效、整體貢獻、特殊功績或其他管理上需參考之條件等因素，由董事長核定後，並經董事會同意後認定之。

認股價格：以本員工認股權憑證發行當日本公司普通股收盤價為認股價格。

權利期間：本員工認股權憑證之存續期間為 6 年，認股權人除被撤銷其全部或部分之認股數量外，自被授予本員工認股權憑證屆滿 2 年後，可依下列時程行使其認股權利：

1. 自被授予本員工認股權憑證屆滿 2 年後，可就被授予之本員工認股權憑證數量之 50% 為限，行使認股權利。
2. 自被授予本員工認股權憑證屆滿 3 年後，可就被授予之本員工認股權憑證數量之 75% 為限，行使認股權利。
3. 自被授予本員工認股權憑證屆滿 4 年後，可就被授予之本員工認股權憑證數量之 100%，行使認股權利。

觀念簡訊

員工認股權

甲公司給予 10 位員工認股權，每位 100 股。既得條件為：員工須繼續服務 4 年期間，並於既得日後 2 年內行使其認股權。給予日每股認股權之公允價值為 20 元，假如預期 10 位員工皆會服務 4 年，且確實完成服務，其相關會計處理如下：

第 1、2、3、4 年
    薪資費用　　　　　　　　　　　　　　5,000
        資本公積－員工認股權　　　　　　　　　　　5,000
        ($10 \times 100 \times \$20 \div 4 = \$5,000$)

股份總數之 1%。

9.10.2　發行價格之規定

為激勵員工對未來企業價值的提升做出努力，因而規定員工認股選擇權之認股價格不得低於發行日之收盤價或淨值；因此我國員工認股選擇權之內含價值 (intrinsic value) 均為零。

9.10.3　員工分紅

我國原法令規定，將員工分紅作為股東會決議年度盈餘的分配，而非作為費用，與國際或美國會計準則的處理不同。於 95 年 5 月 24 日，經總統公布修正商業會計法，刪除「股息、紅利」不得作為費用或損失的規定，員工分紅的會計處理，回歸到一般公認會計原則作為費用。

員工分紅不論係以現金給付或採發放股票之方式，其所產生之負債，係來自員工提供勞務而非與業主間之交易。因此，企業對員工分紅成本之認列，應視為費用，而非盈餘之分配。企業對員工分紅之預期成本，應於其具法律義務 (或推定義務) 且可合理估計該負債金額時，予以認列。

員工分紅金額若係依盈餘之固定比例提列者 (例如依盈餘 8% 提

> 員工分紅不論係以現金給付或採發放股票之方式，其所產生之負債，係來自員工提供勞務而非與業主間之交易。因此，企業對員工分紅成本之認列，應視為費用，而非盈餘之分配。

列)，企業應於員工提供勞務之會計期間依所訂定之固定百分比，估計員工分紅可能發放之金額，並認列為費用。至次年度股東會決議日若有變動，則依會計估計變動處理，列為次年度損益。

員工分紅金額若係依盈餘之比例區間提列者 (例如依盈餘之 2% 至 10% 提列)，企業於員工提供勞務之會計期間必須依過去經驗就員工分紅可能發放之金額為最適當之估計，並認列為費用。於期後期間之董事會決議之發放金額有重大變動時，該變動應調整當年度 (原認列員工分紅費用之年度) 之費用。至次年度股東會決議日時，若金額仍有變動，則依會計估計變動處理，列為次年度之損益。

習題

問答題

1. 企業發行普通股與特別股各有何優缺點？請簡述之。
2. 試說明現存於台灣法規中的三種減資方式：彌補虧損減資、庫藏股減資及現金減資。
3. 試分述股票上市 (櫃) 對公司與股東的利益。
4. 請詳述依臺灣證券交易法第 28 條之 2 規定，上市 (櫃) 公司於哪三種情況得施行股票買回成為庫藏股。
5. 請比較員工分紅、員工認股權憑證與買回庫藏股轉讓給員工，三種獎酬員工方式。

選擇題

1. 請指出以下哪些名詞之意義與「股東權益」相同？(甲) 淨資產；(乙) 帳面淨值；(丙) 權益市值；(丁) 股本
   (A) (甲)(乙)　　　　　　　　　(B) (乙)(丙)
   (C) (丙)(丁)　　　　　　　　　(D) (乙)(丁)

2. 下列哪些不屬於股東權益項目？(甲) 應付股利；(乙) 庫藏股票；(丙) 未實現重估增值；(丁) 累積換算調整數；(戊) 停業單位損益
   (A) (甲)(丁)　　　　　　　　　(B) (乙)(丙)
   (C) (丙)(戊)　　　　　　　　　(D) (甲)(戊)

3. 關於普通股股東享有之權利，下列何者為非？
   (A) 分享利潤損失　　　　　　　(B) 優先享有清算財產權利

(C) 選舉董監事 (D) 優先認購新股權利

4. 下列有關特別股之特性何者錯誤？

   (A) 特別股不具有董監事的選舉及被選舉權，故不致影響原有股東的經營權

   (B) 公司虧損不需分派特別股股利

   (C) 與普通股不相同，特別股的股利支出可以抵稅

   (D)「累積特別股」，今年度公司因為虧損不必分派股利，但仍須累積到下年度發放

5. 萬華公司20×1年12月31日之股東權益為$500,000。萬華公司於20×2年間，宣告並支付現金股利$35,000，增資發行股票收現$120,000，買回庫藏股票付現$25,000，當年度淨利為$80,000，則20×2年12月31日萬華公司的股東權益應為：

   (A) $670,000 (B) $680,000
   (C) $640,000 (D) $570,000

6. 資本公積轉增資對股東權益的影響為何？

   (A) 股本增加，資本公積增加，股東權益總額增加

   (B) 股本及股東權益總額不變

   (C) 股本增加，資本公積減少，股東權益總額不變

   (D) 保留盈餘減少，股本增加，股東權益總額不變

7. 假設在台灣上市的帕妮公司，現金減資前股本100億 (10億股)，保留盈餘150億，股東權益合計是250億，每股淨值是25元 (250億元÷10億股)，當年獲利100億，每股盈餘10元 (100億元÷10億股)，此時每股市價20元。若公司現金減資退還20億元給股東，則現金減資後每股淨值與每股盈餘各為何？

   (A) 15.25元；13.5元 (B) 14.25元；11.75元
   (C) 14.44元；11.11元 (D) 28.75元；12.5元

8. 公司已經公開發行，並於店頭市場以開掛牌買賣的股票，公司欲申請上櫃就實收資本額而言須達新台幣？

   (A) 三千萬元以上 (B) 四千萬元以上
   (C) 五千萬元以上 (D) 六千萬元以上

9. 下列有關存託憑證 (DR) 的敘述何者有誤？

   (A) 發行股票與存託憑證皆為一現金增資的作為

   (B) 公司參與型存託憑證是由國內發行公司，委託國外的投資銀行在國外發行的證券

   (C) 可以透過發行存託憑證增加公司的權益資金的來源

   (D) TDR之證交稅與股票交易同為千分之三

10. 內湖公司在 20×1 年 7 月 21 日，按當時市場每股公允價值 $25 收購其自有公司股份 40,000 股。之後，分別於一個月及兩個月後，以每股價格 $26 及 $23 各出售 20,000 股。若內湖公司以成本法記錄這些庫藏股票交易，則對其年底財務報表會產生何種影響？
    (A) 本期淨利減少 $20,000
    (B) 保留盈餘減少 $20,000
    (C) 資本公積減少 $20,000
    (D) 保留盈餘減少 $40,000

11. 歐護公司 20×1 年底股東權益資料如下：

普通股股本 (每股面額 $10)	$3,000,000
資本公積	750,000
保留盈餘	900,000

    20×2 年 4 月 1 日，該公司發放每股 $3 之現金股利，7 月 1 日辦理現金增資，以每股 $30 發行 40,000 股。假設 20×2 年度歐護公司之淨利為 $720,000，則該公司 20×2 年度之每股盈餘為：
    (A) $1.50
    (B) $2.00
    (C) $2.25
    (D) $2.40

12. AAF 公司股票目前市價是 1 股 100 元，最近四季稅前淨利分別為每股 1.5 元、1.5 元、0.75 元與 1.25 元，該公司所得稅率是 20%，則 AAF 公司股票本益比是多少？
    (A) 25 倍
    (B) 20 倍
    (C) 1/20
    (D) 1/25

13. 關於發放股利與股票分割對公司會計報導產生的影響，下列何者有誤？
    (A) 發放現金股利將使公司之帳面資產及股東權益均減少
    (B) 發放股票股利對公司資產無影響，股東權益總額降低，保留盈餘減少，股本增加且股數增加，而每股面值不變
    (C) 股票分割不影響保留盈餘及股東權益任何項目，僅增加股份及降低每股面值
    (D) 以上皆正確

14. 蓋瑞公司目前股票市價為 $20，帳面資產為 $3,000,000，負債為 $1,000,000，假設該公司股票流通在外股數為 125,000 股，請問該公司股票之股價淨值比率為：
    (A) 1.15
    (B) 1.20
    (C) 1.25
    (D) 1.30

15. 關於員工認股憑證與員工分紅之敘述，以下哪些為真？(甲) 施行員工分紅，員工將可無償取得股份；(乙) 施行員工認股憑證，員工須付出成本取得股票；(丙) 兩者對於年度盈餘報導的

衝擊相同；(丁) 由於員工分紅無法限制員工轉讓，給與基礎無法與員工未來績效連結。

(A) 甲乙丙 　　　　　　　　　　　　(B) 甲乙丁
(C) 甲丙丁 　　　　　　　　　　　　(D) 乙丙丁

練習題

1. 人人公司 20×1 年 12 月 31 日股東權益之內容如下：

特別股，8% 非累積，每股清算價值 $102 (核准 7,000 股，已發行 2,000 股)	$200,000
資本公積－特別股發行溢價	106,400
普通股，面值 $10 (核准 50,000 股，已發行 35,000 股)	300,000
資本公積－普通股發行溢價	400,000
保留盈餘	64,200
庫藏股票 (普通股，1,200 股，成本法入帳)	21,600

試作：請計算：

(1) 特別股之每股面值。

(2) 普通股之每股平均發行價格。

(3) 普通股之流通在外股數。

(4) 股東權益總金額。

(5) 普通股之每股帳面價值 (小數點第二位四捨五入)。

2. 100 年 12 月 31 日永大公司權益的內容如下：

非參加 10% 累積特別股，面值 $100 (核准 50,000 股，發行在外 20,000 股)	$2,000,000
普通股，面值 $10 (核准 100,000 股，發行 52,000 股，庫藏股 1,000 股)	520,000
特別股溢價	500,000
普通股溢價	250,000
保留盈餘	200,000
合　計	$3,470,000
減：庫藏股 (1,000 股，按成本計)	(20,000)
權益總計	$3,450,000

已知特別股的收回價格為 $120，並積欠 2 年的股利，未曾發放，普通股每股市價為 25.5 元。試計算普通股市價對帳面價值比。

[88 年普考第二試改編]

3. 下列為高斯公司 20×1 年及 20×2 年之綜合損益表資料：

	20×1 年	20×2 年
銷貨收入	$ 700,000	$ 840,000
營業費用	(425,000)	(510,000)
繼續營業部門淨利	$ 275,000	$ 330,000
停業部門損失	(105,000)	(150,000)
本期淨利	$ 170,000	$ 180,000

該公司流通在外股數之變動如下：

20×0 年 12 月 31 日流通在外股數	200,000
20×1 年	
4 月 1 日發行新股	24,000
6 月 30 日買回庫藏股票	(12,000)
10 月 1 日出售庫藏股票	4,000
20×1 年 12 月 31 日流通在外股數	216,000
20×2 年	
7 月 1 日發行新股	48,000
10 月 1 日買回庫藏股票	(16,000)
20×2 年 12 月 31 日流通在外股數	248,000

試作：(1) 計算 20×1 年及 20×2 年之流通在外加權平均股數。

(2) 計算 20×1 年及 20×2 年綜合損益表上繼續營業部門淨利、停業部門損失及本期淨利之每股盈餘。(四捨五入至小數點第二位)

4. 確幸公司 20×1 年底流通在外之股票如下：

普通股—面額 $10，流通在外 400,000 股

特別股—6%，累積，面額 $100，流通在外 50,000 股

確幸公司 20×0 年未發放股利，20×1 年因有盈餘，年底欲發放股利 $2,000,000。唯美公司持有確幸公司之普通股 5,000 股及特別股 1,000 股。

試作：計算唯美公司可分得的股利金額。

5. 真頂公司某年底有關的財務報表資料如下：

普通股：

每股面值	$10
已發行股數	55,000
每股股利	$2
每股市價	$50
資本公積	$200,000
未指撥保留盈餘 (結帳後)	$125,000
普通股庫藏股：	
股數	5,000
總成本	$125,000
本期淨利	$250,000

試作：請依據上述資料計算下列金額或比率：

(1) 資產負債表權益總額。

(2) 普通股每股盈餘。

(3) 普通股本益比。

(4) 普通股股利支付率。

(5) 普通股股東權益報酬率 (假設期初與期末普通股股東權益相同)。

(6) 維持成長率

(7) 普通股帳面價值。

6. 嘉嘉公司在 2012 年初，有普通股 500,000 股發行流通在外。3 月 1 日發行普通股 18,000 股，8 月 31 日收回庫藏股票 12,000 股。2012 年度公司的淨利為 $1,277,500。

試作：計算嘉嘉公司 2012 年度之每股盈餘。

Objectives

研讀完本章,讀者應能了解:
1. 為何需要現金流量表。
2. 現金流量表的功能。
3. 現金流量表的內容與編製方式。
4. 現金流量表的分析方法。

Chapter 10
現金流量表

本章架構

本章討論為何需要現金流量表?現金流量表的功能為何?內容為何?如何編製現金流量表?何謂直接法?何謂間接法?二者差異為何?以及如何分析現金流量表?

現金流量表

為何需要現金流量表
1. 資產負債表的限制
2. 綜合損益表的限制
3. 權益變動表的限制

現金流量表的功能
1. 評估企業之淨資產變動、財務結構,以及為適應變動之情況及機會而影響現金流量金額及時點之能力
2. 評估企業產生現金及約當現金之能力
3. 提高不同企業間經營績效報導之可比性
4. 作為未來現金流量之金額、時點及確定性之指標

現金流量表的內容與編製
1. 間接法
2. 直接法

現金流量表的分析
1. 淨利與營業活動現金流量之關係
2. 三大類活動現金流量間之關係
3. 生命週期與現金流量的關係
4. 產業與現金流量的關係
5. 財務比率分析

現金對於一個企業的重要性，如同血液對於人體一樣。有的企業之現金流量暢通，有的企業的現金流量則呈現吃緊，就像不同的人之血液是否順暢一般。醫學檢驗使用各種指標衡量人體在血液方面之健康情況。在商業上，我們則透過現金流量表評估一個企業的現金流量情形。

以下資訊擷取自**台積電**、**聯發科**以及**遠傳**三家公司民國 107 年度的現金流量表。這三家公司的現金流量有一共同特徵，那就是淨利以及營業活動之現金流量為正，不過就**台積電**與**遠傳**而言，營業活動之現金流量均高於稅前淨利，主因為高額的折舊與攤提；然而，**聯發科**雖折舊與攤提金額 $75 億元，其營業活動之現金流量仍低於淨利，主要原因是存貨及應收帳款的大量增加，使其營業活動之現金流量低於淨利。另外，**遠傳**與另外兩家公司的客戶群不同，**遠傳**主要為零售客戶 (個人)，但**台積電**與**聯發科**之客戶為企業，客戶群的不同也反映在**遠傳**應收票據與帳款的增加金額相對為少，雖然三家公司均因業務成長而增加應收款項。除此之外，**台積電**與**遠傳**因購置不動產、廠房及設備而產生投資活動的現金流出，**聯發科**亦然，但其投資活動的標的尚包括無形資產。雖然三家公司均發放現金股利，籌資活動均為淨流出，**台積電**與**遠傳**皆為償還長期公司債，而**聯發科**則為償還短期借款，然而三家公司仍維持相當水準的現金部位。但由上述差異也可看出不同產業的現金流量情形有所不同。

▲ 107 年度現金流量表

單位：新台幣千元

	台積電	聯發科	遠傳
稅前淨利	$397,510,263	$23,691,485	$11,869,430
淨利	351,184,406	20,782,396	9,424,776
折舊與攤銷	292,546,302	7,570,804	11,179,343
應收票據及帳款款項 (增加) 減少	(12,565,526)	(3,493,417)	(110,405)
存貨 (增加) 減少	(29,369,975)	(4,551,184)	1,037,767
應付票據及帳款款項 (減少) 增加	4,260,726	(2,520,611)	(2,104,867)
應付費用及其他流動負債 (減少) 增加	(20,226,384)	6,000,892	(870,338)
營業活動淨流入	573,954,308	20,342,839	23,063,487
投資活動淨流入 (出)	(314,268,908)	(7,069,459)	(6,145,848)
籌資活動淨流入 (出)	(245,124,791)	(30,586,874)	(21,015,491)

10.1 為何需要現金流量表？

現金可說是一個企業最重要的資產，企業進行活動的結果往往導致現金的流入與現金的流出。例如：銷售商品或提供勞務給顧客，儘

管一開始是以賒銷的條件進行,最後仍是希望收到現金。又如:自供應商買進貨品或原物料,儘管以賒購條件進行,最後仍須支付現金。再如:水費、電費與瓦斯費儘管兩個月才支付一次,到了第二個月底仍須繳交現金,支付兩個月份的上述費用。薪津亦然。除了這些營業活動 (operating activities) 外,企業為了維持或擴充既有的業務,也會從事投資活動 (investing activities),包括購置不動產、廠房或設備,以及投資別家公司發行的股票或公司債,這些投資活動導致現金的流出;當然企業也會處置一些不再需要的廠房、設備或投資,而有現金的流入,亦屬投資活動。再者,企業為了支持營業活動與投資活動,可能會進行籌資活動 (financing activities),向銀行借款、發行公司債或發行新的股份向投資人籌資,這時候會有現金流入。借款期滿或公司債到期時,企業必須償還本金;發行股份雖沒有到期日,沒有必要償還本金,但企業為了回報股東會發放現金股利,甚至自股票市場向股東買回自家的股票 (即庫藏股),這些交易則動用了企業的資金,均屬籌資活動。因此,企業的交易與現金的流動之關係緊密,現金的流動出現問題,企業的交易無法順暢進行;現金與企業的關係如同血液與人體的關係一般,欲評估企業的生存與未來發展潛力,必須了解現金的流入與流出情形。

企業所編製的財務報表包括資產負債表、綜合損益表、權益變動表與現金流量表。既然資產負債表可以表徵企業在某一時點的財務狀況,為何還需現金流量表呢?原因如下。儘管資產負債表係以兩期對照的比較報表形式呈現,也包括了現金等各項資產以及各個負債與權益項目,但比較資產負債表僅能告知現金的期初餘額與期末餘額,以及兩者之差異,若差異為正數代表該期間的各項活動導致現金的淨流入;反之,則為現金的淨流出。不論淨流入與淨流出,閱表者並無法自資產負債表獲知產生現金淨流入 (或淨流出) 的原因。

企業也編製綜合損益表,表徵企業經營一段期間的績效,有助於評估企業的獲利能力,但綜合損益表上的「本期淨利」數字並不能告知閱表者,該期間之營業活動所導致的現金餘額增減情形 (即:營業活動之現金流量),原因如下。本期淨利的計算係基於應計基礎

(accrual basis)，而非現金基礎 (cash basis)。由於採用應計基礎，因此賒銷但未收現的銷貨仍認列為收益，賒購而尚未付現的人力使用或物力消耗，仍認列為費損。再者有些費損的認列 (如提列呆帳、折舊、減損、攤銷) 並未使用現金，有些收益的認列 (如：採權益法的股權投資收益) 則未產生現金，但上述這些收益與費損項目均包括於本期淨利的計算中，因此想要了解企業在某段期間的營業活動之現金流量，無法自綜合損益表中的「本期淨利」得知。

除此之外，在應計基礎之下，收益與費損的認列與企業經理人的判斷密不可分，例如：當企業預期顧客的信用減損，提列備抵損失時，經理人應估計應收帳款可收回的情形；提列折舊費用時，亦須估計耐用年限與殘值，提列減損費用時，更須估計資產的使用價值與可回收金額。這些估計影響綜合損益表上的費損金額，乃至本期淨利；不同的判斷產生的本期淨利即有所不同。這種估計的應計數正是經理人將其私有資訊與外部人分享之機會；若能妥善應用其裁量空間，應有助於降低資訊不對稱；反之，則所估計的應計數異於同業，而產生異常應計數。但現金的流入與流出則不受應計數的估計之影響。

至於權益變動表，則告知股東的權益之期初餘額與期末餘額的差異，及其差異原因，包括增資 (減資)、獲利 (虧損)、發放股利，以及其他綜合損益 (other comprehensive income, OCI) 項目的變化等。部分原因雖與現金的流入與流出有關，但僅間接告知籌資活動的現金流量，並無法直接告知閱表者所有活動的現金流入與流出的金額。

10.2 現金流量表的功能

由上一節的說明可知，企業的各項活動 (營業、投資與籌資) 與現金的流入與流出密不可分，但儘管資產負債表、綜合損益表與權益變動表均以比較報表呈現，並無法直接告知企業各類活動與現金餘額變化的情形，因此企業需要編製現金流量表。分析現金流量表有助於評估企業的營業活動、投資活動與籌資活動對現金餘額的影響，以及三類活動間的關係與結構。觀察營業活動的現金流量可以評估在無籌

資活動的挹注下，營業活動的現金流量可否支撐本身的活動？若可，尚能支持投資活動的能力有多大？若否，則依賴籌資活動挹注的需求有多大？

為了說明現金流量表的功能，先以簡化的例子闡釋，至於編製方式在下一節再說明。表 10-1 為甲公司之現金流量表。所謂「現金」實即現金及約當現金的統稱，不僅限於紙幣、貨幣、即期支票、旅行支票、活期存款、定期存款，尚包括隨時可轉換成定額現金且即將到期而其利率變動對其價值影響甚少之投資。甲公司營業活動之現金流量為 $41,700，不僅支撐營業活動本身，即使沒有籌資活動，也可支援投資活動所需之 $29,700，另外，甲公司亦自籌資活動獲得現金 $28,000。全年度之現金流量為淨流入 $40,000 (= $41,700 − $29,700 + $28,000)，營業活動對整個現金流量的貢獻最大。表 10-2 的乙公司則不然，雖然稅前淨利 $34,000，但營業活動的現金流量為淨流出 $100，不足以支撐自身的活動，若要進行與甲公司相同的投資活動，勢必仰賴籌資活動，取得現金，方能使全年之現金流量為淨流入 (即：正數)，而且仰賴籌資活動甚大。一旦籌資困難，將使現金餘額變少。當現金餘額變少時，企業經營的自由度降低，週轉不順，嚴重時可能倒閉。

現金流量表除了可供評估企業產生現金的能力外，有時候資產負債表不可得，也可利用現金流量表協助評估企業的資產與負債變化 (淨資產變化) 情形，因為營業活動的現金流量通常對應流動資產與流動負債的變化，投資活動的現金流量則對應非流動資產之變化，而籌資活動的現金流量則對應非流動負債以及權益的變化。觀察現金流量表也可協助評估企業的財務結構，包括流動性以及償債能力。營業活動的現金流量代表當期營運對現金餘額的影響，若為正數，代表支付短期債務的能力較強，甚至可支應長期發展所需之現金；反之，則支付短期債務的能力較弱；就支付長期債務的能力而言，當期所從事的投資活動若未來能獲得預期的報酬，則應可支應未來到期時所需清償之現金。再者，由於營業活動的現金流量不若應計基礎下的淨利，較不受會計估計與會計政策的影響，因此較有 持續性 (persistence)，較

> 「現金」實即現金及約當現金的統稱，不僅限於紙幣、貨幣、即期支票、旅行支票、活期存款、定期存款，尚包括隨時可轉換成定額現金且即將到期而其利率變動對其價值影響甚少之投資。

▲ 表 10-1　甲公司之現金流量表 (間接法)

甲公司
現金流量表
×7 年度

單位：新台幣元

營業活動之現金流量		
本期稅前淨利		$34,000
調整		
收益費損項目：		
折舊費用	$13,000	
處分設備利益	(1,000)	
與營業活動相關之資產/負債變動數：		
應收帳款減少	5,000	
存貨增加	(4,000)	
預付費用減少	400	
應付帳款減少	(3,000)	
應付費用增加	300	10,700
營運產生之現金流量		$44,700
支付之所得稅		(3,000)
營業活動之現金流量		$41,700
投資活動之現金流量		
出售機器設備	9,000	
購買廠房	(36,700)	
購買權益證券	(2,000)	
投資活動之現金流量		(29,700)
籌資活動之現金流量		
舉借長期借款	20,000	
發行普通股	10,000	
發放現金股利	(2,000)	
籌資活動之現金流量		28,000
本期現金及約當現金增加 (減少) 數		$40,000
期初現金及約當現金餘額		16,800
期末現金及約當現金餘額		$56,800

表 10-2　乙公司的營業活動之現金流量

單位：新台幣元

營業活動之現金流量		
本期稅前淨利		$34,000
調整		
收益費損項目：		
折舊費用	$5,000	
處分設備利益	(1,000)	
與營業活動相關之資產/負債變動數：		
應收帳款增加	(15,000)	
存貨增加	(14,000)	
預付費用增加	(400)	
應付帳款減少	(6,000)	
應付費用增加	300	(31,100)
營運產生之現金流量		2,900
支付之所得稅		(3,000)
營業活動之現金流量		$ (100)

易於預測未來的現金流量，也較易於比較不同企業間之經營績效。

綜上說明可知現金流量表的功能包括：

1. 評估企業之淨資產變動、財務結構，以及為適應變動之情況及機會而影響現金流量金額及時點之能力。
2. 評估企業產生現金及約當現金之能力。
3. 提高不同企業間經營績效報導之可比性。
4. 作為未來現金流量之金額、時點及確定性之指標。

10.3　現金流量表的內容與編製

現金流量表告知閱表者一個企業在某段期間的現金變化情形，並將期末現金餘額與期初現金餘額之差異，分解為營業活動之現金流量、投資活動之現金流量以及籌資活動之現金流量。營業活動乃是指企業的營收活動以及為了產生營收的例行活動。投資活動包括從事投

> 現金流量表的功能包括：
> 1. 評估企業之淨資產變動、財務結構，以及為適應變動之情況及機會而影響現金流量金額及時點之能力。
> 2. 評估企業產生現金及約當現金之能力。
> 3. 提高不同企業間經營績效報導之可比性。
> 4. 作為未來現金流量之金額、時點及確定性之指標。

> 現金流量表告知閱表者一個企業在某段期間的現金變化情形，並將期末現金餘額與期初現金餘額之差異，分解為營業活動之現金流量、投資活動之現金流量以及籌資活動之現金流量。

資，以及處置投資的活動，前者如購置設備，後者如處分設備，前者流出現金，後者流入現金。籌資活動包括發行股票等權益工具，或發行公司債等債務憑證，以及償付債款或發放股利。前者流入現金，後者流出現金。表 10-3 列示**台積電**民國 107 年度與 106 年度三大類活動的現金流量以及合計後之全年度現金流量。另自**台積電**的 107 年底比較資產負債表得知 106 年度現金與約當現金餘額為 $553,392 百萬元，107 年底則為 $577,815 百萬元，亦即在 107 年度增加 (淨流入) $24,423 百萬元。可是該年度的淨利為 $351,184 百萬元，稅前淨利為 $397,510 百萬元，為何全年度現金與約當現金餘額僅增加 $24,423 百萬元呢？由表 10-3 可知該年度的營業活動增加現金 $573,954 百萬元，但投資活動使用現金 $314,268 百萬元，而籌資活動減少現金 $245,125 百萬元，三者合計數為淨增加 (淨流入) 現金 $14,561 百萬元，另外匯率影響數為 $9,862 百萬元，使現金與約當現金的餘額增加 $24,423 百萬元。

> 編製現金流量表的方法通常有二：間接法與直接法，不論哪種方法，均在解釋期末與期初現金餘額之變化。間接法廣為企業採用。

編製現金流量表的方法通常有二：**間接法** (indirect method) 與**直接法** (direct method)，不論哪種方法，均在解釋期末與期初現金餘額之變化。這二種方法最主要的不同在於表達營業活動的現金流量之方式，間接法係以較籠統方式表達，而直接法則以較詳細方式表達，將營業活動現金流量的個別項目分別列示，從這個角度言，以直接法及間接法區分，有些詞不達意，確切的區分應為細項法與總額法。除了

▲ 表 10-3　台積電 107 年度及 106 年度現金流量概況

單位：新台幣百萬元

	107 年度	106 年度
營業活動之現金流量	$573,954	$585,318
投資活動之現金流量	(314,268)	(336,165)
籌資活動之現金流量	(245,125)	(215,697)
匯率影響數	9,862	(21,318)
現金及約當現金增加數	24,423	12,138
期初現金及約當現金餘額	553,392	541,254
期末現金及約當現金餘額	$577,815	$553,392

營業活動的現金流量外，這二個方法在投資活動與籌資活動的現金流量之表達方式並無不同。因間接法廣為企業採用，先說明間接法。

10.3.1 間接法

由於 IAS7 要求單獨列示支付所得稅的金額，因此採用間接法編製時，以本期稅前淨利作為當期營業活動之現金流量的起始估計，由於本期稅前淨利係按應計基礎計算，因此無法正確代表現金餘額的增減數，必須加以調整。除了所得稅外，IAS7 也要求單獨列示利息收入與股利收入的現金流量，以及利息支出與股利發放的現金流量。以下說明這些調整項目。

1. 未使用現金之費損，如折舊 (借：折舊費用，貸：累計折舊)、減損 (借：減損損失，貸：累計減損)、攤銷 (借：攤銷費用，貸：專利權；或借：攤銷費用，貸：應付公司債折價) 及投資之減值 (借：透過損益按公允價值衡量之金融資產評價損失，貸：透過損益按公允價值衡量之金融資產)。從分錄可知，貸方科目都不是現金，雖未使用現金，但已認列費用，必須調整稅前淨利，加上這些項目的金額，才能反映現金流量。

2. 未產生現金之收益，如投資增值 (借：權益法股權投資，貸：投資收益；或借：透過損益按公允價值衡量之金融資產，貸：透過損益按公允價值衡量之金融資產評價利益)。從分錄可知，這些項目多與投資活動或籌資活動有關，且都認列收益，但對方項目均不是現金，代表並沒有產生現金。換言之，影響本期稅前淨利，卻不影響現金，因此必須加以調整，自本期稅前淨利減除，才能反映現金流量。

3. 非現金之流動資產以及流動負債之變化，包括應收款項、預付費用、應付款項、應付費用，及預收收入之增減。這些項目乃是應計基礎與現金基礎的典型差異所在。以應收帳款為例，若期初餘額為 $100，期末餘額為 $120，當期認列之銷貨收入 $1,100，則當期自顧客收現的金額只有 $1,080，理由如下。

採用間接法編製時，以稅前淨利作為當期營業活動之現金流量的起始估計，再作調整後而得。

IAS7 要求單獨列示所得稅支付、利息收入、利息支出、股利收入及股利支出之現金流量。

採用間接法時，自稅前淨利調整至營業活動現金流量的項目，包括：
1. 未使用現金之費損。
2. 未產生現金之收益。
3. 非現金之流動資產以及流動負債之變化。
4. 與投資或籌資活動相關的利益或損失。

期初應收帳款 + 當期銷貨收入 − 當期收現金額 = 期末應收帳款

因此：

當期收現金額 = 期初應收帳款 + 當期銷貨收入 − 期末應收帳款

亦即：

$100 + $1,100 − $120 = $1,080

請注意：所有銷貨與進貨均假設依賒帳方式進行。再舉應付費用為例。若期初應付費用餘額為 $20，期末應付費用餘額為 $15，當期認列之水電費為 $30，則當期支付的水電費為 $35，理由如下：

期初應付費用 + 當期認列之費用 − 當期支付之現金 = 期末應付費用

因此：

當期支付之現金 = 期初應付費用 + 當期認列之費用 − 期末應付費用

亦即：

$20 + $30 − $15 = $35

這個例子指出按應計基礎所認列的收益或費損，與所收到或支付的現金金額並不相等，因此必須將本期稅前淨利加以調整才能反映現金流量。這類的調整項目多涉及營業活動，與投資活動或籌資活動關係不大。

4. 與投資或籌資活動相關的利益或損失。這類項目需要調整，與應計基礎無關，但與活動的分類有關。例如：處置機器設備獲得現金價款 $250，出售時的機器設備之帳面金額為 $220，因此認列 $30 的處置機器設備利益。此項利益包括在計算本期稅前淨利當中，但並非營業活動的範疇，因此在計算營業活動的現金流量時應予排除。另外，既然處置機器設備屬於投資活動 (注意：不僅購買設備，處置設備亦為投資活動)，因此整筆獲得價款 $250 均應列為投資活動

的現金流量，這筆 $250 也包括了處置利益 $30，因此，必須自營業活動中減除這 $30，才不會重複計算。

將本期稅前淨利經過上述項目的調整後，即可算得營業活動的現金流量。

表 10-4 為**台積電** 107 年度營業活動之現金流量編製方式 (間接法) 及內容，可見該公司自稅前淨利計算營業活動之現金流量時，涵蓋上述各調整項目。請注意，支付所得稅 $45,383 百萬元之訊息，單獨列示出來。

至於投資活動，如前所述，不僅包括流出現金的活動，也包括流入現金的活動，前者如：取得不動產、廠房及設備、無形資產及其他長期資產之現金支付、取得其他企業的權益或債務工具及關聯企業與合資企業之現金支付，以及對他方之現金墊款等；後者如：出售不動產、廠房及設備、無形資產及其他長期資產之現金收取、出售其他企業的權益或債務工具及關聯企業與合資企業之現金收取，以及他方償還之墊款等。

籌資活動不僅包括流入現金也包括流出現金的活動。前者如：自發行股票或其他權益工具收取之現金，及自發行債權憑證、借據、票據、債券、抵押借款及其他經長期借款所收取之現金；後者如：因取得或只買回企業股票而對業主 (股東) 之現金支付，借入款項之現金償還，現金股利之支付及利息費用之支付等。現金股利以及利息費用之支付亦得分類為營業活動之現金流量，惟需前後一致。表

勤學篇

從銷貨收入推算收現金額

1. 若期初應收帳款 $120，當期銷貨收入 $1,100，期末應收帳款 $100，則收現為何？
   答案：$1,100 + $120 − $100 = $1,120
2. 若期初應收帳款 $120，當期銷貨收入 $1,100，期末應收帳款 $120，則收現為何？
   答案：$1,100 + $120 − $120 = $1,100

表 10-4　台積電 107 年現金流量表的營業活動之現金流量部分

單位：新台幣千元

營業活動之現金流量：	
稅前淨利	$397,510,263
不影響現金流量之收益費損項目：	
折舊費用	288,124,897
攤銷費用	4,421,405
預期信用迴轉利益－債務工具投資	(2,383)
財務成本	3,051,223
採用權益法認列之關聯企業損益份額	(3,057,781)
利息收入	(14,694,456)
處分不動產、廠房及設備淨損	1,005,644
處分無形資產淨益	(436)
不動產、廠房及設備減損損失	423,468
透過損益按公允價值衡量之金融工具淨損失	358,156
處分透過其他綜合損益按公允價值衡量之債務工具投資淨損失	989,138
與關聯企業間之未實現利益	111,788
外幣兌換淨損	2,916,659
股利收入	(158,358)
公允價值避險之淨損	2,386
與營業活動相關之資產/負債淨變動數：	
透過損益按公允價值衡量之金融工具	480,109
應收票據及帳款淨額	(13,271,268)
應收關係人款項	599,712
其他應收關係人款項	106,030
存貨	(29,369,975)
其他金融資產	(4,601,295)
其他流動資產	(513,051)
其他非流動資產	152,555
應付帳款	4,540,583
應付關係人款項	(297,857)
應付薪資及獎金	216,501
應付員工酬勞及董監酬勞	562,019
應付費用及其他流動負債	(20,226,384)

▲ 表 10-4　台積電 107 年現金流量表的營業活動之現金流量部分 (續)

單位：新台幣千元

淨確定福利負債	(60,461)
營運產生之現金	619,336,831
支付所得稅	(45,382,523)
營業活動之淨現金流入	$573,954,308

10-5 為**台積電** 107 年度投資活動之現金流量與籌資活動之現金流量內容，107 年度**台積電**的投資活動使用現金 $314,269 百萬元，主要用於購置廠房設備，籌資活動的現金流出為 $245,125 百萬元，主要內容為償還公司債所付出現金 $58,025 百萬元，以及支付現金股利高達 $207,443 百萬元。請注意，**台積電**將利息收入與股利收入均列為投資活動現金流量，將利息支出與股利支出均列為籌資活動現金流量；雖然 IAS7 允許將這些項目列為營業活動之現金流量。

10.3.2　直接法

　　在直接法下，營業活動之現金流量不再從「本期稅前淨利」為起始點，經調整後得到一彙總的數字，而是將營業活動的個別項目一一列示其現金流量，例如：從客戶收取的現金、支付供應商的貨款、支付各項費用、支付所得稅等。這些收、付現金的金額計算方式，其原理與前述從應計基礎轉換為現金基礎完全相同，可比照推得。但支付貨款給供應商之推算較為複雜，涉及當期銷貨成本，以及存貨與應付帳款之期初與期末餘額變化，說明如下：

　　首先，由「存貨」項目之變化，將「銷貨成本」轉換成「本期進貨金額」。

　　因：

存貨期初餘額 + 本期進貨金額 − 銷貨成本 = 存貨期末餘額

　　可知：

本期進貨金額 = 銷貨成本 + (存貨期末餘額 − 存貨期初餘額)　　　(1)

> 在直接法下，營業活動之現金流量不再從「本期稅前淨利」為起始點，經調整後得到一彙總的數字，而是將營業活動的個別項目一一列示其現金流量。

▲ 表 10-5　台積電 107 年現金流量表的投資活動與籌資活動之現金流量部分[1]

單位：新台幣千元

投資活動之現金流量：	
取得透過損益按公允價值衡量之債務工具	$(310,478)
取得透過其他綜合損益按公允價值衡量之金融資產	(96,412,786)
取得按攤銷後成本衡量之金融資產	(2,294,098)
處分透過損益按公允價值衡量之債務工具價款	487,216
處分透過其他綜合損益按公允價值衡量之金融資產價款	86,639,322
按攤銷後成本衡量之金融資產領回	2,032,442
透過其他綜合損益按公允價值衡量之權益工具投資	
成本回收	127,878
除列避險之金融工具	250,538
收取之利息	14,660,388
收取其他股利	158,358
收取採用權益法投資之股利	3,262,910
取得不動產、廠房及設備	(315,581,881)
取得無形資產	(7,100,306)
處分不動產、廠房及設備價款	181,450
處分無形資產價款	492
存出保證金增加	(2,227,541)
存出保證金減少	1,857,188
投資活動之淨現金流出	$(314,268,908)
籌資活動之現金流量：	
短期借款增加	$23,922,975
償還公司債	(58,024,900)
支付利息	(3,233,331)
收取存入保證金	1,668,887
存入保證金返還	(1,948,106)
支付現金股利	(207,443,044)
因受領贈與產生者	10,141
非控制權益減少	(77,413)
籌資活動之淨現金流出	$(245,124,791)

其次，由「應付帳款」之變化，將「本期進貨金額」轉換為「本期付現金額」。因：

---

[1] 我國財務會計準則公報原將 financing activities 譯為融資活動，現則改為籌資活動。

應付帳款期初餘額 + 本期進貨金額 − 本期付現金額
= 應付帳款期末餘額

可知：

本期付現金額
= 本期進貨金額 − (應付帳款期末餘額 − 應付帳款期初餘額)   (2)

歸結上式 (1) 與 (2)，辨認「銷貨成本」相關營業活動現金流出之調整方式為：

本期付現金額 = 銷貨成本 + (存貨期末餘額 − 存貨期初餘額)
       − (應付帳款期末餘額 − 應付帳款期初餘額)   (3)

若有預付貨款，則可再就「預付貨款」的期末餘額與期初餘額之差異，置入式 (1) 作為減項。即：

本期進貨金額 = 銷貨成本 + (存貨期末餘額 − 存貨期初餘額)
       − (預付貨款期末餘額 − 預付貨款期初餘額)

一併考慮應付帳款以及預付貨款的期初與期末差異後，本期付現金額為：

本期付現金額 = 銷貨成本 + (存貨期末餘額 − 存貨期初餘額)
       − (應付帳款期末餘額 − 應付帳款期初餘額)
       + (預付貨款期末餘額 − 預付貨款期初餘額)

由上述說明可知現金流量表雖然包含了其他三張財務報表所沒有的內容，但它與這些報表的關係密切。以間接法為例，計算營業活動之現金流量時，以「本期稅前淨利」為起始點，該數字乃是來自綜合損益表。在調整過程中的流動資產 (現金以外) 與流動負債之變動乃是來自資產負債表。計算投資活動以及籌資活動的現金流量時，必須分析資產負債表的非流動資產與非流動負債。權益變動表則對增資 (減資)、購買庫藏股、發放股利的金額直接提供資訊。按直接法編製

時，亦使用資產負債表與綜合損益表的資訊。

10.4 分析現金流量表

既然現金流量表與其他財務報表不僅關係密切，且又有額外資訊內涵，因此分析現金流量表時可從這個角度入手。

10.4.1 分析本期淨利 (稅前淨利) 與營業活動之現金流量的異同

有的企業本期淨利 (或稅前淨利) 為正數，但營業活動的現金流量較少，甚至為負數，常見的原因為該期間增加許多存貨與應收帳款，雖然淨利為正，但所賺得的並不是現金，而是存貨與應收帳款，因此無法帶來同等額的現金增加，甚至現金都堆積在存貨上。堆積存貨不僅積壓資金，影響使用現金的自由度，且有陳廢過時的減值風險。一旦景氣逆轉，存貨不易消化，應收帳款難以回收，儘管淨利為正，週轉不過，形成黑字 (淨利) 倒閉。表 10-2 的乙公司即屬這種情形。

有的企業之本期淨利為負數，但營業活動之現金流量為正數，常見的原因為該期間提列鉅額的折舊與攤銷。這可能代表企業的營業規模縮小，或是產品市場有嚴重的供過於求現象，雖然營收規模縮小，可是龐大的折舊與攤銷之固定費用，使得本期淨利難以為正數，卻也因為龐大的折舊與攤銷加回本期淨利使所算得的營業活動之現金流量較本期淨利為多，甚至為正數。有時候存貨金額不增加，係因市價大跌所致，例如 DRAM 晶片市價大跌，連成本都無法回收；但折舊與攤銷費用龐大，也有可能使營業活動之現金流量較本期淨利為高。例如：在 2012 年 12 月申請破產保護的日商爾必達，在 2011 年前三季的稅前淨損為 1,046 億日圓，稅後淨損為 989 億日圓，營業活動現金流量則為淨流入 246 億日圓，主因為折舊及攤銷費用高達 968 億日圓。因此，營業活動的現金流量即使為淨流入，高於本期淨利，若本期淨利微薄甚至為虧損，則僅因高額折舊或攤銷讓營業活動之現金流

量顯得好看,這種情形並不健康,因獲利無法承擔龐大的固定費用。較為健康的情境為本期淨利為正數 (尤其是營業淨利),營業活動現金流量為正且高於本期淨利。

表 10-6 比較**台積電**與**聯發科**在民國 107 年度之營業活動現金流量,兩家公司均獲利,營業活動之現金流量亦均為淨流入 (正數),但**台積電**之淨流入金額 ($573,954 百萬元) 大於淨利 ($351,184 百萬元),而**聯發科**則為淨利 ($20,782 百萬元) 略高於營業活動之現金流量 ($20,342 百萬元),造成此差異的原因不同。

觀察表 10-6 可知,**台積電**將折舊與攤銷費用 ($292,546 百萬元) 加回淨利後,其金額即略高於營業活動之現金流量金額,儘管尚有許多應計項目的調整。這些折舊與攤銷費用高得驚人,但知道**台積電**的不動產、廠房及設備多達 $1,072,050 百萬元 (占總資產 51%) 後則不足為奇。

▲ 表 10-6　台積電與聯發科 107 年度的營業活動之現金流量

單位:新台幣百萬元

	台積電	聯發科
營業活動之現金流量	$573,954	$20,342
稅前淨利	397,510	23,691
收取之利息	14,660	3,856
收取之股利	158	1,116
支付之利息	(3,233)	(1,740)
支付所得稅	(45,383)	(2,859)
淨利	351,184	20,782
折舊與攤銷費用	292,546	7,571
應收票據及應收帳款增加數	(12,566)	(3,493)
存貨增加數	(29,369)	(4,551)
應付帳款增加 (減少) 數	4,541	(2,521)
應付費用增加 (減少) 數	(20,226)	6,001
不動產、廠房及設備	1,072,050	37,604
無形資產	17,002	73,789
總資產	2,090,128	402,836

聯發科將折舊與攤銷費用 ($7,571 百萬元) 加回淨利後，其金額為 $28,353 百萬元，為何營業活動之現金流量僅為 $20,342 百萬元？主因乃是在 107 年度該公司存貨金額增加約 4,550 百萬元，以及應收帳款增加約 3,493 百萬元，這兩個項目金額的增加，使得營業活動之現金淨流入低於淨利約 8,000 百萬元。相對於**台積電**，**聯發科**之折舊與攤銷費用不高，因為不動產、廠房及設備僅為 $37,604 百萬元 (占總資產 9.3%)，即使無形資產金額較高 ($73,789 百萬元；占 18%)。可知同為半導體產業，但 IC 設計業者與晶圓代工服務業者的營業活動之現金流量結構則大不同，儘管都獲利，都有淨流入。

10.4.2 分析營業活動、投資活動與籌資活動三者之現金流量關係

本節分析幾種可能的現金流量結構，並指出企業可能的處境及應注意事項。為方便表達，以 CFO 代表營業活動之現金流量，CFI 代表投資活動之現金流量，CFF 代表籌資活動之現金流量。

1. CFO 與 CFF 為正，CFI 為負，且 |CFO| > |CFI| > |CFF|

	CFO	CFI	CFF
≥ 0	①		③
< 0		②	

①、②、③代表現金流量絕對值之大小排序，最大者排序①，最小者排序③

企業的營業活動可支撐營業活動自身，且有餘力支持投資活動，具有可自由使用之現金流量，籌資活動帶來現金流量有限，可能因需要不大。這類企業似乎應注意現金管理的效率，恐有太多閒置現金。

2. CFO 與 CFI 為正，CFF 為負，且 |CFO| > |CFI| > |CFF|

	CFO	CFI	CFF
≥ 0	①	②	
< 0			③

勤學篇

有無此類企業？

CFO、CFI 與 CFF 均為正，且 |CFO| > |CFI| > |CFF|？

	CFO	CFI	CFF
≥ 0	①	②	③
< 0			

答案：不太可能。既然 CFO > 0，營業活動賺得的現金不購置廠房設備或其他投資，反而處置投資獲取現金；再者，也不償債或退回股款，反而再籌措資金進來。更何況 CFO 與 CFI 均大於 CFF，為何需要籌措資金呢？

營業活動帶來現金流入，可供償還債務、發放現金股利、購回庫藏股或退回股本給股東之用，同時也大量處置投資，因此整體之現金流量為正。這類企業可能正在享受以前的投資活動之果實，而開始走入成熟甚至衰退階段。

3. CFO 為正，CFI 與 CFF 均為負，且 |CFO| > |CFI| > |CFF|

	CFO	CFI	CFF
≥ 0	①		
< 0		②	③

營業活動之現金流量不僅可自我維持，尚可支持投資活動之所需，且可能發放高額現金股利、購回庫藏股，或償還債務。可考慮進一步投資，若無合適投資機會，可考慮在籌資活動方面減少權益或負債。**台積電**自民國 98 年至 107 年以來維持這種現金流量結構。

4. CFO 與 CFF 為負，CFI 為正，且 |CFO| > |CFI| > |CFF|

	CFO	CFI	CFF
≥ 0		②	
< 0	①		③

營業活動帶來負的現金流量,且金額龐大,仰賴處置投資取得現金,但又被償還債務抵銷。這類企業整體現金流量為負,似乎有結束營業之打算。但也可能代表積極瘦身,重新開始。

5. CFO 與 CFI 為負,CFF 為正,且 |CFO| < |CFI| < |CFF|

	CFO	CFI	CFF
≥ 0			③
< 0	①	②	

營業活動之現金流量不足支撐自身活動,可是又要增加投資,必須仰賴籌資活動,支持營業活動以及投資活動。這類企業整個淨現金流量可能為正,也可能為負,應分析投資活動之必要性,評估籌資能力。企業草創初期的現金流量結構可能如此。像**亞馬遜公司**(Amazon.com, Inc.) 即屬這種情形。

6. CFO 為負,CFI 與 CFF 均為正,且 |CFO| > |CFI| > |CFF|

	CFO	CFI	CFF
≥ 0		②	③
< 0	①		

營業活動帶來負的現金流量,且金額龐大,仰賴處置投資及對外籌資。這類企業應檢討 CFO 為負之原因,如果處置的投資為閒置或無效益者,有瘦身功能,有助於以後期間 CFO 轉為正數;但也可能代表企業準備結束營業。

上述六種情況中,CFO、CFI 與 CFF 絕對值的大小排序,可再作變化,並進行分析。例如,**聯發科**自 97 年以來雖然大致維持 CFO 為正數,CFI 與 CFF 為負數,但 |CFI| < |CFF| 在近五年來出現過二次(即 10.4.2 節的現金流量結構第 3 種型態之變形),因 IC 設計業者在不動產、廠房及設備的投資不若晶圓代工服務業者。

10.4.3 生命週期與現金流量的關係

10.4.2 節所分析的各種情況，並未考慮企業所處的生命週期階段。事實上，在不同階段的企業，其顯現的現金流量結構也會有所不同。

> 企業所處的生命週期階段不同，其現金流量的結構也會有所不同。

企業草創初期，事業尚未開展，很有可能產生營業虧損，從而使營業活動的現金流量為負，這個階段為了維持現有業務而從事投資活動，使投資活動的現金流量為負，為了支撐營業活動與投資活動，向外籌措資金，使籌資活動的現金流量為正。但整體而言，淨現金流量仍為負數。10.4.2 節的現金流量結構第 5 種型態可能反映企業處於初創階段。

以亞馬遜網路書店起家的**亞馬遜公司**成立於 1994 年，一直到 2003 年才轉虧為盈。由表 10-7，1997 年至 2002 年之相關資料，可見 1997 年營業淨損為 $31 百萬美元，虧損一直擴大，到 2002 年稍微縮小。在這個階段，其營業活動之現金流量亦多為負數；由於折舊與攤銷費用的加回，以及藉由增加應付帳款與預收收入之方式，使得營業活動之現金流出金額較淨利為小，或轉變為正數，但金額不大。在這個階段的投資活動之現金流量幾乎均為淨流出 (即：負數)，主要用於購置設備、購買或開發軟體與網站，其支出無法自營業活動之現金流量支撐，因此仰賴籌資活動所帶來之現金流量皆大於上述兩類活動之現金流量金額。**亞馬遜公司**主要籌資方式為舉債，因此，每一年不僅均有籌資活動的現金流入 (舉新債)，也有現金流出 (償還債務)。

企業在成長階段時，營業活動之現金流量通常為正，為了擴充業

▲ 表 10-7　亞馬遜公司 1997 年至 2002 年之現金流量概況

單位：百萬美元

	1997 年	1998 年	1999 年	2000 年	2001 年	2002 年
本期淨利	(31)	(125)	(720)	(1,411)	(567)	(149)
營業活動之現金流量	0.7	31	(91)	(130)	(120)	174
投資活動之現金流量	(23)	(324)	(952)	164	(253)	(122)
籌資活動之現金流量	126	254	1,104	693	(107)	(107)

務以應成長之需，從事投資活動使現金流量為負，為了支持業務規模的擴充必須向外籌資，但因償債與現金股利的支出，使籌資活動之現金流量為負。10.4.2 節的現金流量結構第 3 種型態可能反映企業處於成長階段。

表 10-8 為**亞馬遜公司** 2003 年至 2013 年之現金流量結構，自 2003 年開始，**亞馬遜公司**持續獲利，營業活動的現金流量為淨流入，且金額越來越大，雖然該公司主要仍因折舊與攤銷費用的加回，以及藉由預收貨款與應付帳款的增加，使得營業活動的現金流量持續為正，但應收帳款的增加也都逐年上升，沖減了部分的營業活動現金流量，可能因經營規模的改變，或因顧客組合的改變造成交易條件的改變所致。自 2003 年開始，**亞馬遜公司**的投資活動之現金流量，幾乎均為淨流出，這些現金流出雖仍以資本支出為主，但該公司在證券投資方面 (含長、短期股權投資)，不論買入或賣出，金額不小，構成另一主要的投資活動，也影響投資活動的現金流量甚大。另外，自 2004 年開始持續進行併購，尤其是 2011 年與 2012 年各花費 $700 百萬美元以上之現金從事併購交易。在籌資活動方面，自 2003 年開始仍以舉債融資為主，不過隨著營業活動淨流入的成長，舉借新債的規模一直縮小，直到 2012 年才有鉅額的舉債。這段期間該公司

▲ 表 10-8　亞馬遜公司 2003 年至 2013 年之現金流量概況

單位：百萬美元

	2003 年	2004 年	2005 年	2006 年	2007 年	2008 年
本期淨利	35	588	359	190	476	645
營業活動之現金流量	392	566	733	702	1,405	1,967
投資活動之現金流量	237	(317)	(778)	(333)	42	(1,199)
籌資活動之現金流量	(332)	(97)	(193)	(400)	50	(198)
	2009 年	2010 年	2011 年	2012 年	2013 年	
本期淨利	902	1,152	631	(39)	274	
營業活動之現金流量	3,293	3,495	3,903	4,180	5,475	
投資活動之現金流量	(2,337)	(3,360)	(1,930)	(3,595)	(4,276)	
籌資活動之現金流量	(280)	181	(482)	2,259	(539)	

每年償還債務的現金流出金額多在 $200 百萬美元以上。至於買回庫藏股票，則偶爾為之，金額多在 $200 百萬美元以上。綜上可知，若將 2003 年以後界定為**亞馬遜公司**的成長期，這個階段的現金流量特性為：營業活動之現金流量為正 (即：淨流入)，投資活動之現金流量為負 (即：淨流出)，籌資活動之現金流量則大多為負。這個階段的淨營業收入自 $5,264 百萬美元 (2003 年) 成長至 $74,452 百萬美元 (2013 年)，同期間總資產亦自 $2,162 百萬美元擴增至 $40,159 百萬美元。

在實體商店方面，**統一超商**的發展過程與**亞馬遜公司**有點類似，均經長期虧損才轉為獲利。**統一超商**成立於民國 76 年，後於民國 86 年成為股票上市公司。**統一超商**在連續虧損七年後，才獲利。表 10-9 為依可得的資料 (民國 87 年至 97 年) 所做的整理。在開始獲利後，**統一超商**持續成長，年營收額由新台幣 $11,478 百萬元成長至新台幣 $145,899 百萬元，資產總額亦由新台幣 $11,478 百萬元增至新台幣 $63,748 百萬元。其現金流量的結構亦大致呈現營業活動之現金流量為淨流入 (正數)，投資活動與籌資活動之現金流量均為淨流出 (負數) 的型態。因為連續獲利，營業活動之現金流量較易為正，雖然營業相關的流動資產隨成長而逐年增加，但流動負債亦然，再加上折舊與攤銷費用之金額不小，因此，營業活動之現金流量不僅為正數，且

▲ 表 10-9　統一超商民國 87 年至 97 年之現金流量概況

單位：新台幣百萬元

	87 年	88 年	89 年	90 年	91 年	92 年
本期淨利	1,404	1,674	1,786	1,843	2,592	3,682
營業活動之現金流量	2,838	3,683	3,494	3,385	6,125	7,214
投資活動之現金流量	(2,951)	(2,479)	(4,603)	(4,644)	(6,082)	(1,485)
籌資活動之現金流量	(145)	(341)	634	1,736	(487)	(3,337)
	93 年	94 年	95 年	96 年	97 年	
本期淨利	3,122	3,847	4,050	3,802	3,603	
營業活動之現金流量	6,420	9,874	10,445	5,440	7,208	
投資活動之現金流量	(5,756)	(9,617)	(4,859)	(5,533)	(5,576)	
籌資活動之現金流量	(2,271)	(273)	(4,064)	2,716	(1,320)	

大於淨利。

投資活動之現金流量為淨流出，主要為對其他公司 (包括子公司) 之股權投資，長、短期均有，以及購買不動產、廠房及設備。籌資活動之現金流量多為淨流出，主要係分配現金股利及償還長期借款所致。由於營業活動之現金流量大於投資活動之現金流量 (就絕對值比較)，因此有較大的自由現金流量，所以依靠籌資活動支持營業與投資活動的需要較小。

企業在成熟階段，營業活動之現金流量仍維持正數，但擴充性質的投資活動規模逐漸變小，甚至開始處置某些投資，因而投資活動之現金流量為負，也可能為正，籌資活動之必要亦不大，但有償債或發放現金股利之支出，因此其現金流量也可能為負。成熟階段的現金流量結構可能介於 10.4.2 節的現金流量結構第 1 種型態與第 2 種型態之間。

企業在衰退期，營業活動之現金流量為負，也不再購置不動產、廠房及設備或其他投資，甚至可能處置原有的投資，因此，投資活動之現金流量為正，籌資活動的現金流量可能為正，也可能為負。這個階段的現金流量結構類似第 4 種型態與第 6 種型態之間。

10.4.4　產業與現金流量的關係

> 不同產業採取不同經營模式，使用不同的投入要素組合，進行不同的作業流程，服務性質不同的顧客，其結果也會反映於現金流量及其結構。

不同產業採取不同經營模式，使用不同的投入要素組合，進行不同的作業流程，服務性質不同的顧客，其結果也會反映於現金流量及其結構。例如，晶圓代工服務業者與 IC 設計業者其投資活動之現金流量所占份量即有不同。觀察民國 103 年至 107 年兩家公司之現金流量表發現 (參見表 10-10)，**台積電**的投資活動之現金流量絕對金額僅次於營業活動之現金流量，但**聯發科**的投資活動之現金流量絕對金額則較為起伏，有時位於三大類活動之末，甚至有時為正數。

10.4.5　自由現金流量

> 自由現金流量乃是一個企業來自營業活動的現金流量用於必要之支出後，可以自由裁決使用之現金。

自由現金流量 (free cash flow, FCF) 乃是一個企業來自營業活動的現金流量用於必要之支出後，可以自由裁決使用之現金。自由現金流

表 10-10　台積電與聯發科之現金流量概況

單位：新台幣百萬元

	107 年	106 年	105 年	104 年	103 年
台積電					
營業活動	$573,954	$585,318	$539,835	$529,879	$421,524
投資活動	(314,269)	(336,165)	(395,440)	(217,246)	(282,421)
籌資活動	(245,125)	(215,698)	(157,800)	(116,734)	(32,328)
合計	$ 14,560	$ 33,455	$(13,405)	$195,899	$106,775
聯發科					
營業活動	$ 20,343	$ 21,348	$ 32,548	$ 23,376	$ 44,330
投資活動	7,069	(8,647)	(16,470)	(32,781)	17,801
籌資活動	(30,587)	(3,784)	(24,810)	(32,010)	(6,157)
合計	$ (3,175)	$ 8,917	$ (8,732)	$ (41,415)	$ 55,974

量雖然廣為分析師採用與應用於評價模型中，但定義分歧，因為何者為必要的支出，何者為可自由裁決支配的現金，向無定論。許多分析師將自由現金流量定義為營業活動之現金流量減除為了維持企業目前產能所需的資本支出後之餘額。至於自由裁決使用的現金則包括使用於成長所需之資本支出與併購，減債之支出、股利支出、買回庫藏股之支出。一個企業的自由現金流量越多，其財務越健康，因為它有更大的空間以備成長、還債及發放股利之需。儘管許多分析師採用的定義明確，但在計算時仍難以確定「為維持目前產能所需的資本支出」之金額，因此，實務上往往不分「維持目前產能」或是「成長」所需之資本支出，而將所有的資本支出金額，自營業活動之現金流量扣除以計算自由現金流量，列示如下：

自由現金流量 = 營業活動之現金流量 − 資本支出

> 自由現金流量 = 營業活動之現金流量 − 資本支出

此外，在評價模型中又區分兩種自由現金流量：自公司角度的自由現金流量 (FCF available to the firm)，與自股東角度的自由現金流量 (FCF available to equity shareholders)。從公司的角度，自由現金流量分配對象包括債權人與股東，因此公司的自由現金流量乃為支付利息

及現金股利之前的營業活動現金流量，扣除資本支出後的餘額。若營業活動之現金流量的計算過程中已扣除利息支出，可用下式表達：

公司之自由現金流量 = 營業活動之現金流量*
　　　　　　　　　＋利息費用 (1 − 所得稅率) − 資本支出

*假設利息支出為營業活動現金流量的項目，但現金股利支出則否。

> 公司之自由現金流量 = 營業活動之現金流量 + 利息費用 (1 − 所得稅率) − 資本支出

至於股東之自由現金流量，則指營業活動之現金流量扣除支付給債權人之稅後利息與本金償還，以及資本支出後之餘額，這個部分可自由裁決分配給股東的空間，包括支付股利或買回庫藏股等。可用下式表達：

股東之自由現金流量 = 營業活動之現金流量* − 償付本金金額
　　　　　　　　　＋新增舉債金額 − 資本支出

*假設利息支出為營業活動現金流量的項目，但現金股利支出則否。

> 股東之自由現金流量 = 營業活動之現金流量 − 償付本金金額 + 新增舉債金額 − 資本支出

台積電 107 年度的利息支出列為籌資活動現金流量之項目，其自由現金流量，依上列公式計算得知：

公司之自由現金流量 = $573,954 − $315,582
　　　　　　　　　= $258,372 (百萬元)

股東之自由現金流量 = $573,954 − $3,233 × (1 − 20%) − $58,025
　　　　　　　　　＋$23,923 − $315,582
　　　　　　　　　= $221,684 (百萬元)

成長階段的公司常從事資本支出，有時衝得太快，資本支出金額龐大，而使自由現金流量變少，甚至為負，因此，應監視自由現金流量的趨勢。在第 11 章討論企業評價時，也會提到利用綜合損益表的「淨利」或「稅前息前淨利」計算自由現金流量的方法，並進一步運用自由現金流量的折現，評估一個企業的價值。

10.4.6 與現金流量有關的財務比率

現金流量比率

現金流量比率 (cash flow ratio) 衡量營業活動之現金流量可用以支應償付流動負債之能力。如果長期負債中有一年內到期者，亦應一併計入流動負債。亦即：

$$現金流量比率 = \frac{營業活動之現金流量}{流動負債}$$

由**台積電**的財務報表可知，**台積電** 107 年度與 106 年度之現金流量比率分別為 1.69 與 1.63，代表該公司連續兩年，來自營業活動所增加之現金金額為必須支付之短期負債的二倍，表示該公司的流動性甚佳。計算如下 (金額單位為新台幣百萬元)：

107 年度：$573,954 ÷ $340,543 = 1.69

106 年度：$585,318 ÷ $358,707 = 1.63

> 現金流量比率 = 營業活動之現金流量 / 流動負債

現金流量對負債比率

現金流量對負債比率 (operating cash flow to debt ratio) 衡量企業之營業活動現金流量可以支應清償所有負債之能力，若此一比率為 1，代表僅由營業活動帶來的現金增加數即可清償所有的債務。上一小節的現金流量比率衡量企業的短期償債能力，現金流量對負債比率則衡量企業的長期償債能力。公式如下：

$$現金流量對負債比率 = \frac{營業活動之現金流量}{負債總額}$$

台積電 107 年度與 106 年度的現金流量對負債比率分別為 1.39 與 1.25。雖此一比率上升，大致而言，該公司財務相當穩健。計算如下 (金額單位為新台幣百萬元)：

107 年度：$573,954 ÷ $412,632 = 1.39

106 年度：$585,318 ÷ $469,102 = 1.25

> 現金流量對負債比率 = 營業活動之現金流量 / 負債總額

每股現金流量

每股現金流量 (cash flow per share) 為企業在支付特別股股利後，每一股份的普通股股東可分得的營業活動現金流量金額，此一金額越大代表企業可以分配給普通股股東股利的能力越高，也代表企業可用於資本支出的能力越高，若投資得當，可進一步使企業產生更多的現金流量，提升企業的價值。公式如下：

$$每股現金流量 = \frac{營業活動之現金流量 - 特別股股利}{加權平均流通在外普通股股數}$$

每股現金流量 = (營業活動之現金流量 – 特別股股利) / 加權平均流通在外普通股股數

台積電 107 年度與 106 年度之每股現金流量分別為 19.44 元與 19.82 元，均比每股盈餘 (分別為 13.54 元與 13.23 元) 為高，因為計算每股盈餘所使用的本期淨利已扣除折舊等非使用現金之費用，但營業活動之現金流量則否。計算如下：

107 年度：$573,954 百萬元 ÷ 29,530,380 千股 = 19.44 元

106 年度：$585,318 百萬元 ÷ 29,530,380 千股 = 19.82 元

現金流量允當比率

現金流量允當比率 (cash flow adequacy ratio) 衡量企業自營業活動所增加的現金是否可以支應資本支出、購買存貨以及支付現金股利的需求。由於單一年度的數量有取樣偏誤之疑慮，採用五年平均數 (或總數) 計算這項比率。公式如下：

$$現金流量允當比率 = \frac{最近五年度營業活動之現金流量平均數}{最近五年度資本支出、存貨增加數及現金股利之平均數}$$

現金流量允當比率 = 最近五年度營業活動之現金流量平均數 / 最近五年度資本支出、存貨增加數及現金股利之平均數

若存貨增加數為負數 (即存貨減少)，則以零計算，另外，須將存貨跌價損失金額加回存貨後，才能計算存貨的增加數。備抵存貨跌價損失為存貨的評價項目，使存貨的帳面金額降低，但企業當初購買存貨所支出的金額為提列備抵存貨跌價損失之前的金額，因此必須加回，才能計算因購買存貨所支付的現金。

台積電 107 年度與 106 年度的現金流量允當比率分別為 1.13 與 1.12。可見**台積電**完全可由營業活動產生的現金來支付資本支出、購買存貨及現金股利，尤其在每年幾乎均投資 \$3,000 億元以上的廠房設備，以及支付千億元以上的現金股利之需求下，營業活動本身幾可支應。計算如下：

107 年度：\$530,102 百萬元 ÷ \$468,677 百萬元 = 1.13

106 年度：\$484,788 百萬元 ÷ \$431,276 百萬元 = 1.12

現金利息保障倍數

現金利息保障倍數 (cash interest coverage) 衡量企業營業活動所增加的現金可用以支付利息的程度。公式如下：

$$現金利息保障倍數 = \frac{營業活動之現金流量 + 所得稅付現金額 + 利息付現金額}{利息付現金額}$$

計算利息付現金額時應考慮利息費用可抵付的所得稅以及利息資本化的因素。計算所得稅付現金額時，應考慮應付所得稅之增減數、遞延所得稅資產增減數，及遞延所得稅負債增減數。**台積電** 107 年度與 106 年度之現金利息保障倍數分別為 192.57 與 187.32。計算如下：

107 年度：(\$573,954 + \$45,383 + \$3,233) ÷ \$3,233 = 192.57

106 年度：(\$585,318 + \$63,620 + \$3,483) ÷ \$3,483 = 187.32

> 現金利息保障倍數 = (營業活動之現金流量 + 所得稅付現金額 + 利息付現金額) / 利息付現金額

現金再投資比率

現金再投資比率 (cash reinvestment ratio) 衡量企業自營業活動所增加的現金在扣除現金股利之後，能用來再投資 (即購置廠房設備、投資其他公司的股票或購買公司債等) 的現金比率。如果比率越高，則代表公司的營業活動之淨現金流入足以支應投資活動所需現金的能力越強。公式如下：

現金再投資比率 = (營業活動之現金流量 – 現金股利) / (不動產、廠房及設備毛額 + 長期投資 + 其他非流動資產 + 營運資金)

現金再投資比率

$$= \frac{\text{營業活動之現金流量} - \text{現金股利}}{\text{不動產、廠房及設備毛額} + \text{長期投資} + \text{其他非流動資產} + \text{營運資金}}$$

台積電 107 年度與 106 年度的現金再投資比率分別為 0.214 與 0.251。[2] 亦即，**台積電**投資所需資金若為 100 元，則營業活動可支應 21 元及 25 元。計算如下：

$$107 \text{ 年度：} \frac{\$573,954 - \$207,443}{\$1,072,050 + \$29,305 + \$1,585 + \$611,137} = 0.214$$

$$106 \text{ 年度：} \frac{\$585,318 - \$181,513}{\$1,062,542 + \$41,569 + \$2,983 + \$498,496} = 0.251$$

10.4.7 同業比較

即使作了前述各項分析，仍缺乏對照，不易評估。此時可用同業作為比較對象。表 10-11 為國內三家電信業者之現金流量比較。**中華電信**規模大於其餘二家，但在 106 年度，這三家公司營業活動之現金流量均為正數，投資活動與籌資活動的現金流量均為淨流出，而且就絕對值言，營業活動之現金流量均高於投資以及籌資活動之現金流量；籌資活動淨流出金額則小於其投資活動淨流出金額。前者主要為發放現金股利，後者則主要為資本支出。在 107 年度，上述結構有所

▲ 表 10-11　國內三家電信業者之現金流量概況

單位：新台幣百萬元

	中華電信 107 年度	中華電信 106 年度	台灣大哥大 107 年度	台灣大哥大 106 年度	遠傳電信 107 年度	遠傳電信 106 年度
稅前淨利	$44,979	$47,997	$17,689	$17,631	$11,869	$13,163
淨利	36,456	40,043	14,486	14,949	9,424	10,854
營業活動	66,366	70,932	29,776	30,320	23,063	24,849
投資活動	(32,614)	(36,721)	(5,526)	(17,672)	(6,146)	(14,158)
籌資活動	(35,035)	(36,608)	(23,380)	(13,717)	(21,015)	(12,602)

[2] 計算不動產、廠房及設備毛額時，包括待驗設備及未完工程；而其他非流動資產則未含商譽。若不減除商譽，則上述比率分別為 0.213 與 0.251。

勤學篇

同業比較

進入公開資訊觀測站 (https://mops.twse.com.tw/mops/web/index)，查詢**王品** (公司代號：2727) 與 **F-美食** (85 度 C，公司代號：2723) 民國 103 年至 107 年之資產負債表、綜合損益表與現金流量表，並進行同業比較，分析兩家公司現金流量結構之異同。

答案：

王品與 85 度 C 之現金流量概況 （單位：新台幣百萬元）

	107 年	106 年	105 年	104 年	103 年
王品					
總資產	$ 9,458	$ 9,734	$ 9,298	$ 9,239	$9,596
不動產、廠房及設備	2,769	2,057	2,260	2,824	3,048
本期淨利	402	663	541	227	889
營業毛利	7,497	7,839	7,895	8,258	8,642
營業淨利	568	1,017	868	716	1,210
折舊與攤銷費用	833	817	861	886	764
現金流量					
營業活動	1,055	1,665	2,224	1,889	1,385
投資活動	(2,515)	(1,043)	(875)	(1,020)	(1,403)
籌資活動	(875)	(412)	(74)	(637)	(941)
合計	$ (2,370)	$ 188	$ 1,169	$ 213	$ (927)
F-美食 (85 度 C)					
總資產	$16,166	$15,808	$13,436	$12,290	$9,823
不動產、廠房及設備	6,144	5,593	5,058	5,319	4,922
本期淨利	1,660	2,155	1,783	1,166	544
營業毛利	14,165	13,657	12,828	11,589	10,085
營業淨利	2,285	2,835	2,364	1,680	848
折舊與攤銷費用	1,217	1,110	1,169	1,109	920
現金流量					
營業活動	3,243	3,479	3,285	2,543	1,867
投資活動	(2,332)	(3,474)	(2,553)	(2,866)	(1,690)
籌資活動	(1,574)	(324)	(508)	842	(225)
合計	$ (731)	$ (357)	$ 96	$ 575	$ (24)

首先要了解兩家公司的背景，雖然**王品**在 101 年上市而 **85 度 C** 在 99 年上市，且**王品**已經成立 25 年以上，而 **85 度 C** 則成立 15 年左右。另外為大家所知的，除了經營的餐飲區塊不同，**王品**的展店模式是以直營的方式，**85 度 C** 則是以加盟為主、直營為輔的方式。這兩家公司營業活動之現金流量均為正數，投資活動之現金流量均為負數，惟籌資活動之現金流量多呈現負數。當籌資活動之現金流量為淨流入時，通常是因為現金增資發行新股而有大量的現金流入；而當為淨流出時，則是用於發放現金股利。兩家公司相同處在於：近五年來皆發放現金股利，且籌資活動較為平緩。尤其**王品**在近五年來沒有增資情形，籌資活動之現金流出幾乎等於現金股利發放之金額。另外較為不同之處在於**王品** 107 年度之營業活動所賺取的現金，無法支撐投資活動 (資本支出) 所需的金額，由於**王品**於 106 年至 107 年間推出許多新種的餐飲事業 (例如：沐越、享鴨等主題餐廳)，其投資活動之現金流量大增，若只依賴營業活動所賺取的現金，將使整體之現金流量為淨流出 (即負數)。但在相同的情況下，**85 度 C** 自營業活動所賺取的現金，仍可支撐投資活動 (資本支出) 所需的金額。

根據 10.4.3 節有關生命週期與現金流量的關係，兩家公司應該都已經離開初創階段而處於持續獲利的成長階段，因此，兩家公司都逐年地擴大在投資活動上的資金 (還是以資本支出為主)，希望能藉此擴充營業版圖，使營收能有所成長；也因此在營業活動之現金流量無法支撐投資活動時，企業就會利用籌資活動向大眾募集資金來支應投資活動。我們可以看到**王品**在 107 年投入了比以往更多的資金在投資活動上 (例如：近年來又新增了幾種不同的餐飲事業)，然而當年度的營業活動現金流量之淨流入尚未反應此投資之回報。而 **85 度 C** 利用資本公積轉增資進行再投資，且來自營業活動所賺取的現金可以支撐逐年增加的投資活動所需資金 (多用於購置機器設備、土地及廠房)。

改變，三間公司之籌資活動淨流出金額大於投資活動淨流出金額，尤其在**台灣大哥大**及**遠傳**的金額上更為差異明顯，顯示此二公司之資本支出在 107 年度有明顯減少。除此之外，也可與同業比較前述之財務比率。

10.4.8　與其他財務報表交叉使用

不論哪一張財務報表均有其侷限，因此必須同時參考其他財務報表，分析的內容較為完整，結論較不會偏頗。例如，現金流量表的資訊，若能轉化為財務比率，較不會淪為冷冰的絕對數字，而可提供經營或評價上的涵義，這些比率 (參見 10.4.6 節) 的計算，則須依照資產負債表與綜合損益表的資訊。又如，現金流量表僅告知閱表者資產

負債表與權益表的變化內容,仍必須參考資產負債表,才知曉這些項目的期初與期末餘額。再如,現金流量表雖然列示淨利金額,但並未列示銷貨淨額與營業淨利,無從評估淨利的詳細情形。

10.5 本章彙要

　　現金可說是企業最重要的資產,現金流量表報導一個企業在一段時間的現金與約當現金餘額之變化情形。若期末餘額大於期初餘額,代表帶來現金淨流入;反之,則為現金淨流出。現金流量表將企業整體之現金流量 (淨流入或淨流出) 分解成三大類活動之現金流量:營業活動之現金流量、投資活動之現金流量以及籌資活動之現金流量。編製現金流量表有兩種方法:間接法與直接法。這兩個方法的差別僅在計算與表達營業活動之現金流量方面。依間接法編製時,從稅前淨利作為起始值,因本期淨利係按應計基礎計算而得,必須經過調整始成為營業活動之現金流量;即使如此,所表達的現金流量亦僅是一彙總的數字,無法得知自各項營業活動 (如自顧客收現、支付供應商貨款、支付各項費用) 所分別帶來的現金流量為何。若要知曉這些個別營業項目之現金流量,則可用直接法編製,唯實務上大多數公司採用間接法。

　　因為資產負債表僅能告知期初與期末現金餘額及其差異,無法告知這些差異的原由;而綜合損益表係按應計基礎編製,無法告知現金的變化情形,而且也因應計基礎存在裁量空間給經理人作估計上的判斷以及政策上的選擇,當經理人未善用判斷,可能使得淨利 (即盈餘) 的品質與持續性受到影響;但現金流量表的計算可免於這些偏誤,因此,除了資產負債表與綜合損益表外,企業尚須編製現金流量表,作為經營分析與評價之依據。現金流量表的功能包括:

1. 評估企業之淨資產變動、財務結構,以及為適應變動之情況及機會而影響現金流量金額及時點之能力。
2. 評估企業產生現金及約當現金之能力。

3. 提高不同企業間經營績效報導之可比性。
4. 作為未來現金流量之金額、時點及確定性之指標。

　　分析現金流量表時，可就淨利 (或稅前淨利) 與營業活動之現金流量的差異原因分析，包括折舊與攤銷費用、營業活動相關之資產與負債之變化 (通常為流動資產與流動負債之變化) 以及與投資或籌資活動相關的利益或損失 (通常為非流動資產、非流動負債與權益之變化)。有的企業之淨利為正數，但營業活動之現金流量為負數。因為增加太多存貨及應收帳款；有的企業之淨利為負數，但營業活動之現金流量卻為正數，因為有高額的折舊與攤銷費用。其次，可就營業活動、投資活動與籌資活動三者之現金流量關係 (即現金流量結構) 加以分析，這三大類活動的現金流量可為正數 (淨流入)，亦可能為負數 (淨流出)，形成不同的現金流量結構。再者，這三大類活動之現金流量的絕對金額大小，亦有不同的順序。有的企業因為虧損，其營業活動之現金流量易流為負數，又因購置廠房設備，支出甚多，投資活動之現金流量為負數，於是仰賴舉債款項之籌資活動支應營業活動與投資活動之所需，此時尚無獲利，因此未支付現金股利，使得籌資活動之現金流量為正數。有的企業有獲利，使其營業活動之現金流量易為正數，然因購置廠房設備之資本支出甚多，使投資活動之現金流量為負數，復因配發高額現金股利，甚至退還股本給股東，儘管亦有舉債活動，籌資活動的現金流量為淨流出 (負數)。此時營業活動之現金流量金額，均較其他二類活動之現金流量絕對值為大。企業在不同生命週期階段，其現金流量結構亦有所不同；不同產業因投入要素組合、產出種類、顧客組合及交易條件的不同，也會使現金流量結構不同。分析現金流量表時，更應一併使用其他財務報表，發展成與現金流量有關的財務比率，如現金流量比率、現金流量對負債比率、每股現金流量、現金流量允當比率以及現金利息保障倍數等。另外，妥善選擇合適的同業作為對照，俾達成客觀之分析與結論。

習題

問答題

1. 既然資產負債表可以表徵企業在某一時點的財務狀況，為何還需現金流量表呢？
2. 現金流量表的功能有哪些？
3. 採用間接法編製時，本期稅前淨利將會有所調整，才能反映現金流量。試列舉未使用現金的費損和未產生現金的收益，並解釋理由。
4. 有的公司之稅前淨利為正數，但營業活動之現金流量為負數，可能原因為何？
5. 何謂現金再投資比率？
6. 從公司角度衡量的自由現金流量為何？
7. 當營業和投資活動的現金流量為正數，但籌資活動的現金流量為負數，且以絕對值而言，營業活動的現金流量＞投資活動的現金流量＞籌資活動的現金流量，此種情況有何管理上的意涵？

選擇題

1. 飛龍企業 ×1 年度現金流量表中顯示營業活動之現金流入 $654,000，遞延所得稅資產增加 $81,000，出售設備損失 $100,000，折舊費用 $76,000，支付股利 $98,000，發行公司債 $600,000。飛龍企業 ×1 年度淨利(損) 為何？

    (A) $(41,000)　　　　　　　　　(B) $461,000
    (C) $559,000　　　　　　　　　(D) $657,000　　　　　　　　　[100 年會計師]

2. 圓子公司之淨利為 $84,000，折舊費用為 $2,000，當年度應收帳款增加 $1,500，存貨增加 $4,000，預付費用增加 $2,000，應付帳款增加 $4,000，設備處分損失為 $3,000，試問營業活動產生的淨現金量為何？

    (A) $79,500　　　　　　　　　(B) $86,500
    (C) $89,500　　　　　　　　　(D) $85,500

3. 處分投資發生的損失會影響淨利，此項目於間接法計算營業活動現金流量時：

    (A) 並非營業活動，應予扣除　　　　(B) 並非營業活動，應予加回
    (C) 屬於營業活動，應予扣除　　　　(D) 屬於營業活動，應予加回　　[99 年普考]

4. 甲公司本期淨利 $60,000，提列折舊 $1,000，攤銷無形資產 $1,000，發行新股 $50,000 償還公司債，期初現金餘額 $73,000。請問期末現金餘額為何？

    (A) $135,000　　　　　　　　　(B) $185,000
    (C) $183,000　　　　　　　　　(D) $184,000　　　　　　　　　[99 年普考]

5. 計算現金流量允當比率時，其分母不包括下列何者？(採計五年平均數)
   (A) 現金股利
   (B) 資本支出
   (C) 存貨增加額
   (D) 償還負債數

6. 甜甜公司 20×1 年部分帳戶餘額如下：

	期初餘額	期末餘額
存貨	$50,000	$80,000
應付帳款	70,000	100,000
預付貨款	5,000	10,000

   本期銷貨成本 $200,000

   則進貨付現數為何？
   (A) $145,000
   (B) $195,000
   (C) $205,000
   (D) $265,000

7. 文樂公司含利息支出不含現金股利的營業活動之淨現金流入 $170,000；購置不動產、廠房及設備等資本支出 ($280,000)；舉借長期借款 $300,000；償還公司債 $150,000；利息支出 $25,000，公司的所得稅率為 17%，則依公司角度的自由現金流量為何？
   (A) ($89,250)
   (B) ($85,000)
   (C) $15,000
   (D) $65,000

8. 以交易為目的之金融資產投資是屬於何種活動？
   (A) 投資活動
   (B) 營業活動
   (C) 籌資活動
   (D) 以上皆非

9. 台北公司 ×6 年及 ×7 年 12 月 31 日的存貨餘額分別為 $800,000 及 $1,880,000，應付帳款餘額分別為 $800,000 及 $840,000，而 ×7 年度的銷貨成本為 $6,200,000。試問該公司於 ×7 年度採購存貨共支付多少現金？
   (A) $5,160,000
   (B) $6,120,000
   (C) $6,160,000
   (D) $7,240,000

10. 輝海公司 ×5 年度的現金流量如下：下列何者敘述最可能是你身為財務主管對這家公司的看法？
    (A) 公司正處於草創初期
    (B) 公司正打算瘦身
    (C) 公司應發行公司債
    (D) 公司應加強現金管理的效率

營業活動現金流量	投資活動現金流量	籌資活動現金流量
$6,000,000	($4,000,000)	$3,000,000

11. 甲公司本年度淨利頗佳,惟營業活動之現金流量卻為負值,其可能原因為何?
    (A) 期末應收帳款減少
    (B) 有一大部分淨利係處分機器設備利益
    (C) 期末應付帳款增加
    (D) 以上皆是

12. 下列敘述何者正確?
    (A) 應計基礎下的淨利比營業活動的現金流量,較不受會計估計與會計政策的影響,因此較有持續性也較易於比較不同企業間之經營績效
    (B) 營業活動的現金流量比應計基礎下的淨利,較不受會計估計與會計政策的影響,因此較有持續性也較易於比較不同企業間之經營績效
    (C) 應計基礎下的淨利和營業活動的現金流量,均有持續性,對於比較不同企業間之經營績效其效用完全一樣
    (D) 以上皆非

13. 叮噹公司 20×1 年含利息支出不含現金股利的營業活動之淨現金流入 $360,000;當年度購置不動產、廠房及設備等資本支出 $250,000;新增長期抵押借款 $160,000;償還公司債 $220,000;利息支出 $40,000 (均為本期付現),公司的所得稅率為 20%,則依股東角度的自由現金流量為何?
    (A) $10,000
    (B) $18,000
    (C) $50,000
    (D) $58,000

14. 承上題,假設叮噹公司 20×1 年之所得稅付現數為 $50,000,則公司之現金利息保障倍數為何?
    (A) 7.2
    (B) 9
    (C) 10
    (D) 11.25

15. 下列何者非現金流量表的功能?
    (A) 評估企業之淨資產變動、財務結構,以及為適應變動之情況及機會而影響現金流量金額及時點之能力
    (B) 評估企業產生現金及約當現金之能力
    (C) 提高不同企業間經營績效報導之可比性
    (D) 評估企業的淨值及未來現金股利發放之確定性之指標

16. 下列何種現金流量,其活動為企業經常發生,且較能預測短期現金流量?
    (A) 投資活動現金流量
    (B) 營業活動現金流量
    (C) 籌資活動現金流量
    (D) 以上皆非

17. 公司購買庫藏股,財務報表上會有何影響?

(A) 總資產沒變動　　　　　　　　　(B) 長期投資增加

(C) 股東權益減少　　　　　　　　　(D) 投資活動現金淨流出

練習題

1. 天籟公司有關財務資料如下：

20×1 年營業活動現金流量	$460,000
所得稅付現數	35,000
利息付現數	28,000
不動產、廠房及設備總數	200,000
長期投資	100,000
其他資產	50,000
運用資金	80,000
現金股利付現數	95,000
最近五年平均營業活動現金流量	500,000
最近五年平均資本支出	400,000
最近五年平均存貨增加數	50,000
最近五年平均現金股利	80,000

試求：(1) 最近五年平均現金流量允當比率。

(2) 現金利息保障倍數。

(3) 現金再投資比率。

2. 星星公司今年是第一年營業，當期綜合損益表資料如下：

銷貨淨額	$125,000
利息收入 (全部收現)	8,325
投資收益 (權益法)	31,050
銷貨成本	(72,000)
薪資費用	(9,000)
折舊費用	(16,200)
應付公司債利息費用 (含折價攤銷 $1,200)	(8,100)
所得稅費用	(40,000)
本期淨利	$ 19,075

年底的其他補充資料：應付薪資餘額 $2,700，應付帳款餘額 $5,000，期末存貨 $8,000，應收帳款餘額 $10,000，應付所得稅 $10,000。

假設該公司將利息支出列入營業活動，採直接法計算該公司營業活動的現金流量。

3. 大正公司 20×1 年現金流量表部分資料如下：(假設利息支出為營業活動現金流量的項目，稅率 20%)

營業活動之淨現金流入	$330,000
購置不動產、廠房及設備	(241,000)
舉借長期借款	50,000
償還長期借款	(190,000)
發行公司債	52,000
償還公司債	(40,000)
利息支出	1,020

試計算：

(1) 若不考慮其他狀況，從公司的角度，自由現金流量為多少金額？

(2) 若不考慮其他狀況，從股東的角度，自由現金流量為多少金額？

4. 下表是中中公司近兩年度的部分財務資料：

	20×2 年	20×1 年
來自營業活動的淨現金流入	$800,000	$600,000
流動負債 (不包含長期負債一年內到期)	450,000	550,000
長期負債一年內到期	10,000	12,000
長期負債	320,000	340,000
支付特別股股利	40,000	40,000
普通股流通在外股數 (年中無增減變動)	400,000	400,000
來自籌資活動的淨現金流入	560,000	670,000
利息支出付現數	22,630	22,540
所得稅付現數	7,600	4,890

試計算：中中公司 20×2 年及 20×1 年的 (1) 現金流量比率；(2) 現金流量對總負債比率；(3) 每股現金流量；(4) 現金利息保障倍數，並說明這四個比率的意涵。

5. 中正公司兩年度比較資產負債表顯示如下：

中正公司
資產負債表
12 月 31 日

單位：新台幣千元

	2009 年	2010 年
現金	$ 60,000	$ 445,000
應收帳款	0	40,000
存貨	0	100,000
土地	800,000	400,000
折舊性資產成本	200,000	200,000
累積折舊	0	(100,000)
總資產	1,060,000	1,085,000
應付帳款	0	25,000
股本	1,060,000	1,060,000
負債及股東權益	1,060,000	1,085,000

該公司在 2010 年支付現金股利 $150,000 千元，沒有股票股利及股票購回計畫。

請回答下列問題：

(1) 2010 年產生多少自由現金流量 (free cash flow)？

(2) 2010 年中流動資產之現金增加，是何原因造成？

(3) 若該公司 2010 年不發現金股利，該款皆以短期存款存在銀行，請問 2010 年的自由現金流量又是多少？ [100 年高考財務審計]

6. 現金流量的分類：試將下列項目分類為營業活動、投資活動或籌資活動、或為不影響現金的投資及籌資活動。

	營業活動	投資活動	籌資活動	不影響現金流量
支付現金股利				
向銀行貸款而來的現金				
現金支付貨款				
可轉換特別股轉換成普通股				
借現金給關聯企業				
處分營業用的設備而收到的現金				
發行股票股利				

Objectives

研讀完本章,讀者應能了解:

1. 評價流程。
2. 企業評價模式。
3. 特殊企業之評價。

Chapter 11

企業評價

本章架構

本章之重點係討論企業評價的相關議題,企業評價是財報分析最具挑戰性之領域,須結合各種專業知識,企業評價之專業人員,除依據各種評價模式,對企業價值予以評估外,亦常含有高度主觀之判斷,故企業評價過程不僅是科學知識之運用也是一門高深之藝術。

```
                        企業評價
         ┌───────────────┼───────────────┐
       評價          企業評價模式       特殊企業之評價
1. 評價基本觀念    1. 以現金流量為基礎評價   1. 網路企業評價
2. 評價流程與架構       模式              2. 破產企業評價
3. 個別資產評價方法  2. 以盈餘為基礎評價模式   3. 多角化企業評價
                  3. 相對企業評價模式
```

2019 年 3 月**台積電**之市值約 6.36 兆元，約占台股權值 20%，為台灣市值最大之企業；**台積電**過去之成長策略，多以自行建廠，達到增加產能目的，非以透過併購方式成長。企業併購之評價取決於錯綜複雜的策略考量因素，於 2000 年時，**台積電**因產能不足，希望迅速擴充生產線，提高市場占有率，決定併購**世大積體電路**，**台積電**以高於當時市價的五倍之價碼，以**台積電**一股換兩股**世大積體電路**的方式吸收合併**世大積體電路**；然而，外界多認為**台積電**併購**世大**之溢價過高，有損及**台積電**股東權益。

企業若以併購方式成長，企業無須經歷冗長的蓋廠階段，但是，併購之成功取決於能否有效解決合併後產生之管理問題；例如：**台積電**併購**世大**後，整整利用 7 年至 8 年時間，方能將**世大**廠調整到**台積電**自建廠房之水準，實際上，**世大**併購案未能即時發揮合併綜效。

半導體是所有高科技行業的基礎，晶片可以說是所有科技商品的心臟，廣泛運用於電腦產品、通訊產品與消費性電子產品，例如：從手機、電腦、冰箱到衛星，晶片無所不在。身為晶圓代工龍頭廠，**台積電**從不改變專業代工之商業模式與策略，以提供整套服務的虛擬晶圓廠為經營策略，並以取得技術領先地位為其首要考量。**台積電**並未與上下游之特定對象廠商進行大規模的合資，不論在榮景或在艱困中都堅持走自己的路。在**台積電**成立之前，半導體產業的運作模式，是由積體電路製造商 (Integrated Design Manufacturing, IDM) 一手把持，以**英特爾** (Intel)、**德州儀器**而言，他們自己設計晶片，在自家的晶圓廠生產，自己完成晶片測試與封裝，但在**台積電**開創的晶圓代工模式中，專注負責中段的晶片製造。一家新創的晶片設計公司，無須負擔動輒高額設廠費用，只要把一顆顆設計好的晶片方案交由**台積電**大量生產即可。**台積電**以專業能力與顧客服務創造競爭優勢，以專業優勢作為競爭力，達到降低市場對於產能需求的不確定性。

台積電只做晶圓代工，不與客戶競爭的永續原則，完全符合了波特的競爭理論：企業為了長久保持競爭優勢，在多元並存的競爭活動中，必須明確地取捨與選擇，以深化策略定位。

企業評價在併購案扮演之角色為何？企業併購後之管理方式如何影響併購綜效？企業競爭策略之選擇如何影響企業價值之評估？

11.1 評價基本觀念

企業評價之實務運用非常廣泛，包括：企業併購、發行證券、投資股票、合資、策略聯盟、組織重組改造 (reorganization)、企業分割 (spinoff) 等決策外，失敗企業的重整決策或政府對金融機構的紓困，亦會牽涉到企業的價值評估，故綜觀資本市場之運作 (含承銷、創投、股權投資、專案評估或資產管理等) 幾乎皆與企業評價之運用息息相關。

11.1.1 價值與評價之基本觀念

於市場經濟主導之制度下,任何企業或資產之價值取決於三個基本要素:(1) 預期現金流量:預期從企業或資產所獲得之效益;(2) 風險貼水:預期從企業或資產所獲得現金流量之不確定性;及 (3) 時間價值 (或折現):預期從企業或資產所獲得現金流量之時間點;此三項要素正是財報分析之重點與最終目的。

> 企業或資產之價值取決於三個基本要素:(1) 預期現金流量;(2) 風險貼水;及 (3) 時間價值(或折現)。

從企業分析而言,企業價值係源自企業能有效管理與運用各項資產所產生,包括企業已認列及未認列之有形資產與無形資產運用所產生,及彼此產生之綜效;企業資產產生之價值,將會依據個別資金提供者 (即債權人與普通股股東) 法定權力與順位予以分配,普通股股東享有分配給其他資金提供者後之最後剩餘價值,換言之,企業價值 = 債權人價值 + 權益價值 (如圖 11-1 所示)。

> 企業價值 = 債權人價值 + 權益價值

同理,企業資產價值產生相關之風險將由所有資金提供者共同承擔,即企業總風險會依據個別資金提供者享有法定權力之順位予以分攤,企業風險 = 債權風險 + 股東權益風險 (如圖 11-2 所示),由於債權人之受償順位優先於股東,故其投資風險會小於普通股股東。

> 企業風險 = 債權風險 + 股東權益風險

11.1.2 評價工作之困難

實際評價的過程中常會面臨諸多問題,進而影響評價之結果,舉例如下:(1) 不確定性:評價具有高度不確定性,大部分現金流量在未來才會發生,只能用現有的資訊做預測,故存在對未來的不確定性極高;(2) 結合客觀與主觀判斷:未來現金流量只能用估計的方法來

> 評價工作之困難包括:不確定性、結合客觀與主觀判斷、資訊品質等。

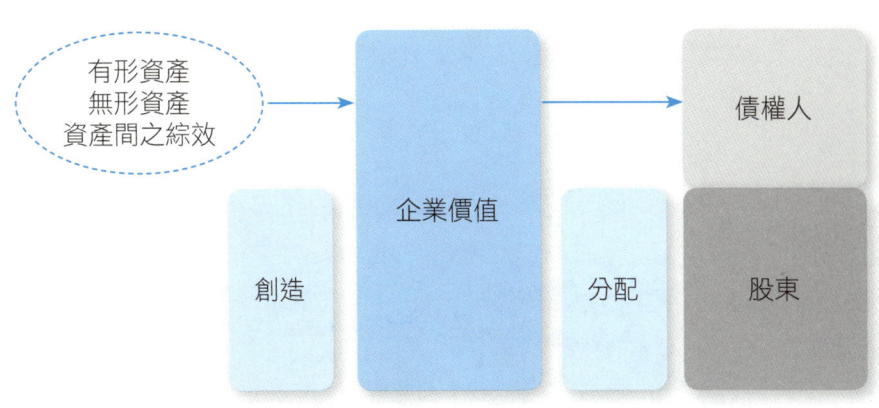

▶ 圖 11-1 企業價值之創造與分配

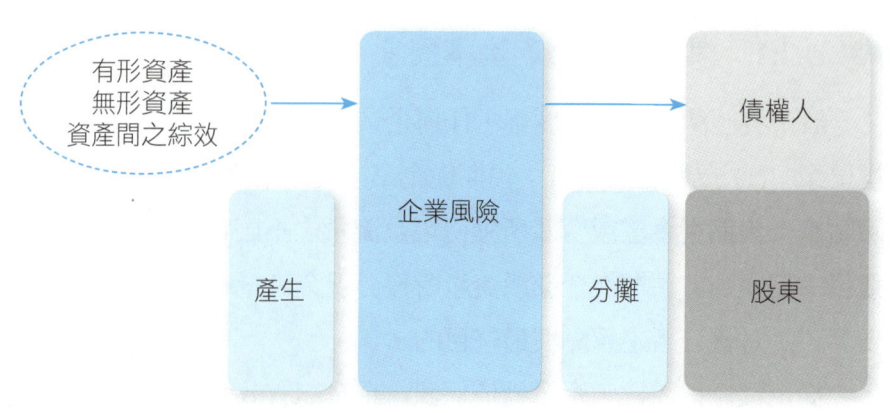

▶ 圖 11-2　企業風險之產生與分攤

推測，因此最後評定的數字不僅只有客觀因素的影響，也包含了執行評價工作者主觀的判斷；(3) 資訊品質：評價所需的資訊品質常受限於環境，進而影響評價的可靠性。

11.2 評價流程與架構

　　評價流程之首要步驟為選擇評價範圍與界定評價標的，此為評價之起點。其次，須釐定評價目的；評價範圍、標的與目的可能會對評價模式之選擇與評價假設之設定有重大影響，評價的方法與流程不只是科學而已，評價方法與模式的選用與取捨更是一門藝術。

　　企業評價係運用一套嚴謹程序與過程對企業整體或部分之事業價值給予評估，為正確地評價，須了解如下之企業評價架構 (如表 11-1 所示)：

> 企業評價架構包括產業知識、個別企業知識、會計知識及評價模式之選擇與運用。

1. 產業知識：深入的產業專業知識及競爭策略，具備對驅使成功之價值動因有詳盡的技術知識。

▲ 表 11-1　企業評價架構

產業分析	產業分析、產業競爭策略分析
企業分析	企業營運分析、企業策略性目標分析
會計資訊分析	財務報表分析、會計政策選擇分析、現金流量變化與趨勢分析
評價模式之選擇與運用	現金流量與損益預測、選擇合適評價模式

2. **個別企業之知識**：對評估企業之營運及策略性目標有足夠之了解，並將每個因素對企業價值之影響合理反映於所評估之價值中。
3. **會計知識**：對評估之企業進行財務報表分析，了解企業會計政策之選擇如何影響重要資產、負債及損益項目之金額，並解構現金流量重要組成項目，分析其變化與趨勢。
4. **評價模式之選擇與運用**：選擇合適之評價模式，並結合產業知識、個別企業之知識與財報分析，進行現金流量與損益預測。

預測對企業評價之重要性

預測企業之未來營運績效與結果是企業評價之基礎，亦是企業評價可靠與優劣之決定因素，因此，進行企業評價時，專業人員須運用各種估計、假設及預測之方法與技術，包括：了解銷貨、毛利率、盈餘、資產報酬率 (ROA) 與權益報酬率 (ROE) 等基本特性，也須注意季節性變動之差異與長期趨勢，如何影響預測之可靠性。

企業評價之預測，多以分析企業和行業的歷史財務數據為基礎，結合對企業所處的總體經濟、產業結構、商業模式與競爭優勢的未來發展、企業的產品與客戶及顧客需求的變化趨勢、企業的管理哲學等有深入的了解，進而對其銷貨、毛利率、經營成本、折舊、所得稅等項目進行預測，而且須採用系統的方法確保預測基礎的一致性，在預測過程中，常須高度依賴專業人員之經驗和判斷。

進行預測時，不僅須考慮同一產業內的供應鏈關係，亦須了解不同行業之彼此關聯性。在某些行業，其銷售金額可能高度依賴於其他行業，例如，家具零售行業可能與不動產住宅市場之銷售有極大之關聯。一般而言，家具之銷售可能落後新屋住宅市場之銷售約有 3 至 9 個月的時間。

觀念簡訊

評價報告

專業之評價師或估價師出具評價報告時，通常應說明其是否具有獨立性、是否遵循評價準則、評價之假設及限制條件、評價方法及程序等項目。

現場直擊

2013 年 9 月 17 日法銀巴黎證券 (BNP Paribas) 對台積電之分析報告

產能復甦

1. 2013 年第四季銷售小幅下降；2014 年第一季表現會比較好

    預測**台積電**第四季銷售較上季下降約 10%，比之前預估的 11% 較低。我們認為因 2014 年中國春節及**三星**對**高通**晶片的需求增加，故會有更大的上層風險 (upside risk)，也預期因 20 奈米晶片的成長，而使 2014 年第一季的銷售表現會比之前淡季的銷售下降來得好。

2. 鰭式場效電晶體 (FinFET, FF) 技術下生產 16 奈米計畫進行得更順利

    台積電 2013 年已具備量產 20 奈米製程的經驗及產能設備，使其 FinFET (FF) 生產 16 奈米計畫進行得更順利 (因為有同業是跳過 20 奈米製程直接進行 FF 計畫研發 16 奈米，這反而會使其遭遇到更多挑戰)；20 奈米及 16 奈米的高度共通性意味著**台積電**可以較低成本做產能的轉換，故我們預期資本支出強度會下降，而自由現金流量會上升。

3. 建議買進台積電

    我們將其目標價從新台幣 115 元調升至新台幣 120 元 (2014 年本益比之預測值的 16 倍)，以反映我們對**台積電**特殊製程 (specialty process) 的進展持有樂觀態度。我們將季節性股票表現低點後的拉回視為入場買進時機，亦認為**台積電**的最近股價淨值比表現 (2.5 倍至 2.6 倍) 是可以支持買進的決定。

4. 特殊製程處於市場前端

    我們相信**台積電**在特殊製程是站在市場的前端，特殊製程的成果可以重振**台積電**的銷貨與獲利能力。因其有更多功能團隊及精實整合能力，使**台積電**能致力於提供更高科技的特殊製程，以利整合 40 奈米以下的技術。

台積電第四季銷售比原預估數字要好

根據我們最新的供應鏈研究，預估**台積電**第四季銷售較上季下降約 10%，比我們之前預估的 11% 稍微要低。亦預估會有更多的上檔空間 (上層風險)，因為我們認為明年中國景氣會回暖 (根據 PMI 指數回到超過 expansion zone 50)，可能連帶使農曆年會有更多的急單狀況出現。另外，**台積電**之訂單亦受惠於其主要客戶**高通**的處理器銷售需求增加，此係因**三星電子**自製自用的 28 奈米晶片 (28nm/HKMG octa-core Exynos chip) 散熱問題尚未解決，故其智慧型裝置之產品轉而搭載**高通**的處理器。**高通**在 4G/LTE 基頻方面的競爭優勢亦優於**三星**。

同時產品價格壓力對**台積電**影響不大，因為**台積電**客戶擔心要求降價可能會引起**台積電**的產能或市場的反彈，對大多數的客戶而言，**台積電**已證明它是該產業長期以來值得信賴的主要晶圓代工

夥伴。

我們預期 2014 第一季的銷售季變動會比正常景氣循環要好，原因如下：(1) 較低的比較水準；(2) 我們相信**台積電**已取得**蘋果** 20 奈米晶片的訂單至 2014 年首季的中期，因為**台積電**近來在南科廠區積極購置設備，也已證實該廠房是為了 20/16 奈米的生產及研發製程的晶圓廠。

「超越摩爾定律」的製程技術成功及領先同業

除了利用摩爾定律的先進製程技術外，**台積電**發展「超越摩爾定律」的研發計畫，致力於透過特殊製程增加產能的附加價值 [特殊製程即所謂的 MR. ABCD 新策略，主要有六大產品線：MEMS 和 MCU (微機電系統和微控制器)、RF (射頻 IC)、Automotive 和 Analog IC (汽車與類比 IC)、BCD (電源管理的 BCD 技術)、CMOS Image Sensor (CMOS 影像感測器) 以及 High Voltage Driver (高壓驅動器)]；這個決策對其使用產能負載是有利的，我們甚至相信是會高於集團平均執行情況。**台積電**最近值得注意的消息是用於下一代生物識別手機的 0.18 微米的指紋感應晶片已正式出貨 (我們預估月出貨量約 30 K 至 40 K)。

我們認為這個研發計畫為台灣帶來兩個好處：(1) 特殊製程產品比一般產品有較多的產品價格溢價空間；(2) 較低的產能折舊，使一度表現疲乏的晶圓市場的銷售或盈餘表現回溫。雖然其產能成長有限，但我們依舊看好**台積電**創造營收的能力，也預期 40 奈米以上的產品銷售下降比率較往年同期比率要少，顯示其效力發展特殊製程的策略的成效。在利潤率方面，特殊製程的利潤相較集團平均來得好。

我們認為有幾個原因使**台積電**在特殊製程方面領先同業：(1) MR. ABCD 多功能的研發產品計畫；(2) 不管既有或是先進的奈米製程皆為 (從 40 nm 至 > 0.5 μm) 有彈性的生產製造排程，使**台積電**在 IC 產業的先進技術研發及整合能力領先同業。

根據我們的供應鏈研究，**台積電**正著眼於整合 RF CMOS 功能及 28 奈米半世代的處理器晶片，以因應主要消費性電子業客戶的需求增加的情況，這也顯示**台積電**有很強的整合產品功能及製程的 know-how，使**台積電**能給晶圓代工業的客戶最大的價值，也能免於削價競爭的困擾。

2015 年可能減少資本支出：20 奈米投資成效

我們了解到 20 奈米及 16 奈米在製程技術方面有高度的共通性，也因為**台積電**並沒有跳過 20 奈米的製程，故在研發 16 奈米時製程只需增加一些額外的資本支出如控制設備等，再透過 20 奈米的產能轉換進行 16 奈米的製程，且能降低 20 奈米發生產能過剩的風險，另一方面可以較低的成本 (減少約 30%) 進行研發生產。

台積電採取漸進式的技術轉換方法，如 28 奈米製程時，從使用前柵極 (gate-first) 改用後柵極 (gate-last)；或 20 奈米製程時，用雙重曝光 (double-patterning) 等，這樣的技術轉換過程意味著在

16 奈米世代可以有較低的資本支出可能性。我們估計，研發 16 奈米技術產能來源主要包括新的資本支出增添及從 20 奈米轉換或升級的部分，這可以說明我們認為**台積電** 2015 年的資本支出強度會下降 38%（vs. 2010 至 2014E：45% 至 50%）。

我們也預估**台積電** 2015 年的自由現金流量會增加，將可回復到較正常的狀況。然而，我們相信該公司應在超低利率時優先償還負債，而不是提高股利。

11.3 個別資產評價常用之評價方法

> 個別資產常用的評價方法有成本法、收益法及市場法。

個別資產如單一之不動產、專利權、品牌與著作權等，其常用之評價方法有成本法、收益法及市場法。

成本法著重在資產的過去，並未考量資產的未來價值；收益法則是關注資產未來能產生的價值；市場法是依據目前市場價格反映資產價值。雖然，評價的時間點是在特定時點的評價基準日，但上述方法評估的角度不同，其所側重的時間著眼點完全不同。

成本法 (Cost Approach)

成本法係以成本為基礎，評估資產本身投入成本之價值，以取得或製作與標的資產相同或相似之資產所需的成本為依據，據以評估該資產之價值。換言之，資產之價值係藉由購買相同或類似資產所需成本、自行建構所需成本，或擁有該資產可以節省的成本來評估，藉由成本法可以估算出目前擁有該資產之價值。

> 成本法因成本型態之不同，可分為重製成本法、重置成本法及節省成本法。

因成本型態之不同，可分為**重製成本法** (reproduction cost)、**重置成本法** (replacement cost)，及**節省成本法** (estimation of cost saving)。重製成本係指重新製作與評價標的完全相同之資產所需花費的成本；重置成本係指重新取得與標的資產功能與效用相近之資產所需花費的成本；節省成本法係指擁有該項資產可以節省的成本支出。

以成本法評估資產價值必須完整地考慮所有成本，例如：勞動成本、原料成本、設計費、經常費用等，甚至亦應包括正常利潤之金額。此外，使用成本法評估資產價值需考量物理性衰減、功能性退化及經濟性折舊等因素。以成本法評估資產價值的最大問題，在於有些

資產 (如無形資產) 有時可能無法重製或重置，且物理性衰減、功能性退化及經濟性折舊等因素不易衡量。

收益基礎法 (Income Approach)

收益基礎法係以評價標的所創造未來利益流量為評估基礎，透過資本化或折現，將未來利益流量轉換為標的現值；意即一項資產的價值是其未來預期可獲得的效益之折現值。以收益基礎法評估資產價值的最大問題，在於未來現金流量不易準確估計，且方法中使用大量變數需要估計，例如經濟年限、操作較為複雜、過程中主觀判斷因素亦較多。

收益法反映資產的獲利能力，考慮影響收益的各種因素，如市場獲利能力、獲利期的長短、市場的風險等三大要素，獲利能力越強，其資產價值就越高；資產之有效收益年限越長，所能帶來之收益越多，其資產價值也就越高。

研究櫥窗

分析師報告與目標價

2013 年研究**台積電**股票的券商和分析師計有**摩根史坦利** (Morgan Stanley)、**法銀巴黎證券** (BNP Paribas) 等 22 家國內外券商評估**台積電**股票的合理價值，分析師報告 (analyst report) 常會提供預期未來一段時間**台積電**股票的目標價 (target price)，一般而言，分析師報告係以較完整之企業評價模型為依據推估股票價值。例如：**法銀巴黎證券**於 2013 年 9 月 17 日發布**台積電**分析報告，當日**台積電**股票收盤價 (close price) 為新台幣 $105.50 元，買進目標價為新台幣 $120.00 元。

TSMC   2330TT

BYU
UNCHANGED

TARGET PRICE	TWD120.00
CLOSE	TWD105.50
UP/DOWNSIDE	+13.7%
PRIOR TP	TWD115.00
CHANGE IN TP	+4.3%

HOW WE DIFFER FROM CONSENSUS		MARKET RECS	
TARGET PRICE (%)	1.5	POSITIVE	20
EPS 2013 (%)	(1.7)	NEUTRAL	14
EPS 2014 (%)	(5.3)	NEGATIVE	0

與前次**法銀巴黎證券**分析師報告之目標價新台幣 $115.00 元比較，此次目標價調整上升新台幣 $5 元，變動率為 +4.3%，分析師建議持續買進**台積電**股票。

市場基礎法 (Market Approach)

市場基礎法係參考市場上有公開活絡的類似資產，選擇可類比資產之交易價格，或評價資產過去交易價格，考量可類比資產與評價資產之差異，估算其價值。選擇可類比資產須考慮以下幾點：

1. 是否具有相同或相類似性能或用途。
2. 是否具有相同或相類似產業、獲利能力、市場供應關係、競爭狀態、市場占有率、新資產進入障礙與預期成長、交易條件。
3. 可類比資產交易與價值資訊是否有過時現象等。

11.4 以現金流量為基礎之企業評價模式

依據標準之財務理論，企業之價值應等於未來能給投資人帶來之現金流量，並以適當之折現率予以折成現值，以此方法推估企業價值之模式統稱為現金流量折現法 (Discounted Cash Flow Method, DCF) 或現金流量折現模式。現金流量折現模式中，現金股息折現模型 (Dividend Discount Model) 與自由現金流量折現法 (Discounted Free Cash Flow) 是兩種最常用的評價方法。

> 現金流量折現模式中，現金股息折現模型與自由現金流量折現法是兩種最常用的評價方法。

11.4.1 現金股息折現模型 (股利折現法)

現金股息折現模型，或稱股利折現法，係以企業分配之現金股利為基礎評估企業股票之價值，認為股票價值來自未來企業發放的現金股息。此法認為，股票投資人唯一能夠自企業得到的現金流量為股利，因此衡量現金流量時，應以股利為基礎，但實務上，極少企業將所有的自由現金流量當作股利發給股東，若以此評價，有可能低估股票價值。

以股利折現法評價，需要考慮股票可產生的現金流量、期間、預期成長率及其風險。公式如下：

$$P_{i,0} = \frac{D_{i,1}}{1+k} + \cdots + \frac{D_{i,n-1}}{(1+k)^{n-1}} + \frac{D_{i,n}}{(1+k)^n} + \cdots$$
$$= \sum_{t=1}^{\infty} \frac{D_{i,t}}{(1+k)^t}$$

其中,

i = 期間

k = 折現率

D = 現金股利

P = 預期股票現值

由於現金股利有不確定性,因此投資人需具有預測未來現金股利的能力,然而,很多高度成長之企業,可能因資金需求而不分配現金股利,以致於利用股利折現法有其限制,甚至無法運用。股利折現法評估普通股價值主要有股利零成長、股利固定成長及股利非固定成長等三種模式。

> 股利折現法評估普通股價值主要有股利零成長、股利固定成長及股利非固定成長等三種模式。

股利零成長的股利折現模式

股利零成長的股利折現模式,預期未來每期的股利金額都將固定不變,零成長股利折現模式可應用於特別股的評價。當股利零成長時,股票價值之公式如下:

$$P_{i,0} = D_0 / k$$

其中,

P = 股票價值

D_0 = 今年股利

k = 股東預期報酬率 (已反映風險之折現率)

假設預期樂天公司未來每年分配現金股利 $10,反映風險後之折現率為 10%,計算樂天公司未來股利之折現值為 $10 / 1.1 + $10 / (1.1 × 1.1) ⋯ = $10 / 0.1 = $100。

股利固定成長的股利折現模式

股利固定成長的股利折現模式，預期未來股利以一定的比率成長，股票價值之公式如下：

$$P_{i,0} = \frac{D_0(1+g)}{1+k} + \cdots + \frac{D_0(1+g)^{n-1}}{(1+k)^{n-1}} + \frac{D_0(1+g)^n}{(1+k)^n} + \cdots$$

$$= \frac{D_0(1+g)}{k-g}$$

$$= \frac{D_1}{k-g}$$

其中，

P = 股票價值

D_0 = 今年股利

g = 預期股利成長率

k = 股東預期報酬率 (已反映風險之折現率)

在滿足特定假設的前提之下，估計股利成長率之方法，可使用下列公式推估：

$$g = b \times \text{ROE} = (1-d) \times \text{ROE}$$

其中，

b = 盈餘保留率

d = 股利支付率

例如：大慶打算購買洋基公司，洋基公司今年發放每股現金股利為 $10，預期未來每年的現金股利可以 5% 的固定成長率成長，大慶對洋基公司股票的必要報酬率是 10%，則依此模式，洋基公司之股價為 $210。

$$\frac{D_0(1+g)}{k-g} = \$10 \times (1+5\%) / (10\% - 5\%) = \$210$$

股利非固定成長的股利折現模式

若股利非固定成長時，應先區分公司股利的超常成長期間與固定成長期間，計算在超常成長期間的預期股利折現值及固定成長期間的預期股利折現值，然後，將超常成長期間與固定成長期間的預期股利折現值加總，即可計算出非固定成長模式的股票價值。在股利非固定成長的股利折現模式下，股票價值之公式如下：

$$P_{i,0} = D_0 \sum_{t=1}^{T} \frac{(1+g_1)^t}{(1+k)^t} + \frac{D_T(1+g_2)}{(k-g_2)(1+k)^T}$$

其中，

P = 股票價值

D_0 = 今年股利

g_1 = 第一個預期股利成長率

g_2 = 第二個預期股利成長率

k = 股東預期報酬率 (已反映風險之折現率)

T = 第一個預期股利成長率 g_1 之期間

例如：台碩公司今年發放每股現金股利為 $4，投資台碩公司的預期報酬率 k 為 10%，未來 5 年間各期的股利成長率為 8%；但 5 年後公司估計將以 5% 的固定成長率穩定成長，則依此模式，台碩公司的股價應為 $95.57。

$$4 \times \sum_{t=1}^{5} \frac{(1+8\%)^t}{(1+10\%)^t} + \frac{D_5 \times (1+5\%)}{(10\%-5\%) \times (1+10\%)^5} = 95.57$$
$$D_5 = 4 \times (1+8\%)^5$$

釋例 11-1

假設白雲公司每年每股股利 $5，權益資金成本 5%，請問在繼續經營假設下，公司之預期股價為何？

解答

$$P_0 = \frac{D}{r}; \quad P_0 = 5/0.05 = 100$$

釋例 11-2

丁丁公司今年發放股利為 $1，預期股利每年成長率為 2%，折現率為 5%，請問該公司現在每股價值為何？

解答

$$P_0 = \frac{1 \times (1+2\%)}{5\% - 2\%} = \$34$$

11.4.2　自由現金流量折現法

自由現金流量折現法的基本精神，以預測未來的獲利能力與現金流入為基礎，預測企業未來營運及其資產所能創造出的現金流量，以反映資金成本 (考量風險) 的折現率予以折現，達到評估企業在某一時點的價值，此方法雖然與一般債券投資之現值計算過程類似，但因涉及高度判斷與未來之預測，相對而言，評價模式較嚴謹且複雜。自由現金流量折現法特別適用於一般具有穩定獲利型之企業或獲利成長型的企業。

> 自由現金流量是公司在不影響營運下可以自由使用的現金流量，也是衡量公司財務彈性的指標。

自由現金流量是公司在不影響營運下可以自由使用的現金流量，也是衡量公司財務彈性的指標；自由現金流量代表著企業未來發放現金股利的能力 (dividend-paying capacity)，亦可用於進行庫藏股票的買入或用於外部購併的現金支付等用途，當企業的自由現金流量減少或為呈現負數時，不僅導致喪失可能的投資機會，也可能被迫增加負債。自由現金流量之分析，可從公司自由現金流量與權益自由現金流量 (亦稱股東之自由現金流量) 兩種角度分析。

公司自由現金流量折現法

美國學者拉巴波特 (Alfred Rappaport) 於 1980 年代提出了自由現金流量概念，所謂「自由現金流量」，係指企業由營運活動所產生的現金流量，扣減再投資需求之現金流量後的金額，於不影響公司持續發展前提下，可供企業分配現金予各種資金提供者 (股東與債權人)。公司資金來自負債和權益兩方投資人，因此，公司自由現金流量 (Free Cash Flow to the Firm, FCFF) 是對整個公司進行評估，而不是

僅對股權分析；當透過企業價值減去負債現值時，即可得權益價值。

此方法係分析所有資產 (包括無形資產與有形資產) 共同產生之價值，亦即企業價值之來源，並將此價值分配給股東與債權人。

企業價值之來源 = 企業價值之分配 = 權益價值 + 負債現值

由於分析資料來源之限制或起始點之差異，公司自由現金流量之衡量有幾種不同分解方法 (如表 11-2、表 11-3、表 11-4、表 11-5 所示)：

表 11-2　公司自由現金流量之衡量方法 (一)

稅後淨利	
加：利息費用 × (1 − 稅率 t)	
稅後營業淨利	
加：非動用現金之支出 (如折舊及攤銷)	
減：短期淨營運資金 (NWC) 的變動金額	
減：長期資本性支出 (如廠房設備投資)	
公司自由現金流量 (FCFF)	

表 11-3　公司自由現金流量之衡量方法 (二)

稅前息前淨利 (EBIT)	
乘：(1 − 稅率 t)	
稅後營業淨利	
加：非動用現金之支出 (如折舊及攤銷)	
減：短期淨營運資金 (NWC) 的變動金額	
減：長期資本性支出 (如廠房設備投資)	
公司自由現金流量 (FCFF)	

表 11-4　公司自由現金流量之衡量方法 (三)

稅前息前折舊攤銷前淨利 (EBITDA)	
乘：(1 − 稅率 t)	
加：非動用現金之支出 (如折舊及攤銷) × 稅率 t	
減：短期淨營運資金 (NWC) 的變動金額	
減：長期資本性支出 (如廠房設備投資)	
公司自由現金流量 (FCFF)	

▲ 表 11-5　公司自由現金流量之衡量方法 (四)

營運活動現金流量 (現金流量表)*
加：利息費用 × (1 − 稅率 t)
減：長期資本性支出 (如廠房設備投資)
公司自由現金流量 (FCFF)

* 此處假設利息支出為營業活動現金流量的項目，但現金股利支出則否。

　　如各表所述之方法，公司自由現金流量不扣減負債之利息支出，因此稅後淨利須加回稅後利息費用；由於利息費用具稅盾效果 (參見第 7 章)，因此須加回稅後利息費用 [即：利息費用 × (1 − 稅率)]。稅後營業淨利，即將公司不包括利息費用的經營利潤總額扣除所得稅後的金額；稅前息前淨利 (EBIT) 等於扣除利息、所得稅前的利潤，也就是扣除利息支出和應繳所得稅前的淨利。

　　稅後營業淨利 (Net Operating Profits Less Adjusted Taxes, NOPLAT) 為企業扣減所得稅後的本業盈餘。所得稅包括當期所得稅費用與遞延所得稅費用。淨營運資金為企業營業用途的流動資產扣減不付息流動負債後之金額。

　　稅前息前淨利 (EBIT) 是用以計算公司營業利潤的，但在評價模型中的營業淨利是未扣除投資和融資費用的，與財務報表上的營業利潤不同，因此需做些許調整；另外，稅後淨利與稅前息前淨利 (EBIT) 之計算皆不包括營業外收支。假如企業將利息支出列為營業活動之現金流量，則公司自由現金流量亦可透過來自營運活動之現金加利息費用 × (1 − 所得稅率 t)，再扣減投資支出金額計算。公式如下：

公司自由現金流量 = 營業活動淨現金流量 + 利息費用 × (1 − 所得稅率 t) − 投資支出

　　企業價值絕不只是決定於當期現金流量或盈餘，還包括未來預期的現金流量或盈餘，因此估計盈餘或現金流量的成長率對於衡量企業價值有極重要的意義。企業價值等於未來公司自由現金流量之折現值，如下所示：

$$P_{i,0} = \frac{\text{FCFF}_{i,1}}{1+k} + \cdots + \frac{\text{FCFF}_{i,n-1}}{(1+k)^{n-1}} + \frac{\text{FCFF}_{i,n}}{(1+k)^n} + \cdots$$

其中,

　　　P = 企業價值

　　　k = 折現率 (企業加權平均資金成本)

　FCFF = 公司自由現金流量

決定折現率

由於企業經營須投入必要之營運資金,企業可透過募資 (自有資金) 及借款 (外來資金) 的方式籌措資金,而投資人與債權人所要求的投資報酬率各不相同,因此以公司自由現金流量進行企業評價,在考量折現率時,必須以整體資金來源所要求的報酬率為計算指標,求算**企業加權平均資金成本** (Weighted Average Cost of Capital, WACC)。

$$\text{WACC} = \frac{E}{E+D} \times r_e + \frac{D}{E+D} \times r_d(1-t)$$

其中,

　　r_e = 公司舉債下,股東要求的權益報酬率 (權益資金成本)

　　r_d = 負債資金成本率或負債利息

　　E = 公司舉債下的權益價值

　　D = 公司舉債下的負債價值

權益資金成本可以資本資產定價模式 (CAPM) 來計算預期權益之報酬率:

$$r_e = R_f + \beta(R_m - R_f)$$

其中,

　　r_e = 權益資金成本

　　R_f = 無風險利率

　　R_m = 市場平均報酬率

　　β = 公司的風險係數

權益價值之計算

權益價值之計算步驟，可由未來公司自由現金流量之折現值，求得企業價值，扣減負債現值，再除以流通在外股數，最後即得到股票預期的真實價格。扣減之負債不包括營業活動相關負債，因為此部分負債已於自由現金流量估計時，納入考慮，再調整非營業性活動之資產或負債。

權益價值之計算步驟
企業價值 (公司自由現金流量之折現值)
減：融資負債之現值
加：非營業性活動之資產 (如投資性不動產、備供出售股票等理財性投資)
減：非營業性活動之負債 (如法律訴訟之相關負債、提撥不足之退休金負債)
權益總價值
流通在外之股數
每股權益價值

非營業性活動之資產，如投資性不動產、備供出售股票投資等，反映企業稅後營業外活動現金流量之現值或價值；同理，非營業性活動之負債，如法律訴訟之相關負債、提撥不足之退休金負債等，係指未納入於估計公司自由現金流量時之負債，且不屬借款性質之債務。

權益自由現金流量折現法

權益自由現金流量[1] (Free Cash Flow to Equity, FCFE) 等於公司自由現金流量扣減屬債權人之自由現金流量；故權益自由現金流量是企業支付所有營運費用、再投資支出、所得稅和淨債務支付 (即利息、本金支付減發行新債務的淨額) 後可分配給企業股東的剩餘現金流量。權益自由現金流量用於計算企業的權益價值。

企業的權益價值等於未來權益自由現金流量之折現值，如下所示：

$$P_{i,0} = \frac{FCFE_{i,1}}{1+k} + \cdots + \frac{FCFE_{i,n-1}}{(1+k)^{n-1}} + \frac{FCFE_{i,n}}{(1+k)^n} + \cdots$$

---

[1] 權益自由現金流量亦稱股東之自由現金流量。

其中，

P = 企業的權益價值

k = 折現率 (企業權益資金成本)

FCFE = 權益自由現金流量

表 11-6　權益自由現金流量之衡量方法

公司自由現金流量 (FCFF)
減：利息費用 × (1 - 稅率 t)
減：還本債務金額
加：新增債務金額
權益自由現金流量 (FCFE)

釋例 11-3

在 20×0 年底丙公司根據其產業環境及競爭狀況，預估 20×3 年起每年權益自由現金流量之年成長率為 2%，假設每年權益資金成本 15%，下表為丙公司預測權益自由現金流量資訊，請問在 20×0 年底，公司權益價值為何？

單位：新台幣百萬元

	20×1 年	20×2 年	20×3 年
預估公司每年權益自由現金流量	$800	$900	$600

解答

步驟 1：計算 20×3 年至 20×N 年於 20×2 年底之終值

$$V_{20\times2} = \frac{\$600}{15\% - 2\%} = \$4,615 \text{ (百萬元)}$$

步驟 2：計算 20×0 年底預估公司權益價值

$$\frac{\$800}{(1+15\%)} + \frac{\$900}{(1+15\%)^2} + \frac{\$4,615}{(1+15\%)^2} = \$4,866 \text{ (百萬元)}$$

釋例 11-4

迪西公司為 20×0 年底成立出租貨車之公司，業已以 $800,000 購置貨車及其他資產，預估未來每年公司有淨營業現金流入 $300,000，預計 20×2 年以 $200,000 添購貨車，20×5 年以 $100,000 出售公司資產並結束營業，假設迪西公司權益資金成本 10%，共有流通在外普通股

1,000 股，無其他影響現金流量活動，請問公司普通股每股價值為何？

解答

	20×1 年	20×2 年	20×3 年	20×4 年	20×5 年
淨營業現金流入	$ 300,000	$ 300,000	$300,000	$300,000	$300,000
20×5 年出售資產現金流入					100,000
20×2 年購入貨車		(200,000)			
預估現金流量	$ 300,000	$ 100,000	$300,000	$300,000	$400,000
折現因子 [1/(1+10%)^n]	0.9091	0.8264	0.7513	0.6830	0.6209
現金流量折現值	$ 272,730	$ 82,640	$225,390	$204,900	$248,360
該公司預估價值	$1,034,020				
預估每股價值 (1,000 股)	$1,034.02				

釋例 11-5

前景股份有限公司兩年度比較資產負債表如下：

前景股份有限公司
資產負債表
20×0 年 12 月 31 日及 20×1 年 12 月 31 日

單位：新台幣千元

	20×0 年	20×1 年
現金	$ 60,000	$ 45,000
應收帳款	–	40,000
存貨	–	100,000
土地	800,000	810,000
折舊性資產成本	200,000	200,000
累計折舊	–	(100,000)
總資產	$1,060,000	$1,095,000
應付帳款	–	25,000
長期借款		10,000
股本	1,060,000	1,060,000
負債及權益	$1,060,000	$1,095,000

該公司在 20×1 年支付當年現金股利 $150,000 千元，沒有股票股利及股票購回計畫等影響權益情況；20×1 年向銀行借款 $10,000 千元購買土地，20×1 年業外收支項目只有利息費用 $1,000 千元，適用稅率為 17%，且無其他影響現金流量之活動；所得稅費用等於當期支付所得稅，企業將利息支出列為營業活動現金流量。試作下列問題：

(1) 20×1 年公司自由現金流量為何？權益自由現金流量為何？
(2) 若預估 20×2 年公司自由現金流量成長 5%，加權平均資金成本為 10%，且預測於 20×2 年底後產業及競爭狀況達到均衡，之後年度公司自由現金流量零成長，試依公司自由現金流量評價該公司 20×1 年底之價值為何？

解答

(1) 因 20×1 年權益未增加且除現金股利支付外，無其他影響權益之事項，故現金股利 $150,000 千元即為 20×1 年稅後盈餘。

與營業活動相關資產/負債變動 = 應收帳款(增)減 + 存貨(增)減 + 應付帳款增(減)
$\qquad$ = $(40,000) + $(100,000) + $25,000
$\qquad$ = $(115,000)

營業活動淨現金流量：

稅後淨利	$ 150,000
折舊費用	100,000
營運資金變動	(115,000)
營業活動淨現金流量	$ 135,000

公司自由現金流量 = 營業活動淨現金流量 + 利息費用 × (1 − 稅率) − 投資支出
$\qquad$ = $135,000 + $1,000 × (1 − 17%) − ($810,000 − $800,000)
$\qquad$ = $125,830 (千元)

權益自由現金流量 = 公司自由現金流量 − 利息費用 × (1 − 稅率) + 新增債務金額 − 償還債務金額
$\qquad$ = $125,830 − 1,000 × (1 − 17%) + ($10,000 − $0)
$\qquad$ = $135,000 (千元)

(2) 20×2 年預估公司自由現金流量 = $125,830 × (1 + 5%)
$\qquad\qquad\qquad\qquad\qquad$ = $132,122 (千元)

20×1 年公司價值 = $V_{20×2}$ = $132,122 / 10% = $1,321,220

11.5 以盈餘為基礎之評價模式

以盈餘為基礎之評價模式中，Ohlson 模型提出剩餘淨利評價法[2] (Residual Income Valuation) 的概念，受到廣泛的運用，Ohlson 模型係先進行企業的歷史盈餘分析，以預測企業未來的預期盈餘，將未來各期剩餘淨利計算現值以推估企業價值。

依據標準財務理論，公司股票市價等於未來所有股利的折現值：

$$P_t = \sum_{t=1}^{\infty} E_t \left[\frac{d_{t+i}}{(1+r)^i} \right]$$

其中，

P_t = 公司股票市值
$E_t[d_{t+i}]$ = $t+i$ 期預期股利
r = 折現率

利用淨剩餘會計 (Clean Surplus Accounting) 觀念，期末帳面金額等於期初帳面金額加本期盈餘與本期淨資本投入、減當期股利；在淨剩餘會計及無淨資本投入的假設下，可得如下式子：

$$b_t = b_{t-1} + x_t - d_t$$

其中，

$b_t = t$ 期帳面金額
$x_t = t$ 期盈餘
$d_t = t$ 期股利

或　　　股利 (d_t) = 權益期初帳面金額 (b_{t-1}) + 本期盈餘 (x_t)
　　　　　－ 權益期末帳面金額 (b_t)

並將盈餘區分為正常盈餘與剩餘淨利，剩餘淨利 = 盈餘 －(權益期初帳面金額 × 權益成本)，將上述盈餘與股利代入股利折現模式，即可

---

2 又稱剩餘所得評價法或剩餘盈餘評價法。

觀念簡訊

未認列無形資產與剩餘淨利

由於未來經濟效益的不確定性，大部分內部發展的無形資產無法在財務報表上認列，導致無形資產在財務報表上的帳面金額無法反映其公允價值。當與公司價值相關的項目未包含在公司帳面金額中時，例如：有未認列的無形資產，將帶來未來盈餘超過權益帳面金額計算出的正常報酬，公司價值會在未來剩餘淨利的評價中反映。未認列無形資產占權益帳面金額之比率越高，剩餘淨利的持續性也越高；剩餘淨利持續性 (abnormal earnings persistence) 是評估公司價值時，須考量的重要因素之一。

觀念簡訊

詳細評價法與相對評價法之比較

以現金流量與剩餘淨利折現法進行企業評價，需要對企業未來成長率、獲利率、資金成本等詳盡的預測，但預測之估計誤差通常非常敏感；相反地，相對評價法所需要的分析較簡單，無須估計詳盡參數。

將公司權益價值表達為其目前帳面金額加上未來預期剩餘淨利折現值。

$$x_t^a = x_t - rb_{t-1}$$

其中，$x_t^a =$ 剩餘淨利；$b_{t-1} = t-1$ 期帳面金額

利用 $d_t = x_t^a + (1+r)b_{t-1} - b_t$ 代入股利折現值，可得如下式子：

$$P_t = b_t + \sum_{i=1}^{\infty} E_t \left[\frac{x_{t+i}^a}{(1+r)^i} \right]$$

Ohlson 的觀點提供另一種異於股利折現評價模式的選擇，但無本質上的差異，只是由股利折現轉化成以帳面金額與未來剩餘淨利折

觀念簡訊

分析師報告對台積電股價經常意見分歧

美林證券目標價新台幣 131 元、巴黎證新台幣 120 元、大和證新台幣 107 元

　　在 2013 年 8 月底**台積電**遭外資調節，股價一度跌落到新台幣 92 元附近，然而在多家外資分析師持續出具報告力挺之下，近期股價又出現回升，收復百元大關。2013 年 8 月 17 日**美林證券**、**巴黎證**再度出具報告喊進**台積電**，然而**大和證**卻持保守看法，僅給予其中立評等，並指出**台積電**短期股價上漲空間有限。

　　美林證券團隊在研究報告中指出，於 2014 年**台積電**將可望維持市占率，且在 2015 年與 2016 年甚至有望進一步拓展市占率。**美林證券**預估**台積電**、**三星**與**英特爾**將因此成為全球唯三的量產供應商，因此**台積電**股票若因短期庫存修正，將提供進場機會，維持其買進評等，目標價新台幣 131 元。

　　巴黎證團隊則指出，**台積電**第四季營收可能季減 10%，比先前**巴黎證**團隊預期的季減 11% 好一些，此外，股價有機會進一步上行，因為包括中國新年期間訂單拉貨，以及**三星**對 QCOM 晶片需求增加等利多因素。**巴黎證**預期**台積電** 2014 年第一季營收將優於過去常態性的季節性縮減，也因此將**台積電**目標價由新台幣 115 元上調到新台幣 120 元，並指出現在因為季節性因素產生的股價修正，提供了好的進場機會，維持喊進**台積電**。

　　大和證對**台積電**後市則相對保守，指出一直到 2014 年第一季之前，**台積電**還看不到因為**蘋果**產品增加的營收。儘管市場傳言**台積電**贏得**蘋果** 20 奈米的 A7 處理器訂單，但**大和證**仍持懷疑態度，並預期一直到 2014 年第一季之後，**台積電**才會因為 A8 與 A9 晶片出貨給**蘋果**，在帳上出現成績。此外，**大和證**還指出，**台積電**下半年營收與淨獲利將比**大和證**團隊原本預期的要低，因為許多相關供應鏈的庫存還沒有售罄。**大和證**團隊因此維持其中立評等，但將目標價由新台幣 101 元上修至新台幣 107 元，指出儘管**台積電**基本面長期來說還是很穩定，但短期來說股價上行空間有限。

現之線性組合來呈現市值，而與股利無關。同時從因果關係來看，價值創造股利而非股利創造價值，Ohlson 模型較能表達此種關係。因此，公司市場價值與帳面金額的差距，須視公司獲取剩餘淨利的能力而定。

　　2013 年 9 月 17 日**法銀巴黎證券** (BNP Paribas) 之**台積電**分析報告中，提出以下盈餘預測修正表與盈餘敏感度。

盈餘預測修正表

	修正後					修正前					變動率				
	3Q13E	4Q13E	1Q14E	2013E	2014E	3Q13E	4Q13E	1Q14E	2013E	2014E	3Q13E	4Q13E	1Q14E	2013E	2014E
	(TWD m)	(TWD m)	(TWD m)	(TWD m)	(TWD m)	(TWD m)	(TWD m)	(TWD m)	(TWD m)	(TWD m)	(%)	(%)	(%)	(%)	(%)
銷貨收入	163,299	146,807	139,605	598,747	673,827	163,183	145,710	141,435	597,534	678,395	0	1	(1)	0	(1)
營業毛利	77,832	63,964	56,117	278,981	300,549	77,716	63,350	57,817	278,251	304,487	0	1	(3)	0	(1)
毛利率 (%)	47.7	43.6	40.2	46.6	44.6	47.6	43.5	40.9	46.6	44.9					
營業淨利	58,787	45,853	38,840	206,691	225,695	58,682	45,256	40,438	205,988	228,513	0	1	(4)	0	(1)
營業淨利率 (%)	36	31.2	27.8	34.5	33.5	36	31.1	28.6	34.5	33.7					
稅前淨利	59,216	46,112	39,323	211,086	227,569	59,110	45,514	40,922	210,382	230,460	0	1	(4)	0	(1)
稅前淨利率 (%)	36.3	31.4	28.2	35.3	33.8	36.2	31.2	28.9	35.2	34					
淨利	50,926	39,657	33,818	181,967	195,709	50,835	39,142	35,193	181,361	198,196	0	1	(4)	0	(1)
淨利率 (%)	31.2	27	24.2	30.4	29	31.2	26.9	24.9	30.4	29.2					
每股盈餘 (TWD)	1.96	1.53	1.3	7.02	7.55	1.96	1.51	1.36	7	7.64	0	1	(4)	0	(1)

盈餘敏感度

	Base		Best		Worst	
	2013E	2014E	2013E	2014E	2013E	2014E
使用率 (%)	92	89	97	94	87	84
變動率 (%)			5	5	(5)	(5)
毛利率 (%)	46.6	44.6	49.6	47.6	43.6	41.6
每股盈餘 (TWD)	7.02	7.55	7.99	8.61	6.1	6.51
變動率 (%)			14	14	(13)	(14)

* 台積電的主要利潤驅動因子為平板及智慧型手機市場暨對晶圓代工的需求。
* 我們預估在效能成長 5% 及毛利率成長 3%，其他因素不變的前提下，2013E / 2014E 的每股盈餘各會增加 14%。
* 我們預估在效能下降 5% 及毛利率下降 3%，其他因素不變前提下，2013E / 2014E 的每股盈餘各會下降 13% / 14%。

釋例 11-6

台台股份有限公司 20×0 年損益表如下所示：

台台股份有限公司
綜合損益表
20×0 年 1 月 1 日至 12 月 31 日

銷貨收入	$ 427,000
銷貨成本 (不含折舊)	(134,000)
銷貨毛利 (不含折舊)	$ 293,000
營業費用	(52,000)
稅前息前折舊攤銷前營業淨利	$ 241,000
折舊	(98,000)
稅前息前營業淨利	$ 143,000
淨財務成本	800
經常性營業外收益	1,840
稅前淨利	$ 145,640
所得稅	(10,000)
稅後淨利	$ 135,640

20×1 年至 20×4 年現金流量相關預測資料如下：

單位：新台幣千元

	20×1 年	20×2 年	20×3 年	20×4 年
折舊費用	$ 119,000	$ 148,000	$ 180,000	$ 200,000
營運資金變動	(3,100)	3,000	(19,000)	320
資本支出	(246,000)	(304,000)	(325,600)	(295,000)
預估每年發放股利	(77,000)	(78,000)	(78,000)	(78,000)

20×1 年至 20×4 年相關預測假設如下：

主要預測假設 (20×1 年至 20×4 年)：

每年銷貨成長率 15%

每年銷貨毛利率 (不含折舊) 成長 1%

營業費用 (不含折舊) / 銷貨收入比每年相同

所得稅費用 / 稅前淨利比每年相同

淨財務成本及經常性營業外收益每年相同

已知權益資金成本為 10%，20×0 年底權益帳面金額為 $690,640 千元。請依據下列情況利用

剩餘淨利法評價公司於 20×0 年底價值。

情況一：自 20×5 年起無剩餘淨利；

情況二：預估 20×5 年有剩餘淨利 $130,000 千元，之後每年剩餘淨利成長 2%；

情況三：20×5 年後剩餘淨利零成長；

情況四：20×5 年至 20×7 年剩餘淨利每年減少 20%，20×8 年後無剩餘淨利。

解答

情況一：

步驟 1：根據上述假設預估未來綜合損益表

	20×0 年 (實際)	20×1 年	20×2 年	20×3 年	20×4 年
銷貨收入 [註1]	$ 427,000	$ 491,050	$ 564,708	$ 649,414	$ 746,826
銷貨成本 (不含折舊) [註3]	(134,000)	(150,731)	(169,427)	(190,295)	(213,559)
銷貨毛利 (不含折舊) [註2]	293,000	340,319	395,281	459,119	533,267
營業費用 [註4]	(52,000)	(59,800)	(68,770)	(79,086)	(90,948)
稅前息前折舊攤銷前營業淨利	241,000	280,519	326,511	380,033	442,319
折舊 [註5]	(98,000)	(119,000)	(148,000)	(180,000)	(200,000)
稅前息前營業淨利	143,000	161,519	178,511	200,033	242,319
淨財務成本	800	800	800	800	800
經常性營業外收益	1,840	1,840	1,840	1,840	1,840
稅前淨利	145,640	164,159	181,151	202,673	244,959
所得稅 [註6]	(10,000)	(11,272)	(12,438)	(13,916)	(16,819)
稅後淨利	$ 135,640	$ 152,887	$ 168,713	$ 188,757	$ 228,140

註1：20×1 年至 20×4 年預估銷貨收入 = 前一年度銷貨收入 × (1 + 15%)

　　20×1 年：$427,000 × 1.15 = $491,050

　　20×2 年：$491,050 × 1.15 = $564,708

　　20×3 年：$564,708 × 1.15 = $649,414

　　20×4 年：$649,414 × 1.15 = $746,826

註2：20×1 年至 20×4 年預估銷貨毛利 = 前一年度銷貨毛利率 × (1 + 1%) × 當年度銷貨收入

　　20×1 年：($293,000 / $427,000) × 1.01 × $491,050 = $340,319

　　20×2 年：($340,319 / $491,050) × 1.01 × $564,708 = $395,281

　　20×3 年：($395,281 / $564,708) × 1.01 × $649,414 = $459,119

　　20×4 年：($459,119 / $649,414) × 1.01 × $746,826 = $533,267

註3：20×1 年至 20×4 年預估銷貨成本 = 預估銷貨收入 − 預估銷貨毛利

　　20×1 年：$491,050 − $340,319 = $150,731

20×2 年：$564,708 − $395,281 = $169,427
20×3 年：$649,414 − $459,119 = $190,295
20×4 年：$746,826 − $533,267 = $213,559

註4：20×1 年至 20×4 年預估營業費用＝(20×0 年營業費用／銷貨收入)×當年度銷貨收入
20×1 年：($52,000 / $427,000) × $491,050 = $59,800
20×2 年：($52,000 / $427,000) × $564,708 = $68,770
20×3 年：($52,000 / $427,000) × $649,414 = $79,086
20×4 年：($52,000 / $427,000) × $746,826 = $90,948

註5：為題目提供的折舊費用。

註6：20×1 年至 20×4 年預估所得稅＝(20×0 年所得稅費／稅前淨利)×當年度稅前淨利
20×1 年：($10,000 / $145,640) × $164,159 = $11,272
20×2 年：($10,000 / $145,640) × $181,151 = $12,438
20×3 年：($10,000 / $145,640) × $202,673 = $13,916
20×4 年：($10,000 / $145,640) × $244,959 = $16,819

步驟2：根據假設計算預估期末權益

	20×1 年	20×2 年	20×3 年	20×4 年
期初權益帳面金額	$690,640	$766,527	$857,240	$ 967,997
淨利	152,887	168,713	188,757	228,140
現金股利	(77,000)	(78,000)	(78,000)	(78,000)
期末權益帳面金額	$766,527	$857,240	$967,997	$1,118,137

步驟3：計算剩餘淨利及公司權益價值

	20×1 年	20×2 年	20×3 年	20×4 年
預期未來盈餘*(A)	$ 152,887	$168,713	$188,757	$228,140
正常盈餘				
期初權益帳面金額	$ 690,640	$766,527	$857,240	$967,997
權益資金成本	10%	10%	10%	10%
正常盈餘 (B)	$ 69,064	$ 76,653	$ 85,724	$ 96,800
預估剩餘淨利 (A − B)	$ 83,823	$ 92,060	$103,033	$131,340
折現因子 [$1 / (1 + 10\%)^n$]	0.9091	0.8264	0.7513	0.6830
剩餘淨利折現值	$ 76,203	$ 76,078	$ 77,409	$ 89,705
剩餘淨利折現值加總	$ 319,395			
期初權益帳面金額	690,640			
預估公司價值	$1,010,035			

*預估的稅後淨利。

情況二：

步驟 1：因 20×5 年之後剩餘淨利成長 2%，故 20×5 年至 20×N 年於 20×4 年底之剩餘淨利終值計算如下：

$$V_{20 \times 4} = \frac{\$130{,}000}{10\% - 2\%} = \$1{,}625{,}000$$

步驟 2：計算剩餘淨利及公司權益價值

	20×1 年	20×2 年	20×3 年	20×4 年	20×5 年
預估剩餘淨利	$ 83,823	$92,060	$103,033	$ 131,340	$ 130,000
20×5 年至 20×N 年後剩餘淨利之終值				1,625,000	
總剩餘淨利	$ 83,823	$92,060	$103,033	$1,756,340	
折現因子 $[1/(1+10\%)^n]$	0.9091	0.8264	0.7513	0.6830	
剩餘淨利折現值	$ 76,203	$76,078	$ 77,409	$1,199,580	
剩餘淨利折現值加總	$1,429,270				
期初權益帳面金額	690,640				
預估公司價值	$2,119,910				

情況三：

步驟 1：計算 20×5 年至 20×N 年於 20×4 年底之剩餘淨利終值

$$V_{20 \times 4} = \frac{\$131{,}340}{10\%} = \$1{,}313{,}400$$

步驟 2：計算剩餘淨利及公司權益價值

	20×1 年	20×2 年	20×3 年	20×4 年	20×5 年至 20×N (每年)
預估剩餘淨利	$ 83,823	$92,060	$103,033	$ 131,340	$131,340
20×5 年至 20×N 年後剩餘淨利之終值				1,313,400	
總剩餘淨利	$ 83,823	$92,060	$103,033	$1,444,740	
折現因子 $[1/(1+10\%)^n]$	0.9091	0.8264	0.7513	0.6830	
剩餘淨利折現值	$ 76,203	$76,078	$ 77,409	$ 986,757	
剩餘淨利折現值加總	1,216,447				
期初權益帳面金額	690,640				
預估公司價值	$1,907,087				

情況四：

步驟 1：計算 20×5 年至 20×7 年預估剩餘淨利

　　　20×5 年：$131,340 × (1 − 20%) = $105,072

　　　20×6 年：$105,072 × (1 − 20%) = $84,058

　　　20×7 年：$84,058 × (1 − 20%) = $67,246

步驟 2：計算剩餘淨利及公司權益價值

	20×1 年	20×2 年	20×3 年	20×4 年	20×5 年	20×6 年	20×7 年
預估剩餘淨利	$ 83,823	$92,060	$103,033	$ 131,340	$105,072	$84,058	$67,246
折現因子 [$1/(1+10\%)^n$]	0.9091	0.8264	0.7513	0.6830	0.6209	0.5645	0.5132
剩餘淨利折現值	$ 76,203	$76,078	$ 77,409	$ 89,705	$65,239	$47,451	$34,511
剩餘淨利折現值加總	$ 466,596						
期初權益帳面金額	690,640						
預估公司價值	$1,157,236						

釋例 11-7

皮卡公司為 20×0 年底成立出租貨車之公司，以下為該公司相關資料，請問 20×0 年底該公司每股價值為何？

(1) 預計 20×2 年以 $200,000 購入新貨車。

(2) 預估 20×1 年至 20×2 年每年會有 $200,000 營業活動淨現金流入，20×3 年至 20×5 年每年有 $250,000 營業活動淨現金流入。

(3) 20×1 年初權益為 $800,000。

(4) 每年會將剩餘淨現金流入發放現金股利。

(5) 預估前兩年淨利各為 $100,000，後三年各為 $200,000。

(6) 自第六年起不會有剩餘淨利。

(7) 預估每年資金成本 10%，除上述條件外，無其他影響現金流量活動，迪西公司共有普通股 1,000 股。

解答

	20×1 年	20×2 年	20×3 年	20×4 年	20×5 年
期初權益帳面金額	$800,000	$700,000	$800,000	$750,000	$700,000
淨利	100,000	100,000	200,000	200,000	200,000
現金股利*	(200,000)	0	(250,000)	(250,000)	(250,000)
期末權益帳面金額	$700,000	$800,000	$750,000	$700,000	$650,000
預期未來盈餘 (A)	$100,000	$100,000	$200,000	$200,000	$200,000
正常盈餘					
期初權益帳面金額	$800,000	$700,000	$800,000	$750,000	$700,000
權益金資成本	10%	10%	10%	10%	10%
正常盈餘 (B)	$80,000	$70,000	$80,000	$75,000	$70,000
預估剩餘淨利 (A − B)	$20,000	$30,000	$120,000	$125,000	$130,000
折現因子 [1 / (1 + 10%)^n]	0.9091	0.8264	0.7513	0.6830	0.6209
剩餘淨利折現值	$18,182	$24,792	$90,156	$85,375	$80,717
剩餘淨利折現值加總	$299,222				
期初權益帳面金額	800,000				
預估期末價值	$1,099,222				
預估公司價值 (1,000 股)	$1,099.22				

* 1. 20×1 年只有營業活動淨現金流入 $200,000，無其他影響現金流量活動，故發放現金股利 $200,000。
 2. 20×2 年除有營業活動淨現金流入 $200,000，尚有購買貨車之投資活動現金流出 $200,000，故發放現金股利為 $0。
 3. 20×3 年至 20×5 年除有營業活動淨現金流入 $250,000，無其他影響現金流量活動，故發放現金股利 $250,000。

　　將剩餘淨利評價模式以權益帳面金額加以平減，剩餘淨利評價法即可改以權益報酬率表示，即將市價對權益帳面金額比直接以未來超常權益報酬率來表示，此即為超常權益報酬率折現評價法。因此，以此法作為評價基礎可直接建立在會計數字之預測。若能取得企業本期權益報酬率及預測未來權益報酬率之變化與趨勢，即可粗略的估計公司價值。

企業併購與剩餘淨利評價法

企業併購程序中，併購企業通常會進行實地查核，取得及審查被併購企業之詳細資料，以便進行價值評估，因此，運用上述剩餘淨利評價法時，會略微修正為：企業的價值等於企業「可辨認淨資產之公允價值」加未來剩餘淨利之折現值，其計算步驟如下：

> 企業併購運用上述剩餘淨利評價法時，會略為修正為：企業的價值等於企業「可辨認淨資產之公允價值」加未來剩餘淨利之折現值。

1. 評估可辨認淨資產之公允價值：在評估被併購企業淨資產之公允價值時，應注意帳面金額與公允價值可能產生差異者，例如：(1) 重新評估備抵呆帳餘額，使得應收帳款的帳面金額能反映正確的收現可能性；(2) 存貨之帳面金額與公允價值差異甚大時，應重新評估存貨的價值；(3) 金融資產等投資項目均應調整至公允價值；(4) 財產、廠房與設備及無形資產皆應重新評估其價值；(5) 負債部分需考慮利率變動之影響，重新計算現值；(6) 如有未入帳，但可明確辨認之資產及負債，應依公允價值計入可辨認淨資產中。

2. 決定適當之投資報酬率：考慮被併購企業與同業間會計方法採用之一致性、投資風險大小及投資機會多寡等因素，以調整該公司之投資報酬率。

3. 預估未來盈餘並計算剩餘淨利金額

    (1) 預估未來盈餘：通常以企業過去 5 年左右之營業結果為基礎，並考慮可預期之未來變化與趨勢。調整歷史盈餘資料，使調整後數字接近未來預期之盈餘。下列為估計過程中應注意之事項：(a) 將盈餘解析為收入及費用項目，針對個別項目作分析及調整，而非直接對盈餘整體作調整；(b) 調節目前及未來會計處理程序 (如會計原則的選擇) 之差異；(c) 排除歷史盈餘資料中所包含之特殊項目 (如特殊損益項目、停業部門損益)；(d) 相關資產負債之折舊攤銷金額亦應隨公允價值予以調整。

    (2) 剩餘淨利之計算
    正常盈餘＝可辨認淨資產公允價值 × 投資報酬率
    剩餘淨利＝預估未來每年盈餘 － 正常盈餘

4. 估計剩餘淨利之延續年限：估計剩餘淨利之延續年限時，應考慮競爭對手可能採取之策略、產品生產技術之替代速度等因素。
5. 計算剩餘淨利之現值：以適當之投資報酬率，配合企業估計剩餘淨利之延續年限，計算未來各期剩餘淨利之現值。
6. 企業的價值等於企業可辨認淨資產之公允價值加剩餘淨利 (預估未來盈餘超過正常盈餘) 折現值的部分。

> 估計剩餘淨利之延續年限時，應考慮競爭對手可能採取之策略、產品生產技術之替代速度等因素。

觀念簡訊

併購交易之評價

併購交易之評價雖然與一般企業評價相似，皆需綜合考量被併公司的內在因素 (如財務狀況、經營現狀、股利政策)，以及外在環境 (如產業景氣、政府政策)，以推估現狀價值 (status quo value)，併購交易的另一重要考量因素則為預期合併利益之衡量。實證研究中對於合併利益的估計最常見者為綜效價值及管控價值，其中綜效價值來自合併後的公司價值大於合併前各自經營所能產生的價值，並且可進一步區分為營運綜效 (operating synergy) 與財務綜效 (financial synergy)，營運綜效主要經由規模經濟、市場占有率提升以及生產鏈整合而來，而財務綜效則來自於閒置資金的有效運用、賦稅利益之使用，以及負債能力 (debt capacity) 的提升，至於管控價值則是對現存管理政策之適當改變所能增加的公司價值。

釋例 11-8

兄弟公司於 20×5 年初準備購買火箭公司，當日火箭公司之資產負債表會計項目金額如下：

	帳面金額	公允價值
存貨	$575,000	$600,000
其他流動資產	400,000	350,000
長期投資	650,000	800,000
機器 (淨值)	400,000	300,000
廠房 (淨值)	700,000	500,000
流動負債	200,000	200,000
長期負債	700,000	750,000

火箭公司於 20×1 年 1 月時成立，自成立到 20×4 年底，各年度盈餘資料如下：

20×1 年　$360,000 (含預付 3 年租金 $150,000，全數於當年度認列為費用)

20×2 年　$510,000 (含土地處分利益 $230,000、期末存貨低估 $100,000)

20×3 年　$350,000 (含公司債收回利益 $50,000)

20×4 年　$270,000 (含火災損失 $70,000)

兄弟公司評估火箭公司未來 20×5 年盈餘將比過去 4 年平均盈餘增加 $76,000，火箭公司之要求投資報酬率為 10%。

試作：假設剩餘淨利採下列方法估計，計算火箭公司之價值：(1) 剩餘淨利將永遠存在；(2) 剩餘淨利僅能維持 5 年。

解答

火箭公司可辨認淨資產公允價值之計算：

	公允價值
存貨	$600,000
其他流動資產	350,000
長期投資	800,000
機器 (淨值)	300,000
廠房 (淨值)	500,000
流動負債	(200,000)
長期負債	(750,000)
總計	$1,600,000

$$平均盈餘 = \frac{\$360,000 + (\$510,000 - \$230,000) + (\$350,000 - \$50,000) + (\$270,000 + \$70,000)}{4}$$

$$= \$320,000$$

20×5 年預期之盈餘 = $320,000 + $76,000 = $396,000

正常盈餘 = $1,600,000 × 10% = $160,000

剩餘淨利 = $396,000 − $160,000 = $236,000

(1) 剩餘淨利將永遠存在

　　$1,600,000 + $236,000 ÷ 10% = $3,960,000

(2) 剩餘淨利僅能維持 5 年

$$\$1,600,000 + \$236,000 \times \left(\sum_{t=1}^{5} \frac{1}{(1+10\%)^t} \right) = \$2,494,605$$

> **觀念簡訊**
>
> **自由現金流量與淨利**
>
> 　　自由現金流量與淨利通常是呈正相關，公司的自由現金流量會隨淨利增加而增加，但高成長型的公司，有可能因大量的設備投資等資本支出增加，導致有盈餘的年度，公司卻出現負的自由現金流量。此種高成長型公司的投資風險通常較高，因若出現營運上的問題，企業可能因自由現金流量不足而發生財務危機。

> **觀念簡訊**
>
> **企業評價之另一種觀點──選擇權定價法**
>
> 　　將選擇權定價原理應用於企業評價，將股東權益視為一個買權，其價值為公司總價值扣減負債後的餘額。

11.6 相對評價模式

　　相對評價模式 (Comparable Company Multiples) 亦稱為價格乘數評價法或市場基礎法 (Market Approach)，只要在相同產業中找到相當的對照公司，計算乘數，再將乘數應用到受評價公司即可。換言之，係根據市場上類似資產的價值，以標準化的方式來評價公司的資產價值，使用此法的前提是須具有公開活絡的交易市場，且交易資訊可公開取得。相對評價模式係建立於替代原則之基礎上，以市場上本質相同或類似資產的價格評估資產價值。參考可類比標的之交易價格，或評價標的過去交易價格，考量可類比交易與評價標的之差異，決定適當之價值乘數，估算評價標的之價值。

　　對照公司之選擇，以同一產業中的現有競爭者是最直接的挑選對象，不過，即使在定義狹隘的產業中，也不容易找到對照公司。因此，以相對評價模式評估資產價值的最大問題，在於許多資產不容易

獲得真正可比較的交易資訊。

整體而言，相對評價模式只能提供一個合理區間的估計，而無法直接判定企業股價是高估或低估。在使用相對評價模式時，除了決定要使用何種乘數外，在進行企業評價時，需選擇條件相當的類似公司；並考量不同產業所面臨的投資風險、成長率、毛利率，再和類似公司做比較，以評估公司的價值。

本益比 (價格 / 盈餘比)

> 透過本益比乘以每股盈餘即可推估公司的股價。

本益比 (Price to Earnings Ratio, P/E Ratio) 是每股股價相對於公司每股盈餘的倍數，即本益比為每股股價除以每股盈餘，透過本益比乘以每股盈餘即可推估公司的股價；每股盈餘之估計依據不同目的可有不同的選擇，例如：可選擇以最近一個會計年度的每股盈餘、前四季的平均每股盈餘，或未來預估的每股盈餘等不同方式推估。不同企業間之本益比常有差異，本益比之大小反映企業各項基本面因素，包括預期成長率、股利支付率、利率以及企業的風險水準等。本益比之大小與未來盈餘的預期成長率成正比，與利率、風險及股利發放率成反比。

> 本益比之大小與未來盈餘的預期成長率成正比，與利率、風險及股利發放率成反比。

若是預期盈餘將維持在目前的水準，而不再成長，或是預期成長僅是來自淨現值為零的額外投資，則本益比應約等於權益資金成本的倒數。在穩定成長的假設下，則本益比應為：

$$\frac{P_0}{E_0} = \frac{(\text{Payout Ratio}) \times (1 + g_n)}{r_E - g_n}$$

其中，

r_E = 權益資金成本

g_n = 現金股利成長率

Payout Ratio = 現金股利發放率

= 每股現金股利 / 每股盈餘

股價淨值比

所謂股價淨值比 (Price to Book Value Ratio, P/B Ratio)，是以每股

股價除以每股淨值，而將股價淨值比乘以每股淨值即為公司的股價。不同公司與產業間呈現不同的股價淨值比，取決於各公司與產業的成長前景、未來預期權益報酬率、風險和投資品質。一般而言，股價淨值比比較低時，顯示股票市價有可能是低估的，而股價淨值比比較高時，顯示股票市價有可能是高估。在穩定成長的假設下，則股價淨值比應為：

> 股價淨值比，取決於各公司與產業的成長前景、未來預期權益報酬率、風險和投資品質。

$$\frac{P_0}{BV_0} = \frac{\text{ROE} \times (\text{Payout Ratio}) \times (1+g_n)}{r_E - g_n}$$

$$\left(\frac{P}{BV} = \frac{P}{E} \times \frac{E}{BV} = \frac{P}{E} \times \text{ROE}\right)$$

其中，

r_E = 權益資金成本

g_n = 現金股利成長率

Payout Ratio = 現金股利發放率

ROE = 股東權益報酬率

股價銷售比

股價銷售比 (Price to Sales Ratio, P/S Ratio) 又稱市價對銷貨比或收入乘數，所謂股價銷售比，是以每股股價除以每股產生的銷售收入，股價銷售比可視為本益比與淨利率之乘積，因此，股價銷售比除了因各項影響本益比的因素而呈現差異外，亦因預期利潤率的不同而有差異。不同產業的股價銷售比是不同的，取決於產業的預期利潤率，預期利潤率越高，股價銷售比應越高。此外，股價銷售比亦受全球市場地位與品牌價值之影響，擁有高利潤率的公司，每塊錢的銷貨理應有較高的價值。在穩定成長的假設下，則股價銷售比應為：

> 股價銷售比可視為本益比與淨利率之乘積。

$$\frac{P_0}{S_0} = \frac{(\text{Profit Margin}) \times (\text{Payout Ratio}) \times (1+g_n)}{r_E - g_n}$$

$$\left(\frac{P}{S} = \frac{P}{E} \times \frac{E}{S}\right)$$

其中，

r_E = 權益資金成本

g_n = 現金股利成長率

Payout Ratio = 現金股利發放率

Profit Margin = 利潤率

= 每股淨利 / 每股銷貨收入

觀念簡訊

股價對現金流量比

股價對現金流量比是另一個相對評價法之方法，所謂股價對現金流量比，是以每股股價除以每股產生的現金流量，透過股價對現金流量比乘以每股現金流量即可推估公司的股價。

觀念簡訊

透過本益比分析企業價值

本益比 (price-earnings ratio, P/E ratio) 為企業股價除以每股盈餘，反映企業各項基本面因素，包括預期成長率、股利支付率、利率以及企業的風險水準，投資人在使用本益比時，隱含對該公司未來營運狀況的預期。實務上常透過本益比乘以每股盈餘推估企業股價，每股盈餘之估計依據不同目的可有不同選擇，例如可採用分析師預測之每股盈餘。但其實使用本益比預估企業價值，可能無法準確衡量企業的資產價值，原因說明如下：

假設企業在無負債的情況下，股價即反映企業之市場價值，下列式子表達企業市場價值之組成：

企業市價 (market value) = 金融資產市價 + 營業用資產市價

由上式組成預估企業市價時，若金融資產具有活絡市場、可靠的公允價值，則該金融資產對於企業的價值即為市場上之公允價值。投資人使用之本益比分析實質上較接近衡量營業用資產價值，因此若僅採用本益比乘以盈餘及股數估計企業市價，該估計僅反映營業用資產市價，而忽略金融資產價值可透過市場上的公允價值衡量，無法較準確的反映企業的價值，在使用本益比預估企業價值時，應注意此一限制。另一方面，使用 P/E ratio 衡量營業用資產價值時，分母之淨利應去除金融資產相關損益，例如：利息收入、交易目的金融資產公允價值變動損益等。

觀念簡訊

相對評價模式之基礎：未來預測資料或歷史資料

企業價值應建立在未來的預期績效上，因此只有當歷史資料可作為未來指標時，才可利用歷史資料，當有可靠的未來預測資料可用時，最好以未來預測資料為乘數基礎。

釋例 11-9

下表是微想公司及其同業相關資料，試作：(1) 利用同業平均本益比預估 20×3 年其股價為何？(2) 利用同業平均股價淨值比預估 20×3 年其股價為何？

	大威	光科	連一	華寶	科電	微想
20×3 年預估 EPS	2.20	2.50	1.50	3.00	1.50	1.50
每股市價	30.00	35.00	25.00	40.00	42.00	
20×2 年底每股淨值	20.00	25.00	15.00	30.00	21.00	15.00

解答

預估 P/E 及市價淨值比計算如下：

	大威	光科	連一	華寶	科電	微想
20×3 年預估 EPS (A)	2.20	2.50	1.50	3.00	1.50	1.50
每股市價 (B)	30.00	35.00	25.00	40.00	42.00	
20×2 年底每股淨值 (C)	20.00	25.00	15.00	30.00	21.00	15.00
20×3 年預估 P/E (B/A)	13.64	14.00	16.67	13.33	28.00	
市價淨值比 (B/C)	1.50	1.40	1.67	1.33	2.00	

(1) $P = EPS \times P/E$

五家同業預估本益比之平均值：

$(13.64 + 14.00 + 16.67 + 13.33 + 28.00) / 5 = 17.128$

微想之預期股價：

$P = 1.5 \times 17.128 = 25.69$

(2) $P = B \times P/B$

五家同業預估股價淨值比之平均值：

$(1.50 + 1.40 + 1.67 + 1.33 + 2.00) / 5 = 1.58$

微想之預期股價：

$P = 15.00 \times 1.58 = 23.7$

> **觀念簡訊**
>
> **調整後淨值 (或調整後帳面金額) (Adjusted Book Value) 評價法**
>
> 　　係以調整企業之資產與負債作為評價之基礎，此評價法涉及於繼續經營下，對該企業的資產和負債評估其價值，以反映公允的市場價值 (如市價、重置成本、出售價值或其他公允價值)。例如，有形資產的評價部分，土地或建築物價值可考量目前的市場價格或重置成本估計，流動資產的存貨可以當前可變現出售價值扣除相關成本如運輸或包裝等，應收帳款可考量其可回收性估計；無形資產估值 (如品牌、商譽、專利、商標和版權)，可考量未來盈餘或成本予以估計，但因無形資產的評價過程中，仍存有許多主觀因素與判斷，較易產生歧見或爭議；負債之評價通常以折現率計算本金和利息支付之現值。企業之價值即為資產價值 (包括有形和無形資產) 和負債的價值之間的差額。調整後淨值評價法之運用有其限制，因為企業的價值可能係源自其未來產生之現金流量，而不是僅單從現存資產產生，故企業之總價值有可能會超過其現存資產與負債間的差額。

11.7 特殊企業評價

11.7.1 評價額外考量——常見之折溢價

　　評估企業價值時，對於採用評價方法所產生之結果應作相關之評價調整，包括折價 (discount) 或溢價 (premium)。常見之折溢價類型如圖 11-3 所示，包括流動性折價 (liquidity discount)、少數股權折價 (minority discount) 或控制權溢價 (control premium)。

　　流動性折價亦稱缺乏市場流通性折價，係指所有權因缺乏市場可銷售性而須調整減少之金額或比率；少數股權折價亦稱非控制權折

綜效溢價
(synergistic premium)

少數股權折價　　　　　控制權溢價
(minority discount)　　　(control premium)

流動性折價
(liquidity discount)

▶ 圖 11-3　常見之折溢價類型

價，係指股東權益之價值因缺乏部分或全部之控制權而須調整之金額或比率；控制權溢價係指相同比例之具控制與不具控制權間之價值差額，此差額係反映控制權之價值。控制權溢價或管控價值 (value of control) 之產生，其持股 (表決權比例) 無須超過 51% 始能達到控制，管控價值則是對現存管理政策之適當改變所能增加的公司價值。控制之內涵與決策，包括控制董事會與管理階層 (及其薪酬)、決定與控制企業經營決策、決定供應商與客戶及決定股利政策等。

一般而言，採用收益法所得出之整體股權價值，因係以企業之立場估計未來利益流量所轉換之現值，故該價值並未將市場之流動性折價因素納入，且係代表具控制之股權價值，在實際評估標的公司公允價值時，尚須考量少數股權折價。而市場法係以市場交易所產生之價值乘數換算為標的公司之價值，該價值係具流動性，在實際評估標的公司公允價值時，尚須考量流動性折價 (參見以下未上市櫃企業評價之計算)。所評估標的公司之產業、性質或股權多寡及集中程度，皆會影響折溢價之幅度。

非上市櫃企業評價之計算 (10% 股份)	
企業整體價值	1,000
持股比例	10%
10% 股權價值 (考量折價前)	100
減：少數股權折價 (20%)	(20)
10% 股權價值 (考量流動性折價前)	80
減：流動性折價 (20%)	(16)
10% 股權價值 (考量少數股權及流動性折價後)	64

$$\begin{aligned}綜合折價 (Combined\ Discount) &= 1 - [(1 - 0.2) \times (1 - 0.2)] \\ &= 1 - [(0.8 \times 0.8)] \\ &= 1 - 0.64 \\ &= 0.36\ (36\%)\end{aligned}$$

實務上決定流動性折價或少數股權折價之方法大多透過實證研究結果作為依據，有時亦會引用資料庫之統計數據決定其比率。一般台灣評價實務上常見之流動性折價區間約介於 10% 到 30% 之間，實際

進行標的公司評價時，流動性折價不限於此區間。相關折溢價資訊可能會因標的公司所處之國家、區域、產業、市場或統計期間及標的股權之多寡而有所不同，例如生技製藥業與 LED 照明產業之流動性折價可能不同；又如評價標的為 3% 之股權與 60% 之股權控制權溢價也會不同。

常見之折溢價考量因素除參考資料庫、研究報告或詢問專家外，企業於決定折溢價時，尚應以市場參與者之立場考量的因素包括：標的公司之行業別、組織型態、公開發行程度 (例如屬上市櫃或未公開發行公司)、標的公司過去經營績效 (例如獲利狀況與成長性)、過去三年股利發放情形、財務結構健全與否、客戶或供應商是否過度集中、關鍵人員之仰賴程度、是否有或有負債等。此外，少數股權折價與管理階層之能力和品質成反比，經營越好的公司少數股權折價通常越小。

11.7.2 破產企業之評價

破產企業重整之過程中，最主要的目的在於提高公司的價值，可供採行之策略有改變資產組合、改變資本結構、改變所有權結構及改變薪資結構等。

1. 所謂改變資產組合係指將公司財產之全部或部分出售；或移轉於已設立或其後將設立之一個或多數之公司；將財產之全部或部分，以公正之競賣價格以上出售，而分配資產或所賣得之價金。
2. 改變資本結構之方法包含擔保權之滿足或變更，過去未履行債務之履行或拋棄，已發行債券延長到期日、變更利率及其他條件。
3. 改變所有權結構乃以現金出資、財產出資或其他方式充實公司資產而發行股票，或債務人公司與一個或數個公司合併。
4. 改變薪資結構係指裁員或減薪。

一般評價模型乃以公司可繼續經營為前提假設，而對瀕臨破產或財務困難企業評價時，與上述一般企業評價有部分不同，例如：必須評估企業財務困難成本、破產重整與清算成本；破產企業之評價通常

較重視資產負債表,並應將艱困或破產機率[3] 納入現金流量之估計,避免低估艱困或破產之風險,故應修正現金流量與風險 (折現率) 之估計。

11.7.3 網路公司之評價

網路具有幾項重要經濟特性,如網路外部性、降低交易成本、降低資訊不對稱性等。網路徹底改變全球經濟活動與經營模式,歷史已經證明,網路公司的價值可以快速上漲亦能快速下跌,使得網路公司的評價具有高度不確定性。網路公司可分為三個主要族群:

1. 內容提供企業:在網際網路上提供資訊、產品和所謂電子商務;
2. 提供軟體支援企業:主要為軟體廠商、整合服務公司 (含網站設計服務及諮詢顧問服務)、瀏覽器、伺服器其存取軟體等,所謂的入門網站均屬於此類;以及
3. 提供硬體設備的企業:主要為電腦、通訊及傳輸設備的生產及架設,包括電信公司、網路連線服務公司、網路設備製造商。網路公司之主要收入來源有廣告 (如谷歌 2012 年總收入約 $500 億美元,超過 95% 之收入係來自廣告收入)、會員費或訂閱費 (如每月支付定額之頻道費用或其他服務費用) 及其他各類電子商務產生之收入。

美林證券公司首席網際網路類股分析師亨利・布拉吉 (Henry Blodget) 提出投資網路公司的五項條件,包括有獲利的潛力、擁有足夠的現金、能夠創造差異性不易被模仿、市場領導廠商 (選擇市場龍頭),以及強大的國際市場地位。進而建議網路公司的評價標準為市場捷足先登者、行銷企劃的能力、經濟規模、有優秀的經營管理團隊、經營模式具有擴充性及專注於本業。

企業評價方法雖以傳統財務與會計資訊為基礎,但對網路公司之評價,因考量其特殊性,須結合各種新評價技術的發展。以網路

---

[3] 估計破產清算機率可利用:統計計量分析 (Statistical Approaches)、外部信用評等 (Equity and Bond Rating) 資訊、公開債券價格 (Bond Price)。

併購案為例，2005 年，Skype 公司在全球 225 個國家 5,300 萬用戶之年營業額只有 $700 萬美元，但 eBay 卻以 371 倍的年營業額 (即 $26 億美元) 收購 Skype 公司，顯然其評價不是基於目前的績效，而是期待未來高速之成長率。2 年後，eBay 認列 $14 億美元之投資減損，承認支付過高之併購價金。2006 年，谷歌以 $12 億美元收購 YouTube，為 YouTube 年營業額之 113 倍及淨利之 428 倍，其中，$12 億美元價款之 92% 認列為商譽，這些例子說明了網路公司評價之困難。

網路公司之評價是困難的，因網路公司本質上是相當難預測，網路公司可以在短時間享受巨大的成功，但也能快速暴跌。理論上，網路公司之評價應該與一般企業沒有什麼不同，即以了解業務、市場動態及預測未來現金流量為核心，然而，網路公司仍然是一個相對較新的現象，往往很少有很強的歷史數據支持其評價。

網路公司評價最安全的方法，當然還是採用傳統的評價方法，對關鍵議題採取更透徹的分析，如消費者和市場趨勢、可實現的成長率、進入障礙、競爭威脅，及如何將非付費顧客轉化為收入 (例如透過廣告或訂購費)；但是，如果想要由傳統的評價方法來分析網路公司的價值，基於許多網路公司還在急速成長階段，還沒有獲利，甚至於短期內無法立即產生盈餘，且網際網路世界之發展瞬息萬變，幾乎使得現金流量預估無法進行，因此傳統的本益比 (P/E Ratio，股價與每股盈餘比值) 等指標往往派不上用場，故必須採用其他評價技術。例如：營收評價法、訂戶數量評價法、超連結評價法、每日平均網頁瀏覽次數及市值 / 訪客人數、市值 / 廣告銷售率 (Market cap/Web ad banners sold) 等指標，皆為當前實務界評估網際網路公司價值常用之方法。

11.7.4 多角化企業評價

許多集團企業因為成長壓力、分散風險或綜效考量而逐步跨足許多不同事業群，成為多角化經營之企業，多角化策略之類型主要有：(1) 同心多角化策略：利用本身原有之生產技術能力，擴展至高技術

關聯性但不同用途之產品，例如：生產汽車之廠商擴展至生產柴油機；(2) 水平多角化策略：利用本身原有之客戶，擴展至高銷售關聯性 (相同客戶) 但不同需求之產品，例如：銀行業者投入保險事業與證券事業，以滿足相同客戶不同之金融服務需求；(3) 垂直多角化策略：利用本身原有之生產與市場能力，擴展至上游加工與供應商市場，或擴展至下游流通市場；(4) 整體多角化策略：利用本身經營管理能力或品牌價值，擴展至與原產品、市場與客戶無關聯之產業。

雖然多角化企業評價之基本方法與一般企業評價相同，但因跨足不同事業群，於進行企業評價時，須取得更詳細之部門別資訊，方能有效評估其價值。多角化企業評價首須考量不同事業體間之經營是否有綜效，再依據評價模型分別對不同事業體予以評估；於分析多角化企業時，須了解不同多角化策略對經營績效之影響。

附錄 11.1　分析師之財務報表與現金流量預測及評價分析

2013 年，定期提供**台積電**股票研究的券商和分析師名單計有 23 家，2013 年 9 月 17 日，**法銀巴黎證券** (BNP Paribas) 之**台積電**分析報告中，提出以下完整之財務報表與現金流量預測及評價分析：

財務報表分析
Financial Statement Analysis

	2013E				2014E				2012	2013E	2014E
	1Q (TWD b)	2Q (TWD b)	3QE (TWD b)	4QE (TWD b)	1Q (TWD b)	2Q (TWD b)	3QE (TWD b)	4QE (TWD b)	(TWD b)	(TWD b)	(TWD b)
銷貨收入	132.8	155.9	163.3	146.8	139.6	160.5	184.2	189.5	506.2	598.7	673.8
銷貨成本	(72.0)	(79.5)	(85.5)	(82.8)	(83.5)	(90.0)	(97.7)	(102.1)	(262.6)	(319.8)	(373.3)
銷貨毛利	60.8	76.4	77.8	64	56.1	70.5	86.5	87.4	243.6	279	300.5
營業費用	(16.3)	(18.8)	(19.0)	(18.1)	(17.3)	(18.3)	(19.5)	(19.7)	(62.5)	(72.3)	(74.9)
稅前息前淨利	44.4	57.6	58.8	45.9	38.8	52.2	67.0	67.7	181.1	206.7	225.7
淨利息收益	(0.1)	(0.6)	(0.1)	(0.3)	(0.3)	(0.3)	(0.3)	(0.5)	0.6	(0.7)	(1.5)
淨營業外收益	1.5	3.0	0.6	0.5	0.8	0.8	0.9	0.9	(0.1)	5.1	3.3
稅前淨利	45.7	60.0	59.2	46.1	39.3	52.6	67.5	68.1	181.6	211.1	227.6
所得稅費用/(利益)	6.2	8.3	8.3	6.5	5.5	7.4	9.5	9.5	(15.6)	(29.2)	(31.9)
本期淨利	39.5	51.8	50.9	39.7	33.8	45.3	58.1	58.5	166.2	182.0	195.7
每股盈餘 (TWD)	1.52	2.00	1.96	1.53	1.30	1.75	2.24	2.26	6.41	7.02	7.55
主要驅動因子 ('000)											
產能	3,884	4,001	4,255	4,307	4,341	4,544	4,757	4,874	15,090	16,447	18,516
產量	3,570	4,011	4,192	3,814	3,679	4,073	4,574	4,781	14,046	15,587	17,107
利潤率 (%)											
毛利率	45.8	49	47.7	43.6	40.2	43.9	47	46.1	48.1	46.6	44.6
營業利潤率	33.5	37	36	31.2	27.8	32.5	36.4	35.7	35.8	34.5	33.5
稅前息前折舊攤銷前獲利率	58.6	59.2	60	59.6	59.4	61.4	62.9	63	59.4	59.4	61.8
淨利潤率	29.8	33.2	31.2	27	24.2	28.2	31.5	30.9	32.8	30.4	29
本期變動 (%)											
銷貨收入	1.1	17.4	4.8	(10.1)	(4.9)	14.9	14.8	2.9	18.5	18.3	12.5
營業毛利	(1.7)	25.8	1.8	(17.8)	(12.3)	25.6	22.7	1.0	25.5	14.5	7.7
稅前息前盈餘	(3.7)	29.7	2.0	(22.0)	(15.3)	34.3	28.4	1.0	27.9	14.1	9.2
淨利	(4.5)	30.9	(1.6)	(22.1)	(14.7)	33.9	28.3	0.8	23.8	9.5	7.6
每股盈餘	(4.5)	30.9	(1.6)	(22.1)	(14.7)	33.9	28.3	0.8	23.8	9.5	7.5

財務報表

12月底年度淨利或損失 (TWD m)	2011A	2012A	2013E	2014E	2015E
銷貨收入	427,081	506,249	598,747	673,827	772,764
銷貨成本 (不含折舊)	(134,174)	(142,960)	(170,886)	(182,258)	(200,146)
銷貨毛利 (不含折舊)	**292,907**	**363,289**	**427,862**	**491,569**	**572,617**
其他營業收入	0	0	0	0	0
營業費用	(52,512)	(62,538)	(72,290)	(74,855)	(78,125)
稅前息前折舊攤銷前營業淨利	**240,395**	**300,751**	**355,572**	**416,714**	**494,493**
折舊	(98,837)	(119,669)	(148,881)	(191,019)	(241,758)
商譽攤銷	0	0	0	0	0
稅前息前營業淨利	**141,557**	**181,082**	**206,691**	**225,695**	**252,734**
淨財務成本	853	625	(699)	(1,473)	(1,297)
與關聯企業間之利益	898	2,029	3,016	2,000	2,000
經常性營業外收益	1,840	(2,156)	2,078	1,348	1,546
非經常性項目	0	0	0	0	0
稅前淨利	**145,148**	**181,579**	**211,086**	**227,569**	**254,983**
所得稅	(10,694)	(15,590)	(29,213)	(31,860)	(35,698)
稅後淨利	**134,453**	**165,989**	**181,872**	**195,709**	**219,285**
非控制權益淨利	(252)	170	94	0	0
特別股股利	0	0	0	0	0
其他項目	0	0	0	0	0
公告淨利	**134,201**	**166,159**	**181,967**	**195,709**	**219,285**
非經常性項目及商譽淨額	0	0	0	0	0
經常性淨利	**134,201**	**166,159**	**181,967**	**195,709**	**219,285**
每股 (TWD)					
經常性每股盈餘*	5.18	6.41	7.02	7.55	8.46
公告每股盈餘	5.18	6.41	7.02	7.55	8.46
稀釋每股盈餘	3	3	3	3	3

*不含例外、不含商譽及完全稀釋。

財務報表 (續)

本期變動					
銷貨收入 (%)	1.8	18.5	18.3	12.5	14.7
稅前息前折舊攤銷前營業淨利率 (%)	0.5	25.1	18.2	17.2	18.7
稅前息前營業淨利 (%)	(11.1)	27.9	14.1	9.2	12.0
經常性每股盈餘 (%)	(17.0)	23.8	9.5	7.5	12.0
公告每股盈餘 (%)	(17.0)	23.8	9.5	7.5	12.0
營運表現					
銷貨毛利率 (含折舊) (%)	45.4	48.1	46.6	44.6	42.8
稅前息前折舊攤銷前營業淨利率 (%)	56.3	59.4	59.4	61.8	64
稅前息前營業淨利率 (%)	33.1	35.8	34.5	33.5	32.7
淨利率 (%)	31.4	32.8	30.4	29	28.4
有效稅率 (%)	7.4	8.6	13.8	14	14
經常性淨利之股利支付率 (%)	57.9	46.8	42.7	39.8	35.5
利息保障倍數 (x)	–	–	302.9	155.5	197.6
存貨週轉天數	72.4	80	79.9	87	92.8
負債償還天數	35.9	33.5	34.8	38.7	39.9
帳款收回天數	33.8	34.6	33.2	35.2	35.9
營業投入資本報酬率 (%)	39.7	38.2	32.2	28.5	27.6
投入資本報酬率 (%)	26.9	26.5	22.7	20.3	20.3
股東權益報酬率 (%)	22.2	24.5	23.3	21.8	21.4
總資產報酬率 (%)	17.9	19.1	17.2	15.8	16
12月底年度現金流量 (TWD m)	**2011A**	**2012A**	**2013E**	**2014E**	**2015E**
經常性淨利	134,201	166,159	181,967	195,709	219,285
折舊費用	98,837	119,669	148,881	191,019	241,758
關聯企業及非控制權益	252	(170)	(94)	0	0
其他非現金項目	0	0	0	0	0
經常性現金流量	**233,291**	**285,658**	**330,753**	**386,729**	**461,044**
營運資金變動	(1,905)	(3,171)	3,557	(19,656)	319
資本支出－維修類	0	0	0	0	0
資本支出－新投資	(200,768)	(246,824)	(304,569)	(325,600)	(295,000)
自由現金流量	30,618	35,663	29,742	41,473	166,363

財務報表 (續)

淨併購取得或處分	0	0	0	0	0
支付股利	(77,732)	(77,837)	(77,762)	(77,882)	(77,892)
非經常性現金流量	10,110	(26,660)	(12,679)	(4,000)	(4,000)
淨現金流量	**(37,005)**	**(68,833)**	**(60,699)**	**(40,409)**	**84,471**
股權融資	13,088	18,720	25,677	0	0
債權融資	(7,035)	50,409	71,627	17,457	(30,795)
現金流量變動	**(30,952)**	**296**	**36,605**	**(22,953)**	**53,676**
每股 (TWD)					
每股經常性現金流量	9	11.02	12.76	14.92	17.78
每股自由現金流量	1.18	1.38	1.15	1.6	6.42
12 月底資產負債表 (TWD m)	**2011A**	**2012A**	**2013E**	**2014E**	**2015E**
營運資金資產	74,638	101,371	104,816	138,438	148,292
營運資金負債	(83,118)	(106,679)	(113,682)	(127,648)	(137,822)
淨營運資金	**(8,479)**	**(5,309)**	**(8,866)**	**10,790**	**10,471**
有形固定資產	373,511	498,465	594,873	729,454	782,696
投入營運資本	**365,031**	**493,157**	**586,008**	**740,245**	**793,167**
商譽	0	0	0	0	0
其他無形資產	0	0	0	0	0
投資	34,459	65,786	79,862	83,862	87,862
其他資產	141,035	138,494	201,910	201,910	201,910
投入資本	**540,525**	**697,437**	**867,779**	**1,026,016**	**1,082,939**
現金及約當現金	(150,622)	(150,918)	(187,523)	(164,570)	(218,246)
短期負債	33,889	35,757	34,711	41,041	43,318
長期負債*	20,458	82,161	173,556	184,683	151,611
淨負債	**(96,275)**	**(33,000)**	**20,744**	**61,154**	**(23,317)**
遞延所得稅負債	0	0	0	0	0
其他負債	4,756	4,683	10,216	10,216	10,216
權益	632,044	725,754	836,819	954,646	1,096,039
非控制權益	0	0	0	0	0
投入資本	**540,525**	**697,437**	**867,779**	**1,026,016**	**1,082,939**

*包含可轉債及負債性質的特別股。

財務報表 (續)

每股 (TWD)					
每股帳面金額	24.29	27.9	32.26	36.81	42.26
每股有形資產價值	24.29	27.9	32.26	36.81	42.26
財務狀況					
淨負債 / 股東權益 (%)	(15.2)	(4.5)	2.5	6.4	(2.1)
淨負債 / 資產總額 (%)	(12.4)	(3.5)	1.8	4.6	(1.6)
流動比率 (x)	1.9	1.8	2.0	1.8	2.0
現金利息保障倍數 (x)	–	–	479.1	250.2	356.7
評價	2011A	2012A	2013E	2014E	2015E
經常性本益比 (x)	20.4	16.5	15	14	12.5
經常性本益比 @ 目標價 (x)	23.2	18.7	17.1	15.9	14.2
公告本益比 (x)	20.4	16.5	15	14	12.5
股息殖利率 (%)	2.8	2.8	2.8	2.8	2.8
股價現金流量比 (x)	11.7	9.6	8.3	7.1	5.9
股價自由現金流量比 (x)	89.3	76.7	92	66	16.4
股價淨值比 (x)	4.3	3.8	3.3	2.9	2.5
股價 / 有形資產帳面金額比 (x)	4.3	3.8	3.3	2.9	2.5
企業價值 / 稅前息前折舊攤銷前獲利率 (x)	10.8	8.9	7.6	6.6	5.5
企業價值 / 稅前息前折舊攤銷前獲利率 @ 目標價 (x)	12.3	10.1	8.6	7.5	6.3
企業價值 / 投入資本 (x)	4.9	3.9	3.2	2.7	2.5

習 題

問答題

1. 自由現金流量折現法的基本精神為何？
2. 企業評價之實務運用可包含在哪些範圍？
3. 企業評價係運用一套嚴謹程序與過程對企業整體或部分之事業價值給予評估，其企業評價架構包括？
4. 個別資產評價常用評價方法中的成本法，其定義為何？

5. 現金股息折現模型的定義為何？其公式為何？
6. 少數股權折價和控制權溢價的個別定義為何？

選擇題

1. 喜瑜公司今年現金股利為 $2，無股票股利，預期未來每年股利成長率為 5%，假設欲投資於該企業者要求的必要報酬率為 8%，則喜瑜公司的每股股價為：
   (A) $45　　　　　　　　　　　(B) $56
   (C) $68　　　　　　　　　　　(D) $70

2. 第一公司每年現金股利均為 $5，反映風險後的折現率為 8%，則第一公司的股價應為：
   (A) $40　　　　　　　　　　　(B) $46.3
   (C) $62.5　　　　　　　　　　(D) $80

3. 20×1 年底歡歡公司預購璽璽公司的股權，璽璽公司今年的現金股利 $3，預期現金股利成長率為 6%，歡歡公司對璽璽公司股票之必要報酬率為 15%，則璽璽公司之股價為何？
   (A) $15.14　　　　　　　　　　(B) $21.2
   (C) $35.33　　　　　　　　　　(D) $42.2

4. 欣欣公司設定的盈餘保留率為 20%，平均股東權益報酬率為 30%，則股利成長率為：
   (A) 5%　　　　　　　　　　　(B) 6%
   (C) 8%　　　　　　　　　　　(D) 10%

5. 育衫公司 1/2 將發放股利每股 3 元，但公司獲利穩定。所以每年股利固定成長 6%，目前市場折現率為 11%，請問股價今日 1/1 大約價值多少？
   (A) 63.6　　　　　　　　　　　(B) 62.6
   (C) 61.6　　　　　　　　　　　(D) 66.6

6. 大宮公司今年度現金股利發放率 50%，公司預期每年股利固定成長 1%，假設權益資金成本為 6%，請問大宮公司的本益比是多少？
   (A) 8.42　　　　　　　　　　　(B) 10.1
   (C) 8.33　　　　　　　　　　　(D) 10

7. 西員公司新投資計畫需資金 $1,500,000，但有資金不足問題，因此股東投資 $600,000，其餘 $400,000 向外舉債，借款利率 6%，若不考慮所得稅則全部由股東投資，資產投資報酬率與股東權益投資報酬率均為 8%，請問舉債的西員公司股東權益報酬率大約為：
   (A) = 12%　　　　　　　　　　(B) < 12%
   (C) > 12%　　　　　　　　　　(D) 8% 至 12%

8. 櫻井公司預期本年度之股價淨值比為 0.816，現金股利發放率為 20%，公司預期每年股利固定成長 2%，假設權益資金成本為 7%，請問股東權益報酬率是多少？
   (A) 20.4%
   (B) 28.56%
   (C) 20%
   (D) 28%

9. 瑞霖公司預計次年發放每股股利 5 元，且預計公司的股利成長率固定為 7%。假如瑞霖公司股票的預期報酬率為 13%，請問瑞霖公司目前股價為多少？
   (A) 50.12 元
   (B) 83.33 元
   (C) 75.31 元
   (D) 33.53 元

10. 國太公司現階段股價為 20 元且預估次年度股利為 1.8 元，若未來每年股利成長率為 3%，請問預期報酬率為多少？
    (A) 10%
    (B) 11%
    (C) 12%
    (D) 13%

11. 20×1 年底，甲公司之營業活動淨現金流量 $100,000 千元，利息費用 $2,000 千元為營業活動現金流量項目，投資支出 $20,000 千元，若公司之後每年自由現金流量成長 1%，適用稅率 17%，加權平均資金成本率 8%，求該公司 20×1 年底價值為何？
    (A) 1,166,571 千元
    (B) 1,020,750 千元
    (C) 1,178,237 千元
    (D) 816,600 千元

12. 承上題，且已知當年度償還債務 $5,000 千元，新增債務 $2,000 千元，若假設權益現金流量亦每年固定成長 1%，權益資金成本 10%，請問該公司的權益價值為何？
    (A) 888,889 千元
    (B) 916,407 千元
    (C) 864,111 千元
    (D) 911,111 千元

13. 甲公司 20×1 年淨利為 $100,000 千元，20×1 年期初權益 $800,000 千元，平均股東權益報酬率 10%，且無其他影響權益事項，假設 20×2 年度剩餘淨利成長 2%，且之後年度剩餘淨利相同且永遠存在，請計算 20×1 年底公司價值為何？
    (A) 1,104,000 千元
    (B) 1,004,000 千元
    (C) 920,400 千元
    (D) 902,000 千元

14. 櫻木公司本年度之現金股利發放率為 50%，公司預期每年股利成長 2%，權益資金成本為 7%，若公司欲使其股價銷售比與產業平均約當為 3.06，請問其利潤率 (profit margin) 需為多少？
    (A) 30%
    (B) 42.84%
    (C) 30.6%
    (D) 42%

15. 叢林企業提供線上銷售平台給零售業者及出版商，為消費者建立便利、可靠的網路購物管道，公司營收處於高成長階段，但每年需投入可觀的資本支出及研發費用，並認列鉅額的折舊費用，因此公司尚處於虧損，且自由現金流量為負。下列何者並非評估叢林企業價值的可行指標？
    (A) 本益比 (B) 每日平均網頁瀏覽次數
    (C) 市值／訪客人數比率 (D) 營業收入

16. 有關企業評價價值之折價與溢價，下列何者為非？
    (A) 由於沒有固定評價方法適合套用於所有企業，因此決定企業評價價值之折溢價十分困難
    (B) 評價之價值估算涉及諸多假設和人為判斷
    (C) 一般台灣評價實務上常見之流動性折價區間僅限於 10% 到 30% 之間
    (D) 少數股權折價與管理階層之能力和品質成反比

練習題

1. 大聯公司今年發放 $3 的現金股利，欲投資大聯的投資者的預期報酬率為 12%，大聯公司未來 3 年的股利成長率為 10%，3 年後大聯公司的現金股利預期將以 6% 的固定成長率成長，則大聯公司的股價為多少？

2. 天野公司 2013 年期初權益 $600,000 千元，當年淨利 $100,000 千元，公司預期 2014 年及 2015 年淨利成長率各為 2% 及 3%，每年發放現金股利 $50,000 千元，權益資金成本為 10%，且無其他影響權益之情形發生。

   試作：

   若預估 2016 年剩餘淨利 $35,000 千元，之後年度每年剩餘淨利固定成長 1%，請問該公司於 2013 年底之價值是多少？

3. 珍馨公司今年現金股利每股發放 7 元，接下來預計未來股利每年 8% 成長，與珍馨股票相等風險的預期報酬率為 15%，請問珍馨公司目前股價為多少？

4. 半澤公司預計於 20×4 年初購買大和田公司，當日大和田公司之資產負債表會計項目金額如下：

	帳面金額	公允價值
應收帳款	$ 40,000	$ 25,000
存貨	500,000	550,000
其他流動資產	30,000	24,000
長期投資	600,000	650,000
機器 (淨額)	300,000	250,000
廠房 (淨額)	500,000	450,000
流動負債	250,000	240,000
長期負債	500,000	560,000

大和田公司於 20×1 年 1 月成立，自成立到 20×3 年底，各年度盈餘資料如下：

20×1 年 $300,000

20×2 年 $250,000 (含土地處分損失 $10,000)

20×3 年 $200,000 (含訴訟利益 $40,000)

半澤公司評估大和田公司 20×4 年淨利比過去 3 年平均盈餘增加 $50,000，假設半澤公司之要求報酬率為 10%，且剩餘淨利將永遠存在，請問該 20×4 年初公司價值為何？

5. 根據塑化公司 20×0 年現金流量表，該公司營業活動淨現金流入 $16,000 千元 (公司將利息費用支出視為營業活動之現金流出)；在投資活動部分，購買不動產、廠房及設備花費 $13,000 千元；在籌資活動部分，當年共償還公司債及長期借款 $17,000 千元，新增公司債及長期借款 $27,000 千元。此外，由損益表附註得知利息費用為 $1,400 千元；該公司適用之稅率為 17%。塑化公司 20×0 年底有流通在外普通股 6,400 千股，且無特別股。

試作：

(1) 計算該年度塑化公司之公司自由現金流量。

(2) 計算該年度之權益自由現金流量。

(3) 由塑化公司過去的股價歷史資料估計公司的系統性風險係數 β 值為 0.8，假設大盤的平均市場報酬率維持 8%；政府發行的長期公債之無風險利率為 2%。假設自 20×0 年開始塑化公司的權益自由現金流量每年成長 1%，在繼續經營假設下，試由權益自由現金流量及資本資產定價模式 (CAPM) 計算公司 20×0 年底的每股價值。

6. 小小股份有限公司兩年度比較資產負債表如下：

小小股份有限公司
資產負債表
20×0 年 12 月 31 日及 20×1 年 12 月 31 日

單位：新台幣千元

	20×0 年	20×1 年
現金	$ 60,000	$ 95,000
應收帳款	–	40,000
存貨	–	100,000
土地	800,000	810,000
折舊性資產成本	200,000	200,000
累計折舊	–	(100,000)
總資產	$1,060,000	$1,145,000
短期借款		10,000
應付帳款	–	25,000
權益	1,060,000	1,110,000
負債及權益	$1,060,000	$1,145,000

該公司在 20×1 年支付當年現金股利 $15,000 千元，沒有股票股利及股票購回計畫等其他影響股東權益情況；若預期該公司盈餘保留率每年均為 60%，且預期每年股東權益報酬率相同，且該公司股利處於穩定成長期，假設股票所要求的報酬率為 10%，請問若利用股利成長折現模型，該公司於 20×1 年股價應為多少？流通在外股數為 10,000 股。

7.
大大股份有限公司
綜合損益表
20×0 年 1 月 1 日至 12 月 31 日

銷貨收入	$400,000
銷貨成本 (不含折舊)	(130,000)
銷貨毛利 (不含折舊)	$270,000
營業費用	(50,000)
稅前息前折舊攤銷營業淨利	$220,000
折舊	(90,000)
稅前息前營業淨利	$130,000
淨財務成本	(750)
經常性營業外收益	1,800
稅前淨利	$131,050
所得稅	(10,000)
稅後淨利	$121,050

大大股份有限公司 20×1 年至 20×4 年綜合損益表預測相關假設：

(1) 每年銷貨成長率為 15%；

(2) 每年銷貨毛利率成長 2%；

(3) 營業費用／銷貨收入比每年相同；

(4) 所得稅率 $(=\dfrac{\text{所得稅費用}}{\text{稅前淨利}})$ 每年相同；

(5) 淨財務成本及經常性營業外收益相同。

預估年度現金流量（千元）	20×1	20×2	20×3	20×4
折舊費用	$110,000	$140,000	$180,000	$180,000
營運資金變動	(30,000)	31,000	(18,000)	300
資本支出	(240,000)	(300,000)	(330,00)	(280,000)
預估每年發放股利	(70,000)	(75,000)	(75,000)	(72,000)

已知權益資金成本為 10%，20×0 年底權益帳面金額 $690,000 千元。請依據下列情況，利用剩餘淨利法評價公司於 20×0 年底的價值。

情況一：自 20×5 年起無剩餘淨利；

情況二：20×5 年後剩餘淨利零成長。

8. 甲企業為一非上市櫃企業，整體價值為新台幣一千萬元。今乙公司持有甲企業 10% 股份，經專業人員以市場法實際評估甲企業公允價值時，流動性折價為 10%，少數股權折價亦為 10%，請問乙公司持有 10% 甲企業股份之綜合折價為何？考量折價後價值為何？

Objectives

研讀完本章,讀者應能了解:
1. 股權投資之會計處理與影響。
2. 外幣之會計處理與影響。

Chapter 12
特殊議題──股權投資與外幣

本章架構

當今的經濟環境中,企業持有其他個體之權益作為投資與從事外幣交易均為常見的情況,而兩項項目之會計處理均有於不同前提下適用不同會計處理的特性。了解各項會計處理下財務報表之呈現與意涵,是評估企業股權投資與外幣交易影響之必要基礎。

```
                    特殊議題──股權投資與外幣
    ┌──────────────────────┬──────────────────────┬──────────────────────┐
    股權投資之會計處理         股權投資會計處理           外幣之會計處理
                              之影響                    與影響
    1. 無重大影響力:金融資產   1. 權益法與併購法合併      1. 外幣交易
    2. 重大影響力:權益法         報表之比較              2. 財務報表換算
    3. 控制力:合併財務報表    2. 商譽之表達
                              3. 併購法與權益結合法合
                                 併報表之比較
```

許多公司持有其他公司之股份作為股權投資,或為獲取股利與股價增值,或為建立策略合作關係,投資目的不一而足。為在投資公司之投資目的下,允當表彰其股權投資之價值與收益,股權投資之會計處理,亦因投資公司對被投資公司之財務與營運決策影響程度不同而有所差異:無重大影響力之股權投資列入「透過損益按公允價值衡量之金融資產」或「透過其他綜合損益按公允價值衡量之股票投資」,此兩者均係以股票之公允價值衡量投資之價值,投資之收益包括收取之股利與公允價值變動;具重大影響力與控制力之股權投資則分別列入「採用權益法之投資」與編製合併財務報表,此兩者均非以股票之公允價值衡量投資之價值,而係以投資公司按持股比例擁有之被投資公司淨資產衡量投資之價值,投資收益則為投資公司按持股比例擁有之被投資公司獲利。

潤泰全球 (簡稱**潤泰全**,股票代號 2915)、**潤泰創新** (簡稱**潤泰新**,股票代號 9945) 於民國 102 年重編前之第三季合併財務報表中,因分別認列新台幣 390 億元、258 億元投資收益,使獲利大幅增加。此鉅額投資收益之來源,係因**潤泰集團**原與法商**歐尚**聯合控制香港上市公司**高鑫零售**,共同經營中國**大潤發**,後雙方修改協議致使**潤泰集團**由具聯合控制力轉成具重大影響力所致。根據民國 102 年財務報表編製應遵循之「IFRS 正體中文版 2010 版」,雖具聯合控制力與具重大影響力之股權投資均列為「採用權益法之投資」,一旦喪失聯合控制力不論是否轉成具重大影響力,企業即須就仍持有之股權投資以股票之公允價值衡量,公允價值與原帳面金額之差額則認列為投資損益。**潤泰集團**於**高鑫零售**上市前即開始聯合控制該公司,故「採用權益法之投資」之帳面金額係按持股比例擁有之淨資產,其金額遠低於**高鑫零售**上市後之股份公允價值,是以**潤泰集團**之持股雖全無變動,但兩公司須於喪失聯合控制力時認列持股公允價值與原帳面金額差額之鉅額投資收益。

值得注意的是,兩公司於財務報表附註特別說明,由於我國在民國 104 年將財務報表編製應遵循之會計準則升級為「IFRS 正體中文版 2013 版」,而根據「IFRS 正體中文版 2013 版」規定,若喪失聯合控制力轉成具重大影響力,因具聯合控制力與具重大影響力之股權投資同為「採用權益法之投資」,故仍持有之股權投資將接續以原帳面金額衡量,不須以喪失聯合控制力時股票之公允價值重新衡量。亦即,在民國 104 年適用「IFRS 正體中文版 2013 版」後,**潤泰集團**之兩公司須追溯適用重編民國 102 年之財務報表,前述鉅額投資收益將全數沖回。

章首故事引發之問題
1. 對無重大影響力之股權投資,財務報表如何表達其投資價值與投資收益?
2. 對具重大影響力之股權投資,財務報表如何表達其投資價值與投資收益?
3. 對具控制力之股權投資,財務報表如何表達其投資價值與投資收益?

「股權投資」與「外幣」此兩項項目之會計處理相當繁複,並均有於不同前提下適用不同會計處理的特性。本章即彙總說明該等項目之所有會計處理方法,並討論進行財務報表分析時應注意之影響。

12.1 股權投資之會計處理與影響

股票類之權益工具與債券類之債務工具均為公司常見之投資項目。但兩者間有一重大不同：即當投資為具有表決權之權益工具如普通股時，投資公司將因其持有被投資公司之股份，而對被投資公司之財務與營運決策有不同程度的影響力，債務工具投資則無此特點。而對投資公司而言，該項投資因不同程度的影響力而有不同之實質影響，故權益工具投資亦因不同程度的影響而有不同之會計處理，以求允當表達交易實質。本章於此即彙總說明權益工具投資之各種會計處理，並詳細討論其對財務報表與財務比率之影響。

當投資公司持有被投資公司之普通股時，其對被投資公司之影響力程度之判斷，須包括量性指標與質性指標的綜合考量。量性指標為持有之被投資公司表決權比例(以下簡稱「持股比例」)，質性指標則為各項可據以判斷投資公司能參與、甚至主導被投資公司財務與營運決策之指標，如在董事會中能掌握的席次等。為簡明計，以下除非特別註明，均以持股比例劃分影響力程度，亦即假設質性指標並未提供相異於以持股比例判斷之證據。

當投資公司之持股比例低於 20% 時，推定投資公司對被投資公司無重大影響力；持股比例介於 20% 至 50% 間時，則推定投資公司參與被投資公司財務與營運決策，即具重大影響力；持股比例達 50% 以上時，則推定投資公司主導被投資公司財務與營運決策，即具控制力。以下即分就此三種影響力程度，討論投資公司之會計處理及對財務報表之影響。

12.1.1 持股比例低於 20%——無重大影響力之會計處理

當投資公司之持股比例低於 20% 而無重大影響力時，投資公司並未參與被投資公司之財務與營運決策，故對投資公司而言，被投資公司股份之公允價值變動與收取之股利即為其投資績效所在。根據國際財務報導準則，此時投資公司係將其持有之股份投資分類為「透過

損益按公允價值衡量之金融資產」或「透過其他綜合損益按公允價值衡量之股票投資」。公司投資非持有供交易之股票投資，於原始認列時可選擇將公允價值變動列入其他綜合損益，分類為「透過其他綜合損益按公允價值衡量之股票投資」；其他則分類為「透過損益按公允價值衡量之金融資產」。

無論持股投資屬「透過損益按公允價值衡量之金融資產」或「透過其他綜合損益按公允價值衡量之股票投資」，投資公司均係以其公允價值列示於資產負債表，收取之股利亦均計入綜合損益表的當(本)期淨利中。但關於顯示投資績效之公允價值變動即評價損益部分，其列示則有所差異：「透過損益按公允價值衡量之金融資產」之評價損益係計入綜合損益表的當期淨利中；但「透過其他綜合損益按公允價值衡量之股票投資」之評價損益則係計入綜合損益表中的其他綜合損益中。此外，「透過其他綜合損益按公允價值衡量之股票投資」於處分時，曾於以前期間或本期認列於其他綜合損益之金額不會作重分類調整至本期損益(處分時不作重分類調整)。這類股票投資只有在公司有權收取股利時認列股利收入，而影響本期損益；其他的評價損益金額或於處分時之會計分錄，只影響其他綜合損益。以下釋例 12-1 即說明「透過損益按公允價值衡量之金融資產」或「透過其他綜合損益按公允價值衡量之股票投資」之會計處理與報表表達。

釋例 12-1

甲公司持有乙公司普通股，相關交易如下表。乙公司普通股 ×1 年全年流通在外具表決權的股份為 40,000 股。

日期	交易型態	股數	單價	總金額
×1/01/01	買入	400	$20	$8,000
×1/01/28	收取股利	400	5	2,000
×1/03/31	繼續持有	400	30	12,000
×1/06/30	出售	(100)	45	(4,500)

試作：

就以下兩個獨立情況，說明甲公司 ×1 年第一季和第二季之資產負債表及綜合損益表中與乙

公司普通股投資相關之部分 (假設不考慮所得稅)：
(1) 甲公司將該普通股投資分類為「透過損益按公允價值衡量之金融資產」。
(2) 甲公司將該普通股投資分類為「透過其他綜合損益按公允價值衡量之股票投資」。

解答

該普通股投資於 ×1 年第一季與第二季單季之公允價值與評價利益如下：

日期	期末公允價值	當期評價利益
×1/03/31	$30 × 400 = $12,000	($30 − $20) × 400 = $4,000
×1/06/30	$45 × (400 − 100) = $13,500	($45 − $30) × 400 = $6,000

(1) 甲公司將該普通股投資分類為「透過損益按公允價值衡量之金融資產」：甲公司以持有股份之期末公允價值列示於資產負債表，收取之股利計入綜合損益表的當期淨利中；評價利益亦計入綜合損益表的當期淨利中。

×1 年第一季資產負債表

⋮

透過損益按公允價值衡量之金融資產　　　　　　　　　　　　　　$12,000

⋮

×1 年第二季資產負債表

⋮

透過損益按公允價值衡量之金融資產　　　　　　　　　　　　　　$13,500

⋮

×1 年第一季綜合損益表 (×1 年 1 月 1 日至 ×1 年 3 月 31 日)

⋮

股利收入　　　　　　　　　　　　　　　　　　　　　　　　　　$2,000
透過損益按公允價值衡量之金融資產評價利益　　　　　　　　　　$4,000

⋮

當期淨利
其他綜合損益

⋮

綜合損益總額

×1年第二季綜合損益表 (×1年4月1日至×1年6月30日)	
⋮	
透過損益按公允價值衡量之金融資產評價利益*	$6,000*
⋮	
當期淨利	
其他綜合損益	
⋮	
綜合損益總額	

* 此評價利益包括已出售之 100 股於出售前評價至公允價值之評價利益 $1,500 [= ($45 − $30) × 100]，與仍持有之 300 股於第二季末評價至公允價值之評價利益 $4,500 [= ($45 − $30) × 300]。

(2) 甲公司將該普通股投資分類為「透過其他綜合損益按公允價值衡量之股票投資」：甲公司以持有股份之期末公允價值列示於資產負債表，收取之股利計入綜合損益表的當期淨利中；評價利益則計入綜合損益表的其他綜合損益中，而於出售時不作重分類調整。

×1年第一季資產負債表	
⋮	
透過其他綜合損益按公允價值衡量之股票投資	$12,000
⋮	

×1年第二季資產負債表	
⋮	
透過其他綜合損益按公允價值衡量之股票投資	$13,500
⋮	

×1年第一季綜合損益表 (×1年1月1日至×1年3月31日)	
⋮	
股利收入	$2,000
⋮	
當期淨利	
其他綜合損益	
⋮	
透過其他綜合損益按公允價值衡量之股票投資未實現損益	$4,000
⋮	
綜合損益總額	

> | ×1年第二季綜合損益表 (×1年4月1日至 ×1年6月30日) |
> |---|
> | ⋮ |
> | 當期淨利 |
> | 其他綜合損益 |
> | ⋮ |
> | 透過其他綜合損益按公允價值衡量之股票投資未實現損益　　$6,000* |
> | ⋮ |
> | 綜合損益總額 |
>
> * 此未實現評價利益包括已出售之 100 股於出售前評價至公允價值之評價利益 $1,500 [= ($45 − $30) × 100]，與仍持有之 300 股於第二季末評價至公允價值之評價利益 $4,500 [= ($45 − $30) × 300]。其中於 ×1/06/30 出售之 100 股，曾於以前期間與本期累計認列於其他綜合損益之金額 $2,500 [= ($45 − $20) × 100] 不作重分類調整，而自其他權益直接結轉至保留盈餘。

　　由釋例 12-1 可以了解，此類股票投資持股之公允價值變動均會影響公司淨值，但其增減可能列入當期淨利或其他綜合損益；而須注意的是，公允價值變動列入其他綜合損益的金額，在此資產處分時，將不作重分類調整，而是自其他權益直接結轉至保留盈餘。財務報表使用者必須了解現行國際財務報導準則對該兩類投資之績效衡量方式，否則可能發生誤導。

12.1.2　持股比例介於 20% 至 50%──重大影響力之會計處理：權益法

　　當投資公司之持股比例介於 20% 至 50% 間，即投資公司參與被投資公司 (以下稱為關聯企業) 之財務與營運決策而具重大影響力。故對投資公司而言，關聯企業之績效即應按持股比例列為其投資績效。根據國際財務報導準則，此時投資公司應將該持股投資分類為「採用權益法之投資」，即以權益法衡量該投資之績效。所謂權益法，係指投資公司係就關聯企業之當期淨利與其他綜合損益之數額，按其持股比例分別認列計入其當期淨利與其他綜合損益作為投資

損益,並同額認列投資之增減值。例如關聯企業之綜合損益總額為 $30,其中當期淨利 $10,其他綜合損益 $20,則持有其 30% 股份之投資公司將認列「採權益法認列之關聯企業損益份額」$3 與「採權益法認列之關聯企業其他綜合損益份額」$6,並記錄「採用權益法之投資」增值 $9。至於收取的股利,則記錄為「採用權益法之投資」的減值。根據我國財務報告編製準則規定,對長期股權投資採權益法處理之母公司財務報表稱之為個體財務報表。釋例 12-2 即說明「採用權益法之投資」之相關會計處理與母公司個體財務報表表達。

釋例 12-2

甲公司於 ×1 年初以 $4,000 取得乙公司 40% 普通股,並分類為「採用權益法之投資」。甲、乙公司 ×1 年之財務報表如下 (假設不考慮所得稅):

甲公司
×1 年資產負債表

	×1 年初	×1 年底
現金	$50,000	$60,400
採權益法之投資	4,000	6,000
總資產	$54,000	$66,400
股本	$30,000	$30,000
保留盈餘	24,000	36,000
其他權益	－	400
總負債與權益	$54,000	$66,400

乙公司
×1 年資產負債表

	×1 年初 帳面金額	×1 年初 公允價值	×1 年底 帳面金額
現金	$ 8,000	$8,000	$12,000
土地	3,000	3,000	4,000
總資產	$11,000		$16,000
負債	$ 1,000	$1,000	$ 1,000
股本	10,000		10,000
保留盈餘	–		4,000
其他權益	–		1,000
總負債與權益	$11,000		$16,000

×1 年綜合損益表

	甲公司	乙公司
營業利益	$10,000	$5,000
採權益法認列之關聯企業損益份額	2,000	–
當期淨利	$12,000	$5,000
土地重估增值利益	–	1,000
採權益法認列之關聯企業其他綜合損益份額	400	–
綜合損益總額	$12,400	$6,000

試作：分析甲公司 ×1 年「採用權益法之投資」期初與期末金額變動之來源。

解答

(1) 乙公司 ×1 年綜合損益表中當期淨利 $5,000，其他綜合損益則有「土地重估增值利益」$1,000，故甲公司按其持股比例 40% 於其綜合損益表中認列「採權益法認列之關聯企業損益份額」$2,000 與「採權益法認列之關聯企業其他綜合損益份額」$400 兩項投資績效衡量，並因此使「採用權益法之投資」之帳面金額增加 $2,400。

(2) 乙公司 ×1 年綜合損益表中當期淨利 $5,000，但當年度保留盈餘僅增加 $4,000，係因乙公司發放現金股利 $1,000。故甲公司按其持股比例 40% 收到之現金股利 $400，並記錄為「採用權益法之投資」之帳面金額減少 $400。

(3) 甲公司 ×1 年「採用權益法之投資」變動為：$4,000 + $2,400 − $400 = $6,000。

🔹 12.1.3 持股比例達 50%──控制力之會計處理：併購法之合併財務報表

當投資公司之持股比例達 50%，即投資公司 (以下稱為母公司) 主導被投資公司 (以下稱為子公司) 之財務與營運決策，以從其活動中獲取利益。故兩公司即使在法律形式上為兩個體，但就經濟實質而言，實應視為同一個體。為反映經濟實質，此時應編製併購法之合併財務報表，即將母子公司之財務狀況與經營績效合併表達。於併購法之合併資產負債表中，於收購日是將投資公司資產負債之帳面金額與被投資公司資產負債之公允價值逐項加總表達；併購法之合併綜合損益表則是將被投資公司按收購日之公允價值衡量資產負債，並依該當之公允價值調整各項收益與費損後，再與投資公司之各項收益及費損逐項加總表達。

而當母公司對子公司之持股比例非 100% 時，亦持有子公司股份之其他股東即稱為非控制權益，此時併購法之合併綜合損益表中須揭露當期淨利與綜合損益在母公司與非控制權益間之分攤數，併購法之合併資產負債表之權益項目中則有非控制權益，以表彰母公司外之其他股東所擁有之權益。釋例 12-3 即母子公司併購法之合併財務報表之報表表達。須特別說明的是，為便於與釋例 12-2 之權益法比較，釋例 12-3 係以與釋例 12-2 相同之甲、乙公司資料編製併購法之合併財務報表，亦即甲公司雖僅持有乙公司 40% 股份，但因有掌握乙公司董事會多數表決權之質性指標，故推定甲公司對乙公司具控制力。

🔵 釋例 12-3

甲公司於 ×1 年初以 $4,000 取得乙公司 40% 普通股，並同時掌握乙公司董事會大多數表決權。甲、乙公司 ×1 年各自之財務報表如下 (假設不考慮所得稅)：

甲公司 ×1年資產負債表		
	×1年初	×1年底
現金	$50,000	$60,400
採權益法之投資	4,000	6,000
總資產	$54,000	$66,400
股本	$30,000	$30,000
保留盈餘	24,000	36,000
其他權益	–	400
總負債與權益	$54,000	$66,400

乙公司 ×1年資產負債表			
	×1年初		×1年底
	帳面金額	公允價值	帳面金額
現金	$8,000	$8,000	$12,000
土地	3,000	3,000	4,000
總資產	$11,000		$16,000
負債	$1,000	$1,000	$1,000
股本	10,000		10,000
保留盈餘	–		4,000
其他權益	–		1,000
總負債與權益	$11,000		$16,000

×1年綜合損益表		
	甲公司	乙公司
營業利益	$10,000	$5,000
採權益法認列之關聯企業損益份額	2,000	–
當期淨利	$12,000	$5,000
土地重估增值利益	–	1,000
採權益法認列之關聯企業其他綜合損益份額	400	–
綜合損益總額	$12,400	$6,000

試作：包含甲、乙公司之 ×1 年併購法之合併綜合損益表與 ×1 年併購法之合併資產負債表。

[解答]

×1 年併購法之合併綜合損益表	
營業利益	$15,000
採權益法認列之關聯企業損益份額	─ *
當期淨利	$15,000
土地重估增值利益	1,000
採權益法認列之關聯企業其他綜合損益份額	─ *
綜合損益總額	$16,000
淨利歸屬於：	
母公司業主	$12,000**
非控制權益	3,000**
	$15,000
綜合損益總額歸屬於：	
母公司業主	$12,400***
非控制權益	3,600***
	$16,000

* 併購法之合併綜合損益表係將乙公司之各項收益與費損進行按公允價值衡量資產負債後該當之公允價值調整 [本例中，×1 年初 (收購日) 乙公司可辨認資產負債之帳面金額均與公允價值相等，故無調整數] 後，再與甲公司之各項收益、費損與其他綜合損益逐項加總表達，而非以權益法按持股比例認列乙公司之當期淨利與其他綜合損益，故無「採權益法認列之關聯企業損益份額」與「採權益法認列之關聯企業其他綜合損益份額」。

** 當期淨利歸屬於母公司業主之分攤數 $12,000，係甲公司未加計「採權益法認列之關聯企業損益份額」之本身當期淨利 $10,000，與因持股而對乙公司之當期淨利 $5,000 擁有其中 40% 之 $2,000 兩者合計。當期淨利歸屬於非控制權益之分攤數 $3,000，則係持有乙公司 60% 之其他股東對乙公司之當期淨利 $5,000 擁有其中 60%。

*** 綜合損益歸屬於母公司業主之分攤數 $12,400，係甲公司未加計「採權益法認列之關聯企業損益份額」與「採權益法認列之關聯企業其他綜合損益份額」之本身綜合損益 $10,000，與因持股而對乙公司之綜合損益 $6,000 擁有其中 40% 之 $2,400 兩者合計。綜合損益歸屬於非控制權益之分攤數 $3,600，則係持有乙公司 60% 之其他股東對乙公司之綜合損益 $6,000 擁有其中 60%。

×1年併購法之合併資產負債表	×1年初	×1年底
現金	$58,000	$72,400
採權益法之投資	—*	—*
土地	3,000	4,000
總資產	$61,000	$76,400
負債	$1,000	$ 1,000
股本	30,000	30,000
保留盈餘	24,000	36,000
其他權益	—	400**
非控制權益	6,000***	9,000***
總負債與權益	$61,000	$76,400

* 併購法之合併資產負債表係將甲公司之資產負債帳面金額，與乙公司資產負債之公允價值逐項加總表達，非如權益法係按持股比例認列乙公司之淨資產(資產與負債之差額)公允價值，故無「採用權益法之投資」。

** 其他權益是歸屬於母公司業主之其他綜合損益之累積數。×1年底之其他權益 $400 係乙公司×1年之「土地重估增值利益」$1,000 應由母公司業主享有之40%。

*** 非控制權益在×1年初為 $6,000，係持有乙公司60%之其他股東對乙公司之×1年初淨資產 $10,000 (= 資產 $11,000 – 負債 $1,000) 擁有其中60%。非控制權益在×1年底為 $9,000，則為×1年初之 $6,000，加計歸屬於非控制權益之綜合損益分攤數 $3,600，再減除非控制權益獲分配現金股利 $600，同時亦相等於持有乙公司60%之其他股東對乙公司之×1年底淨資產 $15,000 (= 資產 $16,000 – 負債 $1,000) 擁有其中60%。

12.1.4 權益法與併購法之合併報表之比較

由釋例12-2與釋例12-3之比較可以發現，在併購法之合併財務報表中，歸屬於母公司業主的淨利、綜合損益與權益，均與採權益法處理長期股權投資之母公司個體報表相等。亦即，就投資公司對被投資公司之股權投資而言，權益法與併購法之合併財務報表對投資價值與投資績效之衡量並無差異，但表達的方式則有不同：權益法下係將投資價值以單行資產項目(採權益法之投資)；併購法之合併財務報表則是將兩公司之資產負債逐項加總表達，再另以權益中列示之「非控

制權益」金額，依此方式說明被投資公司之淨資產歸屬於投資公司亦即投資價值部分。另權益法下係將投資績效表達於兩個各自計入本期淨利 (採權益法認列之關聯企業損益份額) 與其他綜合損益 (採權益法認列之關聯企業其他綜合損益份額) 的單行損益項目；併購法之合併財務報表則是將兩公司之收益、費損與其他綜合損益逐項加總表達，再另揭露當期淨利與綜合損益在母公司與非控制權益間之分攤數，以說明被投資公司之獲利歸屬於投資公司亦即投資績效部分。

然就財務報表分析時計算財務比率而言，相同持股比例之股權投資係採權益法表達於個體報表，或以併購法之合併報表表達，則可能有所差異。在常見之獲利能力指標如普通股權益報酬率 (ROE) 方面，若於併購法之合併財務報表部分係採歸屬於母公司業主之淨利與歸屬於母公司業主之權益計算，則其與個體報表下所得比率完全相同；但若併購法之合併財務報表部分係採全額淨利與全額權益計算，則其與個體報表下所得比率並不相同。而併購法之合併財務報表部分應採何種淨利與權益計算，應視分析者之角度與目的決定。如對債權人而言，因其分配順位先於所有股東，故於併購法之合併財務報表部分應採全額淨利與全額權益計算普通股權益報酬率。

但如資產報酬率 (ROA)、資產週轉率、存貨週轉率、流動比率與速動比率等常見比率之計算，因其牽涉資產總額、流動資產總額、現金、應收款項與存貨等資產項目之金額，權益法下之個體報表數字與併購法之合併報表數字可能有所差異。此因個體報表係就其持有之被投資公司淨資產 (資產與負債之差額) 彙總表達於「採用權益法之投資」，此非流動資產項目；但併購法之合併財務報表則是將兩公司之資產負債逐項加總表達。此外值得特別注意的是，被投資公司之負債僅在併購法之合併報表中始獲列示，在權益法之個體報表中，則係與被投資公司之資產彙總以淨資產的方式列示，再依持有之被投資公司持股比例表達於「採用權益法之投資」。故於權益法個體報表表達下，集團得藉由將負債安排於被投資公司以避免列示，併購法之合併報表則無此問題。

12.1.5 商譽之表達與影響

釋例 12-2 與釋例 12-3 中，投資公司對被投資公司股權之取得成本，與按其持股比例計算之被投資公司可辨認淨資產公允價值相等，亦即被投資公司並無商譽存在。而當投資公司所付出之投資成本，高於按其持股比例計算之被投資公司可辨認淨資產公允價值，即投資公司之投資中除按其持股比例得擁有之被投資公司可辨認淨資產外，尚包括商譽。此時若投資公司對該投資採權益法處理，則擁有對該被投資公司之商譽並未單獨列示為資產，而係與被投資公司之其他資產負債彙總後單行列示於「採用權益法之投資」項目。但當投資公司對被投資公司具控制力而須編製併購法之合併財務報表時，包含投資公司與被投資公司之併購法合併資產負債表中，則有商譽此項資產項目的列示。

根據國際財務報導準則規定，在併購法之合併資產負債表中列示之商譽金額，將因投資公司對非控制權益之金額，係選擇以「按非控制權益持股比例之被投資公司可辨認淨資產公允價值」或「公允價值」而有所不同：選擇前者時，列示之商譽金額僅為投資公司所擁有之部分被投資公司商譽；選擇後者時，列示之商譽金額為全部被投資公司商譽。釋例 12-4 即以與釋例 12-2、釋例 12-3 相同之甲、乙公司帳面金額與公允價值，但投資成本高於取得可辨認淨資產公允價值的設定，詳細說明當被投資公司有商譽存在時，對權益法之個體報表與併購法之合併財務報表兩者之影響。

釋例 12-4

甲公司於 ×1 年初以 $4,500 取得乙公司 40% 普通股，並分類為「採用權益法之投資」。甲、乙公司 ×1 年之財務報表如下 (假設不考慮所得稅)：

甲公司
×1年資產負債表

	×1年初	×1年底
現金	$50,000	$60,400
採權益法之投資	4,500	6,500
總資產	$54,500	$66,900
股本	$30,000	$30,000
保留盈餘	24,500	36,500
其他權益	－	400
總負債與權益	$54,500	$66,900

乙公司
×1年資產負債表

	×1年初 帳面金額	×1年初 公允價值	×1年底 帳面金額
現金	$8,000	$8,000	$12,000
土地	3,000	3,000	4,000
總資產	$11,000		$16,000
負債	$1,000	$1,000	$1,000
股本	10,000		10,000
保留盈餘	－		4,000
其他權益	－		1,000
總負債與權益	$11,000		$16,000

×1年綜合損益表

	甲公司	乙公司
營業利益	$10,000	$5,000
採權益法認列之關聯企業損益份額	2,000	－
當期淨利	$12,000	$5,000
土地重估增值利益	－	1,000
採權益法認列之關聯企業其他綜合損益份額	400	－
綜合損益總額	$12,400	$6,000

試作：

(1) 分析甲公司 ×1 年「採用權益法之投資」期初與期末金額變動之來源。

(2) 若甲公司雖僅取得乙公司 40% 普通股，但因掌握乙公司董事會大多數表決權而擁有控制力。試編製包含甲、乙公司之 ×1 年併購法之合併綜合損益表。

(3) 在甲公司對乙公司擁有控制力之前提下，試編製包含甲、乙公司之 ×1 年併購法之合併資產負債表 (甲公司選擇就乙公司可辨認淨資產公允價值按非控制權益持股比例衡量非控制權益)。

(4) 在甲公司對乙公司擁有控制力之前提下，試編製包含甲、乙公司之 ×1 年併購法之合併資產負債表 (甲公司選擇按公允價值衡量非控制權益，假設收購日非控制權益之公允價值為 $6,300)。

解答

(1) 甲公司於 ×1 年初以 $4,500 取得乙公司 40% 普通股，而 ×1 年初乙公司可辨認淨資產之公允價值 (等於帳面價值) 為 $10,000，故甲公司取得成本 $4,500 超過取得淨值 $4,000 (= $10,000 × 40%) 部分為商譽 $500。故甲公司「採用權益法之投資」×1 年初之帳面金額為 $4,500 (含乙公司可辨認淨資產 $4,000 與商譽 $500)。

故甲公司「採用權益法之投資」×1 年之增加數，為甲公司按其持股比例 40% 就乙公司 ×1 年當期淨利 $5,000 認列之「採權益法認列之關聯企業損益份額」$2,000，與就乙公司 ×1 年其他綜合損益「土地重估增值利益」$1,000 認列之「採權益法認列之關聯企業其他綜合損益份額」$400。

另乙公司 ×1 年綜合損益表中當期淨利 $5,000，但當年度保留盈餘僅增加 $4,000，係因乙公司發放現金股利 $1,000。故甲公司按其持股比例 40% 收到之現金股利 $400，並記錄為「採用權益法之投資」之帳面金額減少 $400。

故甲公司 ×1 年「採用權益法之投資」變動為：$4,500 + $2,400 − $400 = $6,500。

(2) 包含甲、乙公司之 ×1 年併購法之合併綜合損益表編製如下：

×1 年併購法之合併綜合損益表	
營業利益	$15,000
採權益法認列之關聯企業損益份額	－*
當期淨利	$15,000
土地重估增值利益	1,000
採權益法認列之關聯企業其他綜合損益份額	－*
綜合損益總額	$16,000
淨利歸屬於：	
母公司業主	$12,000**
非控制權益	3,000**
	$15,000
綜合損益總額歸屬於：	
母公司業主	$12,400***
非控制權益	3,600***
	$16,000

* 併購法之合併綜合損益表係將乙公司之各項收益與費損進行按公允價值衡量資產負債後該當之公允價值調整 [本例中，×1 年初 (收購日) 乙公司可辨認資產負債之帳面金額均與公允價值相等，故無調整數] 後，再與甲公司之各項收益、費損與其他綜合損益逐項加總表達，而非以權益法按持股比例認列乙公司之當期淨利與其他綜合損益，故無「採權益法認列之關聯企業損益份額」與「採權益法認列之關聯企業其他綜合損益份額」。

** 當期淨利歸屬於母公司業主之分攤數 $12,000，係甲公司未加計「採權益法認列之關聯企業損益份額」之本身當期淨利 $10,000，與因持股而對乙公司之當期淨利 $5,000 擁有其中 40% 之 $2,000 兩者合計。當期淨利歸屬於非控制權益之分攤數 $3,000，則係持有乙公司 60% 之其他股東對乙公司之當期淨利 $5,000 擁有其中 60%。

*** 綜合損益歸屬於母公司業主之分攤數 $12,400，係甲公司未加計「採權益法認列之關聯企業損益份額」與「採權益法認列之關聯企業其他綜合損益份額」之本身綜合損益 $10,000，與因持股而對乙公司之綜合損益 $6,000 擁有其中 40% 之 $2,400 兩者合計。綜合損益歸屬於非控制權益之分攤數 $3,600，則係持有乙公司 60% 之其他股東對乙公司之綜合損益 $6,000 擁有其中 60%。

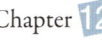

(3) 若甲公司選擇就乙公司可辨認淨資產按非控制權益持股比例衡量非控制權益,包含甲、乙公司之 ×1 年併購法之合併資產負債表編製如下:

×1 年併購法之合併資產負債表		
	×1 年初	×1 年底
現金	$58,000	$72,400
採權益法之投資	–	–
土地	3,000	4,000
商譽	500*	500*
總資產	$61,500	$76,900
負債	$1,000	$1,000
股本	30,000	30,000
保留盈餘	24,500	36,500
其他權益	–	400
非控制權益	6,000**	9,000**
總負債與權益	$61,500	$76,900

* 合併資產負債表中,×1 年初認列乙公司之商譽 $500,該商譽金額為甲公司取得成本 $4,500 超過取得淨值 $4,000 (= $10,000 × 40%) 部分為商譽 $500。商譽不須攤銷,但須測試是否減損。此處假設商譽未發生減損,故 ×1 年底金額仍為 $500。

** 非控制權益 ×1 年初 $6,000,係持有乙公司 60% 之其他股東對乙公司之 ×1 年初淨資產 $10,000 (= 資產 $11,000 – 負債 $1,000) 擁有其中 60%。非控制權益 ×1 年底 $9,000,則為 ×1 年初之 $6,000,加計歸屬於非控制權益之綜合損益分攤數 $3,600,再減除非控制權益獲分配現金股利 $600,同時亦相等於持有乙公司 60% 之其他股東對乙公司之 ×1 年底淨資產 $15,000 (= 資產 $16,000 – 負債 $1,000) 擁有其中 60%。

(4) 若甲公司選擇就公允價值衡量非控制權益,包含甲、乙公司之 ×1 年合併資產負債表編製如下:

×1年合併資產負債表		
	×1年初	×1年底
現金	$58,000	$72,400
採權益法之投資	–	–
土地	3,000	4,000
商譽	800*	800*
總資產	$62,250	$77,650
負債	$ 1,000	$1,000
股本	30,000	30,000
保留盈餘	24,500	36,500
其他權益	–	400
非控制權益	6,300**	9,300**
總負債與權益	$62,250	$77,650

* 合併資產負債表中，×1年初認列乙公司之商譽 $800，該金額為甲公司取得成本 $4,500 超過取得淨值 $4,000 (= $10,000 × 40%) 部分 $500，與以公允價值衡量非控制權益後，屬於非控制權益之部分 $300。非控制權益公允價值為 $6,300，而其擁有淨值為 $6,000 (= $10,000 × 60%)，故屬於非控制權益之商譽為 $300。假設商譽於 ×1 年未發生減損，故 ×1 年底金額仍為 $800。

** 非控制權益 ×1 年初 $6,300，係持有乙公司 60% 之其他股東對乙公司之 ×1 年初淨資產 $10,000 (= 資產 $11,000 − 負債 $1,000) 擁有其中 60% 與其擁有之部分商譽 $300。非控制權益 ×1 年底 $9,300，則為 ×1 年初之 $6,300，加計歸屬於非控制權益之綜合損益分攤數 $3,600，再減除非控制權益獲分配現金股利 $600，同時亦相等於持有乙公司 60% 之其他股東對乙公司之 ×1 年底淨資產 $15,000 (= 資產 $16,000 − 負債 $1,000) 擁有其中 60% 與其擁有之部分商譽 $300 之合計數。

　　由釋例 12-4 可以發現，加上被投資公司有商譽存在之影響後，併購法之合併財務報表中，歸屬於母公司業主的淨利、綜合損益與權益，仍均與採權益法處理長期股權投資之母公司個體報表相等。但就負債總額、資產總額、流動資產總額、現金、應收款項與存貨等項目之金額，則權益法下之個體報表數字與併購法之合併報表數字可能有所差異。故同於 12.1.4 節所述，在財務報表分析計算財務比率時發生之影響仍舊存在。而值得特別注意的是，此時併購法之合併資產負債

表中之商譽與非控制權益兩項目金額，將因投資公司選擇以「按非控制權益持股比例之被投資公司可辨認淨資產」或「公允價值」衡量非控制權益而有所不同；是以兩種選擇下併購法之合併資產負債表中之資產總額與權益總額不同。此將對計算時涉及該等項目之財務比率造成影響，宜注意此項差異。

12.1.6 合併財務報表：併購法與權益結合法之比較

根據國際財務報導準則規定，合併財務報表須以併購法編製。所謂併購法，係於收購日被投資公司之資產負債以公允價值評價，在編製合併資產負債時，係將投資公司資產負債之帳面金額與被投資公司資產負債之公允價值逐項加總表達；在編製合併綜合損益表時，則是將被投資公司之各項收益、費損與其他綜合損益依收購日按公允價值衡量資產負債後，並依該當之公允價值調整後，再與投資公司之各項收益、費損與其他綜合損益逐項加總表達。釋例 12-3 中併購法之合併財務報表係於被投資公司資產負債之帳面金額恰與收購日公允價值相等之設定下編製，釋例 12-5 則進一步於被投資公司資產負債之帳面金額與收購日公允價值不等之設定下，說明併購法之合併財務報表的編製。

釋例 12-5

丙公司於 ×1 年初以 $500 取得丁公司 100% 普通股，並編製併購法之合併財務報表。於丙公司取得普通股後，但編製合併財務報前丙、丁公司各自之 ×1 年初財務報表如下 (假設不考慮所得稅)：

×1年初資產負債表

	丙公司	丁公司	
	帳面金額	帳面金額	公允價值
現金	$ 400	$ 30	$ 30
應收款項	150	50	50
存貨	150	50	80
採權益法之投資	500	–	–
機器設備	400	250	300
無形資產	–	–	100
總資產	$1,600	$380	
應付款項	$ 400	$180	$180
股本	550	150	
保留盈餘	650	50	
其他權益	–	–	
總負債與權益	$1,600	$380	

×1年綜合損益表

	丙公司	丁公司
銷貨收入	$2,000	$1,000
銷貨成本	(1,000)	(600)
折舊費用	(40)	(30)
攤銷費用	–	–
銷管費用	(300)	(200)
採權益法認列之關聯企業損益份額	75*	–
所得稅費用	(200)	(50)
本期淨利	$ 535	$ 120
其他綜合損益稅後淨額	0	0
綜合損益總額	$ 535	$ 120

* $120 − $30 (銷貨成本) − $5 (折舊費用) − $10 (攤銷費用) = $75。

試作：包含丙、丁公司之 ×1 年併購法之合併綜合損益表與 ×1 年初併購法之合併資產負債表。

解答

×1 年併購法之合併綜合損益表	
銷貨收入	$3,000
銷貨成本	(1,630)*
折舊費用	(75)**
攤銷費用	(10)***
銷管費用	(500)
所得稅費用	(250)
本期淨利	$ 535
其他綜合損益稅後淨額	0
綜合損益總額	$ 535

* 丙公司原有銷貨成本 $1,000，丁公司原有銷貨成本 $600，而丁公司之存貨之公允價值 $80 高於帳面金額 $50，且假設 ×1 年丁公司出售該存貨，故差額 $30 應轉入銷貨成本，以反映併購法之合併財務報表中，丁公司之存貨以公允價值衡量後增加之銷貨成本。故併購法之合併綜合損益表中，應認列之銷貨成本為 ($600 + $30) + $1,000 = $1,630。

** 丙公司原有折舊費用 $40，丁公司原有折舊費用 $30，而丁公司之機器設備之公允價值 $300 高於帳面金額 $250，故差額 $50 應分攤入折舊費用，以反映併購法之合併財務報表中丁公司之機器設備以公允價值衡量後增加之折舊費用。假設該機器設備係以直線法提列折舊，剩餘耐用年限 10 年，則折舊費用應增加 $5 (= $50/10)。故併購法之合併綜合損益表中，應認列之折舊費用為 ($30 + $5) + $40 = $75。

*** 丙、丁公司原均無攤銷費用，但丁公司有未認列之無形資產公允價值為 $100。故差額 $100 應分攤入攤銷費用，以反映併購法之合併財務報表中，丁公司之無形資產以公允價值衡量後增加之攤銷費用。假設該無形資產係以直線法提列攤銷，剩餘耐用年限 10 年，則攤銷費用應增加 $10 (= $100/10)。故併購法之合併綜合損益表中，應認列之攤銷費用為 ($0 + $10) + $0 = $10。

×1年初併購法之合併資產負債表

	丙公司 帳面金額	丁公司 公允價值	丙、丁公司 合併數
現金	$ 400	$ 30	$ 430
應收款項	150	50	200
存貨	150	80	230
採權益法之投資	500	–	–
機器設備	400	300	700
無形資產	–	100	100
商譽	–	120*	120*
總資產	$1,600	$680	$1,780**
應付款項	$ 400	$180	$ 580
股本	550		550
保留盈餘	650		650
其他權益	–		–
總負債與權益	$1,600		$1,780

* 丙公司以 $500 取得丁公司 100% 普通股，高於丁公司可辨認淨資產公允價值 $380 (= $30 + $50 + $80 + $300 + $100 – $180)，即丁公司有公允價值為 $120 的商譽。

** 丙公司原總資產帳面金額 $1,600 (含對丁公司投資 $500)，丁公司原總資產公允價值 $680，故併購法之合併資產負債表中之總資產數為 $1,600 – $500 + $680 = $1,780。

　　國際財務報導準則雖規定合併財務報表須以併購法編製，但若合併財務報表中所包含之公司原即受同一控制源控制，亦即其實質為企業重組時，則合併財務報表須以權益結合法編製。所謂權益結合法，在編製合併資產負債時，係將投資公司資產負債之帳面金額與被投資公司資產負債之「帳面金額」逐項加總表達；在編製合併綜合損益表時，則是將被投資公司之各項收益與費損和投資公司之各項收益與費損逐項加總，無須進行相關之公允價值調整。釋例 12-6 即以相同於釋例 12-5 之資料說明權益結合法之合併財務報表的編製。

釋例 12-6

丙、丁公司為同受天干公司控制之公司。丙公司於 ×1 年初給付天干公司 $500 以取得丁公司 100% 普通股。於丙公司取得普通股後，但編製合併財務報表前，丙、丁公司各自之 ×1 年初財務報表如下 (假設不考慮所得稅)：

	×1 年初資產負債表		
	丙公司	丁公司	
	帳面金額	帳面金額	公允價值
現金	$ 400	$ 30	$ 30
應收款項	150	50	50
存貨	150	50	80
採權益法之投資	200*	–	–
機器設備	400	250	300
無形資產	—	—	100
總資產	$1,300	$380	
應付款項	$ 400	$180	$180
股本	550	150	
資本公積	(300)*	–	
保留盈餘	650	50	
其他權益	—	—	
總負債與權益	$1,300	$380	

* 丙公司支付其母公司天干公司 $500，但取得之丁公司 100% 淨資產須以帳面金額 $200 (= 資產 $380 − 負債 $180) 衡量，故股權投資金額為 $200，而差額 $300 即同對股東天干公司之投資返回。此投資返回造成之權益減少應先沖減相關之資本公積，不足之數再由保留盈餘減除。但本例中為詳明此差額係屬股東減資，並利於與釋例 12-5 對照，故以資本公積負數的方式呈現。

×1年綜合損益表

	丙公司	丁公司
銷貨收入	$2,000	$1,000
銷貨成本	(1,000)	(600)
折舊費用	(40)	(30)
攤銷費用	–	–
銷管費用	(300)	(200)
採權益法認列之關聯企業損益份額	120	–
所得稅費用	(200)	(50)
本期淨利	$ 580	$ 120
其他綜合損益稅後淨額	0	0
綜合損益總額	$ 580	$ 120

試作：

　　包含丙、丁公司之 ×1 年權益結合法之合併綜合損益表與 ×1 年初權益結合法之合併資產負債表。

解答

×1年權益結合法之合併綜合損益表

銷貨收入	$3,000
銷貨成本	(1,600)
折舊費用	(70)
攤銷費用	–
銷管費用	(500)
所得稅費用	(250)
本期淨利	$ 580
其他綜合損益稅後淨額	0
綜合損益總額	$ 580

×1年初權益結合法之合併資產負債表

	丙公司	丁公司	丙、丁公司
	帳面金額	帳面價值	合併數
現金	$ 400	$ 30	$430
應收款項	150	50	200
存貨	150	50	200
股權投資	200	–	–
機器設備	400	250	650
無形資產	–		
商譽	–	–	–
總資產	$1,300	$380	$1,480*
應付款項	$ 400	$180	$580
股本	550	150	550
資本公積	(300)**	–	(300)**
保留盈餘	650	50	650
其他權益			
總負債與權益	$1,300	$380	$1,480

* 丙公司原總資產帳面金額 $1,300 (含對丁公司投資 $200)，丁公司原總資產帳面金額 $380，故權益結合法之合併資產負債表中之總資產數為 $1,300 − $200 + $380 = $1,480。

** 係表達就包含於合併財務報表中之丙、丁公司而言，支付其母公司天干公司 $500 取得 $200 之淨資產，差額 $300 即同對股東天干公司之投資返回。此投資返回造成之權益減少應先沖減相關之資本公積，不足之數再由保留盈餘減除。但本例中為詳明此差額係屬股東減資，並利於與釋例 12-5 對照，故以資本公積負數的方式呈現。

由釋例 12-5 與釋例 12-6 之比較可以發現，在淨資產之公允價值高於帳面金額之前提下，併購法之合併資產負債表中報導之資產與權益總額高於權益結合法之合併資產負債表報導數；而併購法之合併綜合損益表中報導之當期淨利低於權益結合法之合併綜合損益表報導數。故相同情況設定下，以併購法之合併財務報表計算出之普通股權益報酬率 (ROE) 與資產報酬率 (ROA) 較低，權益結合法之合併財務報表則使績效看來較佳。另如資產週轉率、存貨週轉率、流動比率與速動比率等常見比率之計算，因其牽涉資產總額、流動資產總額、存

貨、銷貨收入與銷貨成本等項目之金額，併購法之合併報表數字與權益結合法下之合併報表數字亦可能有所差異，將對該等財務比率造成影響，宜注意此項差異。

12.2 外幣之會計處理與影響

企業可能以外幣從事交易或擁有國外營運機構 (foreign operation) (國外營運機構係指一個個體，該個體為報導個體之子公司、關聯企業、聯合協議或分公司，其營運所在國家或使用之貨幣與報導個體不同。)，外幣相關之會計處理包含兩部分：外幣交易 (foreign currency transaction) 與財務報表於不同貨幣間轉換。外幣交易為以外幣計價或要求以外幣交割之交易。例如：買入或出售商品或勞務，其價格以外幣計價；借入或貸出資金，其應付或應收之金額係以外幣計價；取得或處分以外幣計價之資產，或發生或清償以外幣計價之負債。另外，企業得以任何貨幣 (或多種貨幣) 表達其財務報表，且企業可能擁有國外營運機構，故企業可能因應其不同目的，例如：基於法令規定提供特定幣別之財務報表或為編製合併財務報表等原因，需提供不同幣別之財務報表，而將財務報表於不同貨幣間轉換。

依據國際會計準則第 21 號「匯率變動之影響」，所謂外幣係指個體功能性貨幣以外之貨幣；而功能性貨幣 (functional currency) 係指個體營運所處主要經濟環境之貨幣，即所謂功能性貨幣為個體營運所處主要經濟環境通常係指主要產生及支用現金之環境；表達貨幣 (presentation currency) 係企業用以表達財務報表之貨幣。企業之財務報表最終應依據特定報導要求將財務報表以表達貨幣編製，故企業可能有超過一種以上之表達貨幣。財務報表通常依據其所在國家當地貨幣 (local currency) 編製財務報表，以符合所在國家主管機關申報要求；而依據國際財務報導準則要求，企業應決定其功能性貨幣，並以該功能性貨幣衡量其經營結果及財務狀況。然而，企業之功能性貨幣須依據營運所處主要經濟環境而決定，故功能性貨幣未必為表達貨幣。此外，當集團 (集團係指母公司及其所有子公司) 子公司之功能

性貨幣不同於母公司之表達貨幣時，子公司之經營結果及財務狀況應以與母公司相同之表達貨幣列報，以利後續合併財務報表之表達。以下分別說明外幣交易與財務報表換算之會計處理。

12.2.1 外幣交易

外幣交易之原始認列，應以外幣金額依交易日功能性貨幣與外幣間之即期匯率 (即立即交付之匯率) 換算為功能性貨幣記錄該交易。後續報導期間結束日之會計處理，須區分外幣交易產生之資產或負債為貨幣性項目 (貨幣性項目係指持有之貨幣單位，及收付具有固定或可決定數量之貨幣單位之資產或負債。) 或非貨幣項目：(1) 貨幣性項目：應以報導期間結束日之收盤匯率換算，而因該換算外幣貨幣性項目使用之匯率與當期原始認列或前期財務報表換算之匯率不同時，其所產生之兌換差額，應於發生當期認列為損益 (認列為綜合損益表之當期損益項下)；(2) 非貨幣性項目：若以歷史成本衡量之外幣非貨幣性項目，應以交易日之匯率 (即歷史匯率) 換算；若為以公允價值衡量之外幣非貨幣性項目，應以衡量公允價值當日之匯率換算之。以歷史成本衡量之外幣非貨幣性項目於後續衡量時不會產生兌換差額，係因以歷史匯率換算，換算後之金額即為交易日原始認列之換算後金額。除前述外之其他外幣非貨幣性項目因匯率變動產生之兌換差額，須視該非貨幣性項目之利益或損失被認列為當期損益項目或當期其他綜合損益項目而決定。當非貨幣性項目之利益或損失認列為損益時，該利益或損失之任何兌換組成部分亦應認列為損益 (認列為綜合損益表之當期損益項下)；而當非貨幣性項目之利益或損失認列為其他綜合損益時，該利益或損失之任何兌換組成部分亦應認列為其他綜合損益 (認列為綜合損益表之當期綜合損益項下)。

如前述說明，外幣非貨幣性項目在後續報導期間結束日之會計處理，可能以歷史成本或公允價值衡量，例如：依國際會計準則第 16 號「不動產、廠房及設備」之規定，不動產、廠房及設備可能以公允價值或歷史成本衡量，故若該金額以公允價值衡量時，則須依據前述規定分別以衡量公允價值決定當日之匯率或交易日之匯率 (歷史匯

率) 換算為功能性貨幣。另一情況為，某些非貨幣性項目的帳面金額須經由比較兩個以上金額所決定，例如：存貨之帳面金額係成本與淨變現價值孰低者 (國際會計準則第 2 號「存貨」)；資產減損係考量可能減損損失前之帳面金額與可回收金額兩者孰低者 (國際會計準則第 36 號「資產減損」)。當這些資產為以外幣衡量之非貨幣性項目時，其財報日之帳面金額為比較下列兩者而決定：(1) 成本或帳面金額按金額決定當日之匯率 (即以歷史成本衡量的項目為交易日之匯率) 換算；(2) 淨變現價值或可回收金額按價值決定當日之匯率 (例如報導期間結束日之收盤匯率) 換算。因此，前述存貨以成本與淨變現價值孰低衡量時或資產減損測試時，有可能發生以功能性貨幣比較時須認列減損損失，然而以外幣比較時卻無須認列減損損失之情形，或相反之情況。

釋例 12-7

甲公司於 ×1 年 11 月 1 日出售商品一批至美國 A 公司，售價為 $10,000 美元，該批商品之存貨為新台幣 200,000 元，該應收帳款之收現日為 ×2 年 1 月 31 日，且於該日將收現之 $10,000 美元兌換為新台幣。假設甲公司之功能性貨幣為新台幣，美國 A 公司之功能性貨幣為美元，×1 年無其他交易，而甲公司採用永續盤存制會計處理。相關匯率資料：×1 年 11 月 1 日、×1 年 12 月 31 日與 ×2 年 1 月 31 日新台幣兌美元之即期匯率分別為 30.78、31.11 與 31.02。

試作：

甲公司 ×1 年 12 月 31 日與 ×2 年 1 月 31 日應收帳款之金額為何？×1 年與 ×2 年甲公司之外幣交易兌換損益為何？

解答

甲公司分錄

(1) ×1 年 11 月 1 日交易日

應收帳款－美元	307,800	
銷貨收入		307,800
($10,000 × 30.78)		
銷貨成本	200,000	
存貨		200,000

(2) ×1 年 12 月 31 日報導期間結束日

　　應收帳款－美元　　　　　　　3,300
　　　　兌換損益　　　　　　　　　　　3,300
　　[$10,000 × (31.11 − 30.78)]

(3) ×2 年 1 月 31 日外幣帳款收現

　　兌換損益　　　　　　　　　　900
　　　　應收帳款－美元　　　　　　　900
　　[$10,000 × (31.02 − 31.11)]
　　現金　　　　　　　　　　310,200
　　　　應收帳款－美元　　　　　310,200

茲將該前述交易對甲公司之資產負債表與綜合損益表之影響列示如下：

甲公司 對資產負債表之影響彙整 ×2 年 1 月 31 日				
現金	$310,200			
		保留盈餘		
應收帳款	307,800	銷貨收入		$307,800
	3,300	銷貨成本		(200,000)
	(900)	兌換損益		3,300
	(310,200)			(900)
存貨	(200,000)			
對資產之影響	$110,200	對權益之影響		$110,200

甲公司 綜合損益表		
	×2 年	×1 年
銷貨收入	$　　0	$307,800
銷貨成本	0	(200,000)
毛利	$　　0	$107,800
兌換損益	(900)	3,300
稅前淨利	($900)	$111,100

在本釋例中，美國 A 公司 (買方公司) 之功能性貨幣為美元，故該交易並非美國 A 公司之外幣交易，不會產生兌換損益。

(1) ×1 年 12 月 31 日應收帳款 = $311,100

　　×2 年 1 月 31 日應收帳款 = $0

(2) ×1 年兌換利益 = $3,300

　　×2 年兌換損失 = $900

企業可能以外幣從事交易，當出售或買入商品或勞務，其價格以外幣計價將產生以外幣計價之銷貨或以外幣計價之進貨，匯率變動對前述外幣交易產生兌換損益之彙整如表 12-1。

▲ 表 12-1　外幣交易因匯率變動產生兌換損益之彙整

交易種類	暴露匯率變動之項目	兌換損益	
		匯率貶值	匯率升值
以外幣計價之銷貨	資產 (應收帳款)	兌換利益	兌換損失
以外幣計價之進貨	負債 (應付帳款)	兌換損失	兌換利益

依據國際財務報導準則規定，前述外幣交易因為匯率變動認列之兌換損益，將表達於綜合損益表之當期損益項下，然而國際財務報導準則並未強制區分損益要素為營業內或營業外 (繼續營業單位淨利區分為營業利益與營業外收入與支出為我國之特殊規定)，故國際財務報導準則未要求兌換損益應列示於營業利益或營業外收入與支出 (非營業項目) 項下。實務上可能出現將匯率變動認列之兌換損益列示於營業利益或營業外收入與支出項下之不同表達方式，故進行分析兌換損益時，可留意此一財務報表表達差異。

12.2.2　財務報表換算

企業得以任何一種貨幣 (或多種貨幣) 表達其財務報表，故財務報表可能在不同貨幣間換算。依據財務報表是否依據功能性貨幣編製，財務報表的換算包含兩種方式：(1) 由非功能性貨幣換算為功能性貨幣 (即財務報表使用非功能性貨幣編製)：採用時點法 (temporal method)；(2) 由功能性貨幣換算為表達貨幣 (即使用非功能性貨幣為表達貨幣)：採用現時匯率法 (current rate method)。因此，若財務報表以非功能性貨幣編製，且其功能性貨幣與表達貨幣不同時，將非功能性貨幣編製之財務報表換算為表達貨幣之財務報表，須先以時點法將非功能性貨幣換算為功能性貨幣，再以現時匯率法將以功能性貨幣編製之財務報表換算為表達貨幣。財務報表之換算關係如表 12-2 所示。

▲ 表 12-2　個體財務報表換算關係

	財報編製貨幣、功能性貨幣與表達貨幣之關係					財務報表換算方法
情況一	財報編製貨幣	≠	功能性貨幣	=	表達貨幣	時點法
情況二	財報編製貨幣	=	功能性貨幣	≠	表達貨幣	現時匯率法
情況三	財報編製貨幣	≠	功能性貨幣	≠	表達貨幣	時點法與現時匯率法

由非功能性貨幣換算為功能性貨幣 (即財務報表使用非功能性貨幣編製)——時點法

當個體並不是以功能性貨幣登載帳簿及記錄，個體在編製財務報表時，須將所有金額採用時點法之規定換算為功能性貨幣，以使轉換後之財務報表產生與原始交易發生時就以功能性貨幣記錄這些項目下，其應有之以功能性貨幣記帳之金額。由於功能性貨幣為個體營運所處主要經濟環境之貨幣，以功能性貨幣記錄個體之各種交易，才能適當反映個體之經營結果及財務狀況。

採用時點法時，如同前述說明，外幣交易之後續報導期間結束日之會計處理，須區分資產或負債為貨幣性項目或非貨幣性項目：貨幣性項目應以收盤匯率換算為功能性貨幣；非貨幣性項目中若以歷史成本基礎衡量，則以認列交易當日之匯率換算，非貨幣性項目中若以公允價值衡量，則應以衡量公允價值決定當日之匯率換算。另外，有關損益相關項目適用之匯率，須視損益項目是否與非貨幣性項目有關而決定，若與非貨幣性項目以歷史成本基礎衡量有關之損益項目，則依歷史匯率換算；若與非貨幣性項目以公允價值基礎衡量有關之損益項目，則依公允價值決定當日之匯率換算；而其他損益項目則以損益認

列交易日匯率換算。但基於實務之理由，通常使用近似於交易日匯率之匯率換算收益及費損項目 (例如當期平均匯率)，惟若匯率波動劇烈時，則採用某一期間之平均匯率並不適當。

採用時點法時，某些非貨幣性項目相關之損益金額需比較兩個以上金額所決定，故並非直接將該損益金額以某一匯率換算而得。舉例以下三種情況說明：(1) 依據國際會計準則第 16 號「不動產、廠房及設備」之規定，認列不動產、廠房及設備之重估減值損失，應計算「重估前不動產、廠房及設備帳面金額乘以認列該帳面金額交易當日之匯率換算」與「重估後不動產、廠房及設備之帳面金額 (公允價值) 乘以公允價值決定當日之匯率換算」，前述兩換算後金額的差額才為財務報表中應有之不動產、廠房及設備重估減值損失；(2) 依據國際會計準則第 2 號「存貨」之帳面金額係成本與淨變現價值孰低者，應比較「存貨成本按該成本金額決定當日之匯率 (即為交易日之匯率) 換算」與「淨變現價值按價值決定當日之匯率換算」之金額後，決定存貨應認列之跌價損失 (認列於銷貨成本項下)；(3) 依據國際會計準則第 36 號「資產減損」考量可能減損損失前之帳面金額與可回收金額兩者孰低者，應比較「可能減損損失前之帳面金額，該金額決定當日之匯率 (即為交易日之匯率) 換算」與「可回收金額按價值決定當日之匯率換算」之金額後，決定應認列之減損損失金額。

另外，時點法下銷貨成本金額應考慮成本流動假設，依據期初存貨、本期進貨與期末存貨中，該存貨 (非貨幣性項目) 認列交易當日之匯率換算後，再計算應有之銷貨成本金額。有關權益項目之換算，國際會計準則第 21 號「匯率變動之影響」並未特別規範權益項目之換算，實務上保留盈餘以外之權益項目為依據交易發生日歷史匯率換算，保留盈餘為前期財務報表之保留盈餘換算後金額，調整本期變動數而得，其中股利則以股利宣告日之匯率換算，淨利 (或淨損) 則以綜合損益表之淨利 (或淨損) 項目換算後之金額。

由功能性貨幣換算為表達貨幣 (即使用非功能性貨幣為表達貨幣)──現時匯率法

企業之財務報表最終應依據特定報導要求，將財務報表換算為表

達貨幣,故企業可能有超過一種以上之表達貨幣。當表達貨幣與個體之功能性貨幣不同時,個體須以現時匯率法將依據功能性貨幣編製之財務報表換算為表達貨幣 (或多種表達貨幣),以表達其經營結果及財務狀況。是以,以現時匯率法換算為表達貨幣之財務報表,仍應保留其以功能性貨幣反映之經營結果及財務狀況。

採用現時匯率法下,資產負債表 (包括比較報表) 之資產與負債以資產負債表日之收盤匯率換算;每一表達於損益表及其他綜合損益表 (即包括比較報表) 之收益、費損及其他綜合損益項目則以損益認列交易日之匯率換算;所有因換算而產生之兌換差額均認列為其他綜合損益。有關權益項目之換算,如同前述時點法之說明,實務上保留盈餘以外之權益項目為依據交易發生日歷史匯率換算,保留盈餘為前期財務報表之保留盈餘換算後金額,調整本期變動數而得,其中股利則以股利宣告日之匯率換算,淨利 (或淨損) 則以綜合損益表之淨利 (或淨損) 項目換算後之金額。表 12-3 彙整由非功能性貨幣換算為功能性貨幣 (時點法) 與由功能性貨幣換算為表達貨幣 (現時匯率法) 適用之換算匯率。

表 12-3 財務報表換算適用之匯率

	非功能性貨幣換算為功能性貨幣 (時點法)	由功能性貨幣換算為表達貨幣 (現時匯率法)
資產負債表項目		
貨幣性項目	收盤匯率	收盤匯率
非貨幣性項目		
－以歷史成本衡量	認列交易當日之匯率 (歷史匯率)	收盤匯率
－以公允價值衡量	公允價值決定當日之匯率	收盤匯率
股本	歷史匯率	歷史匯率
保留盈餘	期初換算後金額調整本期變動數	期初換算後金額調整本期變動數
股利	股利宣告日	股利宣告日
綜合損益表項目		
與非貨幣性項目相關	對應之非貨幣性項目匯率	損益認列交易日之匯率
其他項目	損益認列交易日之匯率	損益認列交易日之匯率
財務報表換算兌換差額	認列於當期損益	認列於當期其他綜合損益

釋例 12-8

甲投資公司主管要求研究員分析一跨國公司乙公司之財務報表資訊。乙公司之營運與企業總部設立在台灣台北，乙公司之功能性貨幣為新台幣，然而乙公司有一重要美國子公司 (丙公司) 投資。該研究員分析丙公司以美元表達之財務報表以時點法與現時匯率法換算時之差異，並分析財務報表換算對財務比率之影響，提出報告如下：

(1) 有關美國子公司財務報表換算方法之說明

情況一：若美國子公司之營運與母公司業務間高度整合，子公司僅出售自母公司進口之商品，並將收到之貨款匯回母公司，因此美國子公司為母公司業務之延伸，此情況應採用現時匯率法換算美國子公司之財報。

情況二：若美國子公司之營運、投資與融資活動均以美元 (子公司所在地貨幣) 進行，即美國子公司之營運具高度自主性，此情況應採用時點法換算美國子公司之財報。

(2) 美國子公司財務報表 (以美元表達)

丙公司
資產負債表
×8年12月31日
單位：美元

資產		負債及權益	
現金及約當現金	$387,500	負債	
存貨	300,000	應付帳款	$ 62,500
不動產、廠房及設備	365,000	長期負債	200,000
		負債合計	$ 262,500
		權益	
		股本	$267,500
		保留盈餘	522,500
		權益合計	790,000
資產總計	$1,052,500	負債及權益總計	$1,052,500

丙公司
綜合損益表
×8年度
單位：美元

銷貨	$676,000
銷貨成本	(602,500)
毛利	$ 73,500
折舊費用	(70,000)
淨利	$ 3,500

(3) 其他資訊：

① 匯率資訊 (新台幣 / 美元)：

×4 年 1 月 1 日	30.50
×7 年平均匯率	30.44
×7 年 12 月 31 日	30.48
×8 年平均匯率	30.35
×8 年 9 月 30 日	30.37
×8 年 12 月 31 日	30.32

② 丙公司存貨採先進先出法，×8 年期初存貨係於 ×7 年度平均購入，且 ×8 年期末存貨係於 ×8 年度平均購入。

③ ×8 年 9 月 30 日宣告且發放現金股利 $12,500 美元。

④ 所有不動產、廠房及設備均於丙公司成立時 (×4 年 1 月 1 日) 購入，且至 ×8 年 12 月 31 日止並無新購置不動產、廠房及設備。

⑤ 丙公司於成立時發行普通股，且截至 ×8 年 12 月 31 日止並未再增發新股或減資。

⑥ ×8 年度期初保留盈餘為新台幣 $16,844,375 元。

⑦ ×8 年 12 月 31 日應付帳款之餘額均發生於 ×8 年 9 月 30 日。

⑧ 美國子公司丙公司之業務與台灣母公司乙公司之業務高度整合。

⑨ ×8 年 12 月 31 日在時點法下換算之存貨金額為新台幣 $9,281,000 元，且 ×8 年度時點法衡量下之銷貨成本為新台幣 $18,758,300 元。

⑩ ×7 年 12 月 31 日，丙公司長期負債之餘額為 $233,850 美元，而其他貨幣性資產及貨幣性負債餘額與 ×8 年 12 月 31 日之相對科目餘額相同。

試作：

(1) 研究報告中，說明情況一與情況二之財務報表換算方法是否正確？

(2) 相對於另一情況，即「若假設匯率於 ×8 年維持不變 (維持在 ×7 年 12 月 31 日之 30.48)」，則以題目給定之匯率資訊，將子公司之財報換算為新台幣後，其對母公司 ×8 年度之銷貨收入金額影響為較高、相同或較低？

(3) 相對於時點法，以下母公司財務報表要素在現時匯率法下之金額為較高、相同或較低？

① 現金及約當現金

② 折舊費用

③ 銷貨成本

④ 股本

⑤ 股利
(4) 採用適當之財報換算方法，計算母公司 ×8 年度財務報表中，子公司財報之換算損益？
(5) 相對於時點法，在現時匯率法下 ×8 年之固定資產週轉率較高、相同或較低？
(6) 假設母公司以現時匯率法換算子公司之 ×8 年之財報。則丙公司以美元 (財報換算前) 及新台幣 (財報換算後) 計算之總資產週轉率與淨利率是否相同？

解答

(1) 情況一：不正確，應採用時點法。

說明：若美國子公司之營運與母公司業務間高度整合，則子公司之功能性貨幣為母公司貨幣 (新台幣)，即與母公司表達貨幣相同，故應採用時點法換算美國子公司之財報 (美元) 為功能性貨幣 (新台幣) 財報。

情況二：不正確，應採用現時匯率法。

說明：若美國子公司之營運具高度自主性，美國子公司將以當地貨幣 (美元) 為功能性貨幣，將不同於母公司之表達貨幣 (新台幣)，故應採用現時匯率法換算美國子公司之財報 (美元) 為財報之表達貨幣 (新台幣)。

(2) 由於美元為貶值之情況，故將子公司之財報換算為新台幣後，將使母公司 ×8 年度之銷貨收入金額較低。

(3)

	較高	相同	較低
(1) 現金及約當現金	—	✓	—
(2) 折舊費用	—	—	✓
(3) 銷貨成本	—	—	✓
(4) 股本	—	✓	—
(5) 股利	—	✓	—

說明：

① 折舊費用與銷貨成本，在時點法下以歷史匯率，但現時匯率法下以損益認列交易日之匯率 (或實務上以平均匯率)。因美元貶值，故折舊費用與銷貨成本在現時匯率法下較低。

② 現金及約當現金，在時點法與現時匯率法下均以財報日之即期匯率換算。

③ 股本及股利，在時點法與現時匯率法下均為普通股發行時及股利宣告時之匯率換算。

(4) 認列之子公司財報換算損失為新台幣 $43,300 元。說明如下：

步驟 1：非功能性貨幣換算為功能性貨幣 (時點法)。

	×8年 (美元)	匯率	×8年 (新台幣)
現金及約當現金	$ 387,500	30.32	$11,749,000
存貨	300,000	其他資訊項目 (9)	9,281,000
不動產、廠房及設備 (淨額)	365,000	30.50	11,132,500
資產總計	$1,052,500		$32,162,500
應付帳款	62,500	30.32	1,895,000
長期借款	200,000	30.32	6,064,000
股本	267,500	30.50	8,158,750
保留盈餘	522,500	(1)	16,044,750
負債及權益總計	$1,052,500		$32,162,500

① 期末保留盈餘之計算：

新台幣 $32,162,500 元 (資產) − 新台幣 $1,895,000 元 (應付帳款) − 新台幣 $6,064,000 元 (長期借款) − 新台幣 $8,158,750 元 (股本) = 新台幣 $16,044,750 元。

步驟 2：由期初保留盈餘、期末保留盈餘與股利金額，計算淨利金額。

	新台幣	
期初保留盈餘	$16,844,375	其他資訊項目 (6)
淨利	(420,000)	由步驟 3 計算而得
股利	(379,625)	($12,500 × 30.37)
期末保留盈餘	$16,044,750	由步驟 1 而得

步驟 3：以時點法換算淨利金額。

	×8年 (美元)	匯率	×8年 (新台幣)
銷貨收入	$ 676,000	30.35	$20,516,600
銷貨成本	(602,500)	其他資訊項目 (9)	(18,758,300)
折舊費用	(70,000)	30.50	(2,135,000)
兌換損益		(2)	(43,300)
淨利	$ 3,500	由步驟 2 而得	$ (420,000)

② 時點法換算財報之兌換損益：

新台幣 $20,516,600 元 (銷貨收入) − 新台幣 $18,758,300 元 (銷貨成本) − 新台幣 $2,135,000 元 (折舊費用) + 兌換損益 = 新台幣 $420,000 元 (淨損)

兌換損益 = 新台幣 $43,300 元

(5) 較高。說明如下：

	現時匯率法	時點法
固定資產週轉率 $= \dfrac{銷貨收入}{不動產、廠房及設備}$	$=\dfrac{\$676,000 \times 30.35}{\$365,000 \times 30.32}$ $=\dfrac{\$20,516,600}{\$11,066,800}$ $= 1.85 \text{ 倍}$	$=\dfrac{\$676,000 \times 30.35}{\$365,000 \times 30.5}$ $=\dfrac{\$20,516,600}{\$11,132,500}$ $= 1.84 \text{ 倍}$

(6) ① 總資產週轉率：不同。

說明：總資產週轉率 $= \dfrac{銷貨收入}{總資產}$，換算為新台幣時，分子 (銷貨收入) 以損益認列交易日之匯率 (或實務上以平均匯率) 換算為新台幣，分母 (總資產) 以財報日即期匯率換算，分子與分母適用之匯率不同。

② 淨利率：相同。

說明：淨利率 $= \dfrac{淨利}{銷貨收入}$，分子 (淨利) 與分母 (銷貨收入) 均以損益認列交易日之匯率 (或實務上以平均匯率) 換算為新台幣，適用之匯率相同。

習 題

問答題

1. 投資公司持有被投資公司之普通股時，是否將此投資必然列入透過損益按公允價值衡量之金融資產或透過其他綜合損益按公允價值衡量之股票投資？

2. 投資公司持有被投資公司之普通股時，視其對被投資公司之影響力程度而於合併財務報表中對投資有不同之表達，各類影響力程度下應作之表達為何？

3. 當投資公司對取得被投資公司股權時，何種情況表示被投資公司有商譽存在？投資公司如何表達其取得之被投資公司商譽？

4. 財務報告中之外幣係指何種貨幣？何謂功能性貨幣？何謂表達貨幣？母子公司的功能性貨幣

不同時，母公司應如何處理子公司依功能性貨幣編製之財務報表？

5. 外幣交易應如何作原始認列與後續衡量？
6. 財務報表之換算有哪兩種方式？各應使用在何種情況下？

選擇題

1. 表達母公司及子公司合併後財務狀況與經營績效之財務報表為
   (A) 合併財務報表　　　　　　　　(B) 個體財務報表
   (C) 單獨財務報表　　　　　　　　(D) 個別財務報表

2. 表達母公司本身財務狀況及財務績效，且編製時對包括子公司在內的長期股權投資係採權益法評價之財務報表為
   (A) 合併財務報表　　　　　　　　(B) 個體財務報表
   (C) 單獨財務報表　　　　　　　　(D) 個別財務報表

3. 下列敘述何者錯誤？
   (A) 分類為「透過損益按公允價值衡量之金融資產」之股權投資係以公允價值表達於資產負債表
   (B) 分類為「透過其他綜合損益按公允價值衡量之股票投資」之股權投資係以公允價值表達於資產負債表
   (C) 分類為「透過損益按公允價值衡量之金融資產」之股權投資其評價損益係計入綜合損益表中之本期淨利中
   (D) 分類為「透過其他綜合損益按公允價值衡量之股票投資」之股權投資其評價損益係計入綜合損益表中之本期淨利中

4. 下列關於分類為「透過損益按公允價值衡量之金融資產」之股權投資之敘述何者錯誤？
   (A) 以公允價值表達於資產負債表
   (B) 收取之股利計入綜合損益表中之本期淨利中
   (C) 評價損益發生時係計入綜合損益表中之其他綜合損益中
   (D) 評價損益永遠不會計入綜合損益表中之本期淨利中

5. 下列何種股權投資所收取之股利收入會使綜合損益表中之本期淨利增加？①透過損益按公允價值衡量之金融資產；②透過其他綜合損益按公允價值衡量之股票投資；③採用權益法之投資；④具控制力之子公司投資
   (A) ①②　　　　　　　　　　　　(B) ①③
   (C) ③④　　　　　　　　　　　　(D) ①②③④

6. 關於同一股權投資分別於採用權益法之個體財務報表與採用併購法之合併財務報表中,下列比較何者錯誤?
   (A) 合併財務報表中歸屬於母公司之本期淨利與個體財務報表中之本期淨利相等
   (B) 合併財務報表中歸屬於母公司之綜合損益總額與個體財務報表中之綜合損益總額相等
   (C) 合併財務報表中歸屬於母公司之權益金額與個體財務報表中之權益金額相等
   (D) 合併財務報表中之資產負債金額與個體財務報表中之資產負債金額相等

7. 當投資公司取得被投資公司控制時而編製採用併購法之合併財務報表,下列敘述何者錯誤?
   (A) 除商譽外,被投資公司之資產以公允價值與投資公司資產之帳面金額合計
   (B) 被投資公司之負債以公允價值與投資公司負債之帳面金額合計
   (C) 被投資公司之權益以公允價值與投資公司權益之帳面金額合計
   (D) 列示之被投資公司商譽可能為全部被投資公司商譽,也可能僅包含投資公司擁有被投資公司部分之商譽

請依下列資訊回答 8-15 題。×1 年 12 月 31 日,以新台幣為功能性貨幣及表達貨幣的史蒂芬柯瑞公司在美國以自有現金 $600,000 美元與借入之 $400,000 美元 (當日匯率為 $1 美元 = 新台幣 $30 元),於舊金山設立金州勇士子公司。公司成立當日並立即購入辦公大樓與設備 $400,000 美元及商品存貨 $100,000 美元。史蒂芬柯瑞公司預期新台幣對美元之匯率將持續升值,並預期美國將一直維持輕微之通貨膨脹。

8. 若新台幣對美元之匯率將持續升值且美國將維持輕微之通貨膨脹,則金州勇士子公司的存貨在下列何種衡量方式下,將使史蒂芬柯瑞公司的銷貨毛利最大?
   (A) 先進先出及時點法   (B) 先進先出及現時匯率法
   (C) 加權平均及時點法   (D) 加權平均及現時匯率法

9. 若史蒂芬柯瑞公司決定金州勇士子公司之功能性貨幣為新台幣,則史蒂芬柯瑞母公司應將金州勇士子公司以美元記錄之不動產及設備以下列何種匯率換算?
   (A) 報導期間之平均匯率   (B) 購買不動產及設備當日之匯率
   (C) 報導期間結束日之匯率   (D) 購買不動產及設備當期之平均匯率

10. 若史蒂芬柯瑞公司決定金州勇士子公司之功能性貨幣為新台幣,則史蒂芬柯瑞母公司應將金州勇士子公司以美元記錄之應收帳款以下列何種匯率換算?
    (A) 報導期間之平均匯率   (B) 賒銷收入認列當日之匯率
    (C) 報導期間結束日之匯率   (D) 認列賒銷收入當期之平均匯率

11. 若史蒂芬柯瑞公司決定金州勇士子公司之功能性貨幣為美元,則史蒂芬柯瑞母公司應將金州

勇士子公司以美元記錄之存貨以下列何種匯率換算？
(A) 報導期間之平均匯率 (B) 存貨認列當日之匯率
(C) 報導期間結束日之匯率 (D) 認列存貨當期之平均匯率

12. 若史蒂芬柯瑞公司決定金州勇士子公司之功能性貨幣為新台幣，則史蒂芬柯瑞母公司應將金州勇士子公司以美元記錄之 $400,000 借款以下列何種匯率換算？
(A) 報導期間之平均匯率 (B) 借款認列當日之匯率
(C) 報導期間結束日之匯率 (D) 借款當期之平均匯率

13. 若史蒂芬柯瑞公司決定金州勇士子公司之功能性貨幣為美元，則史蒂芬柯瑞母公司應將金州勇士子公司以美元記錄之 $400,000 借款產生之利息費用以下列何種匯率換算？
(A) 報導期間之平均匯率 (B) 借款認列當日之匯率
(C) 報導期間結束日之匯率 (D) 借款當期之平均匯率

14. 若史蒂芬柯瑞公司決定金州勇士子公司之功能性貨幣為美元，且金州勇士子公司之存貨在報導期間結束日減損至淨變現價值。則史蒂芬柯瑞母公司應將金州勇士子公司以美元紀錄之減損後存貨以下列何種匯率換算？
(A) 報導期間之平均匯率 (B) 存貨認列當日之匯率
(C) 報導期間結束日之匯率 (D) 認列存貨當期之平均匯率

15. 若新台幣對美元之匯率將持續升值，且史蒂芬柯瑞公司決定金州勇士子公司之功能性貨幣為美元，則史蒂芬柯瑞母公司最可能報告：
(A) 財務報表產生其他綜合損益利益 (B) 財務報表產生其他綜合損益損失
(C) 財務報表之其他綜合損益不變 (D) 無法推測財務報表之其他綜合損益如何變化

練習題

1. 甲公司於 ×1 年初以每股 $20 購入 A 股票 2,000 股，分類為透過其他綜合損益按公允價值衡量之股票投資，該股票 ×1 年底與 ×2 年底之每股公允價值各為 $15 與 $22。該公司於 ×2 年中以每股 $21 出售該股票半數。若不考慮所得稅與交易成本，請問關於甲公司對乙公司之股權投資對甲公司 ×1 年度與 ×2 年度之本期淨利與其他綜合損益總額之影響數為何？

2. 甲公司於 ×1 年初以 $150,000 取得乙公司 40% 普通股，並分類為採用權益法之投資（乙公司之可辨認淨資產之帳面金額與公允價值相等）。乙公司 ×1 年度之綜合損益總額為 $100,000，並宣告發放現金股利 $20,000。請問甲公司對乙公司之股權投資於 ×1 年底之餘額為何？

3. 甲公司於 ×1 年初以公允價值 $150,000 取得乙公司 60% 普通股並取得控制。乙公司 ×1 年

初之資產為現金 (帳面金額與公允價值均為 $60,000) 與土地 (帳面金額 $80,000，公允價值 $160,000)；負債之帳面金額與公允價值則均為 $20,000。請問以下列兩種衡量非控制權益之方式，計算甲公司因取得乙公司而應於合併財務報表認列之商譽金額為何？(1) 按非控制權益持股比例之被投資公司可辨認淨資產公允價值；(2) 非控制權益公允價值為 $90,000。

4. 功能性貨幣為新台幣的甲公司於 ×1 年 10 月 1 日出售商品一批賒銷至美國，售價為 $100,000 美元，該批商品存貨之帳面金額為新台幣 1,800,000 元，該應收帳款之收現日為 ×2 年 3 月 31 日，且於該日將收現之美元 $100,000 兌換為新台幣。甲公司於 ×1 年與 ×2 年無其他交易，且甲公司採用永續盤存制會計處理。相關匯率資料：×1 年 10 月 1 日、×1 年 12 月 31 日與 ×2 年 3 月 31 日新台幣兌換美元之即期匯率分別為 30、31 與 29。請問甲公司 ×1 年 12 月 31 日與 ×2 年 1 月 31 日應收帳款之金額為何？×1 年與 ×2 年甲公司之外幣交易兌換損益為何？

5. 甲公司為營運與企業總部設立在台灣之公司，其會計副總李家承要求會計小姐范兵兵編製甲公司 ×4 年度之合併財務報表，甲公司有一家百分之百持股之香港子公司──長江公司，且香港長江子公司之業務與台灣甲公司之業務高度整合。長江公司 ×4 年度以港幣表達之財務報表如下：

長江公司
資產負債表
×4 年 12 月 31 日

單位：港幣

資產		負債及權益	
現金及約當現金	$ 581,250	負債	
應收帳款	150,000	應付帳款	$ 93,750
存貨	450,000	長期負債	450,000
不動產、廠房及設備	547,500	負債合計	$ 543,750
		權益	
		股本	$401,250
		保留盈餘	783,750
		權益合計	1,185,000
資產總計	$1,728,750	負債及權益總計	$1,728,750

長江公司
綜合損益表
×4 年度

單位：港幣

銷貨	$1,014,000
銷貨成本	(903,750)
毛利	$ 110,250
折舊費用	(105,000)
淨利	$ 5,250

其他資訊：

(1) 匯率資訊 (新台幣 / 港幣)

　　×0 年 1 月 1 日　　　3.14

　　×3 年平均匯率　　　3.35

　　×3 年 12 月 31 日　　3.42

　　×4 年平均匯率　　　3.40

　　×4 年 7 月 31 日　　3.39

　　×4 年 8 月 31 日　　3.38

　　×4 年 12 月 31 日　　3.46

(2) 長江公司存貨採先進先出法，×4 年期初存貨係於 ×3 年度平均購入，且 ×4 年期末存貨係於 ×4 年 8 月 31 日購入。

(3) ×4 年 8 月 31 日宣告且發放現金股利 18,750 港幣。

(4) 所有不動產、廠房及設備均於長江公司成立時 (×4 年 1 月 1 日) 購入，且至 ×4 年 12 月 31 日止並無新購置不動產、廠房及設備。

(5) 長江公司於成立時發行普通股，且截至 ×4 年 12 月 31 日止並未再增發新股或減資。

(6) ×4 年度期初保留盈餘為新台幣 1,966,500 元。

(7) ×4 年 12 月 31 日應付帳款之餘額均發生於 ×4 年 7 月 31 日。

(8) ×4 年度時點法衡量下之銷貨成本為新台幣 3,050,000 元。

(9) ×7 年 12 月 31 日，長江公司長期負債之餘額為 350,775 港幣，而其他貨幣性資產及貨幣性負債餘額與 ×4 年 12 月 31 日之相對科目餘額相同。

請依據前述資料，回答以下問題 (1) 至 (5)：

(1) 請問長江子公司財務報表之換算應採用哪一會計處理？

(2) 相對於時點法，×4年度下列合併財務報表要素在現時匯率法下之金額為較高、相同或較低？(a) 應收帳款；(b) 折舊費用

(3) 相對於時點法，在現時匯率法下 ×4 年之固定資產週轉率為較高、相同或較低？

(4) 採用適當之財務報表換算方法，計算母公司 ×4 年度財務報表之中屬於子公司財務報表之換算損益？

(5) 若長江子公司以港幣進行營運、投資與籌資活動，及營運具高度自主性。請問長江子公司財務報表之換算應採用哪一會計處理？另外，在此情況下，母公司 ×4 年度財務報表之當期損益中認列屬於子公司財報之兌換損益為何？

索引

一畫

一般公認會計原則　Generally Accepted Accounting Principles, GAAP　30

一般公認審計準則　Generally Accepted Auditing Standards, GAAS　39

四畫

中立　neutral　34
內含價值　intrinsic value　296
公允表達　fair presentation　30
公司自由現金流量　Free Cash Flow to the Firm, FCFF　356
公開債券價格　Bond Price　385
分割　spinoff　344
少數股權折價　minority discount　382
比率分析　Ratio Analysis　134
毛利率　Gross Profit Margin　222

五畫

功能性貨幣　functional currency　426
可了解性　understandability　34
可比性　comparability　34
可買回特別股　callable preferred stock　269
可轉換特別股　convertible preferred stock　269
可驗證性　verifiability　34
外部信用評等　Equity and Bond Rating　385

外幣交易　foreign currency transaction　426
市場基礎法　Market Approach　352, 377
平均付款天數　days to pay payable　169
平均收現期間　average collection period　162
本益比　price-earnings ratio, P/E Ratio　279, 378
目的　objectives　32

六畫

企業加權平均資金成本　Weighted Average Cost of Capital, WACC　359
企業個體假設　entity assumption　33
全含所得觀念　all-inclusive concept　245
共同比綜合損益表　common size comprehensive income statement　221
因果關係　association of cause and effect　250
存貨週轉天數　inventory turnover in days　166
存貨週轉率　inventory turnover (in times)　164, 232
存貨銷售天數　days to sell inventory　166
成本法　Cost Approach　350
收入　revenue　37
收入費用配合　matching　249
收入實現　revenue recognition　249
收益　income / revenues　34, 250
收益基礎法　Income Approach　351
有效利率　effective interest rate　62

自公司角度的自由現金流量　FCF available to the firm　327
自由現金流量　free cash flow, FCF　158, 326
自由現金流量折現法　Discounted Free Cash Flow　352
自股東角度的自由現金流量　FCF available to equity shareholders　327

七　畫

免於錯誤　free from error　34
利息保障倍數　times interest earned　205
利益／利得　gain　37, 250
利潤　profit　36
否定意見　adverse opinion　39
完整　complete　34
投入資本　paid-in capital　265
投資活動　investing activities　5, 305
折價　discount　382
攸關性　relevance　33
杜邦系統分析　DuPont System　237
每股股利　Dividend Per Share　280
每股盈餘　Earnings Per Share, EPS　278
每股現金流量　cash flow per share　330
決策有用　decision usefulness　44
系統且合理的方式分攤　systematic and rational allocation　250

八　畫

其他綜合損益　other comprehensive income, OCI　60, 306

固定支出涵蓋倍數　fixed charge coverage ratio　208
忠實表述　faithful representation　33
狀況　financial position　36
直接法　direct method　310
股東權益報酬率　Return on Owner's Equity, ROE　227
股價淨值比　Price to Book Value Ratio, P/B Ratio　289, 378
股價銷售比　Price to Sales Ratio, P/S Ratio　379
表達貨幣　presentation currency　426
金融創新　financial innovation　81
長期資金占固定資產比率／固定資產適合率　long-term capital to fixed assets ratio　202
附加價值報導　value-added reporting　251

九　畫

保留盈餘　retained earnings　265
保留意見　qualified opinion　39
品質特性　qualitative characteristics　32
持有供交易　held for trading　60
持續成長比率　Sustainable Growth Rate, SGR　292
持續性　persistence　307
政治壓力　political sensitivity　249
查核　audit　249
洗大澡　take a big bath　249
流動比率　current ratio　170
流動性折價　liquidity discount　382

盈餘力　earnings power　107
盈餘品質　earnings quality　109
盈餘管理　earnings management　44
相對評價模式　Comparable Company Multiples　377
約當現金　cash equivalent　59, 163
負債　liabilities　34
負債比率　debt ratio　197
負債能力　debt capacity　375
負債對股東權益比率　debt to equity ratio　200
重大性　materiality　34
重分類　reclassification　102
重分類調整　reclassification adjustment　102
重組改造　reorganization　344
重製成本法　reproduction cost　350
首次公開募股　initial public offering, IPO　272

十　畫

修正式意見　modified unqualified opinion　39
原則式準則　principles-based standards　33
時效性　timeliness　34
時點法　temporal method　431
核閱　review　249
特別股　preferred share　207
純益率　Net Profit Margin　223
託管　stewardship　39, 44
財務狀況　financial position　4
財務狀況表　Statement of Financial Position　53
財務結構　financial structure　196

財務槓桿　financial leverage　190
財務槓桿指數　financial leverage index　194, 241
財務綜效　financial synergy　375
配合原則　matching principle　36

十一　畫

停業單位損益　discontinued operations　224
動態分析　Dynamic Analysis　136
國外營運機構　foreign operation　426
國際財務報導準則　International Financial Reporting Standards, IFRS　8
基本品質特性　fundamental qualitative characteristics　33
基本假設　assumptions　32
強化性品質特性　enhancing qualitative characteristics　33
控制權溢價　control premium　382
淨利率　return of sales, ROS　223
淨剩餘會計　Clean Surplus Accounting　364
淨營業循環　net operating cycle　179
現狀價值　status quo value　375
現金再投資比率　cash reinvestment ratio　331
現金股息折現模型　Dividend Discount Model　352
現金流量　cash flow　5
現金流量允當比率　cash flow adequacy ratio　330
現金流量比率　cash flow ratio　175, 329

現金流量折現法　Discounted Cash Flow Method, DCF　352
現金基礎　cash basis　306
現時匯率法　current rate method　431
異常應計數　abnormal accruals　46
累計其他綜合損益　accumulated other comprehensive income　246

十二畫

統計計量分析　Statistical Approaches　385
貨幣衡量假設　unit of measurement assumption　33
透過其他綜合損益按公允價值衡量　fair value through other comprehensive income, FVOCI　60
透過損益按公允價值衡量　fair value through profit or loss, FVPL　60
速動比率　quick ratio　172
剩餘淨利持續性　abnormal earnings persistence　365
剩餘淨利評價法　Residual Income Valuation　364
剩餘權益　residual interests　35
單方面移轉　non-reciprocal transfers　250
揭露擬制性ROTE　pro forma return on average tangible common shareholders' equity　247
普通股　common stock　207
期中財務報表　interim reports　221
無法表示意見　disclaimer　39
無保留意見　unqualified opinion　39

發放現金股利的能力　dividend-paying capacity　356
短期防護比率　short-term defensive interval ratio　177
短期涵蓋比率　short-term coverage ratio　177
稅後營業淨利　Net Operating Profits Less Adjusted Taxes, NOPLAT　358
稅盾效果　tax shield　189
裁決性應計數　discretionary accruals　46
費用　expenses　37, 250
間接法　indirect method　310

十三畫

損失　losses　37, 250
損益平穩化　income smoothing　249
損益實現時點　timing of transactions　249
會計恆等式/會計方程式　accounting equation　4
會計期間假設　accounting period assumption　33
會計慣例　conventions　30
準則公報　Statement of Financial Accounting Standards　32
溢價　premium　382
當地貨幣　local currency　426
當期之其他綜合損益　other comprehensive income　245
當期淨利　net income　245
節省成本法　estimation of cost saving　350
經常　recurring　107

補償性餘額　compensating balance　59
資本　capital stock　265
資本結構　capital structure　196
資本維持　capital maintenance　88
資本維持的觀念　concept of capital maintenance　36
資產　assets　34
資產／負債說　asset/liability view　36
資產結構　asset structure　195

十四　畫

對等交換之交易　exchange transactions　250
槓桿比率　leverage ratio　200
管制措施　regulations　30
綜合損益　comprehensive income　221, 245
認列為費用　immediate recognition　250
遠期合約　forward　60, 62
酸性測驗比率　acid-test ratio　172

十五　畫

增減比較分析　Comparative Analysis　137
敵意接管　hostile takeover　43
獎酬合約　bonus & compensation contract　249
調整後淨值／調整後帳面金額　Adjusted Book Value　382

十六　畫

選擇權　option　60

十七　畫

償債基金　sinking fund　207
償債基金帳戶　sinking fund account　208
優先認股權　preemptive right　268
應付帳款週轉率　accounts payable turnover　231
應付款項週轉天數　accounts payable turnover in days　169
應付款項週轉率　account payables turnover in times　168
應收帳款週轉率　accounts receivable turnover　230
應收款項週轉天數　receivable turnover in days　162
應收款項週轉率　receivables turnover in times　160
應計基礎　accrual basis　33, 305
應計項目　accrual items　249
應計數　accruals　46
擬制性　pro forma　22
擬制性盈餘　pro forma earnings　246
擬制性財務資訊　pro forma financial information　221, 246
營業活動　operating activities　5, 305
營業活動現金流量　operating cash flow　286
營業淨利率　Operating Profit Margin　223
營業循環　operating cycle　177
營業週期　operating cycle　55
營運資金　working capital　55, 172
營運綜效　operating synergy　375

獲利能力比率　operating profitability ratio　221
趨勢分析　Trend Analysis　139

十八　畫以上

額外投入資本　additional paid-in capital　265
證券交易委員會　Securities and Exchange Commission, SEC　31
證券交易法　Securities Exchange Act　31
證券法　Securities Act　31
籌資活動　financing activities　5, 305
繼續經營　going concern　33
權益　equity　34
權益自由現金流量　Free Cash Flow to Equity, FCFE　360
權責基礎　accrual basis　249
贖回的比率　retirement ratio　208
觀念公報　Statement of Financial Concepts　32